Martin Werner

# Nachrichten-
# Übertragungstechnik

## Aus dem Programm
## Informationstechnik

**vieweg**

Martin Werner

# Nachrichten-Übertragungstechnik

**Analoge und digitale Verfahren
mit modernen Anwendungen**

Mit 269 Abbildungen und 40 Tabellen

Herausgegeben von Otto Mildenberger

Studium Technik

Bibliografische Information Der Deutschen Bibliothek
Die Deutsche Bibliothek verzeichnet diese Publikation in der Deutschen Nationalbibliografie;
detaillierte bibliografische Daten sind im Internet über <http://dnb.ddb.de> abrufbar.

**Herausgeber:** Prof. Dr.-Ing. *Otto Mildenberger* lehrte an der Fachhochschule Wiesbaden in den
Fachbereichen Elektrotechnik und Informatik.

1. Auflage Februar 2006

Lektorat: Reinhard Dapper

Der Vieweg Verlag ist ein Unternehmen von Springer Science+Business Media.
www.vieweg.de

Umschlaggestaltung: Ulrike Weigel, www.CorporateDesignGroup.de
Technische Redaktion: Andreas Meißner, Wiesbaden
Druck und buchbinderische Verarbeitung: Wilhelm & Adam, Heusenstamm
Gedruckt auf säurefreiem und chlorfrei gebleichtem Papier.
Printed in Germany

ISBN 3-528-04126-9

# Vorwort

Seit fast zehn Jahren biete ich an der Fachhochschule Fulda die sechsstündige Lehrveranstaltung Nachrichtenübertragung an. Sie richtet sich an Studierende der Elektrotechnik und Informationstechnik im sechsten Fachsemester. Aus dem Wunsch der Studierenden nach

- kompakter Darstellung der Grundlagen,
- aktuellen und praxisnahen Themen
- und typischen und vollständig gelösten Übungsaufgaben

sind schließlich zwei Bücher entstanden: *Netze, Protokolle, Schnittstellen und Nachrichtenverkehr* sowie *Nachrichtenübertragungstechnik: Analoge und digitale Verfahren mit modernen Anwendungen*.

Das vorliegende Buch behandelt die der physikalischen Übertragung zugeordneten Aspekte.

Zunächst werden wichtige Eigenschaften der Nachrichtenquellen vorgestellt und deren Anforderungen an die Übertragungstechnik aufgezeigt. Danach wird mit der analogen Amplitudenmodulation und der analogen Frequenzmodulation die Verbindung zu den herkömmlichen Verfahren wie zum Beispiel im Ton- und Fernsehrundfunk hergestellt.

Die Bedeutung von Störungen durch Rauschen in der Nachrichtenübertragungstechnik wird an zwei eindrucksvollen Beispielen aufgezeigt: den typischen Kettenschaltungen aus Übertragungsleitungen und Signalverstärkern sowie der interplanetarischen Satellitenkommunikation.

Ihrer Bedeutung angemessen bilden die digitalen Verfahren den Schwerpunkt des Buches. Die digitale Übertragung im Basisband, z. B. zur drahtgebundenen Kommunikation zwischen zwei PCs, und die Übertragung mit digitaler Modulation eines sinusförmigen Trägers, wie für die die Mobilkommunikation, werden ausführlich behandelt. Anwendungen für die Mobilkommunikation und das digitale terrestrische Fernsehen werden exemplarisch vorgestellt.

Das Buch richtet sich an Studierende im Hauptstudium der Elektrotechnik, der Informationstechnik, der Informatik oder verwandter Studiengänge an Fachhochschulen und Universitäten. Zahlreiche gelöste Beispiele veranschaulichen die praktische Anwendung. Um einen kompakten Zugang zur Nachrichtenübertragungstechnik zu ermöglichen, werden längere mathematische Herleitungen und spezielle Vertiefungen in ergänzenden Abschnitten präsentiert, die ohne Verlust an Verständlichkeit übersprungen werden können.

Mein Dank gilt den Studierenden in Fulda, deren Fragen und Neugier wesentlich zum Buch beigetragen haben. Dem Verlag Vieweg und seinen Mitarbeiterinnen und Mitarbeitern danke ich für die gute Zusammenarbeit. Besonders bedanke ich mich bei Herrn Prof. Dr. Otto Mildenberger für seine Unterstützung.

Fulda, Januar 2006                                                                                 *Martin Werner*

# Inhaltsverzeichnis

*Hinweis*: Mit * gekennzeichnete Abschnitte sind als vertiefende Ergänzungen gedacht oder enthalten aufwändige Rechnungen. Sie können ohne Verlust an Verständlichkeit der weiteren Abschnitte übersprungen werden.

# 1 Einführung

Die *Nachrichtenübertragungstechnik* dient zur Übertragung von Nachrichten in elektronischer Form. Bekannte Anwendungen sind die Telegrafie, Telefonie und der Hör- und Fernsehrundfunk. Die Nachrichtenübertragungstechnik kann jedoch allgemeiner aufgefasst werden, nimmt man zur räumlichen Übertragung die Speicherung und Wiedergabe von Information hinzu. Schallplatte, Musikkassette, CD-Rom sind hierfür populäre Beispiele.

Manchmal werden die Begriffe Nachrichtenübertragungstechnik und *Telekommunikation* synonym verwendet. Letztere umfasst alle Formen der Nachrichtenübertragung mit Anlagen der Nachrichtentechnik sowie die organisatorischen Einrichtungen und die rechtlichen Regelungen zur Einführung, zum Betrieb und zur Nutzung dieser Anlagen. Die Nachrichtenübertragungstechnik bildet die technische Komponente der Telekommunikation.

Für unser modernes Leben ist die Nachrichtenübertragungstechnik unverzichtbar. Für die weltumspannende Nachrichtenübertragung wurde mehr Geld investiert als in irgendeine andere technische Anlage. Eine Sättigung der Nachfrage an Telekommunikationsdienstleistungen ist nicht abzusehen. Im Gegenteil, mit den sich heute bereits abzeichnenden technischen Möglichkeiten werden zukünftig neue Dienste wirtschaftlich realisierbar, wie beispielsweise Video über das Internet, so dass ein weiteres starkes Anwachsen des Nachrichtenverkehrs und damit Investitionen in die nachrichtenübertragungstechnische Infrastruktur zu erwarten sind.

Bevor es um technische Details geht, sollen nachfolgend allgemeine Zusammenhänge, Grundlagen und Begriffe der Nachrichtenübertragungstechnik im Überblick vorgestellt werden.

## 1.1 Historischer Überblick

Wir beginnen mit der Auswahl historischer Meilensteine in Tabelle 1-1. Die Anfänge der Nachrichtenübertragungstechnik reichen weit zurück. Mit der Erfindung der Schrift und der Zahlenzeichen ab etwa 4000 v. Chr. wird die Grundlage zur digitalen Nachrichtenübertragung gelegt. Für viele Jahre bleibt die optische Übertragung mit Fackeln und Leuchtfeuern die einzige Form, Nachrichten über größere Strecken „blitzschnell" zu übermitteln. Ihren ersten Höhepunkt erlebt die optische Übertragung Anfang des 19. Jahrhunderts mit dem Aufbau weit reichender Zeigertelegrafie-Verbindungen in Europa. Ein deutsches Beispiel ist die 1834 eröffnete und 600 km lange Strecke von Berlin nach Koblenz. 61 mit Signalmasten mit einstellbaren Flügeln ausgerüstete Stationen werden im Abstand von jeweils ca. 15 km aufgebaut. Bei günstiger Witterung können in nur 15 Minuten Nachrichten von Berlin nach Koblenz übertragen werden.

Ende des 18. und Anfang des 19. Jahrhunderts werden wichtige Entdeckungen über das Wesen der Elektrizität gemacht. Schon um 1850 löst die auch nachts und bei Nebel funktionierende elektrische Telegrafie die optischen Zeigertelegraphen ab. Die Nachrichtenübertragung bleibt zunächst digital. Buchstaben und Ziffern werden als Abfolge von Punkten und Strichen codiert übertragen. Da diese über einen Taster von Hand eingegeben werden müssen, werden handgerechte Codes, bekannt als Morse-Codes (Morse 1838, Gerke 1844, ITU 1865), entwickelt. Eine Sternstunde erlebt die elektrische Telegrafie mit der Eröffnung der von Siemens erbauten Indo-Europäischen Telegrafenlinie London-Teheran-Kalkutta 1870.

Mit der Entwicklung eines gebrauchsfähigen Telefons durch Bell (U.S.-Patent, 1876) wird die Nachrichtenübertragungstechnik analog. Die Druckschwankungen des Schalls gesprochener Nachrichten werden im Mikrofon in Spannungsschwankungen übersetzt und elektrisch übertragen. Durch das 1878 von Hughes konstruierte Kohlemikrophon wird das Telefon entscheidend verbessert.

Mit dem seit Ende des 19. Jahrhunderts rasch zunehmenden physikalisch-technischen Wissen erobert sich die analoge Nachrichtenübertragungstechnik neue Anwendungsgebiete, wie beispielsweise den Rundfunk um 1920 und das Fernsehen um 1950.

**Tabelle 1-1** Auswahl historischer Meilensteine der Nachrichtenübertragungstechnik

| Zeit | Ereignis |
|---|---|
| 800 v. Ch. | Fakeltelegrafen bei den Griechen |
| 1794 | erste optische Telegrafenlinie in Frankreich, von Paris nach Lille (200 km) nach Plänen von Chappe |
| 1844 | elektrischer Telegraf von Washington nach Baltimore (64 km) durch Morse |
| 1851 | erstes Seekabel der Welt, von Dover nach Calais |
| 1861 | Reis stellt sein Telefon dem physikalischen Verein in Frankfurt vor |
| 1866 | dauerhafte Telegrafenverbindung Europa-Amerika durch Seekabel |
| 1876 | Bell erhält U.S.-Patent auf gebrauchsfähiges Telefon |
| 1881 | Eröffnung des ersten Fernsprechamtes in Berlin |
| 1884 | Nipkow führt Versuche zur Bildabtastung durch |
| 1889 | Strowger entwickelt den Hebdrehwähler |
| 1895 | Vorführungen der drahtlose Telegrafie durch G. Marconi (Bologna), A. Popov (St. Petersburg), F. Schneider (Fulda) |
| 1901 | Funktelegrafische Verbindung von Amerika und Europa durch Marconi |
| 1914 | Einführung von Fernschreibmaschinen im Telegraphenverkehr |
| ca. 1920 | Rundfunk (Vox-Haus Berlin 1923) |
| ca. 1940 | Frequenzmodulation im Rundfunk (Bayrischer Rundfunk 1949) |
| 1952 | Einführung des Schwarz-Weiß-Fernsehens in Deutschland |
| 1962 | erste Fernsehübertragung über Satellit von Amerika nach Europa |
| 1967 | Einführung des Farbfernsehen in Deutschland |
| 1977 | Lichtwellenleiter (Glasfaserkabel) im kommerziellen Betrieb |
| 1978 | Versuchsbetrieb des Global Positioning System (GPS) mit vier Satelliten |
| 1983 | TCP/IP (Transmission Control Protocol/Internet Protocol) wird zum alleinigen Standard im APRANET (Advanced Research Project Agency Network, USA ab 1969) |
| 1988 | Markteinführung von ISDN in Deutschland |
| 1992 | Markteinführung des ersten vollständig digitalen Mobilfunknetzes (GSM) |
| 1995 | Teilnehmeranschlusstechnik Asymmetric Digital Subscriber Loop (ADSL) |
| 1997 | FLAG (Fiber-optic Link Around the Globe) verbindet 12 Stationen von Japan bis London mit 120 000 Duplex-Kanälen zu je 64 kbit/s<br>Terrestrisches digitales Fernsehen (DVB-T) in Berlin (im Regelbetrieb seit 2002) |
| ab 1995 | Standards für drahtlose lokale Netze (WLAN), z. B. HIPERLAN (1995), IEEE 802.11 (1997) und Bluetooth (1999) |
| 2004 | Markteinführung von Mobilfunknetzen der 3. Generation (UMTS, Universal Mobile Communications System) |

Anfang des 20. Jahrhunderts beginnt ein tief greifender Wandel. In der Physik haben sich statistische Methoden und Vorstellungen der Wahrscheinlichkeitsheorie durchgesetzt. Diese werden in der Nachrichtentechnik aufgegriffen. In Anlehnung an die Thermodynamik wird von Shannon 1948 der mittlere Informationsgehalt einer Nachrichtenquelle als Entropie eingeführt.

In der zweiten Hälfte des 20. Jahrhunderts wird dieser Wandel für die breite Öffentlichkeit sichtbar: der Übergang von der analogen zur digitalen Nachrichtentechnik, der Informationstechnik. Die Erfindung des Transistors 1947 durch Bardeen, Brattain und Shockley und der erste Mikroprozessor auf dem Markt 1970 sind wichtige Wendemarken. Das durch die Praxis bis heute bestätigte *mooresche Gesetz* beschreibt die Dynamik des Wandels. Moore sagte 1964 voraus, dass sich etwa alle zwei Jahre die Komplexität, d. h. entsprechend auch die Leistungsfähigkeit, mikroelektronischer Schaltungen verdoppeln wird.

Durch den Fortschritt in der Mikroelektronik ist es heute möglich, die seit der ersten Hälfte des 20. Jahrhunderts gefundenen theoretischen Ansätze der Nachrichtentechnik in technisch machbare und bezahlbare Geräte umzusetzen. Beispiele für die Leistungen der digitalen Nachrichtenübertragungstechnik finden wir im modernen Telekommunikationsnetz, im digitalen Mobilfunk, im digitalen Rundfunk und Fernsehen, im Internet mit seinen Multimedia-Anwendungen.

Weniger öffentlich bekannt sind die Fortschritte der optischen Nachrichtenübertragungstechnik. Nachdem um 1975 die industrielle Produktion von Lichtwellenleitern begann, wird 1988 das erste transatlantische Glasfaserkabel (TAT8) in Betrieb genommen. 1997 verbindet FLAG (Fiber-optic Link Around the Glob) von Japan bis London 12 Stationen durch zwei Lichtwellenleiter mit optischen Verstärkern. Die Übertragungskapazität entspricht 120.000 Telefonkanälen. Die Entwicklung optischer Verstärker und der rasch wachsende Bedarf an Internetverkehr Ende der 1990er Jahre hat zu einem Aufbau von Weitverkehrsstrecken mit Lichtwellenleitern geführt. Heute sind zahlreiche Fernübertragungsstrecken mit Datenraten von 10 ... 40 Gbit/s pro Faser und Wellenlänge im kommerziellen Betrieb, das entspricht einer gleichzeitigen Übertragung von mehr als 78.000 Telefongesprächen oder über 2.500 Videosignalen.

Nachdem im Jahr 2000 an Versuchsstrecken bereits Datenraten über 1000 Gbit/s demonstriert wurden, werden in naher Zukunft entsprechende Datenraten wirtschaftlich verfügbar sein. Dem Aufbau von optischen Telekommunikationsnetzen, so genannte *photonische Netze*, stehen allerdings noch Probleme bei der Vermittlung entgegen. Lassen sich heute Ströme von Datenpaketen auf unterschiedlichen Wellenlängen transportieren und so getrennt vermitteln, sind für die Vermittlung der Pakete eine opto-elektrische Umsetzung und der Einsatz digitaler Prozessoren erforderlich. Damit begrenzt die Digitaltechnik die Leistungsfähigkeit des Netzes.

*Anmerkungen:* Mehr über die Geschichte der Nachrichtentechnik ist z. B. in [Ash87] [Huu03] [Obe82] [EcSc86] und www.ieee.org/organizations/history_center/ zu finden. In [Gla01] findet sich eine Einführung in die Nachrichtentechnik ohne Formeln mit einem Abschnitt zur optischen Signalübertragung. Eine Darstellung für Studierende im Grundstudium gibt [Wer03]. Die Aspekte Netze, Protokolle, Schnittstellen und Nachrichtenverkehr werden in [Wer05b] behandelt.

## 1.2    Kommunikationsmodell

Im Folgenden präzisieren wir die Begriffe Nachricht und Nachrichtenübertragung und stellen das technische Kommunikationsmodell vor.

Unter der *Nachricht* wird eine Mitteilung verstanden, die von der Nachrichtenquelle zum Zweck einer Weitergabe von Information gebildet wird. Die Darstellung der Nachricht ist dabei an ein *Signal* als physikalischer Träger der Nachricht gebunden.

Die *Nachrichtenübertragung* beschreibt die Übertragung über den Nachrichtenkanal von der Nachrichtenquelle (Sender) zur Nachrichtensenke (Empfänger). Nach Shannon kann die Nachrichtenübertragung in Form des *Kommunikationsmodells* in Bild 1-1 logisch gegliedert werden [Sha48]. Es stellt eine Punkt-zu-Punkt-Übertragung von der Nachrichtenquelle (Information Source) zur Nachrichtensenke (Destination) vor. Die Nachricht (Message) wird im Sender (Transmitter) in einer zur Übertragung geeigneten physikalischen Form, dem *Signal*, dargestellt. Dabei wird die Nachricht durch *Codierung* nach vereinbarten Regeln passend abgebildet. Man unterscheidet dabei die Quellencodierung und die Kanalcodierung. Die *Quellencodierung* hat das Ziel den Übertragungsaufwand durch Reduktion von Irrelevanz und Redundanz möglichst klein zu halten. Hingegen fügt die *Kanalcodierung* gezielt Redundanz zur Fehlererkennung und gegebenenfalls Fehlerkorrektur hinzu.

*Anmerkung*: *Claude E. Shannon*, \*1916/+2001, US-amerikanischer Ingenieur und Mathematiker, grundlegende Arbeiten zur Informationstheorie.

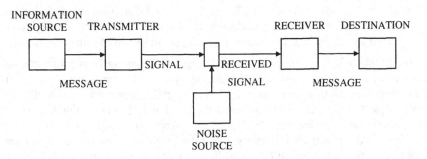

**Bild 1-1** Kommunikationsmodell nach Shannon [Sha48]

Zur Übertragung werden elektromagnetische Wellen benutzt, denen die Nachricht durch *Modulation* aufgeprägt wird. Sie breiten sich über Luft oder eine Leitung zum Empfänger hin aus.

Der einseitige Übertragungsweg vom Sender zum Empfänger wird als *Nachrichtenkanal* (Communication Channel) bezeichnet. Er umfasst alle Einrichtungen zwischen Sender und Empfänger mit Bezug auf das Sendesignal und seine physikalischen Eigenschaften. Es ist üblich, den Kanal bzgl. seiner Wirkung auf das Signal zu charakterisieren. Man unterscheidet zwischen *Verzerrungen* und *Störungen*. Als Verzerrungen werden die Änderungen des Nachrichten tragenden Signals (Nachrichtensignal, Nutzsignal) und als Störungen das Auftreten zusätzlicher, ungewollter Signale (Störsignale) bezeichnet. Letzteres wird in Bild 1-1 durch die Rauschquelle (Noise Source) berücksichtigt.

Der *Empfänger* (Receiver) hat die Aufgabe aus dem empfangenen Signal (Received Signal) die Nachricht in geeigneter Form als analoges Nachrichtensignal oder Daten der Senke (Destination) zuzuführen. Der Empfänger stellt ein kritisches Element der Nachrichtenübertragung dar. Meist muss ein besonderer Aufwand durch spezielle Maßnahmen getrieben werden, wie Synchronisation, Entzerrung, Fehlererkennung usw.

## 1.3    Nachrichtenkanäle

In der Nachrichtenübertragungstechnik spielen die *Nachrichtenkanäle*, kurz Kanäle, oft die Rolle eines Flaschenhalses. Physikalische Bedingungen begrenzen Quantität und Qualität der übertragenen Nachrichten bzw. Signale. Eine wesentliche Einschränkung stellt dabei das verfügbare Frequenzband dar. In Bild 1-2 sind wichtige Anwendungen der Nachrichtenübertragung und ihre Frequenzlagen zusammengestellt. Man beachte die logarithmische Teilung der Frequenzachse. Historisch hat sich die Nachrichtenübertragungstechnik mit zunehmendem technologischem Fortschritt immer höherer Frequenzlagen bemächtigt. Bei der Übertragung über Leitungen ging die Entwicklung von der Zweidrahtleitung (symmetrisches Niederfrequenzkabel, NF) zum Anschluss der Telefonteilnehmer an das öffentliche Telefonnetz zu den symmetrischen Trägerfrequenzkabeln (TF) und schließlich zu den Koaxialkabeln.

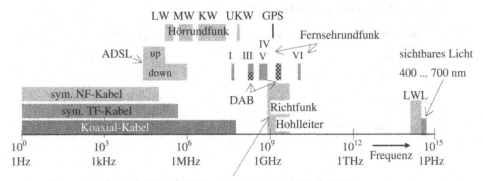

digitaler Mobilfunk (GSM), schnurlose Telefonie (DECT),
Wireless LAN (IEEE 802.11, HIPERLAN), Personal AN (Bluetooth, ZigBee)

**Bild 1-2** Frequenzlagen der Nachrichtenübertragung

Koaxialkabel führen die elektromagnetischen Wellen in ihrem Inneren, so dass eine störungsarme Übertragung von relativ breitbandigen Fernsehsignalen möglich wird. Heute kann der weltweite Nachrichtenverkehr des Internet nur durch den Einsatz sehr leistungsfähiger und kostengünstiger Lichtwellenleiter (LWL) bewältigt werden, s. a. Tabelle 1-2.

**Tabelle 1-2** Optische Fenster der Lichtwellenleiter u. Wellenlängen d. Infrarotübertragung

| Bereiche | Wellenlängen | Frequenzlagen |
|---|---|---|
| I | 800 ... 900 nm | 330 ... 375 THz |
| II | 1000 ... 1300 nm | 230 ... 300 THz |
| III | 1500 ... 1700 nm | 176 ... 320 THz |
| Infrarot (IrDA) | 850 ... 900 nm | |
| Infrarot (Tonübertragung) | 950 nm | |

Bei der drahtlosen Nachrichtenübertragung ist der benutzbare Frequenzbereich von der Verfügbarkeit entsprechender Sender und Empfänger abhängig. So beginnt der *Rundfunk*, s Tabelle 1-3, in den 20er Jahren des letzten Jahrhunderts zunächst mit der Übertragung von Tonsignalen mit stark eingeschränkter Qualität im Langwellenbereich (LW). Der ab ca. 1950 eingeführte *Fernsehrundfunk* belegt mit seinen Kanälen I bis VI bereits weit höhere Frequenzen.

*Anmerkungen*: (i) Frequenzbänder können (von speziellen Ausnahmen abgesehen) in einem Gebiet nur einmal belegt werden. Die Frequenzbänder für den Funk werden weltweit durch die International Telecommunication Union (ITU), eine Unterorganisation der Uno, vergeben. Ihre Verwendung unterliegt strengen Auflagen. Wegen bereits vorhandenen Belegungen werden nicht immer die für einen Dienst technisch am besten geeigneten Bänder vergeben. (ii) Beachten Sie auch die logarithmische Einteilung der Frequenzachse in Bild 1-2. Die Fernsehkanäle belegen vielfach breitere Frequenzbänder als Hörrundfunkkanäle.

In Bild 1-2 sind weitere Anwendungen exemplarisch eingetragen. Ein Beispiel für moderne Teilnehmeranschlüsse ist die *Asynchronous Digital Subscriber Line* (ADSL). Durch die digitale Übertragungstechnik führt sie den herkömmlichen Zweidrahtleitungen neue Nutzungen zu.

**Tabelle 1-3** Frequenzlagen des Hörrundfunks

| Wellenbereiche | Wellenlängen | Frequenzlagen |
|---|---|---|
| *Langwelle* (LW) | 2 – 1 km | 148,5 – 283,5 kHz |
| *Mittelwelle* (MW) | 570 – 187 m | 526 – 1606,5 kHz |
| *Kurzwelle* (KW) | mit Lücken zwischen 130 m und 11,5 m | 13 Bänder zwischen 2,3 MHz und 26,1 MHz |
| *Ultrakurzwelle* (UKW) | 3,42 – 2,78 m | 87,5 – 108 MHz |

Das *Global Positioning System* (GPS) benutzt Frequenzen bei etwa 1 GHz und steht stellvertretend für die moderne Satellitenkommunikation, die sich meist im Mikrowellen-Bereich abspielt.

Das *Digital Audio Broadcasting* (DAB) soll in den nächsten Jahren den herkömmlichen Hörrundfunk ersetzten.

Bei etwa 1 bis 5 GHz findet man auch die Frequenzbänder der digitalen *Mobilfunkübertragung* sowie drahtloser lokaler Netze, s. Tabelle 1-4.

*Anmerkung*: Für industrielle, wissenschaftliche und medizinische Anwendungen existieren verschiedene ISM-Frequenzbänder, die ohne Lizenzen - jedoch nicht ohne Beachtung von Vorschriften, wie z. B. die Begrenzung der Sendeleistung - benutzt werden können. Die Frequenzbänder sind weltweit nicht einheitlich vergeben. Wichtige Beispiele sind die Bänder von 868 MHz bis 870 MHz, von 2,400 GHz bis 2,4835 GHz, von 5,725 GHz bis 5,875 GHz, von 24,0 GHz bis 24,25 GHz und von 61,0 GHz bis 61,5 GHz.

**Tabelle 1-4** Frequenzlagen der digitalen Mobilfunkübertragung

| System | Frequenzlagen |
|---|---|
| *Global System for Mobile Communications* 900 (GSM-900) | 890-915 und 935-960 MHz |
| GSM-1800 | 1710-1785 und 1805-1880 MHz |
| *Digital Enhanced Cordless Telephony* (DECT) | 1880-1900 MHz |
| *Universal Mobile Telecommunications System* (UMTS) | 1885-2025 und 2110-2200 MHz |
| *Wireless Local Area Network* (WLAN) und *Personal Area Network* (PAN) | 2402 - 2495MHz (ISM-Band) 5150 - 5350 MHz (UNII-Band) |

ISM    Industrial, Scientific and Medical
UNII   Unlicensed National Information Infrastructure (USA)

Wichtig für den praktischen Einsatz, ist die Übertragungskapazität des Mediums. Tabelle 1-5 stellt charakteristische Werte für symmetrische Niederfrequenz- (NF-) und Trägerfrequenz- (TF-) Kabel, für Koaxialkabel und *Lichtwellenleiter* (LWL) zusammen.

Neue Fortschritte in der optischen Übertragungstechnik mit gleichzeitiger Übertragung von Signalen unterschiedlicher Wellenlängen machen heute Verbindungen mit bis zu 40 Tbit/s = 40 000 Gbit/s über einen LWL möglich.

**Tabelle 1-5** Übertragungskapazitäten bei Kabeln [Loc02]

| Medium | analoge Übertragung | digitale Übertragung |
|---|---|---|
| sym. NF-Kabel | $12^{1)}$ | $... 8$ Mbit/s $\cong 120^{2)}$ |
| sym. TF-Kabel | $120^{1)}$ | $... 34$ Mbit/s $\cong 480^{2)}$ |
| Koaxialkabel (1,2/4,4 mm) | $960^{1)}$ | $... 140$ Mbit/s $\cong 1920^{2)}$ |
| Koaxialkabel (2,6/9,5 mm) | $10800^{1)}$ | $... 565$ Mbit/s $\cong 7680^{2)}$<br>$... 1,15$ Gbit/s $\cong 15360^{2)}$ |
| Gradienten-LWL | 1 Gbit × km /s ( $\cong 1\ 920$ Kanäle$^{2)}$ über 10 km) | |
| Monomoden-LWL | 50 Gbit × km /s ( $\cong 30\ 000$ Kanäle$^{2)}$ über 10 km) | |

$^{1)}$ analoge Sprachtelefonie-Kanäle, $^{2)}$ PCM-Kanäle (digitale Sprache) mit 64 kbit/s

In der Nachrichtenübertragungstechnik wird der einseitig gerichtete Übertragungsweg als *Kanal* bezeichnet. Er umfasst alle Einrichtungen zwischen Sender und Empfänger mit Bezug auf das Sendesignal und seine physikalischen Eigenschaften. Es ist deshalb vorteilhaft, den Kanal zu klassifizieren und bzgl. seiner Wirkung auf das Signal zu beschreiben, s. Bild 1-3. Dabei wird zwischen *Verzerrungen* und *Störungen* unterschieden.

- lineare Verzerrungen (Amplituden-, Dämpfungs- und Phasenverzerrungen des Signals)

Ursache sind die ungleichmäßigen Gewichtungen der Amplituden und die unterschiedlichen Signallaufzeiten der Frequenzkomponenten ☞ es entstehen keine neuen Frequenzkomponenten

- nichtlineare Verzerrungen

Sie entstehen an nichtlinearen Bauelementen und Medien, wie z. B. Amplitudenbegrenzern, Verstärkern, Mischern ☞ es entstehen neue Frequenzkomponenten im Signal, die bei Audiosignalen als Klirrgeräusch hörbar sein können

- additive Störung

durch zusätzliches *Störsignal*, z. B. Nebensprechen in der Telefonie, Kfz-Zündfunken, thermisches Rauschen, usw.

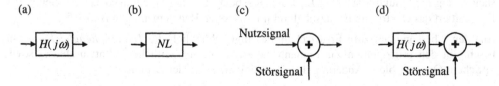

**Bild 1-3** Darstellung von Kanälen im Blockdiagramm: (a) LTI-System mit Frequenzgang $H(j\omega)$, (b) Nichtlinearität (NL), (c) additive Störung und (d) LTI-System und additive Störung

# 1.4    Ausbreitung elektromagnetischer Wellen

### 1.4.1    Einführung

Die im letzten Abschnitt herausgestellte Bedeutung der Frequenzlagen rührt aus den physikalischen Grundlagen der Nachrichtenübertragungstechnik, den Ausbreitungseigenschaften elektromagnetischen Feldern, her. Im Folgenden sollen an die aus der physikalischen Grundausbildung bekannten Zusammenhänge erinnert werden.

Wie Maxwell 1861-64 theoretisch ableitete und Hertz 1888 experimentell nachwies, gilt für die Ausbreitung elektromagnetischer Wellen ein System aus vier verkoppelten Differentialgleichungen - oder äquivalent Integralgleichungen - die *Maxwell-Gleichungen* [Ger95]. Sie werden ergänzt durch drei so genannte Materialgleichungen, die das elektrische und magnetische Verhalten des Mediums widerspiegeln. Daraus ergeben sich vielfältige technische Möglichkeiten zur leitungsgeführten und freien Ausbreitung elektromagnetischer Wellen, wie z. B. Zweidrahtleitungen, Koaxialkabel, Hohlleiter bzw. Hertzscher Dipol und Antennen unterschiedlicher Bauformen [VlHa93] [VlHa95].

*Anmerkungen*: (i) *James Clerk Maxwell*, *1831/+1879, britischer Physiker. (ii) *Heinrich Rudolf Hertz*, *1857/+1894, deutscher Physiker.

Am Modell der *Lecher-Leitung* lassen sich die physikalischen Grundlagen relativ einfach aufzeigen. In Bild 1-4 werden mit der *symmetrischen Doppelleitung* und dem *Koaxialkabel* zwei Beispiele vorgestellt.

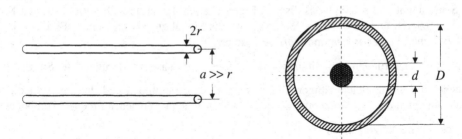

symmetrische Doppelleitung               Koaxialkabel mit Innen- und Außenleiter

**Bild 1-4**  Beispiele homogener Leitungen

Elementare Modellüberlegungen führen auf ein einfacher zu analysierendes elektrisches Ersatzschaltbild. Dazu werden kurze Leitungsabschnitte mit Maschen- und Knotengleichungen für Spannungen bzw. Ströme und auf die Leitungslänge bezogene Größen (Längswiderstandsbelag $R'$, Induktivitätsbelag $L'$, Kapazitätsbelag $C'$ und Ableitungsbelag $G'$) betrachtet. Es resultiert das elektrische Ersatzschaltbild mit diskreten Bauelementen in Bild 1-5.

Aus den Überlegungen zum Ersatzschaltbild folgt schließlich die *Telegraphengleichung*. Sie beschreibt den prinzipiellen Zusammenhang zwischen der zeitlichen (Zeitvariable $t$) sowie örtlichen (Ortsvariable $z$) Änderung der Spannung $u(t,z)$ auf der Leitung.

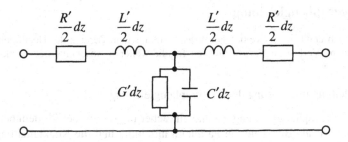

**Bild 1-5** Ersatzschaltbild für einen kurzen Leitungsabschnitt zur Herleitung der Telegraphengleichung

$$\frac{\partial^2 u(t,z)}{\partial z^2} = L'C' \cdot \left[ \frac{\partial^2 u(t,z)}{\partial t^2} + \left( \frac{R'}{L'} + \frac{G'}{C'} \right) \cdot \frac{\partial u(t,z)}{\partial t} + \frac{R'}{L'} \cdot \frac{G'}{C'} \cdot u(t,z) \right] \tag{1.1}$$

Es ergibt sich eine partielle Differentialgleichung mit konstanten Koeffizienten zweiter Ordnung bzgl. Zeit und Ort. Aus der Mathematik/Systemtheorie ist die Struktur der Lösung bekannt. Die partielle Differentialgleichung beschreibt ein *lineares zeitinvariantes System* mit den komplex Exponentiellen als Eigenfunktionen [Wer05]. Bei harmonischer Anregung mit der Kreisfrequenz $\omega$ ergibt sich die Lösung

$$u(t,z) = \mathrm{Re}\left\{ A \cdot e^{-\alpha z} \cdot e^{j\omega(t-z/v)} + B \cdot e^{+\alpha z} \cdot e^{j\omega(t+z/v)} \right\} \tag{1.2}$$

mit den von den Belägen abhängigen Größen: Dämpfung $\alpha$ und Fortpflanzungsgeschwindigkeit $v$.

Bemerkenswert sind folgende Resultate:

☞ Die Dämpfungskonstante ist frequenzabhängig. Ab ca. 10 kHz macht sich der Skin-Effekt bemerkbar. Danach wächst die Dämpfungskonstante proportional $f^{1/2}$.

☞ Die Signale breiten sich auf den Leitungen typisch mit 2/3 der Lichtgeschwindigkeit aus.

☞ Je nach Beschaltungen oder mechanischen Deformierungen können Signalreflexionen entstehen, die die Signale bis hin zur Auslöschung verzerren können.

Der Nachrichtenübertragungskanal „symmetrische Leitung" darf als LTI-System (Linear Time Invariant) angesehen werden. Die in der Systemtheorie für Signale eingeführten Begriffe Spektrum, Bandbreite und Frequenzgang sind anwendbar. Wird ein sinusförmiges Signal mit der Kreisfrequenz $\omega$ gesendet, liegt am Ort des Empfängers ein sinusförmiges Signal mit derselben Kreisfrequenz jedoch abhängig von der Leitung mit unterschiedlicher Amplitude und Phase an. Bei der Übertragung entstehen keine neuen Frequenzkomponenten und für mehrere Signale gilt das Superpositionsprinzip.

Die am Beispiel der symmetrischen Leitung plausibel gemachten Zusammenhänge fußen auf den Maxwell-Gleichungen und gelten allgemein, solange nicht spezielle nichtlineare physikalische Effekte in den Übertragungsmedien zum Tragen kommen oder gezielte technische Manipulationen vorgenommen werden.

*Anmerkung*: Eine kompakte Herleitung und Diskussion der Telegraphengleichung ist im folgenden Abschnitt zu finden. Eine weiterführende Behandlung findet sich z. B. [VlHa95].

## 1.4.2   Telegraphengleichung

*Hinweis*: Dieser Abschnitt ist als vertiefende Ergänzung aus dem Bereich der Hochfrequenztechnik gedacht. Er kann ohne Verlust an Verständlichkeit für die weiteren Abschnitte des Buches übersprungen werden.

### 1.4.2.1   Herleitung und Lösung der Telegraphengleichung

Wir leiten die Telegraphengleichung anhand einfacher physikalischer Modellüberlegungen her. Dazu betrachten wir als Beispiele die Paralleldrahtleitung und die Koaxialleitung in Bild 1-3. Die Leitungen heißen *homogen*, wenn die geometrischen Abmessungen und die Materialeigenschaften über der gesamten Länge konstant sind.

Bild 1-6 zeigt elektromagnetische Feldlinien für Paralleldrahtleitungen. Sie stehen senkrecht zur Ausbreitungsrichtung der elektromagnetischen Welle. Man spricht von einer elektromagnetischen Transversalwelle, kurz *TEM-Welle* genannt.

*Anmerkungen*: (i) Im Bild liegen die Feldlinien in der Zeichenebene. Die TEM-Welle breitet sich senkrecht zur Zeichenebene aus. (ii) Derartige homogene Leitungen werden auch Lecher-Leitungen genannt. (iii) *Ernst Lecher*, *1856/+1926, österreichischer Physiker. (iv) Eine Darstellung mit weiterführenden Literaturhinweisen findet man beispielsweise in [VlHa95] [Schü94] [StRu82].

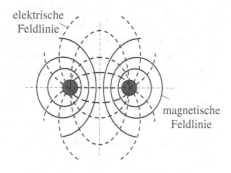

Die Energien des elektrischen und des magnetischen Feldes entsprechen einem Kapazitätsbelag $C'$ bzw. Induktivitätsbelag $L'$ der Leitung. Die Verluste in der Leitung werden als Widerstandsbelag $R'$ und die Ableitung zwischen den Leitern als Leitwertsbelag $G'$ modelliert. Die Werte der Beläge hängen von der Art der Leitung ab. Die theoretische Elektrotechnik, z. B. [Küpf73], liefert für die Paralleldrahtleitung und die Koaxialleitung

**Bild 1-6** Elektromagnetisches Feld der Paralleldrahtleitung

die Werte in Tabelle 1-6 mit den Materialkonstanten, der Dielektrizitätskonstanten $\varepsilon = \varepsilon_r \cdot \varepsilon_0$ ((relative) Dielektrizitätszahl, elektrische Feldkonstante) und der Permeabilität $\mu = \mu_r \cdot \mu_0$ ((relative) Permeabilitätszahl, magnetische Feldkonstante). Typische Zahlenwert sind in Tabelle 1-7 zu finden. Bei Freileitungen sind die Beläge auch witterungsabhängig.

**Tabelle 1-6**   Induktivitäts- und Kapazitätsbeläge (für hohe Frequenzen)

| Leitungsart | Induktivitätsbelag | Kapazitätsbelag |
|---|---|---|
| Paralleldrahtleitung $(a \gg r)$ | $L' = \dfrac{\mu_r \mu_0}{\pi} \cdot \ln \dfrac{a}{r}$ | $C' = \dfrac{\pi \varepsilon_r \varepsilon_0}{\ln(a/r)}$ |
| Koaxialleitung | $L' = \dfrac{\mu_r \mu_0}{2\pi} \cdot \ln \dfrac{D}{d}$ | $C' = \dfrac{2\pi \varepsilon_r \varepsilon_0}{\ln(D/d)}$ |

**Tabelle 1-7** Typische Leitungsbeläge für Gleichstrom und trockenes Wetter ([StRu82], Tab. 5.1)

|  | $R'$ in $\Omega$ / km | $L'$ in mH / km | $G'$ in $\mu$S / km | $C'$ in nF / km |
|---|---|---|---|---|
| Freileitung | 2...12 | 2 | 1 | 6 |
| Kabel | 10...80 | 0,6 | 1 | 40 |

Wir fassen die Überlegungen zu der vereinfachten Ersatzschaltung in Bild 1-7 für homogene Leitungen für einen kurzen Leitungsabschnitt $\Delta z$ in Bild 1-5 zusammen.

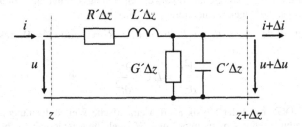

**Bild 1-7** Ersatzschaltbild zur Herleitung der Telegraphengleichung

Mit der kirchhoffschen Knotenregel ergibt sich für die zeitabhängigen Ströme und Spannungen

$$i = i + \Delta i + G'\Delta z \cdot u + C'\Delta z \cdot \frac{\partial u}{\partial t} \qquad (1.3)$$

wenn der Einfachheit halber der Spannungsabfall über das kurze Leitungsstück vernachlässigt wird, d. h. $\Delta u = 0$ gesetzt wird. Umstellen liefert

$$\frac{\Delta i}{\Delta z} = G' \cdot u + C' \cdot \frac{\partial u}{\partial t} \qquad (1.4)$$

Betrachten wir immer kürzere Leitungstücke, d. h. $\Delta z \to 0$, so ergibt sich die lineare partielle Differentialgleichung (DGL) mit den konstanten Koeffizienten $G'$ und $C'$.

$$\frac{\partial i}{\partial z} = G' \cdot u + C' \cdot \frac{\partial u}{\partial t} \qquad (1.5)$$

Eine zweite Gleichung stellt die kirchhoffsche Maschenregel bereit

$$u = u + \Delta u + R'\Delta z \cdot i + L'\Delta z \cdot \frac{\partial i}{\partial t} \qquad (1.6)$$

wenn der Querstrom vernachlässigt wird, d. h. $\Delta i = 0$ gesetzt wird. Umstellen und Betrachten immer kürzerer Leitungsstücke, d. h. $\Delta z \to 0$, liefert wie oben eine lineare partielle DGL mit konstanten Koeffizienten.

$$-\frac{\partial u}{\partial z} = R' \cdot i + L' \cdot \frac{\partial i}{\partial t} \qquad (1.7)$$

Die Kombination der Gleichungen (1.5) und (1.7) führt nach kurzer Zwischenrechnung auf die gesuchte *Telegraphengleichung*

$$\frac{\partial^2 u}{\partial z^2} = L'C' \cdot \left[ \frac{\partial^2 u}{\partial t^2} + \left( \frac{R'}{L'} + \frac{G'}{C'} \right) \cdot \frac{\partial u}{\partial t} + \frac{R'}{L'} \cdot \frac{G'}{C'} \cdot u \right] \tag{1.8}$$

*Anmerkungen*: (i) Zur Herleitung der Telegraphengleichung werden zunächst die Gleichungen (1.5) und (1.7) jeweils einmal partiell differenziert, und zwar nach der Zeit bzw. dem Ort. Nun kann der Strom durch die Spannung ersetzt werden. Eine entsprechende DGL kann auch für den Strom abgeleitet werden. (ii) Die DGL ist zur Berechnung von Schaltvorgängen (Spannungssprünge und -impulse (Tastung)) und sinusförmigen Spannungserregungen (Generatoren) geeignet.

Im einfachen Sonderfall der *verlustlosen Leitung*, d. h. $R' = 0$ und $G' = 0$, resultiert

$$\frac{\partial^2 u}{\partial z^2} = L'C' \cdot \frac{\partial^2 u}{\partial t^2} \tag{1.9}$$

*Anmerkungen*: (i) Die DGL ist in der Physik als d'Alembertsche Wellengleichung auch im Zusammenhang mit der Beschreibung von Schwingungs- und Wärmeleitungsphänomenen bekannt. In der technischen Mechanik beschreibt sie beispielsweise die Schwingung eines eingespannten Stabes [Schü91]. Die Wellengleichung wird allgemein von Funktionen des Typs $f(t \pm cz)$ gelöst. (ii) *Jean Rond Le d'Alembert*, *1717/+1783, französischer Universalgelehrter mit wichtigen Beiträgen zur Mathematik und den Naturwissenschaften.

Die allgemeine Lösung der Differentialgleichung ist durch

$$u(t, z) = u_h(z - v_p t) + u_r(z + v_p t) \tag{1.10}$$

gegeben. Es sind zwei Teile zu berücksichtigen, die *hinlaufendene Welle* $u_h(t,z)$ und die *rücklaufende Welle* $u_r(t,z)$, s. Bild 1-8. Der Parameter $v_p$ beschreibt die Geschwindigkeit mit der sich die Energie (Wellenpaket) längs der Leitung ausbreitet. Er wird *Phasengeschwindigkeit* genannt.

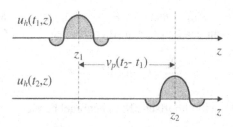

**Bild 1-8** Phasengeschwindigkeit für Wellenpakete

Lösung (1.10) verifiziert man durch Einsetzen in die Differentialgleichung (1.8). Bei verlustloser Leitung (1.9) ergibt sich für die Phasengeschwindigkeit die Bedingung

$$v_p = \frac{1}{\sqrt{L'C'}} \tag{1.11}$$

Speziell für die verlustlose Paralleldrahtleitung und die Koaxialleitung resultiert die Lichtgeschwindigkeit im Vakuum.

$$v_p = \frac{1}{\sqrt{L'C'}} = \frac{1}{\sqrt{\varepsilon_0 \mu_0}} = c_0 \approx 3 \cdot 10^8 \, \frac{m}{s} \qquad (1.12)$$

Bei handelsüblichen Leitungen ist $\mu_r \approx 1$ und $\varepsilon_r \approx 2...2{,}5$, so dass für die Phasengeschwindigkeiten $v_p \approx 2c_0 \, / \, 3$ typisch sind. Ein Spannungsimpuls benötigt für einen Meter Kabel ca. 5 ns.

### 1.4.2.2    Lösung der Telegraphengleichung für sinusförmige Zeitabhängigkeit

In diesem Unterabschnitt lösen wir die Telegraphengleichung für aus der komplexen Wechselstromrechnung bekannte sinusförmige Strom- und Spannungsfunktionen. Mit den ortsabhängigen komplexen Amplituden und zeitabhängigen Exponentiellen

$$u(t,z) = \mathrm{Re}\left\{ U \cdot e^{j\omega t} \right\} \quad \text{und} \quad i(t,z) = \mathrm{Re}\left\{ I \cdot e^{j\omega t} \right\} \qquad (1.13)$$

erhalten wir für die partiellen Ableitungen aus (1.7)

$$-\frac{\partial u(t,z)}{\partial z} = \mathrm{Re}\left\{ \frac{dU}{dz} \cdot e^{j\omega t} \right\} = \mathrm{Re}\left\{ R' \cdot I \cdot e^{j\omega t} + L' \cdot j\omega I \cdot e^{j\omega t} \right\} \qquad (1.14)$$

also für die komplexen Amplituden

$$-\frac{dU}{dz} = \left( R' + j\omega L' \right) \cdot I \qquad (1.15)$$

Entsprechend resultiert aus (1.5)

$$-\frac{dI}{dz} = \left( G' + j\omega C' \right) \cdot U \qquad (1.16)$$

Die beiden letzten Gleichungen liefern die DGL für die Ortsabhängigkeit der Spannung

$$\frac{d^2 U}{dz^2} = \left( R' + j\omega L' \right) \cdot \left( G' + j\omega C' \right) \cdot U \qquad (1.17)$$

Den Lösungsansatz wählen wir entsprechend der allg. Lösung nach d'Alembert

$$u(t,z) = \mathrm{Re}\left\{ A \cdot e^{-\gamma z} \cdot e^{j\omega t} + B \cdot e^{+\gamma z} \cdot e^{j\omega t} \right\} \qquad (1.18)$$

mit der *Fortpflanzungskonstanten* $\gamma$. Wir verifizieren den Ansatz durch Einsetzen von (1.18) in die DGL (1.17) und bestimmen dabei auch die Fortpflanzungskonstante.

$$\gamma = \sqrt{\left( R' + j\omega L' \right) \cdot \left( G' + j\omega C' \right)} \qquad (1.19)$$

Die Fortpflanzungskonstante wird in Real- und Imaginärteil, in *Dämpfungskonstante* $\alpha$ und *Phasenkonstante* $\beta$, zerlegt.

$$\gamma = \alpha + j\beta \qquad (1.20)$$

Für die hinlaufende Welle und rücklaufende Welle ergeben sich damit

$$u_h(t,z) = \text{Re}\left\{A \cdot e^{-\alpha z} \cdot e^{j(\omega t - \beta z)}\right\} \quad \text{und} \quad u_r(t,z) = \text{Re}\left\{B \cdot e^{+\alpha z} \cdot e^{j(\omega t + \beta z)}\right\} \quad (1.21)$$

*Anmerkung*: Die Bezeichnung hinlaufende und rücklaufende Welle erschließt sich aus der Betrachtung der Phasen $\omega t - \beta z$ und $\omega t + \beta z$. Mit $\beta \geq 0$ bleiben bei fortschreitender Zeit $t$ die Phasen konstant, wenn $z$ entsprechend wächst (hinlaufende Welle) bzw. $z$ entsprechend abnimmt (rücklaufende Welle).

Nun können wir auch den Strom auf der Leitung berechnen. Die komplexen Amplituden von Spannung und Strom am Ort $z$ sind über (1.15) miteinander verknüpft.

$$\begin{aligned} I &= \frac{1}{R' + j\omega L'} \cdot \left(-\frac{dU}{dz}\right) = \frac{-1}{R' + j\omega L'} \cdot \frac{d}{dz}\left(A \cdot e^{-\gamma z} + B \cdot e^{+\gamma z}\right) = \\ &= \frac{-1}{R' + j\omega L'} \cdot \left(A(-\gamma) \cdot e^{-\gamma z} + B(+\gamma) \cdot e^{+\gamma z}\right) = \frac{\gamma}{R' + j\omega L'} \cdot \left(U_h - U_r\right) \end{aligned} \qquad (1.22)$$

Wir können den Strom ebenfalls aus zwei Anteilen zusammengesetzt denken. Schließlich ersetzen wir die Fortpflanzungskonstante nach (1.19) und stellen so um, dass wir mit dem *Leitungswellenwiderstand*

$$Z_L = \sqrt{\frac{R' + j\omega L'}{G' + j\omega C'}} \qquad (1.23)$$

die übliche Form erhalten

$$I = I_h + I_r = \frac{1}{Z_L} \cdot \left(U_h - U_r\right) \qquad (1.24)$$

Die zeitabhängige Gesamtlösung ergibt sich entsprechend der komplexen Wechselstromrechnung mit (1.21).

*Anmerkungen*: (*i*) Eine ausführliche Diskussion der Dämpfungskonstante, Phasenkonstante und des Wellenwiderstandes für praktische Fälle findet man in z. B. [VlHa95]. Ab einer Frequenz von 10 kHz wächst die Dämpfung proportional zu $\sqrt{f}$, da der Leitungsbelag aufgrund des Skin-Effekts proportional zu $\sqrt{f}$ wächst. (ii) Im Fall der verlustlosen Leitung wird der Leitungswellenwiderstand reell und unabhängig von der Frequenz, $Z_0 = \sqrt{L'/C'}$.

### 1.4.2.3    Leitungsabschluss und Reflexionen

Für den Einsatz der Leitungen sind die richtigen Beschaltungen an Eingang und Ausgang wichtig. Bild 1-9 skizziert die Situation mit komplexen ortsabhängigen Amplituden der Ströme und Spannungen.

Am Ende der Leitung muss die Spannung sowohl die Leitungsgleichung

$$U_2 = A \cdot e^{-\gamma l} + B \cdot e^{+\gamma l} \qquad (1.25)$$

als auch den Schaltungszwang mit $Z_L$ und (1.24) erfüllen

$$U_2 = Z_L I_2 = A \cdot e^{-\gamma l} - B \cdot e^{+\gamma l} \tag{1.26}$$

Durch Addition und Subtraktion der beiden letzten Gleichungen ergibt sich für die zunächst unbestimmten Amplituden des Lösungsansatzes

$$A = \frac{1}{2}(U_2 + Z_L I_2) \cdot e^{+\gamma l} \quad \text{und} \quad B = \frac{1}{2}(U_2 - Z_L I_2) \cdot e^{-\gamma l} \tag{1.27}$$

Die Amplituden können jetzt in den Lösungsansatz (1.18) eingefügt werden, so dass der Spannungsverlauf über der Leitung angegeben werden kann

$$U(z) = \frac{1}{2} U_2 \cdot \left[ e^{\gamma(l-z)} + e^{-\gamma(l-z)} \right] + \frac{1}{2} Z_L I_2 \cdot \left[ e^{\gamma(l-z)} - e^{-\gamma(l-z)} \right] \tag{1.28}$$

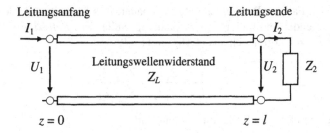

**Bild 1-9** Leitungsbeschaltung (komplexe ortsabhängige Größen)

Die Exponentialterme in (1.28) lassen sich zum Hyperbelkosinus bzw. Hyperbelsinus zusammenfassen [BSMM99]

$$U(z) = U_2 \cdot \cosh\left[\gamma(l-z)\right] + Z_L I_2 \cdot \sinh\left[\gamma(l-z)\right] \tag{1.29}$$

Ganz entsprechend gilt mit (1.24)

$$I(z) = I_2 \cdot \cosh\left[\gamma(l-z)\right] + \frac{U_2}{Z_L} \cdot \sinh\left[\gamma(l-z)\right] \tag{1.30}$$

Am Leitungsanfang resultiert

$$U_1 = U(z=0) = U_2 \cdot \cosh(\gamma l) + Z_L I_2 \cdot \sinh(\gamma l)$$
$$I_1 = I(z=0) = I_2 \cdot \cosh(\gamma l) + \frac{U_2}{Z_L} \cdot \sinh(\gamma l) \tag{1.31}$$

Spannungen und Ströme sind am Anfang und Ende der Leitung über die Telegraphengleichung miteinander verkoppelt. Mit dem Schaltungszwang am Ende der Leitung $U_2 = Z_2 \cdot I_2$ resultiert der Zusammenhang für die Impedanzen

$$Z_1 = \frac{U_1}{I_1} = \frac{U_2 \cdot \cosh(\gamma l) + Z_L I_2 \cdot \sinh(\gamma l)}{I_2 \cdot \cosh(\gamma l) + \frac{U_2}{Z_L} \cdot \sinh(\gamma l)} = Z_2 \cdot \frac{\cosh(\gamma l) + \frac{Z_L}{Z_2} \cdot \sinh(\gamma l)}{\cosh(\gamma l) + \frac{Z_2}{Z_L} \cdot \sinh(\gamma l)} \qquad (1.32)$$

Für den Sonderfall der *Anpassung* der Abschlussimpedanz an den Leitungswellenwiderstand ist die Eingangsimpedanz ebenfalls gleich dem Leitungswellenwiderstand.

$$Z_1 = Z_2 = Z_L \qquad (1.33)$$

In diesem wichtigen Fall existiert in (1.27), mit $B = 0$, keine rücklaufende Welle. Man spricht von *reflexionsfreiem Abschluss*. Die gesamte ankommende elektromagnetische Energie wird in der Abschlussimpedanz verbraucht. Im Falle einer Fehlanpassung treten *Reflexionen* auf, die zu Signalverzerrungen bis hin zur Auslöschung führen können.

Wir betrachten den Fall der Reflexionen etwas genauer. Das Verhältnis der komplexen Amplituden aus rücklaufender und hinlaufender Spannungswelle wird *Reflexionsfaktor* genannt. Am Ende der Leitung, $z = l$, ergibt sich aus (1.18) mit (1.27)

$$r_2 = \frac{U_2 - Z_L I_2}{U_2 + Z_L I_2} = \frac{Z_2 - Z_L}{Z_2 + Z_L} \qquad (1.34)$$

Die drei wichtigsten Fälle des Reflexionsfaktors sind:

☞   $r_2 = 0$     $Z_2 = Z_L$     *Anpassung* (reflexionsfrei)

☞   $r_2 = 1$     $Z_2 = \infty$     *Leerlauf*

☞   $r_2 = -1$     $Z_2 = 0$     *Kurzschluss*

*Anmerkung*: Aus dem Quotienten (1.34) folgt unmittelbar $0 \leq |r_2| \leq 1$.

Abschließend betrachten wir noch ein Beispiel mit graphischer Darstellung der Spannungswellen auf der Leitung. Mit (1.21) und (1.27) ergibt sich der Spannungsverlauf auf der Leitung mit hinlaufenden und rücklaufenden Anteilen bezüglich der komplexen Amplituden der Spannung und des Stromes am Ende der Leitung.

$$U(z) = \underbrace{\frac{1}{2}(U_2 + Z_L I_2) \cdot e^{\gamma(l-z)}}_{\text{hinlaufende Welle}} + \underbrace{\frac{1}{2}(U_2 - Z_L I_2) \cdot e^{-\gamma(l-z)}}_{\text{rücklaufende Welle}} \qquad (1.35)$$

Um den Einfluss des Reflexionsfaktors deutlich zu machen, gehen wir von (1.35) aus und ersetzen geeignet durch den Reflexionsfaktor nach (1.34). Nach kurzem Umstellen ergibt sich die übersichtlichere Form

$$U(z) = U_2 \cdot \left(1 + \frac{Z_L}{Z_2}\right) \cdot \left[e^{+\gamma(l-z)} + r_2 \cdot e^{-\gamma(l-z)}\right] \qquad (1.36)$$

Zur graphischen Darstellung des Spannungsverlaufes wählen wir die normierte Form

$$\frac{U(z)}{U(0)} = \frac{e^{+\gamma(l-z)} + r_2 \cdot e^{-\gamma(l-z)}}{e^{+\gamma l} + r_2 \cdot e^{-\gamma l}} \tag{1.37}$$

so dass sich für die orts- und zeitabhängige Spannung ergibt

$$u_n(z,t) = \mathrm{Re}\left\{\frac{U(z)}{U(0)} \cdot e^{j\omega t}\right\} \tag{1.38}$$

In Bild 1-10 ist das Ergebnis einer Modellrechnung für den Fall des Leitungsabschlusses mit Leerlauf, d. h. Reflexionsfaktor $r_2 = 1$, zu sehen. Die Bilder in den Spalten entsprechen den normierten Spannungsverläufen über der Leitungslänge für den hinlaufenden und den rücklaufenden Anteil bzw. deren Summenwirkungen. Die Zeilen entsprechen jeweils einem festen Zeitpunkt.

Für die hinlaufende Welle erkennt man in der ersten Spalte die örtliche und zeitliche Entwicklung. Man erhält eine über der Leitung exponentiell gedämpfte Kosinusfunktion mit der Anfangsphase null bei $t_1$. Bei $t_2$ ist die Phase auf 90° gewachsen. Die Kosinusfunktion hat sich entsprechend um eine Viertelperiode nach rechts verschoben. Entsprechendes gilt für die Zeitpunkte $t_3$ und $t_4$. Den lokalen Maxima und Nullstellen ist das Wandern der Welle in $z$-Richtung zu entnehmen.

In der zweiten Spalte ist die rücklaufende Welle abgebildet. Man sieht jetzt die exponentielle Dämpfung wächst entgegen der z-Richtung. Auch die Wanderung der Welle geschieht entgegen der z-Richtung. Wegen des Leerlaufs am Leitungsende sind die hinlaufenden und rücklaufenden Wellen dort gleich, wie der Vergleich zwischen den beiden Spalten jeweils zeigt.

In der dritten Spalte ist der sich aus der Überlagerung von hinlaufender und rücklaufender Welle ergebende, über der Leitungslänge messbare Spannungsverlauf zu sehen.

Wir wiederholen die Modellrechnungen für den Fall eines Kurzschlusses am Leitungsende. Bild 1-11 zeigt die Kurzschlussbedingung. Die Spannung am Leitungsende ist stets null. Hinlaufende und rücklaufende Spannungswellen kompensieren sich dort.

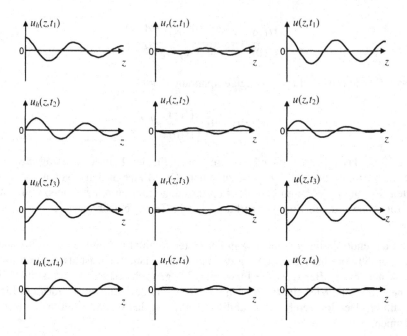

**Bild 1-10** (normierte) Spannungswellen auf der Leitung bei Leerlauf ($r_2 = 1$) mit hinlaufender Welle $u_h$, rücklaufender Welle $u_r$ und Spannungsverlauf auf der Leitung $u$ für die Zeitpunkte $t_1$ bis $t_4$ mit $j\omega t = 0$, $\pi/2$, $\pi$ bzw. $3\pi/4$

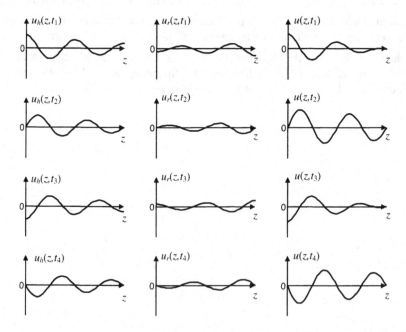

**Bild 1-11** (normierte) Spannungswellen auf der Leitung bei Kurzschluss ($r_2 = -1$) mit hinlaufender Welle $u_h$, rücklaufender Welle $u_r$ und Spannungsverlauf auf der Leitung $u$ für die Zeitpunkte $t_1$ bis $t_4$ mit $j\omega t = 0$, $\pi/2$, $\pi$ bzw. $3\pi/4$

# 2 Nachrichtenquellen

## 2.1 Einführung

Bei der Einführung des Kommunikationsmodells nach Shannon wurde in Abschnitt 1.2 die Nachrichtenquelle nicht weiter spezifiziert. Sie bildet die Nachricht zum Zwecke der Weitergabe von Informationen und ist somit selbst Zweck, der dem Informationsbedürfnis der Nachrichtensenke dient. Nachrichtenquelle, Nachrichtenkanal und Nachrichtensenke sind aufeinander abzustimmen. Technische Nachrichtenquellen stellen einen Kompromiss zwischen den Wünschen der Kunden, dem technisch Machbaren und dem wirtschaftlich Vertretbaren dar. In diesem Spannungsfeld sind auch die Fragen nach der Qualität einer Nachrichtenübertragung zu beantworten.

Zunächst wollen wir diesen Gedanken noch etwas nachgehen. Wir beginnen mit einer typischen Situation, der direkten Kommunikation in Bild 2-1. Es ist klar, dass es hier nicht nur auf den Inhalt der gesprochenen Wörter ankommt. Für die Kommunikation ist wichtig: (1) Was wird gesprochen? (2) Wer spricht? (3) Wo befindet sich der Sprecher? (4) Weitere Informationen sind wichtig, wie die Stimmung des Sprechers.

**Bild 2-1** Mensch-zu-Mensch-Kommunikation

Das kleine Beispiel zeigt, dass die Telekommunikationsdienste die komplexe Situation nur zum Teil widerspiegeln. Die Telegrafie ist zeichenbasiert. Sie ermöglicht nur die Übertragung der gesprochenen Wörter als Text. In der Telefonie wird das gesprochene Wort direkt übertragen. Eine Erkennung der Sprecher ist meist möglich. Allerdings sind Verwechslungen, z. B. von Brüdern oder Mutter und Tochter, typisch. Bei ortsfesten Telefonen und/oder die Übertragung von Umgebungsgeräuschen sind gewisse Rückschlüsse auf den Ort möglich. Die Bildtelefonie kommt der Situation in Bild 2-1 am nächsten. Man beachte jedoch, dass in allen Fällen mit etwas technischem Aufwand eine Täuschung des Kommunikationspartners möglich ist.

*Anmerkung*: In der Telekommunikation spielt die Sicherheit der Kommunikation eine zentrale Rolle. Darunter versteht man die Vertraulichkeit, die Verfügbarkeit, die Integrität und Authentizität und schließlich die Verbindlichkeit der Kommunikation.

Heute werden in vielen Fällen Kommunikation und Verarbeitung von Information an Maschinen delegiert. Ein Beispiel ist das Erfassen von Messdaten durch einen Sensor, Übertragen der Messdaten an einen Steuerrechner, Verarbeiten der Daten im Steuerrechner und schließlich Übertragen von Steuerbefehlen an einen passenden Aktor, s. Bild 2-2. Auch hier sind Qualität und Preis der Nachrichtenübertragung von entscheidender Bedeutung. Sie definieren sich von der jeweiligen Anwendung her und bestimmen die Eigenschaften der eingesetzten Nachrichtenquelle mit.

**Bild 2-2** Beispiel für die industrielle Anwendung der Datenübertragung

## 2.2    Audiosignalquellen

### 2.2.1    Hörschwelle

Telefonie, Hörrundfunk und Fernsehrundfunk sind die klassischen Telekommunikationsdienste mit Übertragung von *Audiosignalen*, also von ursprünglich akustischen Signalen im Hörbereich des Menschen. Erkenntnisse der *Psychoakustik*, der Wissenschaft vom Schall und seiner Wahrnehmung durch den Menschen, sind zu berücksichtigen. Ein wichtiges experimentelles Ergebnis ist der *Hörbereich* des Menschen. In Bild 2-3 ist der typische Zusammenhang zwischen dem physikalischen *Schalldruck* und der empfundenen *Lautstärke* monofrequenter Töne zusammengestellt. Eingetragen als Kurvenschar sind die *Isophonen*, die Linien gleicher Lautstärke. Die unterste Linie entspricht der *Hörschwelle* bei 0 Phon und die oberste der *Schmerzgrenze* bei 130 Phon. Die typischen Hörgrenzen für Sprache und Musik sind als Hörflächen markiert. Als wichtige Resultate dürfen festgehalten werden:

☞ Der hörbare Frequenzbereich (Audiobereich) erstreckt sich von ca. 16 Hz bis 16 (20) kHz.

☞ Die größte Hörempfindlichkeit liegt etwa zwischen 1 und 7 kHz.

☞ Gehörte Sprache spielt sich im Wesentlichen zwischen 100 Hz und 8 kHz ab.

Die Psychoakustik stellt weitere empirische Erkenntnisse bereit, wie beispielsweise die Maskierungseffekte im Frequenzbereich und im Zeitbereich. Die Psychoakustik bildet die Grundlage der modernen Sprach- und Audiocodierverfahren [GoMo00][Rei05][VHH98].

*Anmerkung*: Die Lautstärke ist eine subjektiv wahrgenommene Größe. Sie hängt vom Schalldruck $P$ und der Frequenz $f$ des Tones ab. Der Lautstärkepegel ist definiert als $L_N = 20 \cdot \log_{10} (P/P_0)$ dB mit dem Referenzwert $P_0 = 20$ µPa. Letzterer entspricht der Normallautstärke, d. h. einem Ton mit der Frequenz 1 kHz der etwa bei der Hörschwelle liegt, s. Bild 2-3.

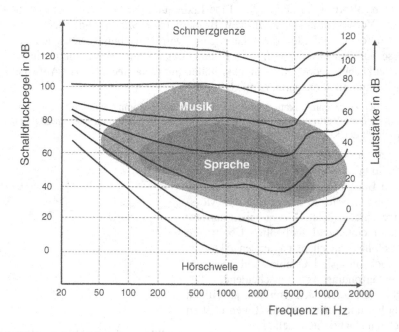

**Bild 2-3** Hörbereich des Menschen - Schalldruck und Lautstärke über der Frequenz nach [Bro04]

## 2.2.2   Mikrofon

Als technische Nachrichtenquelle für Audiosignale tritt das *Mikrofon* als elektro-akustischer Wandler auf. Es wandelt die Schallschwingungen der Luft (Schallenergie) in Strom- bzw. Spannungsschwankungen (elektrische Energie). Es existieren unterschiedliche Bauarten, angefangen von einfachen Mikrofonen in der Telefonie, wie dem Kohlemikrofon und dem Tauchspulenmikrofon, bis zum Kondensatormikrofon in der Studiotechnik. Letzteres zeichnet sich durch einen ausgeglichen Frequenzgang von 40 Hz bis 16 kHz, hohe Empfindlichkeit und gute Aussteuerbarkeit aus [BHKL05]. Die akustischen Signale sollen im geforderten Frequenzbereich möglichst unverzerrt in elektrische gewandelt werden. Wichtige technische Parameter sind neben dem Frequenzgang, der Klirrfaktor (typisch 0,1 ... 2%), die Empfindlichkeit und das Rauschverhalten des Mikrofons. Daneben treten je nach Anwendung weitere Merkmale, wie z. B. die Richtwirkung, der Schaltungsaufwand und die mechanische Empfindlichkeit.

*Anmerkung*: Eine anschaulich Einführung in den Themenkreis Mikrofon und Lautsprecher findet man z B. in [Häb00].

## 2.2.3   Sprachtelefonie, Hörrundfunk, Compact Disc

In der *Sprachtelefonie* soll gesprochene Sprache verständlich übertragen werden, s. Bild 2-4. Der weltweite Telefonverkehr setzt die Beachtung internationaler Standards voraus. Für die Sprachtelefonie sind weltweit die *ITU-T* (International Telecommunication Union - Telecommunication Standardization Sector, www.itu.int) in Genf und in Europa die *ETSI* (European Telecommunications Standards Institute, www.etsi.org) in Sophia-Antipolis maßgeblich.

*Anmerkungen*: (i) Die internationale Standardisierung geht auf den 1865 in Paris gegründeten Internationalen Telegraphenverein zurück. Die ITU besteht in ihrer heutigen Struktur seit 1992 und gliedert sich in drei Sektoren: Radiocommunication Sector (ITU-R), Telecommunication Standardization Sector (ITU-T) und Telecommunication Development (ITU-D). (ii) In der Fachliteratur sind auch häufig noch Hinweise auf die *CCITT* (Comité Consultatif International Télégraphique et Téléphonique) zu finden, eine Vorläuferorganisation der ITU. (iii) Auf Initiative der Kommission der Europäischen Gemeinschaft wurde 1988 die ETSI gegründet. Sie dient der europaweiten Harmonisierung auf dem Gebiet der Telekommunikation und übernahm dabei auch Aufgaben der *CEPT* (Conférence des Administrations Européennes des Postes et Télécommunications). (iv) Eine kurze Darstellung der Standardisierungsarbeiten der ITU und der ETSI findet sich beispielsweise in [KaKö99].

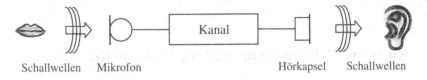

Schallwellen   Mikrofon                                   Hörkapsel   Schallwellen

**Bild 2-4** Sprachübertragung in der Telefonie mit Mikrofon und Hörkapsel

Bei der Sprachtelefonie ist die *Verständlichkeit* das wichtigste Qualitätsmerkmal. Deshalb fußen die Empfehlungen zur Sprachtelefonie auf Hörtests bei der Ende-zu-Ende-Verbindung. Um die Testergebnisse zu objektivieren, werden umfangreiche statistische Testverfahren nach standardisierten Vorschriften durchgeführt. Neben den statistischen Silben-, Wort- und Satzverständlichkeiten, wird die subjektive Qualität beispielsweise durch den *Mean-Opinion Score* (MOS) in fünf Stufen von 1 (schlecht) bis 5 (ausgezeichnet) bewertet [VHH98]. Da die Hörtests (auditive Bewertung) sehr aufwändig sind, werden deren Ergebnisse auf messbare Größen (instrumentelle Bewertung) abgebildet [Pom04].

Für die Qualität der Telefonie-Übertragung haben sich die Audio-Bandbreite und die (Echo-) Signallaufzeit als besonders wichtig erwiesen. Als Kompromiss zwischen Übertragungsaufwand und Qualität wurde für Telefonsprache das Audio-Band von 300 Hz bis 3,4 kHz festgelegt. Damit wird eine Silbenverständlichkeit von ca. 91% und Satzverständlichkeit von 99% erreicht.

*Anmerkung*: Für die Telefonie sind die ITU-Empfehlungen der G.700-Serie „Transmission systems and media digital systems and networks" besonders zu beachten.

**Tabelle 2-1** Audio-Quellen

| Anwendung | ungefähre Audio-Bandbreiten | Bemerkungen |
|---|---|---|
| analoge Sprachtelefonie | 300 Hz ... 3,4 kHz | Plain Old Telephony (POT) |
| digitale Sprachtelefonie (PCM) | 300 Hz ... 3,4 kHz | ITU-T G.711 mit Abtastfrequenz 8 kHz und Bitrate 64 kbit/s; Einführung ab etwa 1960 (USA) und 1970 (D); heute Standard im ISDN-Endgerät |
| digitale Sprachtelefonie (ADPCM) | 50 Hz ... 7 kHz | ITU-T G.722 mit Abtastfrequenz 16 kHz und Bitrate 48, 56 u. 64 kbit/s; für ISDN und DECT standardisiert |
| Rundfunk (FM) | 30 Hz ... 15 kHz | analog, Stereo |
| Magnetbandgerät (Kasette) | 40 Hz ... 12,5 kHz | analog, Stereo |
| Tonabnehmer (Schallplatte) | 20 Hz ... 15 kHz | analog |
| Compact-Disc (CD) | 20 Hz ... 20 kHz | Abtastfrequenz 44,1 kHz mit Bitrate 705,6 kbit/s pro Stereo-Kanal |

| | | | |
|---|---|---|---|
| ADPCM | Adaptive Differential PCM | ISDN | Integrated Services Digital Network |
| DECT | Digital Enhances Codeless Telephony | PCM | Pulse Code Modulation |
| FM | Frequenzmodulation | | |

### 2.2.4    Digitale Audioquellen

In vielen Anwendungen der Nachrichtenübertragung kann bereits von *digitalen Audioquellen* ausgegangen werden. Tabelle 2-2 stellt wichtige Beispiele für (Audio-) Bitraten vor [Mäu03] [Rei05] [VHH99].

## 2.3    Bild- und Videosignalquellen, Multimedia

### 2.3.1    Überblick

Die beiden meistverbreiteten Anwendungen der Bildübertragung sind der Fernkopierer (Telefax, kurz Fax) und das Fernsehen. Weniger öffentlich bekannt sind die vielfältigen Anwendungen der Bildverarbeitung in der Industrie, Medizin, Sicherungstechnik, usw. Hinzu kommen neuere Anwendungen im privaten Bereich, wie die digitale Fotografie, Internet und Multimedia-Nachrichten in der Mobilkommunikation. Ein zunehmend wachsender Bedarf an der Übertragung digitaler Bildinformationen ist über die letzten Jahren deutlich zu erkennen.

**Tabelle 2-2** Bitraten digitaler Audioquellen

| Standard / Anwendung | (Audio-) Bitrate in kbit/s | Bemerkungen |
|---|---|---|
| ITU-T G.711 | 64 | PCM |
| ITU-T G.722 | 48, 56 u. <u>64</u> | 7 kHz Audio |
| ITU-T G.726 | 16, 24, <u>32</u> u. 40 | Adaptive Differential Pulse Code Modulation (ADPCM) |
| ITU-T G.729 | 8 | Conjugate-Structure Algebraic Code Excited Linear Prediction Codec (CS-ACELP) - Qualität ähnlich wie PCM |
| ETSI-GSM 06.20 | 5,6 | Half-Rate Speech Transcoding |
| ETSI-GSM 06.60 | 13 | Enhanced Full-Rate Speech Transcoding |
| ISO-MPEG1 | 128, 192 u. 384 | Layer III (mittlere Bitrate), II und I |
| Compact-Disc (CD) | 2 x 705,6 | Stereo, Wortlänge 16 Bits, Abtastfrequenz 44,1 kHz, mit Fehlerschutz 4,3218 Mbit/s |
| Studio | 960 (1152) | Monokanal, Wortlänge 20 (24) Bits, Abtastfrequenz 48 kHz |

GSM : Global System for Mobile Communications
ISO : International Organization for Standardization
MPEG : Motion Picture Experts Group

Die Bild- und Videosignalquellen lassen sich einteilen nach

☞ Standbild (Foto, Fax, Graphiken) oder Video (bewegte Bilder)

☞ einfarbig (monochrom, schwarz-weiß) oder mehrfarbig (farbig)

☞ analog oder digital

Der umgangssprachliche Begriff „Video" ist ursprünglich mit der Magnetbandaufzeichnung von Fernsehsignalen (ab ca. 1950) und den weit verbreiteten Videokassetten und Videorekordern (ab ca. 1970) verknüpft. Das aufgezeichnete Signal (Video Composite Signal) enthält Bild-, Ton- und Synchroninformation In der Technik bezeichnet das *Videosignal* im engeren Sinn das Signal nur mit der Bildinformation.

Der Begriff *Multimedia* bezieht sich auf Dienste, Anwendungen und technische Einrichtungen bei denen Audio-, Video- und Zusatzdaten miteinander verknüpft sind. In der Nachrichtenübertragung heißt das, dass Audio-, Video- und Zusatzdaten zu einem Datenstrom (Stream) zusammengefasst werden. Hierbei sind besonders die Zeitbezüge kritisch. Schließlich sollen bei der Wiedergabe eines Videofilms z. B. die Mundbewegungen der Schauspielerin zur gehörten Sprache passen.

## 2.3.2 Analoges Fernsehen

### 2.3.2.1 Schwarz-Weiß-Fernsehen

Erste Untersuchungen zur Übertragung von Bildern durch Bildabtastung fanden bereits im 19. Jahrhundert statt. 1843 gab A. Bain das Prinzip der Zerlegung von Bildern in Zeilen an und P. Nipkow erprobte 1883 eine mechanische Apparatur zur Bildzerlegung, die Nipkow-Scheibe [Bro04]. Die eigentliche Entwicklung des *Fernsehens* begann jedoch erst in den 1920er Jahren mit dem Einsatz von Röhrenverstärkern. 1941 wurde in den USA vom *National Television System Committee* (NTSC) der NTSC-Standard für das Schwarz-Weiß-Fernsehen verabschiedet. 1954 folgte das Farbfernsehen.

Da in Europa die Einführung des Fernsehens (Deutschland, 1952 NWDR) später als in den USA geschah, setzten sich verbesserte Verfahren durch. Sichtbar wird das beim Farbfernsehen mit dem *PAL-System* (Phase-Alternating Line, Deutschland 1966/67) und dem *SECAM-System* (Séquentiel Couleurs à Mémoire, Sequential colors with memory).

*Anmerkungen*: (i) Paul Nipkow, \*1860/+1940, deutscher Ingenieur. (ii) Der Fernsehbildschirm ist eine Weiterentwicklung der 1897 erfunden Braunschen Röhre. Karl Ferdinand Braun: \*1850/+1918, deutscher Physiker, Nobelpreis 1909 für Verdienste um die drahtlose Telegraphie (gemeinsam mit Guglielmo Marconi). (iii) Walter Bruch: \*1908/+1990, deutscher Elektroingenieur, entwickelte Ende der 1950er Jahre das PAL-System. (iv) Seit Jahren ist das analoge Fernsehen technisch überholt. Wegen der Investitionsausgaben für die digitale Infrastruktur, d. h. insbesondere für die Empfangsgeräte der Zuschauer, wurde der Umstieg auf das digitale Fernsehen verzögert. Bis zum Jahr 2010 sollen in Deutschland die letzten analogen terrestrischen Fernsehsender abgeschaltet sein.

Da beim Fernsehen die Menschen die Nachrichtensenken sind, muss die Bilddarstellung auf das subjektive Empfinden der Menschen angepasst sein. Zwei wichtige Effekte dabei sind das *Auflösungsvermögen* von Bilddetails sowie der Eindruck des *Bildflimmerns*. Gestützt auf empirische Untersuchungen wurde in den USA und Japan eine nominale Bildzerlegung in 525 Zeilen bzw. in Europa 625 Zeilen festgelegt. Für die Bildfolgefrequenz, d. h. Zahl der (Voll-) Bilder pro Sekunde, wurden 30 Hz. bzw. 25 Hz ausgewählt. Letzteres geschah auch in Anlehnung an die Netzfrequenz der Stromversorgung von 60 Hz bzw. 50 Hz.

Für die Nachrichtenübertragung ist die benötigte Bandbreite des Fernsehsignals besonders wichtig. Wir schätzen sie deshalb durch eine Modellüberlegung ab. Dazu gehen wir im Folgenden vom reziproken Zusammenhang zwischen Bandbreite und Zeitdauer aus [Wer05] und konstruieren ein Bild mit sich möglichst schnell änderndem periodischen Inhalt, das Schachbrettmuster in Bild 2-5. Von der Periode im Bild, kann dann auf die zugehörige Frequenz im Bildsignal geschlossen werden. Letztere liefert die gesuchte Eckfrequenz zur Abschätzung der benötigten Bandbreite für das Fernsehsignal.

*Anmerkung*: Ganz entsprechend wird später in Abschnitt 6.6 die Nyquist-Frequenz eingeführt.

Zur Darstellung der Bilder im Fernsehgerät wird (auch heute noch) in der Regel eine Bildröhre eingesetzt. Ein vom Bildsignal gelenkter Elektronenstrahl regt die Leuchtstoffpartikel auf dem Leuchtschirm der Bildröhre zur Lichtausstrahlung an. Dabei stellt ein Austastsignal sicher, dass der Elektronenstrahl beim Übergang von Zeilenende zu Zeilenanfang, die *Horizontalaustastung*, und von Bildende zu Bildanfang, die *Vertikalaustastung*, dunkel gesteuert wird.

Für die Horizontalaustastung sind $t_{ah}$ = 12 µs und die Vertikalaustastung $t_{av}$ = 1,612 ms vorgesehen. Diese Zeitintervalle stehen für die Übertragung von Bildinformationen nicht zur Verfügung. Pro Vollbild der Dauer $T_B$ = 1/25 Hz = 40 ms gehen somit durch die Vertikalaustastung $2 \cdot t_{av}$ = 3,224 ms, d. h. 8,06 % der Übertragungszeit, verloren. Die Verdoppelung der vertikalen Austastzeit berücksichtigt dabei das übliche Zwischenzeilenverfahren (Interlaced Scanning). Die Vertikalaustastung von ca. 8,06% entspricht 50 von 625 Zeilen, so dass sich die Zahl von 575 sichtbaren Zeilen ergibt, s. Bild 2-5.

Ähnliches gilt für die Horizontalaustastung. Bei der (Voll-) Bildfolgefrequenz von 25 Hz stehen pro Zeile zunächst $T_Z$ = 40 ms / 625 = 64 µs zur Verfügung. Die Horizontalaustastung $t_{ah}$ belegt davon 18,75 %.

Gehen wir nun davon aus, dass für den Betrachter die horizontale Bildauflösung etwa gleich der vertikalen ist und Bildbreite und Bildhöhe im Verhältnis 4:3 stehen, so können wir uns entsprechend zu den 575 sichtbaren Zeilen 4/3 · 575 = 767 sichtbare Spalten denken.

*Anmerkung*: Die Vorstellung von Spalten ist nur eine Hilfsüberlegung. Tatsächlich ist das Videosignal analog. Die Digitalisierung wie sie das Schachbrettmuster in Bild 2-5 suggeriert ist nur modellhaft.

Wie Bild 2-5 veranschaulicht, ergeben sich insgesamt 767 · 575 = 441 025 sichtbare Bildelemente. Nehmen wir nun die größtmögliche Signalvariation, ein Schachbrettmuster aus weißen und schwarzen Bildelementen an, erhalten wir in einer Zeile ein periodisches Signal mit der Periode $T = (64\mu s - 12\mu s) \cdot (2/767) = 0{,}1356\ \mu s$. Die Periode entspricht einer Frequenz von 7,4 MHz. Für die *Bandbreite* eines Schwarz-Weiß-Bildsignals mit Austastlücken erhalten wir also einen geschätzten Wert von ca. 7,4 MHz. Praktische Untersuchungen zeigen, dass sich mit einer etwas kleineren Bandbreite ausreichende Übertragungsqualitäten erzielen lassen. Dementsprechend wurden von der Kommission Comité Consultative International des Radiocommunications (CCIR, heute ITU-R) Systeme mit Bandbreiten von 4,2 bis 6 MHz genormt.

Man bezeichnet das Schwarz-Weiß-Bildsignal (B) mit Austastlücken (A) kurz als BA-Signal. Zur Synchronisation der Zeilenstruktur im Empfänger werden in die Austastlücken zusätzliche Synchronisationsimpulse (S) eingesetzt. Das derart zusammengesetzte Signal wird *BAS-Signal* (engl. Composite Video Signal, CVS) genannt.

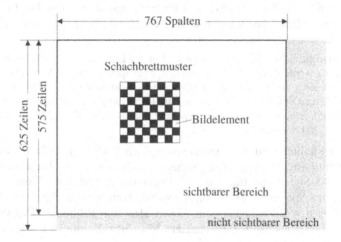

**Bild 2-5** Einteilung des 625/50-Fernsehbildes aufgrund der horizontalen und vertikalen Austastungen in einen sichtbaren und einen unsichtbaren Bereich

### 2.3.2.2 Farbfernsehen

Um die Investitionen der Millionen von Fernsehzuschauern in Schwarz-Weiß-Fernsehgeräte zu schützen, sollte das einzuführende Farbfernsehen technisch abwärtskompatibel sein. Farbfernsehsignale sollten mit Schwarz-Weiß-Fernsehgeräten empfangbar und monochrom darstellbar sein.

Die Grundlage für das *Farbfernsehen* liefert die Spektroskopie und Farbenlehre. Das menschliche Auge besitzt auf der Netzhaut Photonensensoren, Stäbchen und Zäpfchen genannt, die auf Licht mit Wellenlängen von ca. 380 nm bis ca. 750 nm reagieren. Die empfindlicheren *Stäbchen* liefern die Helligkeitsinformation. Die *Zäpfchen* sind für die Farbinformation zuständig. Dabei kommt das Prinzip der additiven Farbmischung zur Anwendung. Es existieren drei Typen von Zäpfchen, je ein Typ für die Grundfarben Rot (590…750 nm), Grün (487…566 nm) und Blau (440…485 nm). Durch Überlagerung entstehen daraus die etwa 160 von Menschen unterscheidbaren Farbtöne.

Das Farbfernsehen beruht auf dem Prinzip der additiven Farbmischung durch drei *Primärfarben*. Die Auswahl der Primärfarben ist dabei zunächst unwichtig, solange nicht eine der Primärfarben durch die beiden anderen erzeugt werden kann. Die unterschiedlichen Primärfarbensysteme können durch Linearkombination ineinander umgerechnet werden. Die *Internationale Beleuchtungskommission* (IBK) hat zur additiven Farbmischung die Primärfarben Rot, Grün und Blau (RGB) mit den Wellenlängen 700 nm, 546,1 nm bzw. 435,8 nm festgelegt.

In der Farbfernsehtechnik ist jedoch die technische Realisierbarkeit zu beachten, d. h. die Verfügbarkeit entsprechender Bildaufnehmer (Kamera) und Leuchtstoffe (Bildschirm). Aus diesem Grund werden die modifizierten Grundfarben Rot (R, 610 nm), Grün (G, 537 nm) und Blau (B, 472 nm) verwendet. Damit sind nicht alle Farben darstellbar, jedoch wird eine akzeptable Wiedergabequalität erreicht.

Die Abwärtskompatibilität des Farbfernsehsignals wird durch Abbildung der drei Farbwertsignale $R$, $G$ und $B$ in ein *Luminanzsignal (Leuchtdichtesignal)* $Y = 0,299 \cdot R + 0,587 \cdot G + 0,114 \cdot B$ mit der Helligkeitsinformation und zwei *Chrominanzsignale (Farbdifferenzsignale)* $C_B = B - Y$ und $C_R = R - Y$ mit der zusätzlichen Farbinformation erreicht. Da das Auge auf die Farbinformation unempfindlicher reagiert, werden die Chrominanzsignale auf 1,3 MHz, statt 5 MHz wie beim Chrominanzsignal, begrenzt.

*Anmerkungen*: (i) Die Bezeichnungen der Signale sind in der Literatur nicht einheitlich. Die Farbdifferenzsignale $C_B$ und $C_R$ werden auch $U$ bzw. $V$ genannt. Man spricht von der YUV-Darstellung. (ii) Für die Farbdifferenzsignale $C_B$ und $C_R$ werden zusätzlich die Gewichtungsfaktoren 0,493 und 0,877 verwendet. (iii) In der NTSC- und SECAM-Norm wird die YIQ-Darstellung mit anderen Bewertungen der RGB-Signale für die Farbdifferenzsignale $I$ und $Q$ verwendet mit $I = 0,597 \cdot R - 0,277 \cdot G - 0,321 \cdot B$ und $Q = 0,213 \cdot R - 0,523 \cdot G + 0,309 \cdot B$ [Ohm04].

Zur Abwärtskompatibilität wird das Luminanzsignal als BAS-Signal übertragen. Dem BAS-Signal ist die Farbinformation möglichst gegenseitig störungsfrei zu überlagern. Hierbei werden Lücken im BAS-Signal-Spektrum genutzt. Durch den periodischen Prozess der Zeilenabtastung entstehen im Spektrum relativ energiereiche, konzentrierte Bereiche (Seitenschwingungen) in Abständen von Vielfachen von 15,625 kHz vom Bildträger. Dazwischen werden die Seitenschwingungen des Farbträgers platziert. Mit einem Kammfilter können die Spektralanteile im Empfänger wieder getrennt werden.

### 2.3.3    Fernkopieren

Der *Fernkopierer*, kurz *Faxgerät* (Faksimile) genannt, wurde in den 1960er Jahren in Deutschland entwickelt und ab 1970 in Japan zuerst eingesetzt. Heute werden täglich ca. 20 Mio. Faxseiten in Deutschland versandt [Bro04]. Die Besonderheit des ursprünglichen Faxdienstes besteht in der Übertragung digitaler Information (abgetastetes Schwarz-Weiß-Bild) über das analoge Sprachtelefonnetz. Dies wird durch den Einsatz von *Modems* erreicht, also der Kombination aus Modulator und Demodulator in einem Gerät. Dabei wird die digitale Information quasi in akustische Signale, die bekannten Pfeiftöne, und zurück gewandelt. Die Qualität der Dokumentdarstellung wird mit der Auflösung in *Bildpunkten* (*Pixels = Picture Elements*) pro Zoll (Inch) in horizontaler und in vertikaler Richtung angegeben.

*Anmerkungen*: (i) Dass sich das Fernkopieren zunächst in Japan durchsetzte ist nicht verwunderlich, gab es doch dort einen hohen Bedarf an Übertragungen von Dokumenten in der japanischen Wort-Silben-Schrift. (ii) $1'' = 2,54$ cm (exakt)

Faxgeräte bzw. -dienste werden nach Gruppen unterschieden. Die älteren analogen Geräte der Gruppe 1, 2 und 3 sind für das analoge Telefonnetz konzipiert. Ihre Auflösung beträgt 200

Bildpunkte horizontal und 100... 200 vertikal. Geräte der Gruppe 3 nehmen zusätzlich eine *Redundanzminderung* durch *Lauflängencodierung* mit *Huffman-Code* vor. Dadurch wird die Übertragungsdauer einer durchschnittlichen DIN-A4-Seite von ca. 6 Minuten bei einem Gruppe-1-Gerät auf ca. 1 Minute verkürzt.

Im Beispiel einer Seite im DIN-A4-Format mit 21 cm Breite und 29,7 cm Höhe ergeben sich bei der geringsten Auflösung von 100 Pixel pro Zoll 828 Pixel pro Zeile und 1170 Zeilen. Pro Bild resultieren 968760 Pixel in Schwarz-weiß-Darstellung, so dass - vor der redundanzmindernden Codierung - ein Datenvolumen von ca. 1 Mbit entsteht.

Moderne Faxgeräte der Gruppe 4 sind für die digitale Übertragung im ISDN-Netz in einem Basiskanal (B-Kanal) mit der Bitrate von 64 kbit/s konzipiert. Durch die digitale Übertragung reduzieren sie die Übertragungsdauer im Beispiel nochmals deutlich auf ca. 10 s. Die Auflösung kann in der Regel von 100 bis 400 Bildpunkte in jede Richtung eingestellt werden.

### 2.3.4 Bildtelefonie und Video-Konferenz

Zum Leistungsumfang des *ISDN-Netzes* (Integrated Services Digital Network) gehört der Bildtelefondienst nach dem Standard ITU-T H.320. Es werden zwei Basiskanäle (B-Kanäle) mit zusammen 128 kbit/s verwendet. Für die *Bildtelefonie* stehen seit Mitte der 1990er Jahre unterschiedliche Standards zur Verfügung. Sie spiegeln die unterschiedliche Rahmenbedingungen (Formate, verfügbare Übertragungsbitraten) sowie den jeweiligen Stand der Forschung auf dem Gebiet der Bildkompression wider. Typisch sind das *CIF-Bildformat* (*Common Intermediate Format*) und für die Übertragung in einem B-Kanal das um den Faktor vier verkleinerte *Q-CIF-Bildformat* (Quarter CIF), s. a. Tabelle 2-4. Für die Darstellung im CIF-Format sind Bildschirme in der Größe von 11″ bis 15″ (27,94 ...38,1 cm) vorgesehen. Bilder in Q-CIF-Größe sind für preiswertere 5″-Bildschirme (12,7 cm) geeignet.

Eine Erweiterung der Bildtelefonie stellt die *Video-Konferenz* dar. Sie benötigt einen wesentlich höheren Aufwand. Mit einer Bitrate von 384 kbit/s lassen sich bereits brauchbare Systeme einsetzen.

### 2.3.5 Digitale Bilder, digitales Fernsehen und Video

Digitale Bilder werden heute meist durch *CCD-Elemente* (*Charge Coupled Devices*) gewonnen. Alternative werden für Bildwandler auch CMOS-Schaltkreise verwendet. Diese Technik ist jedoch heute noch nicht ausgereift.

Die CCD-Elemente sind Zeilen- und Spaltenweise angeordnet. Dementsprechend wird das Bild in Bildelemente, so genannte Pixels (Picture Elements) zerlegt. Die CCD-Elemente sammeln während der Belichtungszeit Ladungen an, die danach im abgedunkelten Zustand ausgelesen werden. Bei der Aufnahme von Bewegtbildern geschieht dies periodisch, wobei die Häufigkeit jeweils durch die zugrunde gelegte Norm vorgegeben ist. Für die Bildqualität entscheidend sind das Verhältnis von Belichtungszeit (Ladungsintegrationszeit) und Auslesezeit, sowie die Flächendichte der CCD-Elemente.

So vielfältig die Anwendungen, so vielfältig sind heute die Bildformate. Tabelle 2-3 zeigt einen Überblick über die *Bildformate* wichtiger Standards. Die zugehörigen Parameter sind in Tabelle 2-4 zusammengestellt. Einen Größenvergleich der Formate ermöglicht Bild 2-6.

Man beachte das enorme Datenvolumen, das bei Fernsehsignalen anfällt. Schon bei herkömmlicher Qualität (EQTV) entsteht ein Bitstrom mit ca. 170 Mbit/s. Erst durch die modernen *Bildkompressionsverfahren* wird eine Verteilung an die Zuschauer wirtschaftlich interessant. So reduziert sich nach Codierung mit dem *MPEG-2-Standard* (*Motion Picture Experts Group*) die Bitrate auf 4...6 Mbit/s.

*Anmerkung*: Die Reduktion des Datenvolumens um den Faktor 30 wird möglich, da moderne Bildkompressionsverfahren räumliche und zeitliche Abhängigkeiten in den Bildern erkennen und zur Darstellung der Bildinformation nutzen. Ändert sich beispielsweise der Hintergrund einer Szene nicht, so brauch die Bildinformation nicht noch mal übertragen werden. Man spricht von einer Differenzcodierung, d. h. im Wesentlichen werden nur Änderungen im Bild übertragen. Als besonders wirksam erweist sich die Bewegungsschätzung. Wir ein Objekt durch das Bild bewegt, z. B. eine Szene mit fahrendem Auto, so können im Empfänger wesentliche Bildinhalte vorherbestimmt werden. Nur die nicht vorhersagbaren Änderungen müssen übertragen werden.

**Tabelle 2-3** Digitale Bildformate

| CIF | *Common Intermediate Format*, Bildtelefonie bei niedrigen Bitraten |
|---|---|
| Q-CIF | *Quarter CIF*, um den Faktor 4 verkleinerte Bildfläche wie bei CIF |
| CCIR 472 | digitales Fernsehformat mit reduzierter Zeilenzahl, Bildtelefon- und Videokonferenzsysteme |
| ITU-R BT.601 | digitales Fernsehformat mit Studioqualität (Encoding Parameters of Digital Television for Studios), 1982 von der CCIR (heute ITU-R) eingeführt und mehrmals aktualisiert bezieht es sich auf das analoge Fernsehen, wird durch das digitale Fernsehen abgelöst |
| EQTV | *Enhanced Quality TV* (auch EDTV mit D für Definition), Progressive HDTV-Bilder mit verbessertem Bildseitenverhältnis auch bei verringerter Auflösung darzustellen |
| HD-1440 | *High-definition TV* (HDTV), gegenüber analogem TV-Signal verdoppelte Zeilen- und Spaltenzahl |
| HD-I | HDTV mit verbessertem Bildseitenverhältnis, Zeilensprungverfahren (*Interlaced*) |
| HD-P | HDTV mit progressiver Abtastung (*Progressive*) und erhöhter Bildfolgefrequenz |

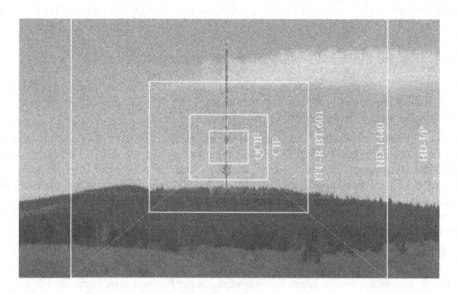

**Bild 2-6** Größenvergleich unterschiedlicher digitaler Bildformate (Sender auf dem Heidelstein in der Rhön, 926m)

**Tabelle 2-4** Parameter digitaler Bildformate

| | | QCIF | CIF/SIF | CCIR 472 | ITU-R BT.601 | EQTV | HD 1440 | HD-I | HD-P |
|---|---|---|---|---|---|---|---|---|---|
| Abtastfrequenzen in MHz | Y | | | 5,0 | 13,5 | 18 | 72 | 72 | 144 |
| | U,V | | | 2,5 | 6,75 | 4,5 | 36 | 36 | 36 |
| Bildpunkte / Zeile | Y | 176 | 352 | 256 | 720 | 960 | 1440 | 1920 | 1920 |
| | U,V | 88 | 176 | 128 | 360 | 480 | 720 | 960 | 960 |
| Zeilenzahl | Y | 144 (120) | 288 (240) | 576 (480) | 576 (480) | 576 (480) | 1152 (960) | 1152 (960) | 1152 (960) |
| | U,V | 72 (60) | 144 (120) | 576 (480) | 576 (480) | 288 (240) | 1152 (960) | 1152 (960) | 576 (480) |
| Bildseitenverhältnis | | 4:3 | 4:3 | 4:3 | 4:3 | 16:9 | 4:3 | 16:9 | 16:9 |
| Bildfolgefrequenz in Hz | | 5..15 | 10…30 | 25 (30) | 25 (30) | 25 (30) | 25 (30) | 25 (30) | 50 (60) |
| Datenmenge pro Einzelbild[1] in kbit | | 304,16 | 1216,8 | 2359,2 | 6635,2 | 6635,2 | 26544 | 35392 | 26544 |
| Bitrate der Bildsequenz in Mbit/s | | 0,84… 3,8 | 10,1… 30,4 | 59,0 | 165,9 | 165,9 | 663,5 | 884,7 | 1327 |

[1]) Quantisierung mit 8-Bit-PCM

Abschließend gibt Tabelle 2-5 noch eine Übersicht über Bildformate im PC-Bereich. Dort werden wichtige Standards von der *Video Electronic Standard Association* (VESA) gesetzt.

**Tabelle 2-5** Bildformate im PC-Bereich

| Bezeichnungen | Auflösung (Bildpunkte pro Zeile × Zahl der Zeilen) | Bildformate |
|---|---|---|
| VGA (Video Graphics Array, 1987) | $640 \times 480$ | $4:3$ |
| SVGA (Super VGA) | $800 \times 600$ | $4:3$ |
| XGA (Extended GA, 1990) | $1024 \times 768$ | $4:3$ |
| SXGA (XGA-2) | $1280 \times 1024$ | $5:4$ |
| UXGA (Extended VGA) | $1600 \times 1200$ | $4:3$ |
| QXGA | $2048 \times 1536$ | $4:3$ |

# 2.4 Digital-Analog-Umsetzung

## 2.4.1 Einführung

Die Fortschritte in der Mikroelektronik ermöglichen heute die Massenproduktion leistungsfähiger digitaler Schaltkreise. Damit lassen sich die Vorteile der Digitaltechnik in vielen Anwendungen preiswert nutzen. Signale, wie z. B. von Audio- und Videoquellen, Sensoren und Messdatenaufnehmern, werden dazu mit *Analog-Digital-* (A/D-) *Umsetzern* digitalisiert. A/D-Umsetzer sind in unterschiedlichen Leistungsmerkmalen und großer Auswahl erhältlich [TiSc99]. Sie werden oft bereits auf größeren Schaltungen, z. B. Mikrocontrollern und intelligenten Sensoren, integriert.

Bild 2-7 zeigt die prinzipiellen Verarbeitungsschritte zur *Digitalisierung* eines analogen Basisbandsignals. Der erste Schritt der Tiefpassfilterung mit der Grenzfrequenz $f_g$ kann unterbleiben,
wenn das Eingangssignal bereits entsprechend
bandbegrenzt ist.

Die Digitalisierung geschieht in drei Schritten:
der zeitlichen und der wertmäßigen Diskretisierung und der Codierung.

Zunächst werden bei der zeitlichen Diskretisierung, auch *Abtastung* genannt, jeweils alle Ab-
tastintervalle $T_a$ ein Abtastwert, der Momentanwert $x[n] = x(nT_a)$, aus dem analogen Signal ent-
nommen. Die zeitdiskrete Abtastfolge $x[n]$ besitzt wertkontinuierliche Amplituden. Bei der
*Quantisierung* werden den Amplituden entsprechend der *Quantisierungskennlinie* repräsentative
Werte aus einem diskreten Amplitudenvorrat
zugewiesen, so dass das digitale Signal $[x[n]]_Q$
entsteht. Im *Encoder* wird das digitale Signal
gemäß einer *Codetabelle* für die diskreten
Amplituden in die *Bitfolge* $b_n$ umgesetzt.

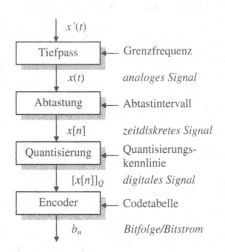

**Bild 2-7** Verarbeitungsschritte vom analogen
zum digitalen Signal

## 2.4.2 Abtasttheorem

Eine sinnvolle zeitliche Diskretisierung liegt vor, wenn das zeitkontinuierliche Signal durch die
Abtastfolge angemessen wiedergegeben wird. Wie in Bild 2-8 veranschaulicht wird, muss ein
Signal ausreichend dicht abgetastet werden, damit es aus der Abtastfolge - wie im unteren Bei-
spiel - durch eine (lineare) Interpolation hinreichend genau wiedergewonnen werden kann.
Diese grundsätzliche Überlegung wird im *Abtasttheorem* präzisiert.

---

**Abtasttheorem**: Eine Funktion $x(t)$, deren Spektrum für $|f| \geq f_g$ null ist, wird durch die
*Abtastwerte* $x(t = nT_a)$ vollständig beschrieben, wenn das *Abtastintervall* $T_a$ bzw. die
*Abtastfrequenz* $f_a$ so gewählt wird, dass

$$T_a = \frac{1}{f_a} \leq \frac{1}{2f_g} \tag{2.1}$$

Die Funktion kann dann durch die si-*Interpolation* fehlerfrei rekonstruiert werden.

$$x(t) = \sum_{n=-\infty}^{\infty} x(nT_a) \cdot \text{si}\left(f_a \pi [t - nT_a]\right) \tag{2.2}$$

---

*Anmerkungen*: (i) Man beachte die Definition der Grenzfrequenz $f_g$, die eine Spektralkomponente bei
eben dieser Frequenz im Signal ausschließt. (ii) si-Funktion: $\text{si}(x) = \sin(x)/x$ mit $\text{si}(0) = 1$. (iii) Mathematisch gesehen handelt es sich bei der si-Interpolation in (2.2) um eine orthogonale Reihendarstellung ähnlich der Fourier-Reihe, wobei die Abtastwerte die Rolle der Entwicklungskoeffizienten übernehmen.

Die Wirkungsweise der si-Interpolation lässt sich in Bild 2-9 nachvollziehen. Die zur Interpolation verwendeten si-Impulse entsprechen im Frequenzbereich einem idealen Tiefpassfilter mit der Grenzfrequenz $f_g$. Eine Interpolation mit Hilfe eines idealen Tiefpassfilters liefert das ursprüngliche zeitkontinuierliche Signal. Die praktische Anwendung des Abtasttheorems geschieht in *Analog-Digital*- bzw. *Digital-Analog-Umsetzern*.

Die Forderung nach strikter Bandbegrenzung (2.1) wird in Bild 2-10 anhand zweier Kosinussignale mit den Frequenzen $f_1 = 1$ kHz und $f_2 = 7$ kHz veranschaulicht. Bei einer Abtastfrequenz von $f_a = 8$ kHz erhält man in beiden Fällen die gleichen Abtastwerte. Offensichtlich tritt durch die Abtastung eine Mehrdeutigkeit auf, die nur durch die Bandbegrenzung des zeitkontinuierlichen Signals aufgelöst werden kann.

Der in Bild 2-10 gezeigte Effekt kann auch hörbar gemacht werden. Würde man ein sinusförmiges Tonsignal bei der Frequenz 7 kHz mit 8 kHz abtasten und dann durch D/A-Umsetzung wieder hörbar machen, so würde ein Signal mit der Frequenz 1 kHz ertönen. Die durch Verletzung des Abtasttheorems entstehenden Spektralkomponenten werden (Abtast-) *Spiegelfrequenzen* genannt, da sie im Spektrum als Spiegelung an der halben Abtastfrequenz, hier 4 kHz, erscheinen.

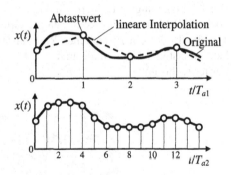

**Bild 2-8** Abtastung und lineare Interpolation

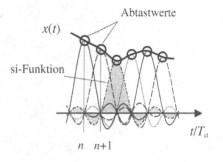

**Bild 2-9** si-Interpolation

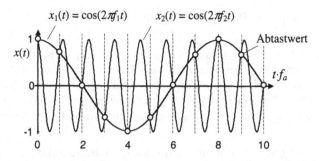

**Bild 2-10** Abtastung zweier Kosinussignale mit den Frequenzen $f_1 = 1$ kHz und $f_2 = 7$ kHz bei einer Abtastfrequenz von $f_a = 8$ kHz

Der Effekt der Spiegelung von Signalkomponenten durch Abtastung kann in der Bildverarbeitung sichtbar gemacht werden [Gir96]. Bild 2-11 zeigt die *fresnelsche Zonenplatte* mit Ringmuster, wie es bei der Beugung von Licht an einer Lochblende entsteht.

*Anmerkung: Augustin Jean Fresnel*: *1788/+1827, französischer Physiker und Ingenieur, Begründer der Wellentheorie des Lichtes.

Die Überlagerung mit einem dunklen Streifenmuster entspricht einer Abtastung. Es ist nur noch die Bildinformation zwischen den Streifen sichtbar. Durch die Abtastung wird im rechten Teil des Bildes ein zusätzliches Ringmuster sichtbar. Das gleiche ergibt sich durch die vertikale Abtastung. Horizontale und vertikale Abtastung zusammen (Gitter) erzeugen das Ringmuster rechts unten.

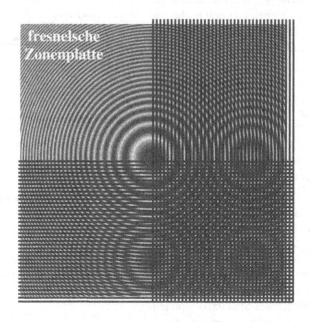

**Bild 2-11** Bildabtastung der fresnelschen Zonenplatte mit drei Artefakten

### 2.4.3    Quantisierung

In diesem Abschnitt wird das Prinzip der Digitalisierung anhand des Beispiels in Bild 2-12 erläutert.

Das analoge Signal $x(t)$ sei auf den *Quantisierungsbereich* [-1,1] begrenzt. Falls nicht, wird das Signal vorab mit seinem Betragsmaximum normiert. Im Weiteren wird stets von einem Quantisierungsbereich von -1 bis +1 ausgegangen. Die Amplituden der Abtastwerte sollen mit je 3 Bits dargestellt werden. Man spricht dann von einer *Wortlänge* von 3 Bits und schreibt kurz $w$ = 3 bit. Mit 3 Bits können genau $2^3 = 8$ *Quantisierungsintervalle* (Quantisierungsstufen) unterschieden werden.

Bei der *gleichförmigen Quantisierung* teilt man den Quantisierungsbereich in $2^{w/\text{bit}}$ Intervalle mit der *Quantisierungsintervallbreite* (Quantisierungsstufenhöhe).

$$Q = 2^{-\left(w/\text{bit}-1\right)} \tag{2.3}$$

Im Beispiel ergibt sich $Q = 1/4$. Dementsprechend ist in Bild 2-12 die Ordinate von -1 bis +1 in 8 gleichgroße Quantisierungsintervalle eingeteilt.

Den Quantisierungsintervallen wird jeweils eine eindeutige *Codenummer* zugewiesen, im Beispiel die Nummern 0 bis 7.

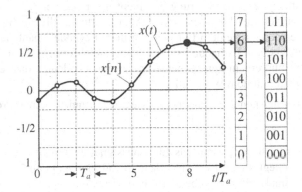

**Bild 2-12** Gleichförmige Quantisierung mit der Wortlänge 3 Bits: analoges Signal $x(t)$, Abtastwerte $x[n]$, Codenummern 0 bis 7 und Codetabelle 000 bis 111

Jetzt kann die Quantisierung für jeden Abtastwert durchgeführt werden. Im Bild sind dazu, entsprechend dem vorgegebenen Abtastintervall $T_a$, die Abtastwerte als Kreise markiert. Zu jedem Abtastwert bestimmt man das Quantisierungsintervall und ordnet die entsprechende Codenummer zu. Im Beispiel des Abtastwertes für $t = 8T_a$ ist das die Codenummer „6".

Jeder Codenummer wird bei der späteren Digital-Analog-Umsetzung genau ein diskreter Amplitudenwert, der *Repräsentant*, zugeordnet. Bei der gleichförmigen Quantisierung liegt dieser in der Intervallmitte, so dass der Abstand zwischen Abtastwert und Repräsentant die halbe Quantisierungsintervallbreite nicht überschreitet, s. Bild 2-13. Die Repräsentanten sind im Bild rechts als kleine Quadrate kenntlich gemacht. Es ergibt sich eine interpolierende Treppenkurve. Sie wird meist durch eine nachfolgende Tiefpassfilterung noch geglättet.

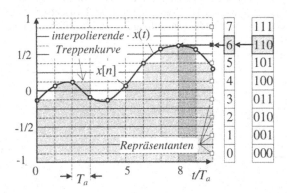

**Bild 2-13** Rekonstruktion eines analogen Signals durch interpolierende Treppenkurve

Entsprechend der *Codetabelle* werden die Codenummern zur binären Übertragung in ein Bitmuster, dem Codewort, umgewertet. Im Beispiel werden die Codenummern von 0 bis 7 nach dem *BCD-Code* (*Binary Coded Decimal*) durch die Codeworte 000 bis 111 ersetzt. Es kann der zugehörige *Bitstrom* abgelesen werden.

$$011,100,100,011,011,100,101,110,110,110,101,\ldots$$

Die exakte Beschreibung der Quantisierung geschieht mit Hilfe der *Quantisierungskennlinie*. Sie definiert die Abbildung der kontinuierlichen Abtastwerte auf die zur Signalrekonstruktion verwendeten Repräsentanten. Die dem Beispiel zugrunde liegende Quantisierungskennlinie ist in Bild 2-14 links angegeben. Es handelt sich um eine gleichförmige Quantisierung mit einer Wortlänge von 3 Bits und einem Sprung bei Null. Letzteres bedeutet, dass es zum Signalwert null keinen Repräsentant mit dem Wert null gibt.

Anhand der Quantisierungskennlinie lassen sich die zwei grundsätzlichen Probleme der Quantisierung erkennen:

✥ Eine *Übersteuerung* tritt auf, wenn das Eingangssignal außerhalb des vorgesehenen Aussteuerungsbereichs liegt. In der Regel tritt dann die *Sättigung* ein und es wird der Maximalwert bzw. der Minimalwert ausgegeben (*Sättigungskennlinie*).

✥ Eine *Untersteuerung* liegt vor, wenn das Eingangssignal (fast) immer viel kleiner als der Aussteuerungsbereich ist. Im Extremfall entsteht *granulares Rauschen* bei dem das quantisierte Signal scheinbar regellos zwischen den beiden Repräsentanten um die Null herum wechselt.

Bei der Quantisierung ist auf die richtige Aussteuerung des Eingangssignals zu achten. Übersteuerungen und Untersteuerungen sind zu vermeiden.

In der Nachrichtentechnik sind auch andere Quantisierungskennlinien gebräuchlich. Insbesondere kann, um granulares Rauschen zu vermeiden, der Wert null explizit dargestellt werden. Die Kennlinie in Bild 2-14 rechts zeigt die in der digitalen Signalverarbeitung häufig in Verbindung mit der Zweier-Komplement-Darstellung der Abtastwerte verwendete Kennlinie mit Runden der Werte auf ganzzahlige Vielfache der Quantisierungsintervallbreite $Q$.

*Anmerkungen*: (*i*) Wenn es auf kleine Betragswerte nicht ankommt, kann es sinnvoll sein, den Bereich für die Darstellung der Null in Bild 2-14 rechts zu verbreitern. Ein Beispiel liefert die Einer-Kompliment-Darstellung mit Betragsabschneiden. (*ii*) Die Kennlinie in Bild 2-14 entspricht nicht mehr streng einer symmetrischen Quantisierung, da wegen der Darstellung der Null der nächste Repräsentant zur Eins fehlt.

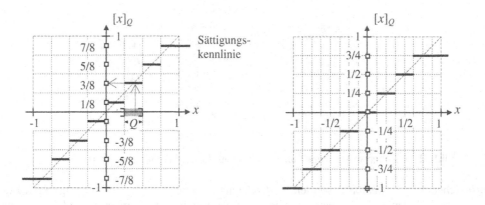

**Bild 2-14**  Quantisierungskennlinien der gleichförmigen Quantisierung mit $w = 3$ bit mit Sprung bei null (links) und mit Darstellung des Wertes null (rechts) (Quantisierungsintervallbreite $Q$, Repräsentanten □ )

Die Abbildung des Signals $x$ auf die quantisierten Werte $[x]_Q$ beschreiben die folgenden Gleichungen. In beiden Fällen wird eine Rundung vorgenommen. Üblicherweise wird zusätzlich eine Sättigung verwendet und im Falle eines Überlaufes der nächste passende Repräsentant gesetzt, s. Bild 2-14.

- Abbildung mit der Quantisierungkennlinie Runden mit Sprung bei null

$$[x]_Q = \begin{cases} \text{sgn}(x) \cdot Q \cdot \left( \frac{1}{2} + \left\lfloor \frac{|x|}{Q} \right\rfloor \right) & \text{für } x \neq 0 \\ Q/2 & \text{für } x = 0 \end{cases} \tag{2.4}$$

- Abbildung der Quantisierungskennlinie mit Runden mit Darstellung von null

$$[x]_Q = \begin{cases} \text{sgn}(x) \cdot Q \cdot \left\lfloor \frac{|x| + 0,5}{Q} \right\rfloor & \text{für } x \neq 0 \\ 0 & x = 0 \end{cases} \tag{2.5}$$

*Anmerkungen*: (i) $\lfloor x \rfloor$ = größte ganze Zahl kleiner gleich $x$. (ii) Signumfunktion: $\text{sgn}(x) = 1$ für $x > 0$, $\text{sgn}(x) = -1$ für $x < 0$ und unbestimmt für $x = 0$.

Bei der praktischen Realisierung der A/D-Umsetzung werden vier verbreitete Verfahren unterschieden [TiSc99]:

- Beim *Parallelverfahren* wird die Eingangsspannung gleichzeitig mit allen $n$ Referenzspannungen (zu allen Repräsentanten) verglichen. Der damit verbundenen, mit der Wortlänge exponentiell wachsenden Komplexität der Schaltung steht die hohe Verarbeitungsgeschwindigkeit als Vorteil gegenüber. Das Parallelverfahren eignet sich besonders für hohe Abtastfrequenzen von 10 ... 100 MHz bei relativ kleinen Auflösungen von 10... 4 Bits.

- Beim *Wägeverfahren* wird, beginnend mit dem höchstwertigen Bit, jeweils eine Stelle der binären Darstellung bestimmt. Es wird jeweils ein Größer-Kleiner-Vergleich zwischen der Eingangsspannung und der Referenzspannung des aktuellen Schrittes ausgewertet. Um Fehler zu vermeiden, sollte die Eingangsspannung des Umsetzers während des gesamten Wägeprozesses konstant sein, weshalb ein Abtast-Halte-Glied vorgeschaltet wird. Das Wägeverfahren wird für Abtastfrequenzen von 10 kHz bis 1 MHz und Wortlängen von 16 ... 8 Bits eingesetzt.

- Das *Zählverfahren* stellt das einfachste Verfahren dar. Es wird gezählt, wie oft die Referenzspannung der niedrigsten Stufe addiert werden muss, um die Eingangsspannung zu erhalten. Im ungünstigsten Fall sind bei einer Wortlänge von $n$ Bits $2^n$ Schritte durchzuführen. Das Zählverfahren ist damit relativ langsam und eignet sich deshalb besonders für kleine Abtastfrequenzen bis 1 kHz bei Wortlängen bis 20 Bits.

- Das *Kaskadenverfahren* ist eine Kombination aus Parallelverfahren mit eingeschränkter Zahl von Referenzspannungen und dem Wägeverfahren. Dementsprechend liegt das typische Einsatzgebiet bei Abtastfrequenzen von 1 ... 10 MHz und Wortlängen von 16 ... 8 Bits.

Reale A/D-Umsetzer können verschiedene Fehlerquellen aufweisen. Man unterscheidet statische Fehler und dynamische Fehler:

Zu den *statischen Fehlern* zählt das im nächsten Abschnitt analysierte Quantisierungsgeräusch. Daneben treten mehr oder weniger große Abweichungen durch fehlerhafte Schaltungen auf. Dazu gehört die Verschiebung der Kennlinie aus dem Ursprung, der *Offset-Fehler*, und eine Steigung ungleich eins, der *Verstärkungsfehler*. Offset- und Verstärkungsfehler lassen sich meist durch Abgleichen von Nullpunkt bzw. Vollausschlag beseitigen. Ein nichtlinearer Fehler entsteht, wenn die Stufenhöhen nicht den Vorgaben entsprechen. Dies kann bis zum Überspringen einzelner Quantisierungsintervalle, dem so genannten *Missing-Code-Fehler*, gehen.

*Dynamische Fehler* ergeben sich aus der Verletzung zeitlicher Vorgaben. Bei (etwas) zu hoher Abtastfrequenz kann beispielsweise (gelegentlich) ein falscher Wert ausgegeben werden, wenn die Schaltung die A/D-Umsetzung nicht abschließen konnte. Eine wichtige Fehlerursache ist der *Apertur-Jitter*. Damit bezeichnet man die zeitlichen Schwankungen zwischen den tatsächlichen Abtastzeitpunkten. Da sich das Signal in der Regel ändert, werden falsche Werte erfasst.

### 2.4.4  Quantisierungsgeräusch

Aus den quantisierten Werten, den Repräsentanten, kann das ursprüngliche Signal bis auf künstliche Spezialfälle nicht mehr fehlerfrei rekonstruiert werden. Wie im letzten Unterabschnitt deutlich wurde, wird der *Quantisierungsfehler* durch die Wortlänge kontrolliert. Je größer die Wortlänge desto kleiner die Quantisierungsfehler. Mit wachsender Wortlänge nimmt jedoch auch die Zahl der zu übertragenden bzw. zu speichernden Bits zu. Je nach Anwendung ist zwischen der Qualität und dem Aufwand abzuwägen. Für die PCM in der Telefonie wird dies im Folgenden getan. Konkret soll die Frage beantwortet werden: Wie viele Bits werden zur Darstellung eines Abtastwertes benötigt?

Um die Frage zu beantworten, muss zunächst die Qualität quantitativ messbar sein. Dazu verwendet man das Modell einer additiven Störung mit dem *Quantisierungsgeräusch*, auch (*Quantisierungs-) Fehlersignal* genannt, in Bild 2-15.

Als Beispiel wird die Quantisierung eines sinusförmigen Signals in Bild 2-16 vorgestellt. Es werden die beiden Rundungskennlinien aus dem letzten Abschnitt mit der Wortlänge 3 Bits eingesetzt. Deutlich sind die Stufen der quantisierten Signale zu erkennen. Die Quantisierungsfehler sind in den unteren Teilbildern angegeben. Die Fehler bleiben wegen des Rundens - bis auf eine Ausnahme - im Bereich $|\Delta| \le Q/2$. Nur bei der Kennlinie mit der Darstellung von null nimmt der Quantisierungsfehler im Bereich großer Signalwerte wegen des dafür fehlenden Repräsentanten den Maximalwert $Q$ an.

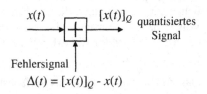

$$\Delta(t) = [x(t)]_Q - x(t)$$

**Bild 2-15**  Ersatzmodell für die Quantisierung

Die vorgestellten einfachen Überlegungen ermöglichen es, die Qualität der Quantisierung quantitativ zu erfassen. Als Qualitätsmaß wird das Verhältnis der Leistungen des Eingangssignals und des Quantisierungsgeräusches, das *Signal-Quantisierungsgeräusch-Verhältnis*, kurz *SNR* (Signal-to-Noise Ratio), zugrunde gelegt.

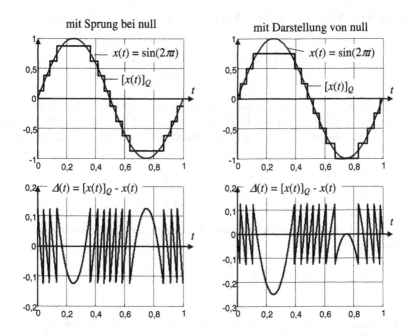

**Bild 2-16** Quantisierung eines sinusförmigen Signals mit den Kennlinien der gleichförmigen Quantisierung mit $w = 3$ mit Sprung bei null (links) und mit Darstellung von null (rechts) sowie die Signale der Quantisierungsfehler (unten)

Der einfacheren Rechnung halber betrachten wir zunächst die Quantisierung des periodischen dreieckförmigen Signals $x(t)$ in Bild 2-17. Im unteren Bild ist das resultierende Fehlersignal $\Delta(t)$ aufgetragen. Zum Zeitpunkt $t = 0$ sind $x(0) = 0$ und $[x(0)]_Q = Q/2$. Mit wachsender Zeit steigt das Eingangssignal zunächst linear an und nähert sich dem Wert des Repräsentanten. Der Fehler wird kleiner und ist für $t = T_0/16$ gleich null. Danach ist das Eingangssignal größer als der zugewiesene Repräsentant. Das Fehlersignal ist negativ, bis das Quantisierungsintervall wechselt. Beim Übergang in das neue Quantisierungsintervall springt das Fehlersignal von $-Q/2$ auf $Q/2$. Entsprechendes kann für die anderen Signalabschnitte überlegt werden.

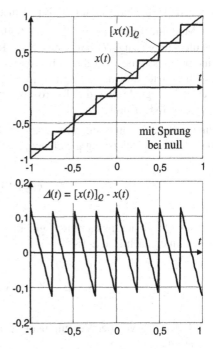

**Bild 2-17** Quantisierung eines periodischen dreieckförmigen Signals (oben) und das dabei entstehende Fehlersignal $\Delta(t)$ (unten)

Im Beispiel ergibt sich für das normierte Signal bei Vollaussteuerung die *mittlere Leistung*

$$S = \frac{1}{T_0} \int_0^{T_0} |x(t)|^2 \, dt = \frac{2}{T_0} \int_0^{T_0/2} \left( \frac{t}{T_0/2} \right)^2 dt = \frac{1}{3} \qquad (2.6)$$

Die mittlere Leistung des Quantisierungsgeräusches können wir ebenso berechnen. Das Fehlersignal ist wie das Eingangssignal abschnittsweise linear, s. Bild 2-17. Die Werte sind wegen des Rundens auf das Intervall [-Q/2, Q/2] beschränkt. Die mittlere Leistung ergibt sich demzufolge zu

$$N = \frac{1}{3} \cdot \frac{Q^2}{4} = \frac{Q^2}{12} \qquad (2.7)$$

Das Verhältnis der Leistungen des Signals und des Quantisierungsgeräusches (SNR, *Signal-to-Noise Ratio*) ist im Beispiel

$$\frac{S}{N} = \frac{1/3}{Q^2/12} = 2^{2w/\text{bit}} \qquad (2.8)$$

wobei die Quantisierungsintervallbreite durch die vorgegebene Wortlänge (2.3) ersetzt wurde. Für die vorgestellten Modellüberlegungen resultiert das SNR im logarithmischen Maß

$$\left. \frac{S}{N} \right|_{\text{dB}} = 10 \cdot \log_{10} 2^{2w/\text{bit}} \, \text{dB} = 20 \cdot \frac{w}{\text{bit}} \cdot \log_{10} 2 \, \text{dB} \approx 6 \cdot \frac{w}{\text{bit}} \, \text{dB} \qquad (2.9)$$

Das SNR verbessert sich um 6 dB pro zusätzlichem Bit Wortlänge.

Die Modellrechnung zeigt, dass das SNR von der Art des Signals abhängt. Ein periodischer Rechteckimpulszug der zwischen zwei Repräsentanten wechselt, wird fehlerfrei quantisiert. Einem Sinussignal wird das Fehlersignal wie in Bild 2-16 zugeordnet. Während das SNR für derartige deterministische Signale prinzipiell wie oben berechnet werden kann, wird für stochastische Signale, wie die Telefonsprache, die Verteilung der Signalamplituden zur Berechnung des SNR benötigt.

Für einen stationären stochastischen Prozess $X(t)$ mit der *Wahrscheinlichkeitsdichtefunktion* $f_X(x)$ ist die Signalleistung gleich dem zweiten Moment (quadratischer Mittelwert) [Wer05]

$$S = E\left( X^2 \right) = \int_{-\infty}^{+\infty} x^2 f_X(x) dx \qquad (2.10)$$

Für das Quantisierungsgeräusch gilt mit der Einteilung der Quantisierungsintervalle und Repräsentanten nach Bild 2-18

$$N = E\left( \left( [X]_Q - X \right)^2 \right) = \sum_{i=1}^{N} \int_{x_{i-1}}^{x_i} (\hat{x}_i - x)^2 f_X(x) dx \qquad (2.11)$$

Das SNR hängt von der Verteilung des Prozesses $X(t)$ und der Wahl der Intervallgrenzen $x_i$ und Repräsentanten $\hat{x}_i$ ab.

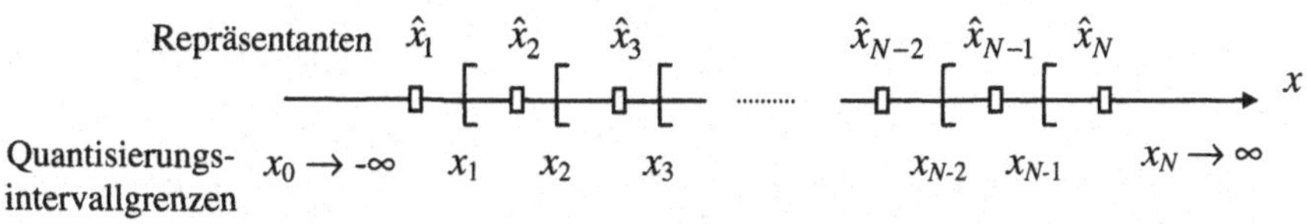

Repräsentanten $\hat{x}_1$ $\hat{x}_2$ $\hat{x}_3$ $\hat{x}_{N-2}$ $\hat{x}_{N-1}$ $\hat{x}_N$

Quantisierungs-  $x_0 \to -\infty$  $x_1$  $x_2$  $x_3$  $x_{N-2}$  $x_{N-1}$  $x_N \to \infty$
intervallgrenzen

**Bild 2-18**  Abszisseneinteilung zur Quantisierung mit den $N+1$ Quantisierungsintervallgrenzen $x_i$ und den $N$ Repräsentanten $\hat{x}_i$

Eine einfache Approximation für die Verteilung der Sprachsignalamplituden liefert die zweiseitige Exponentialverteilung, auch *Laplace-Verteilung* genannt. Bei vorgegebener Verteilung, z. B. durch eine Messung geschätzt, und Wortlänge kann die Lage der Quantisierungsintervalle und Repräsentanten so bestimmt werden, dass das SNR maximiert wird. Derartige Quantisierer sind in der Literatur unter den Bezeichnungen *Optimal-Quantisierer* und *Max-Lloyd-Quantisierer* beschrieben [Pro01] [VHH98]. Auf eine weitergehende Diskussion wird hier verzichtet.

Das für spezielle Modellannahmen gefundene Ergebnis liefert jedoch eine brauchbare Näherung für die weiteren Überlegungen. Zunächst kann prinzipiell festgehalten werden:

---

**6dB-pro-Bit-Regel**: Für eine symmetrische gleichförmige Quantisierung mit hinreichender Wortlänge $w$ in Bits und Vollaussteuerung gilt

$$\left. \frac{S}{N} \right|_{dB} \approx 6 \cdot \frac{w}{bit} \ dB \tag{2.12}$$

---

Eine hinreichende Wortlänge liegt erfahrungsgemäß vor, wenn das Signal mehrere Quantisierungsintervalle durchläuft.

Den Einfluss einer ungenügenden Aussteuerung schätzt man schnell ab. Halbiert man die Aussteuerung, reduziert sich die Signalleistung um 6 dB und die effektive Wortlänge um ein Bit, weil nur die innere Hälfte der Quantisierungsintervalle tatsächlich benützt wird.

Zur Veranschaulichung der vorgestellten Zusammenhänge werden in Bild 2-19 Simulationsergebnisse für das SNR bei Quantisierung sinusförmiger Signale gezeigt. Wie zu sehen ist, wird das tatsächliche SNR bereits bei einer Wortlänge von wenigen Bits durch die Näherung gut wiedergegeben. Bei Vollaussteuerung und ausreichender Wortlänge liegt das simulierte SNR des sinusförmigen Signals etwas höher als bei der Näherung für ein dreieckförmiges Signal (gleichverteiltes Signal). Das entspricht dem in der Literatur theoretisch berechneten Wert von 1,76 dB [VHH98].

Für Wortlängen größer gleich sechs ist der Unterschied im SNR zwischen den beiden Kennlinientypen gering und kann in den meisten Anwendungen vernachlässigt werden.

Der Effekt der *Übersteuerung* ist ebenfalls deutlich zu beobachten. Durch die Übersteuerung entstehen prinzipielle Fehler, die durch eine größere Wortlänge nicht ausgeglichen werden können. Ab einer gewissen Wortlänge dominieren dann die Übersteuerungsfehler. Es stellt sich im SNR der Sättigungseffekt in Bild 2-19 ein. Je größer die Übersteuerung, umso geringer ist das - trotz großer Wortlänge - erzielbare SNR.

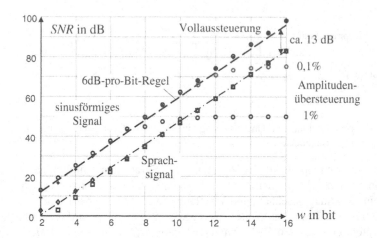

**Bild 2-19**  Signal-Quantisierungsgeräusch-Verhältnis für sinusförmige Signale und Sprache mit gleichförmiger Quantisierung mit Sprung bei null (O/ ) bzw. mit Darstellung von null (+/◊) in Abhängigkeit von der Wortlänge $w$ und der Amplitudenaussteuerung 1, 1,001 und 1,01 bzw. Vollaussteuerung bei Sprache

Die Quantisierung eines *Sprachsignals* der Dauer von 20,8 s ergibt ein prinzipiell ähnliches Verhalten. Das gemessene SNR ist in Bild 2-19 ebenfalls eingetragen. Die Werte liegen etwa 13 dB unterhalb der Werte der 6dB-pro-Bit-Regel und damit im für Sprachsignale typischen Bereich der SNR-Degradation von 8 bis 20 dB [VHH98]. Der Verlust erklärt sich aus der Verteilung der Signalamplituden des Sprachsignals. Es treten häufig kleine Amplituden auf, wie das *Histogramm* der relativen Häufigkeiten der Signalamplituden in Bild 2-20 bestätigt. So ist die (norm.) Leistung der untersuchten Sprachprobe trotz Vollaussteuerung nur 0,0153 (entspricht -18,2 dB), also nur ca. 3 % des Sinussignals mit der normierten Leistung 1/2.

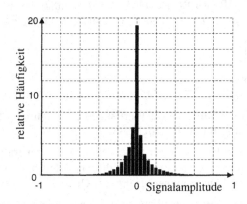

**Bild 2-20**  Relative Häufigkeiten der Signalamplituden in der Sprachprobe

## 2.4.5    Pulse Code Modulation in der Telephonie

Nachdem gezeigt wurde, wie der Einfluss der Quantisierung auf die Übertragungsqualität durch Berechnen und Messen des Signal-Quantisierungsgeräusch-Verhältnisses abgeschätzt werden kann, wird die ursprüngliche Frage wieder aufgegriffen: Wie viele Bits werden in der Telefonie zur Darstellung eines Abtastwertes benötigt?

### 2.4.5.1    Abschätzung der Wortlänge

Zunächst ist der Zusammenhang zwischen der Rechen- und Messgröße SNR und der Qualität des Höreindrucks herzustellen. Dazu wurden im Rahmen der weltweiten Standardisierung umfangreiche Hörtests vorgenommen und als wesentlich für die Qualität das SNR und die Dynamik bestimmt.

- *Signal-Geräusch-Verhältnis*

  Das Verhältnis von Störsignalamplitude zu Nutzsignalamplitude soll 5% nicht überschreiten. Für das SNR heißt das

$$\left.\frac{S}{N}\right|_{dB} \geq 10 \cdot \log_{10}\left(\frac{1}{0,05}\right)^2 \text{dB} \approx 26 \text{ dB} \tag{2.13}$$

- *Dynamik*

  Die Übertragungsqualität von 26 dB soll über den typischen Aussteuerungsbereich gewährleistet sein. Insbesondere ist die entfernungsabhängige Signaldämpfung auf der Teilnehmeranschlussleitung zu berücksichtigen. Eine *Dynamikreserve* von 40 dB ist vorzusehen.

*Anmerkungen*: (i) Findet die Digitalisierung erst in der Ortsvermittlungsstelle statt, z. B. bei der analogen Anschlusstechnik, so werden den A/D-Umsetzern je nach Zuleitungslänge stark unterschiedlich ausgesteuerte Signale angeboten. Die Dynamikreserve von 40 dB entspricht einer Anschlusslänge von 4,2 km bei einer Leitung mit Aderndurchmesser von 0,4 mm und 8 bis 10,2 km bei 0,6 mm [KaKö99] [Loch02]. (ii) Untersuchungen zur Verständlichkeit der Sprachtelefonie zeigten, dass eine Bandbegrenzung auf 300 Hz bis 3,4 kHz toleriert werden kann.

Die Überlegungen zum Signal-Geräusch-Verhältnis und der Dynamik sind in Bild 2-21 zusammengefasst. Darin aufgetragen ist für ein gleichverteiltes Signal das SNR über der Signalleistung *S*. An der unteren Grenze des Aussteuerungsbereiches, bei -40 dB, wird ein SNR von 26 dB gefordert. Am oberen Rand der Aussteuerung, bei 0 dB, d. h. Vollaussteuerung, ist die Signalleistung um 40 dB größer. Da im Sinne der Abschätzung (2.12) die Leistung des Quantisierungsgeräusches nur von der Quantisierungsintervallbreite abhängt. Die 40 dB mehr an Signalleistung gehen vollständig in das SNR ein. Man erhält 66 dB bei Vollaussteuerung. Mit der 6dB-pro-Bit-Regel findet man als erforderliche Wortlänge 11 Bits.

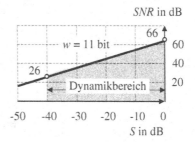

**Bild 2-21** SNR in Abhängigkeit von der Signalleistung *S* bei der Wortlänge von 11 Bits

Im Beispiel der Telefonie mit der Abtastfrequenz 8 kHz resultiert aus der Wortlänge 11 Bits eine Bitrate von 88 kbit/s. Tatsächlich verwendet werden 64 kbit/s. Das entspricht einer Wortlänge von 8 Bits. Um dies ohne hörbaren Qualitätsverlust zu bewerkstelligen, wird in der Telefonie die gleichfömige Quantisierung durch die nachfolgend beschriebene Kompandierung ergänzt.

### 2.4.5.2 Kompandierung

Den Anstoß zur Kompandierung liefert die Erfahrung, dass die Qualität des Höreindrucks von der relativen Lautstärke der Störung abhängt. Je größer die Lautstärke des Sprachsignals, umso größer darf die Lautstärke der Störung sein. Dieser Effekt wird *Verdeckungseffekt* genannt. Er bildet eine wichtige Grundlage der modernen Audio-Codierverfahren.

Diese Erfahrung und die Beobachtung in Bild 2-21, dass das SNR bei der Quantisierung mit 11 Bits bei guter Aussteuerung die geforderten 26 dB weit übersteigt, motivieren dazu, eine ungleichförmige Quantisierung vorzunehmen: Betragsmäßig große Signalwerte werden mit relativ großen Quantisierungsintervallen gröber quantisiert als betragsmäßig kleine Signalwerte mit relativ kleinen Quantisierungsintervallen.

Eine solche ungleichförmige Quantisierung lässt sich mit der in Bild 2-22 gezeigten Kombination aus einer nichtlinearen Abbildung und einer gleichförmigen Quantisierung erreichen. Vor die eigentliche Quantisierung im Sender wird der *Kompressor* geschaltet. Er schwächt die betragsmäßig großen Signalwerte ab und verstärkt die betragsmäßig kleinen. Danach schließt sich eine gleichförmige Quantisierung, eine Codierung mit fester Wortlänge an. Bei der Digital-Analog-Umsetzung im Empfänger wird das gleichförmig quantisierte Signal rekonstruiert. Dabei entsteht zusätzlich das relativ kleine Fehlersignal $\Delta(t)$. Zum Schluss wird im *Expander* die Kompression rückgängig gemacht. Da die Expander-Kennlinie invers zur Kompressor-Kennlinie ist und das Fehlersignal relativ klein ist, wird das Nutzsignal durch die Kompandierung kaum verändert. Dies gilt nicht für das Fehlersignal. Im besonders kritischen Bereich betragsmäßig kleiner Nutzsignalanteile wird das Fehlersignal abgeschwächt. Im Bereich betragsmäßig großer Nutzsignalanteile wird es zwar verstärkt, aber nicht als störend empfunden. Die Anwendung der Kombination aus Kompressor und Expander wird *Kompandierung* genannt.

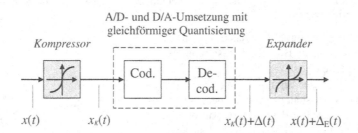

**Bild 2-22** Kompandierung

Die Kompandierung ist weltweit durch die ITU (G.711) standardisiert. Als Kompressor-Kennlinie wird in Europa die A-Kennlinie und in Nordamerika und Japan die μ-Kennlinie verwendet. Die Kennlinien sind so festgelegt, dass das SNR in einem weiten Aussteuerungsbereich konstant bleibt. Beide Kompressor-Kennlinien orientieren sich an der Logarithmusfunktion [VHH98]. Man spricht deshalb auch von einer linearen bzw. *logarithmischen Pulse-Code-Modulation* (PCM).

*Anmerkung*: Die Kompandierung ist vergleichbar mit Preemphase und Deemphase in der Magnetbandaufzeichnung, dem UKW-Rundfunk und dem Farbfernsehen.

### 2.4.5.3    13-Segment-Kennlinie

Eine einfache Realisierung der Kompandierung geschieht mit der *13-Segment-Kennlinie* in Bild 2-23. Das Bild zeigt den positiven Ast der symmetrischen Kompressor-Kennlinie mit sieben Segmenten.

*Anmerkung*: Die 13 Segmente ergeben sich aus den sieben Segmenten mit verschiedenen Steigungen im Bild und den sechs Segmenten im negativen Ast. Der linear durch die Null gehende Abschnitt wird nur einmal gezählt.

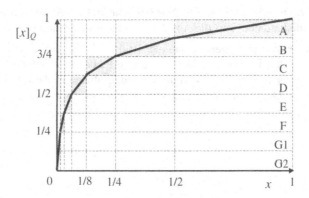

**Bild 2-23** 13-Segment-Kennlinie (positiver Ast für normierte Eingangsamplituden)

Der Aussteuerungsbereich des Eingangssignals wird wieder auf [-1, +1] normiert angenommen und der Quantisierungsbereich von 0 bis 1 in die acht Segmente A, B, ..., F, G1 und G2 unterteilt. Die Einteilung geschieht folgendermaßen: Beginnend bei A für große Signalwerte mit der Segmentbreite von $1/2 = 2^{-1}$ wird die Breite für die nachfolgenden Segmente jeweils halbiert. Nur die Breiten der G-Segmente sind mit jeweils $1/128 = 2^{-7}$ gleich.

In jedem Segment wird mit 16 gleich großen Quantisierungsintervallen, d. h. mit 4 Bits, gleichförmig quantisiert. Dies hat den praktischen Vorteil, dass nur ein vergleichsweise einfacher A/D-Umsetzer benötigt wird. Das Eingangssignal wird durch einen Verstärker an den Aussteuerungsbereich des A/D-Umsetzers angepasst. Der verwendete Verstärkungsfaktor ist charakteristisch für das Segment und liefert die restlichen 4 Bits zum Codewort.

Da die Segmente unterschiedlich breit sind, unterscheiden sich auch die Quantisierungsintervallbreiten von Segment zu Segment. In Tabelle 2-6 sind die Werte für die einzelnen Segmente zusammengestellt.

**Tabelle 2-6** Quantisierungsintervallbreiten $Q$ der 13-Segment-Kennlinie, effektive Wortlänge $w_{eff}$ (2.3) und SNR nach der 6dB-pro-Bit-Regel

| Segment | A | B | C | D | E | F | G1 | G2 |
|---|---|---|---|---|---|---|---|---|
| $Q$ | $2^{-5}$ | $2^{-6}$ | $2^{-7}$ | $2^{-8}$ | $2^{-9}$ | $2^{-10}$ | $2^{-11}$ | $2^{-11}$ |
| $w_{eff}$ in bit | 6 | 7 | 8 | 9 | 10 | 11 | 12 | 12 |
| SNR in dB | 30 ... 36 | | | | | | | |

Eine Modellrechnung zeigt den Gewinn durch die ungleichmäßige Quantisierung auf. Zunächst wird in Tabelle 2-6 über den Zusammenhang zwischen der Quantisierungsintervallbreite und der Wortlänge bei gleichförmiger Quantisierung (2.3) jedem Segment eine *effektive Wortlänge* $w_{eff}$ zugeordnet. Betrachtet man beispielsweise das A-Segment mit der Quantisierungsintervallbreite $Q_A = 1/2 \cdot 1/16 = 2^{-5}$ erhält man - mit zusätzlich 1 Bit zur Unterscheidung von positivem und negativem Ast - zunächst $w_{eff} = 6$ bit. Und es resultiert bei Vollaussteuerung mit der 6dB-pro-Bit-Regel die SNR-Abschätzung von 36 dB in Tabelle 2-6. Der Wert 30 dB ergibt sich, wenn die untere Segmentgrenze, d. h. halbe Signalamplitude, also 6 dB weniger Signalleistung, eingesetzt wird. Da beim Wechsel zum nächsten Segment jeweils sowohl der Aussteuerungsbereich als auch die Quantisierungsintervallbreite halbiert werden, liefert die SNR-Abschätzung stets einen Wert zwischen 30...36 dB. Nur bei sehr kleinen Aussteuerungen - außerhalb des zulässigen Dynamikbereiches - ist die Abschätzung nicht mehr gültig.

Das Ergebnis der Modellrechnung veranschaulicht Bild 2-24. Es zeigt das SNR über der Signalleistung als Kurvenschar in Abhängigkeit von der (effektiven) Wortlänge. Bei der Quantisierung mit der 13-Segment-Kennlinie wird aussteuerungsabhängig die (effektive) Wortlänge gewechselt, so dass die Qualitätsanforderung von mindestens 26 dB im gesamten Dynamikbereich erfüllt wird.

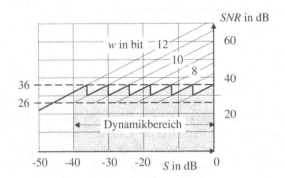

**Bild 2-24** SNR in Abhängigkeit von der Signalleistung $S$ im Dynamikbereich von 0 bis -40 dB bei verschiedenen Wortlängen $w$ von 6 bis 12 Bits

Die insgesamt benötigte Wortlänge bestimmt sich aus der binären Codierung der Zahl der Quantisierungsintervalle pro Segment (hier 16) mal der Zahl der Segmente pro Ast (hier 8) mal der Zahl der Äste (hier 2) zu

$$w = \log_2(16 \cdot 8 \cdot 2) \text{ bit} = 8 \text{ bit} \tag{2.14}$$

Die benötigte Wortlänge kann durch den Einsatz der 13-Segment-Kennlinie ohne Qualitätseinbuße auf 8 Bits reduziert werden.

*Anmerkung*: Heute verwendet man preiswerte gleichförmige A/D-Umsetzer mit der Auflösung von 12 Bits und führt die Kompandierung durch Codeumsetzung auf 8 Bits durch [VHH98].

Die Modellrechnung wird experimentell bestätigt. Die Messergebnisse zeigen sogar, dass mit der 13-Segment-Kennlinie die Anforderungen übererfüllt werden. In Bild 2-25 sind die Ergebnisse einer Simulation für Sinussignale eingetragen. Im Vergleich mit Bild 2-24 erkennt man, wie gut die vereinfachte Modellrechnung mit den tatsächlich gemessenen SNR harmoniert. Im Dynamikbereich von -40 dB bis 0 dB bleibt das SNR der Quantisierung deutlich über 30 dB, weitgehend sogar über den 36 dB der theoretischen Abschätzung für gleichverteilte Signale.

*Anmerkung*: Für sinusförmige Signale ergibt sich rein rechnerisch ein Gewinn von 1,76 dB durch die größere Signalleistung von 1/2 verglichen gleichverteilten Signalen mit der Signalleistung 1/3.

In Bild 2-25 sind zusätzlich Simulationsergebnisse für die *Sprachprobe* (★) eingetragen, die bereits in Bild 2-19 und Bild 2-20 verwendet wurde. Die Sprachprobe wurde hier zusätzlich auf die Telefonbandbreite begrenzt. Es zeigt sich, dass das gemessene SNR der quantisierten Sprachprobe fast im gesamten Dynamikbereich über den geforderten 26 dB liegt. Trotz der geringen normierten Leistung von ca. -20 dB bei Vollaussteuerung, wird ein SNR von über 37 dB erzielt.

Eine Abschwächung der Signalleistung um 10 dB (Amplitudenfaktor 10) wird von der 13-Segment-Kennline ohne merklichen SNR-Verlust bewältigt. Erst danach macht sich die geringe Signalaussteuerung störend bemerkbar.

*Anmerkung*: Die Sprachprobe besitzt bei Vollaussteuerung eine normierte Leistung von ca. -20 dB. Um die Ergebnisse mit denen des gleichverteilten Signals mit der Leistung von ca. -5 dB bei Vollaussteuerung im Bild vergleichen zu können, wurden für die Sprachprobe die Resultate in Bild 2-25 um 15 dB nach rechts verschoben. Der für 0 dB eingetragene SNR-Wert wurde mit einer Übersteuerung erzielt.

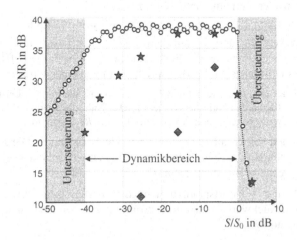

**Bild 2-25**  SNR der Quantisierung in Abhängigkeit von der Signalleistung $S$ bei Quantisierung mit 8 Bits bei Sinussignalen (0) mit der 13-Segment-Kennlinie; SNR der Quantisierung mit 8 Bits für eine Sprachprobe mit der 13-Segment-Kennline ($\star$) und Kennlinie mit Sprung bei null ($\blacklozenge$)

Zum Schluss wird die Bandbreite bei der PCM-Übertragung und der herkömmlichen analogen Übertragung verglichen. Während bei letzterer nur ca. 4 kHz benötigt werden, erfordert die binäre Übertragung des PCM-Bitstroms im Basisband eine Nyquist-Bandbreite von ca. 32... kHz, s. Abschnitt 6.6. Die im Vergleich zum analogen Audiosignal größere Bandbreite wird durch eine größere Störfestigkeit belohnt.

| PCM-Sprachübertragung in der Telephonie | |
|---|---|
| Abtastfrequenz $f_a$ | = 8 kHz |
| Wortlänge $w$ | = 8 bit |
| Bitrate $R_b$ | = 64 kbit/s |

Die PCM-Sprachübertragung wurde in den 1960er Jahren zunächst im Telefonfernverkehr eingeführt und war Grundlage für die Wahl der Datenrate der ISDN-Basiskanäle. Moderne Sprachcodierverfahren berücksichtigen zusätzlich die statistischen Bindungen im Sprachsignal, sowie psychoakustische Modelle des menschlichen Hörens. Mit dem Sprachcodierer nach dem ITU-G.729-Standard von 1996 ist es möglich Telefonsprache bei der PCM-üblichen Hörqualität mit einer Datenrate von 8 kbit/s zu übertragen [VHH98]. Es lassen sich so theoretisch bis zu acht Telefongespräche gleichzeitig auf einem ISDN-Basiskanal führen. Heute ergeben sich durch die paketvermittelte Telefonie auf der Basis des Internet Protokolls, Voice over IP (VoIP) genannt, neue Aspekte für eine effiziente Sprachübermittlung.

### 2.4.5.4    DPCM und ADPCM

Die logarithmische PCM quantisiert und codiert die Momentanwerte des Sprachsignals ohne Kenntnis der Zusammenhänge zwischen den zeitlich benachbarten Signalwerten. Durch die starke Bandbegrenzung der Telefonsprache ändert sich das Signal jedoch relativ langsam. Um den Übertragungsaufwand zu reduzieren, ist es deshalb nahe liegend, nur die Änderungen im Signal zu übertragen. Bild 2-26 zeigt hierzu das Prinzip der *Differenz-Puls-Code-Modulation* (DPCM). Das analoge Signal wird zunächst mit ausreichender Wortlänge $w'$ digitalisiert. Es schließt sich im Sender ein *Rückwärtsprädiktor* an. Er schätzt anhand des vorhergehenden Signalverlaufs den neuen Wert und gibt die Differenz weiter.

In Bild 2-26 wird ein Prädiktor 1. Ordnung eingesetzt [Wer05]. Er bildet die Differenz $d[n]$ aus dem neuen Eingangswert $x[n]$ und der mit dem Prädiktorkoeffizienten $a_r$ gewichteten vorhergehenden Differenz $d[n-1]$. Je besser die Vorhersage, umso kleiner die Differenz und damit die mittlere Leistung des Differenzsignals. Man spricht dann von einer *Varianzreduktion*.

*Anmerkung*: Sprachsignale sind in der Regel mittelwertfrei, so dass die mittlere Leistung gleich der Varianz ist. Im Sinne des mittleren quadratischen Fehlers ist die Wahl des Prädiktorkoeffizienten gleich der normierten Korrelation zweier benachbarter Abtastwerte $R_{XX}[1] / R_{XX}[0]$ optimal.

Große Signalamplituden sollten nun so gut wie nicht mehr auftreten. Die zu ihren Darstellungen unnötig gewordenen Bits in den Codewörtern können weggelassen werden. Es wird eine *Wortlängenverkürzung* auf $w$ Bits durchgeführt.

Im Empfänger wird durch Vorwärtsprädiktion aus dem Differenzsignal wieder das ursprüngliche Signal gewonnen. Rückwärts- und *Vorwärtsprädiktor* heben sich mit $a_r$ gleich $-a_v$ in ihrer Wirkung gegenseitig auf [Wer05].

Die in Bild 2-26 gezeigte Schaltung zeichnet sich besondere dadurch aus, dass im Sender und Empfänger das gleiche Signal zur Prädiktion verwendet wird, wenn im Rückwärtsprädiktor - anders als in Bild 2-26 dargestellt - das verkürzte Differenzsignal zurückgekoppelt wird.

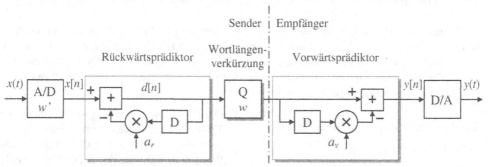

**Bild 2-26** Differenz-Puls-Code-Modulation mit Rückwärts- und Vorwärtsprädiktion 1. Ordnung

Versuche mit der DPCM haben die Wirksamkeit des Konzepts gezeigt, jedoch nur relativ geringe Gewinne ergeben. Das Konzept der DPCM bildet trotzdem eine der Grundlagen der modernen Audio- und Videocodierung. Durch die leistungsfähige Mikroelektronik lassen sich heute weiterentwickelte - wesentlich aufwändigere und wirksamere - Codierverfahren realisieren, s. Tabelle 2-2.

Eine direkte Weiterentwicklung der DPCM, die *Adaptive Differenz-Puls-Code-Modulation* (ADPCM) hat als standardisiertes Verfahren ITU-T G.726 eine gewisse Bedeutung erlangt und ist beispielsweise in Schnurlostelefonen nach dem DECT-Standard (Digital Enhanced Cordless

Telephony) zu finden. Dabei wird der Prädiktionskoeffizient nach dem Kriterium des kleinsten mittleren quadratischen Fehlers mit einem vereinfachten *LMS-Algorithmus* (Least Mean Square) während der Übertragung im Sender und im Empfänger fortlaufend angepasst. Bei der Abtastfrequenz von $f_A = 8$ kHz ergeben sich, je nach eingestellten Wortlängen $w = 2, 3, 4$ und 5 bit, die Bitraten $w \cdot f_A = 16, 24, 32$ und 40 kbit/s. Mit der Bitrate von 32 kbit/s wird etwa die gleiche Sprachqualität wie bei der herkömmlichen PCM-Telefonsprache mit 64 kbit/s erzielt [VHH98].

### 2.4.6    Delta-Sigma-A/D-Umsetzer

*Hinweis*: Dieser Abschnitt ist als Ergänzung gedacht. Er kann ohne Verlust an Verständlichkeit für die weiteren Abschnitte des Buches übersprungen werden.

Der Prozess der A/D-Umsetzung durch *Delta-Sigma-* ($\Delta\Sigma$-) *A/D-Umsetzer* unterscheidet sich grundlegend von den bisher betrachteten Verfahren. In Bild 2-27 ist der prinzipielle Aufbau des $\Delta\Sigma$-A/D-Umsetzers zu sehen. Falls das Signal noch nicht ausreichend bandbegrenzt ist und/ oder Rauschanteile bei höheren Frequenzen unterdrückt werden sollen, kann eine analoge Tiefpassfilterung vorgeschaltet werden. Am Anfang steht eine Umsetzung mit nur einem Bit. Die gewünschte Wortlänge des Ausgangssignals $w$ wird durch eine Überabtastung mit dem *Überabtastfaktor L* und anschließender digitaler Tiefpassfilterung mit nachfolgender Unterabtastung mit dem Unterabtastfaktor $L$ erreicht. Um die Wirksamkeit des Verfahrens verstehen zu können, ist eine ausführlichere Betrachtung der Signalverarbeitung erforderlich. Sie wird im Folgenden vorgestellt.

*Anmerkung*: Häufig wird auch von Sigma-Delta-Umsetzern gesprochen. Wegen der Reihenfolge der Verarbeitungsschritte im $\Delta\Sigma$-Modulator wird hier die die Bezeichnung $\Delta\Sigma$-A/D-Umsetzer bevorzugt.

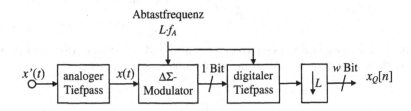

**Bild 2-27** Prinzipieller Aufbau des $\Delta\Sigma$-A/D-Umsetzers

Im ersten Schritt wird der Einfluss der Abtastfrequenz auf das Spektrum des zeitdiskreten Signals diskutiert.

Unter Einhaltung des Abtasttheorems gilt für das *Spektrum* eines abgetasteten Signals [Wer05]

$$X(e^{j\Omega}) = \frac{1}{T_A} X(\omega = \Omega/T_A) \quad \text{für } |\Omega| \leq \pi \tag{2.15}$$

mit dem Abtastintervall $T_A$ und dem Spektrum des zeitkontinuierlichen Signals $X(j\omega)$. Für die *Leistungsdichtespektren* (LDS) stochastischer Prozesse gilt entsprechendes

$$S_{XX}(\Omega) = \frac{1}{T_A} \cdot S(\omega = \Omega/T_A) \quad \text{für } |\Omega| \leq \pi \tag{2.16}$$

Wie Bild 2-28 veranschaulicht, ist das LDS eines Prozesses bzgl. der Überabtastung seiner Musterfunktionen flächentreu. Die Leistungen der abgetasteten Musterfunktionen hängen in diesen Fällen nicht von der Abtastfrequenz ab.

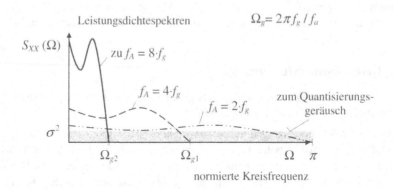

**Bild 2-28** Leistungsdichtespektrum des abgetasteten Prozesses und des Quantisierungsgeräusches

Im zweiten Schritt betrachten wir das LDS des Quantisierungsgeräusches. In Bild 2-28 ist es ebenfalls eingetragen. Gemäß der, durch Messungen verifizierten Annahme eines weißen Quantisierungsgeräusches, kann das LDS im gesamten Frequenzbereich als konstant angenommen werden. Bei gleichförmiger Quantisierung mit der Wortlänge $w$ ist die Leistung des Quantisierungsgeräusches nach (2.7)

$$\sigma^2 = \frac{Q^2}{12} = \frac{2^{-2(w/\text{bit}+1)}}{12} \tag{2.17}$$

Im dritten Schritt wenden wir eine Überabtastung an, d. h. die Abtastfrequenz ist um den Faktor $L$ größer als sie nach dem Abtasttheorem mindestens sein müsste.

$$L = \frac{f_a}{2f_g} \tag{2.18}$$

Der Überabtastfaktor wird *Oversampling Ratio* (OSR) genannt. Wendet man nun eine ideale Tiefpassfilterung mit der Grenzfrequenz $\pi / L$ an, wird das Quantisierungsgeräusch ohne Verzerrung des gewünschten Signals deutlich reduziert. Es ergibt sich ein Verhältnis von Signalleistung zu Quantisierungsgeräuschleistung von

$$\frac{S}{N}\bigg|_{OS} = \frac{S}{\frac{1}{L} \cdot \frac{2^{-2(w/\text{bit}-1)}}{12}} \tag{2.19}$$

Mit (2.19) und (2.7) lässt sich nun die entscheidende Frage beantworten:

Welche Wortlänge $w$ in Bit wird bei Überabtastung mit der OSR $L$ benötigt, um dasselbe SNR wie bei Abtastung gemäß dem Abtasttheorem und einer gleichförmigen Quantisierung mit der Wortlänge $\beta$ zu erzielen?

Eine kurze Zwischenrechnung liefert die gesuchte *effektive Wortlänge*

$$w = \beta + \frac{1}{2} \cdot \operatorname{ld} L \text{ bit} \tag{2.20}$$

Das Ergebnis ist in Bild 2-29 graphisch dargestellt. Dort ist der Gewinn an Wortlänge, d. h. zusätzlicher Auflösung, *Excess Resolution* genannt,
in Abhängigkeit der Überabtastung (OSR) aufgetragen. Man beachte die logarithmische Einteilung
der Abszisse.

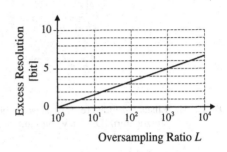

In Bild 2-29 sieht man, um einen Gewinn von 5
Bits zu erzielen, ist eine Überabtastung um den
Faktor 1000 erforderlich. Dies stellt einen enormen Mehraufwand dar. Tatsächlich beruht die At-
traktivität des $\Delta\Sigma$-A/D-Umsetzers auf einen weiteren Effekt, die spektralen Formung des Quantisierungsgeräusches, die im folgenden, vierten
Schritt vorgestellt wird.

**Bild 2-29** Gewinn an Wortlänge durch
Überabtastung und Tiefpassfilterung

Die spektrale Formung des Quantisierungsgeräusches leitet sich aus der Prädiktionsschleife des
$\Delta\Sigma$-Modulators ab. Bild 2-30 zeigt das Blockschalbild der hier wichtigen Komponenten des
$\Delta\Sigma$-A/D-Umsetzers, des *Modulators* und *Dezimierers* [Wer05].

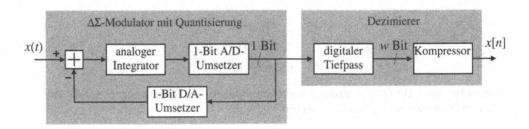

**Bild 2-30** Blockschaltbild des $\Delta\Sigma$-Modulators und Dezimierers

Zur einfacheren Analyse wird das lineare zeitdiskrete Ersatzschaltbild 1. Ordnung in Bild 2-31
herangezogen. Daraus leitet sich auch der Name des $\Delta\Sigma$-A/D-Umsetzers her. Zunächst wird die
Differenz ($\Delta$) zwischen Eingangswert und Vorhersagewert gebildet. In der Akkumulatorschlei-
fe werden die Differenzen aufsummiert ($\Sigma$).

Wir bestimmen die Übertragungsfunktionen des Nutz- und des Störanteils. Wegen des linearen
Modells dürfen wir das getrennt tun. Aus dem Blockschaltbild folgt für den Nutzanteil

$$\begin{aligned} x_1[n] &= x_0[n] - x[n-1] \\ x_2[n] &= x_1[n] + x_2[n-1] \\ x[n] &= x_2[n] \end{aligned} \tag{2.21}$$

Auflösen nach der Ausgangsgröße liefert

Störanteil            $e_1[n]$                    $e_2[n]$                        $e[n]$
                                                          $e_Q[n]$
Nutzanteil  $x_0[n]$      $x_1[n]$                $x_2[n]$                        $x[n]$

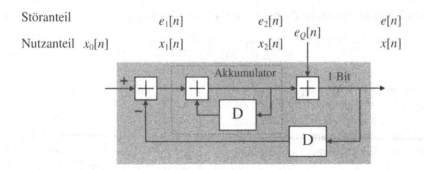

**Bild 2-31**  Lineares zeitdiskretes Ersatzschaltbild des $\Delta\Sigma$-Modulators 1. Ordnung mit Addierern (+) und Verzögerern (D, Delay) für Nutz- und Störanteile

$$x[n] = x_0[n] \tag{2.22}$$

so dass für die *Übertragungsfunktion* des Nutzsignals gilt

$$H_x(z) = 1 \tag{2.23}$$

Der Nutzanteil wird ohne Änderung zum Ausgang durchgereicht.

Für das Quantisierungsgeräusch am Ausgang des $\Delta\Sigma$-Modulator $e[n]$ folgt aus dem Blockdiagramm

$$\begin{aligned}
e_1[n] &= -e[n-1] \\
e_2[n] &= e_1[n] + e_2[n-1] \\
e[n] &= e_Q[n] + e_2[n]
\end{aligned} \tag{2.24}$$

mit dem bei der 1-Bit-Quantisierung eingeführten Quantisierungsfehlersignal $e_Q[n]$. Auflösen nach dem Quantisierungsgeräusch ergibt mit

$$e[n] = e_Q[n] - e_Q[n-1] \tag{2.25}$$

die Übertragungsfunktion des Quantisierungsfehlersignals

$$H_e(z) = 1 - z^{-1} \tag{2.26}$$

Für den *Frequenzgang* erhalten wir

$$H_e(e^{j\Omega}) = 1 - e^{-j\Omega} = e^{-j\Omega/2} \cdot 2j \sin(\Omega/2) \tag{2.27}$$

Nehmen wir weiter an, dass der Prozess des Quantisierungsfehlers unkorreliert ist (weißes LDS), so ergibt sich das LDS des Quantisierungsgeräusches am Ausgang des $\Delta\Sigma$-Modulators

$$S_{ee}(\Omega) = \sigma^2 \left| H_e(e^{j\Omega}) \right|^2 = \sigma^2 \cdot 4 \sin^2(\Omega/2) \tag{2.28}$$

Die Formung des LDS ist in Bild 2-32 aufgetragen. Deutlich ist das flache Herauslaufen der Kurve aus dem Ursprung zu erkennen. Die Störleistung ist im Bereich $|\Omega| \ll 1$ relativ gering.

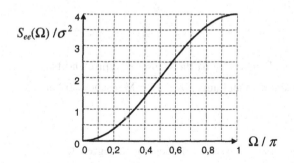

**Bild 2-32** Leistungsdichtespektrum des Quantisierungsgeräusches am Ausgang des $\Delta\Sigma$-Modulators

Mit dem LDS des Quantisierungsgeräusches ergibt sich für die Störleistung im Nutzsignalband

$$N = \frac{1}{2\pi} \int\limits_{-\pi/L}^{+\pi/L} S_{ee}(\Omega)d\Omega = 4\sigma^2 \cdot \frac{1}{2\pi} \int\limits_{-\pi/L}^{+\pi/L} \sin^2(\Omega/2)d\Omega = \frac{\pi^2 \cdot \sigma^2}{3 \cdot L^3} \qquad (2.29)$$

und somit für das SNR mit Überabtastung (OS) und spektraler Formung (NS, Noise Shaping)

$$\frac{S}{N}\bigg|_{OS+NS} = \frac{S}{\dfrac{\pi^2}{3 \cdot L^3} \cdot \dfrac{2^{-2(w/\text{bit}-1)}}{12}} \qquad (2.30)$$

Daraus leitet sich die neue *effektive Wortlänge* ab

$$w = \beta + \frac{3}{2} \cdot \text{ld}\, L \,\text{bit} + \frac{1}{2} \cdot \text{ld}\, \frac{3}{\pi^2} \,\text{bit} = \beta + \frac{3}{2} \cdot \text{ld}\, L \,\text{bit} - 0{,}859 \,\text{bit} \qquad (2.31)$$

Sie erhöht sich im Vergleich zu vorher durch die spektrale Formung wesentlich. Um eine zusätzliche Auflösung von 5 Bits zu erzielen genügt jetzt eine Überabtastung von 32.

Die spektrale Formung kann weiter verbessert werden. Mit $\Delta\Sigma$-Modulatoren höherer Ordnungen lassen sich größere Bitgewinne erzielen. Es ist jedoch anzumerken, dass bei $\Delta\Sigma$-Modulatoren ab 2. Ordnung Stabilitätsprobleme auftreten können, was in den Implementierungen zu berücksichtigen ist. Wegen dem hohen Überabtastfaktor der $\Delta\Sigma$-A/D-Umsetzung und der geforderten großen Auflösung eignen sich $\Delta\Sigma$-A/D-Umsetzer besonders gut für Audiosignale.

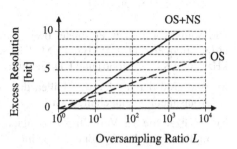

**Bild 2-33** Gewinn an Wortlänge durch Überabtastung mit spektraler Formung und Tiefpassfilterung

# 2.5     Aufgaben zu Abschnitt 2

## 2.5.1     Aufgaben

**Aufgabe A2.1** Hörsinn

a) Welcher Bereich an Frequenzen ist für Menschen typisch hörbar?

b) Welcher Dynamikbereich an Lautstärke ist für Menschen hörbar?

**Aufgabe A2.2** Telefonsprache

a) Auf welches Frequenzband ist die Telefonsprache begrenzt?

b) Welche Bitrate wurde in den 1960er Jahren zur Übertragung von Telefonsprache bei der üblichen Qualität für erforderlich erachtet? Welche Bitrate ist heute dafür erforderlich?

**Aufgabe A2.3** Fernsehen

a) Welches Frequenzband belegt ein analoges Fernsehsignal typischerweise?

b) Welche Bitrate ist für die Darstellung eines Fernsehsignals bei üblicher Qualität erforderlich? Welche Bitrate entsteht bei der höchsten Qualität beim hochauflösenden Fernsehen? *Hinweis*: Angaben vor einer etwaigen Komprimierung

**Aufgabe A2.4** Digitalisierung

a) Was versteht man unter Digitalisierung eines analogen Signals?

b) Was ist die Aussage des Abtasttheorems?

c) Was versteht man unter einer Quantisierung eines Signals? Und worauf ist bei der Quantisierung zu achten?

d) Welchen Nebeneffekt hat die Quantisierung auf das Signal?

**Aufgabe A2.5** Sound-Card

Die Sound-Card eines PC bietet drei Optionen für die Audio-Aufnahme an: Telefonqualität (Abtastfrequenz 11,025 kHz, PCM 8 Bits, Mono), Rundfunkqualität (Abtastfrequenz 22,05 kHz, PCM 8 Bits, Mono) und CD-Qualität (Abtastfrequenz 44,1 kHz, PCM 16 Bits, Stereo).

a) Wie groß darf in den drei Fällen die maximale Frequenz im Audiosignal sein, damit das Abtasttheorem eingehalten wird?

b) Schätzen Sie das Verhältnis von Signalleistung und Quantisierungsgeräuschleistung (SNR) in dB für die drei Optionen ab. *Hinweis*: Gehen Sie von einer gleichförmigen Quantisierung und einer optimalen Aussteuerung aus.

c) Welche Bitraten besitzen die von der Sound-Card erzeugten Audio-Bitströme für die drei Optionen?

d) Zur Speicherung der Aufnahmen steht eine Festplatte mit 1 GByte freiem Speicher bereit. Wie viele Minuten Audioaufnahmen können jeweils aufgezeichnet werden?

## 2.5.2 Lösungen

**Lösung zu A2.1** Hörsinn

a) 16 Hz bis 16 (20) kHz

b) ca. 120 dB, das entspricht einem Dynamikbereich von $1 \ldots 10^6$

**Lösung zu A2.2** Telefonsprache

a) 300 Hz bis 3,4 kHz

b) 64 kbit/s für PCM (ITU-T G.711); und heute 8 kbit/s für ITU-T G.729

**Lösung zu A2.3** Fernsehen

a) ca. 7 MHz

b) ca. 166 Mbit/s für ITU-R BT.601, ca. 1327 Mbit/s für HD-P

**Lösung zu A2.4** Digitalisierung

a) Unter der Digitalisierung eines analogen Signals versteht man die Umsetzung in eine zeit-diskrete und wertdiskrete Form durch Abtastung und Quantisierung (mit Codierung).

b) Das Abtasttheorem gibt an, mit welcher Abtastfrequenz ein bandbegrenztes Signal mindestens abgetastet werden muss, damit keine Information verloren geht. Das so abgetastete Signal kann aus den Abtastwerten durch die si-Interpolation prinzipiell fehlerfrei zurückgewonnen werden.

c) Unter Quantisierung versteht man die Zuweisung von diskreten Werten für die i. d. R. kontinuierlichen Werte eines Signals. Sowohl Übersteuerung als auch zu geringe Aussteuerung sind zu vermeiden.

d) Bei der Quantisierung tritt grundsätzlich ein irreduzibler Quantisierungsfehler auf. Der Quantisierungsfehler kann über die Wortlänge kontrolliert werden. Je größer die Wortlänge ist, desto geringer kann der Quantisierungsfehler im Mittel sein.

**Lösung zu A2.5** Sound-Card

a) Mit $f_{max} < f_a / 2$ gilt $f_{max} < 5,50125$ kHz, 11,025 kHz bzw. 22,05 kHz

b) Aus der 6dB-pro-Bit-Regel folgt für das SNR: 48 dB, 48 dB bzw. 96 dB

c) Bitrate $R_b = 88,2$ kbit/s, 176,4 kbit/s bzw. 1411,2 kbit/s (stereo!)

d) 188,9 Minuten, 94,5 Minuten bzw. 11,8 Minuten

# 3   Amplitudenmodulation

## 3.1   Analoge Modulation eines Sinusträgers

Die elektrische Nachrichtenübertragung über größere Distanzen beruht auf dem Phänomen der Ausbreitung elektromagnetischer Felder über Leitungen und im freien Raum. Aufbauend auf die Arbeiten von H. Ch. Oerstedt und eigenen Experimenten vermutet bereits 1832 M. Faraday die Existenz elektromagnetischer Wellen. J. C. Maxwell lieferte dazu 1864 die theoretische Beschreibung, die 1888 von H. R. Hertz in einem grundlegenden Experiment mit einem Funkensender bestätigt wurde.

Die elektrische Nachrichtenübertragung war zunächst auf die robuste Telegrafie mit einfachem Ein-und-Ausschalten (Tastung) der elektrischen Spannung und Übertragung über eine Leitung beschränkt. Bereits 1851 wurde das erste Seekabel auf der Strecke Dover-Calais verlegt. Vorführungen der drahtlosen Telegraphie gelangen 1895 durch Guglielmo Marconi in Bologna, Alexander Popov in St. Petersburg und Ferdinand Schneider in Fulda. 1897 bewerkstelligte Marconi die Funkübertragung von Morsezeichen über den Ärmelkanal und 1901 die Funkübertragung über den Atlantik.

Mit der Erfindung eines gebrauchsfähigen Telefons durch Bell 1876 konnten auch die von einem Mikrofon aufgenommenen Sprachsignale zunächst im Stadtbereich übertragen werden.

*Anmerkungen:* (i) *Guglielmo Marchese Marconi,* *1874/+1937 italienischer Physiker, Ingenieur und Unternehmer, gründete 1897 die Marconi's Wireless Telegraph Co. Ltd., Nobelpreis für Physik 1909. (ii) *Alexander Popov,* *1859/+1906, russischer Physiker und Pioneer der Rundfunktechnik. (iii) *Ferdinand Schneider,* *1866/ +1955, deutscher Erfinder. (iv) *Alexander Graham Bell,* *1847/+1922, britisch-amerikanischer Erfinder und Unternehmer, gründet 1877 die Bell Telephone Company, aus der 1885 die American Telephone and Telegraphy Company (AT&T) hervorging.

Die Erzeugung von Hochfrequenzschwingungen durch Paulsen 1903 und die Signalverstärkung durch Elektronenröhren durch Lieben und LeForest 1906 bzw. 1910 läuteten den Siegeszug der elektrischen Nachrichtenübertragungstechnik ein. So konnten nun beispielsweise in den USA erstmals Telefongespräche zwischen der Ostküste und Westküste geführt werden. Öffentlicher Rundfunk wurde möglich, der Hörrundfunk ab 1920 und der Fernsehrundfunk ab 1940.

Die Nachübertragungstechnik machte sich dabei immer höherer Frequenzen und Bandbreiten zu nutze, beispielsweise im Hörrundfunk von der Langwelle zur Ultrakurzwelle. Angetrieben wurde die technische Entwicklung vom Wunsch nach höherer Qualität und höherwertigen Diensten, wie z. B. der Stereo-Rundfunk mit Frequenzmodulation statt dem Mono-Rundfunk mit einfacher Amplitudenmodulation und das Farbfernsehen statt dem Schwarz-Weiß-Fernsehen.

Die Entwicklung ist immer noch in vollem Gange. Der digitale Hörrundfunk (DAB, Digital Audio Broadcasting), der digitale Fernsehrundfunk (DVB, Digital Video Broadcasting), der digitale Teilnehmeranschluss an das Internet (Digital Subscriber Line, DSL), der digitale Mobilfunk (Global System for Mobile Communications, GSM, und Universal Mobile Telecommunication System, UMTS) sind Zwischenschritte zur globalen und mobilen digitalen Vernetzung.

Die physikalischen Grundlagen der elektromagnetischen Wellenausbreitung, wie sie in der Telegrafengleichung sichtbar werden, haben zur Entwicklung der Trägermodulation zur Nachrichtenübertragung über größere Strecken geführt. Bei der Trägermodulation wird im *Modulator* die Amplitude, Frequenz oder Phase eines *sinusförmigen Trägers* entsprechend dem modulierenden Signal variiert, s. Bild 3-1.

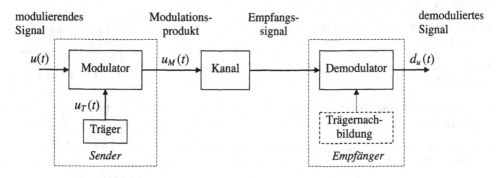

**Bild 3-1** Blockschaltbild einer Nachrichtenübertragung mit Trägermodulation

Je nach Verfahren spricht man von der

- *Amplitudenmodulation* (AM)

$$u_{AM}(t) = [u_1(t) + U_0] \cdot u_T(t) \tag{3.1}$$

mit dem *Trägersignal*

$$u_T(t) = \hat{u}_T \cdot \cos(\omega_T t + \varphi_T) \tag{3.2}$$

mit der *Trägerkreisfrequenz* $\omega_T$ und der *Trägeranfangsphase* $\varphi_T$.

- *Frequenzmodulation* (FM)

$$u_{FM}(t) = \hat{u}_T \cdot \cos\left[\omega_T t + \omega_T \cdot \alpha \int_0^t u_1(\tau) d\tau\right] \tag{3.3}$$

- *Phasenmodulation* (PM)

$$u_{PM}(t) = \hat{u}_T \cdot \cos[\omega_T t + \alpha_0 \cdot u_1(t)] \tag{3.4}$$

Ein Beispiel für ein Eintonsignal als modulierendes Signal wird in Bild 3-2 gegeben. Weil bei einer Eintonübertragung zwischen FM und PM nur eine Phasenverschiebung um 90° vorliegt, wurde auf die Darstellung des PM-Signals verzichtet.

Das Gegenstück zum Modulator bildet im Empfänger der *Demodulator*. Er bereitet das Empfangssignal so auf, dass die Sinke die für sie bestimmte Nachricht erhält. Der Demodulator stellt das kritische Element in der Übertragungskette dar, in dem der größte Aufwand getrieben werden muss. Dies gilt besonders, wenn das Signal im Kanal verzerrt und/oder gestört wird.

Wird im Empfänger die Nachbildung des Trägers zur Demodulation benutzt, spricht man von *kohärenter* ansonsten von *inkohärenter Demodulation*.

## 3.2    Prinzip der Amplitudenmodulation

Bei der *Amplitudenmodulation* (AM) wird ein in
der Regel niederfrequentes Signal mit Hilfe eines
hochfrequenten sinusförmigen Trägers übertragen. Je nach Art der verwendeten Amplitudenmodulation unterscheidet man zwischen:

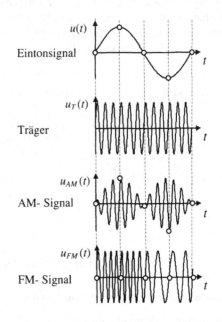

* *gewöhnlicher Amplitudenmodulation*
  (AM mit Träger)

* *Zweiseitenband-Amplitudenmodulation*
  (ZSB-AM)

* *Einseitenband-Amplitudenmodulation*
  (ESB-AM)

* *Restseitenband-Amplitudenmodulation*
  (RSB-AM)

* *Quadraturamplitudenmodulation* (QAM)

Die gewöhnliche AM mit Träger ermöglicht relativ einfache Empfänger, weshalb sie historisch
Anwendung im LW-, MW- u. KW-Tonrundfunk
findet. Die ZSB-AM überträgt die Nachricht in
den zwei Seitenbändern um den Träger und wird
beispielsweise zur Signalvorbereitung im Stereo-
tonrundfunk eingesetzt. Die ESB-AM benötigt die
geringste Bandbreite der AM-Verfahren. Sie ist

**Bild 3-2**  AM- und FM-Modulation eines
Sinusträgers mit einem Eintonsignal

jedoch auch störanfälliger und wird deshalb in der Telefonie zum Bündeln vieler Gesprächskanäle auf qualitativ relativ hochwertigen Übertragungskanälen eingesetzt. Die RSB-AM ist
als Kompromiss im Fernsehrundfunk anzutreffen, da dort eine ESB nicht einsetzbar ist. Die
QAM schließlich wird heute in Verbindung mit der Übertragung digitaler Nachrichten zunehmend wichtiger.

Das Grundprinzip der Amplitudenmodulation lässt sich gut anhand zweier Kosinussignale erläutern: Modulierendes Signal und Trägersignal werden im *Modulator* miteinander multipliziert. Bild 3-3 veranschaulicht das Konzept der AM unter Verwendung eines idealen Multipli-
zierers. Der Modulator besteht aus ein-
em nichtlinearen Bauelement, z. B. einer Diode, und einem Filter zur Abtrennung der unerwünschten Spektralanteile
aus dem an der Nichtlinearität entstehenden Signalgemisches. Man spricht
deshalb auch von einem Mischer. Die
praktische Realisierung von AM-Modulatoren geschieht mit speziellen elektronischen Schaltungen und wird im nächsten Abschnitt kurz vorgestellt.

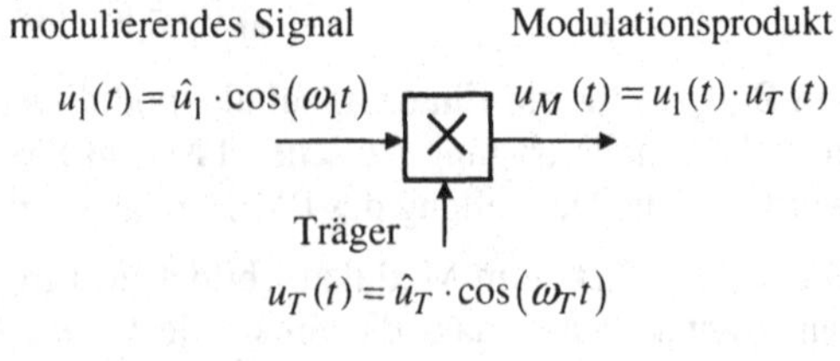

modulierendes Signal               Modulationsprodukt

$$u_1(t) = \hat{u}_1 \cdot \cos(\omega_1 t) \quad \boxed{\times} \quad u_M(t) = u_1(t) \cdot u_T(t)$$

Träger

$$u_T(t) = \hat{u}_T \cdot \cos(\omega_T t)$$

**Bild 3-3**  Multiplikation zweier Kosinussignale

Das *Modulationsprodukt* ergibt sich nach trigonometrischer Umformung

$$u_M(t) = \frac{\hat{u}_1 \hat{u}_T}{2} \cdot \left[ \cos\left((\omega_T - \omega_1) \cdot t\right) + \cos\left((\omega_T + \omega_1) \cdot t\right) \right] \qquad (3.5)$$

wobei als neue Kreisfrequenzen die Differenz- und Summenkreisfrequenzen $\omega_T - \omega_1$ bzw. $\omega_T + \omega_1$ auftreten.

Mit dem *Modulationssatz* der *Fourier-Transformation* bzw. seine Anwendung auf die Kosinusfunktion [Wer05] ergibt sich mit dem Fourier-Paar des modulierenden Signals

$$u_1(t) \quad \leftrightarrow \quad U_1(j\omega) \qquad (3.6)$$

allgemein für das Spektrum der Amplitudenmodulation

$$u_M(t) = u_1(t) \cdot \cos \omega_T t \quad \leftrightarrow \quad \frac{1}{2} \cdot \left[ U_1(j\omega - j\omega_T) + U_1(j\omega + j\omega_T) \right] \qquad (3.7)$$

In Bild 3-4 sind die (zweiseitigen) Spektren der Signale schematisch dargestellt. Im unteren Teil ist das Spektrum des Modulationsproduktes (3.7) abgebildet.

Die Multiplikation mit der Kosinusfunktion verschiebt das Spektrum des modulierenden Signals aus dem Basisband symmetrisch um die Trägerkreisfrequenz $\omega_T$, s. a. Tabelle 3-1. Man erhält ein *oberes Seitenband* (oS) in der Regellage, wie beim modulierenden Signal, und ein *unteres Seitenband* (uS) in der Kehrlage, d. h. frequenzmäßig gespiegelt. Wegen der beiden Seitenbänder wird die AM nach (3.7) auch *Zweiseitenband-AM* genannt.

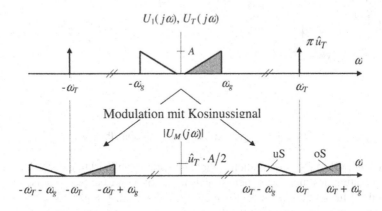

**Bild 3-4** Spektrum des modulierenden Signals $U_1(j\omega)$, des Trägersignals $U_T(j\omega)$ und des Modulationsproduktes $U_M(j\omega)$ in schematischer Darstellung (uS für unteres Seitenband und oS für oberes Seitenband)

**Tabelle 3-1** Kosinusfunktion und Sinusfunktion und zugehörige Spektren

| Zeitsignal | Spektrum | Zeitsignal | Spektrum |
|---|---|---|---|
| | $\pi\,[\delta(\omega-\omega_0) + \delta(\omega+\omega_0)]$ | | $j\pi\,[-\delta(\omega-\omega_0) + \delta(\omega+\omega_0)]$ |
| $\cos(\omega_0 t)$ | | $\sin(\omega_0 t)$ | |

## 3.3    Gegentakt-Modulator und Ring-Modulator

AM-Modulatoren werden mit elektronischen Schaltungen realisiert, wie dem Gegentakt-Modulator oder dem Ring-Modulator, auch Doppelgegentaktmodulator genannt.

In Bild 3-5 sind die Prinzipschaltung für den *Gegentakt-Modulator* und Signalbeispiele zu sehen. Die modulierende Spannung wird im Takt der *Schaltfunktion* zerhackt; nur bei den positiven Impulsen der Schaltfunktion wird die Eingangsspannung übertragen. Dazu wird die Amplitude der Schaltfunktion wesentlich größer als die des modulierenden Signals eingestellt.

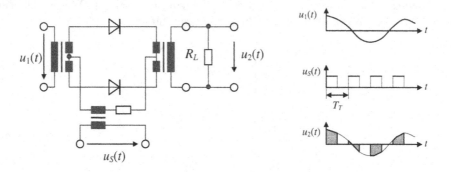

**Bild 3-5** Gegentakt-Modulator mit Signalbeispiel

Wie die Signale in Bild 3-5 anschaulich zeigen, entspricht die Wirkung der Schaltfunktion $u_S(t)$ einer Multiplikation des modulierenden Signals $u_1(t)$ mit dem Rechteckimpulszug mit der Periode $T_T$. Da der Multiplikation im Zeitbereich die Faltung im Frequenzbereich zugeordnet ist, kann das Spektrum am Ausgang mit der *Fourier-Reihe* der Schaltfunktion

$$u_S(t) = \frac{1}{2} + \frac{2}{\pi}\sum_{k=0}^{\infty}\frac{(-1)^k}{2k+1}\cos(2\pi[2k+1]f_T t) \tag{3.8}$$

berechnet werden.

Im Beispiel eines Eintonsignals mit der Frequenz $f_1$ ergeben sich die Spektralkomponenten bei den Frequenzen $f_1$, $f_T \pm f_1$, $3 \cdot f_T \pm f_1$, $5 \cdot f_T \pm f_1$, usw. Bild 3-6 zeigt die ersten Spektralkomponenten und deren Amplitudenfaktoren gemäß (3.8). Durch nachfolgende Bandpassfilterung kann das modulierte Signal im gewünschten Frequenzband ausgewählt werden.

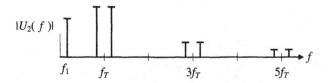

**Bild 3-6** Frequenzkomponenten zum Gegentakt-Modulator in schematischer Darstellung

Charakteristisch für den Gegentakt-Modulator ist, dass aufgrund der symmetrischen Einspeisung der Träger unterdrückt wird. Nachteilig ist, dass das modulierende Signale selbst am Ausgang erscheint, s. Gleichanteil der Fourier-Reihe (3.8).

Das modulierende Signal kann am Ausgang durch einfache Modifikation der Schaltung in Bild 3-5 vermieden werden. Aus den bisherigen Überlegungen wird klar, dass dazu der Gleichanteil der Schaltfunktion zu eliminieren ist. Dann ergibt sich ein periodischer Rechteckimpulszug mit positiven und negativen Impulsen. Es ist also ein „Gegentakt-Modulator" für die negativen Spannungsimpulse zu ergänzen. Wie Bild 3-7 zeigt ergibt sich dadurch eine Ringstruktur der Dioden, weshalb hier von einem *Ring-Modulator* bzw. einem *Doppelgegentakt-Modulator* gesprochen wird.

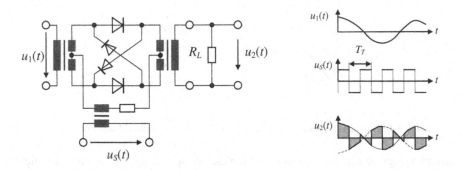

**Bild 3-7** Ring-Modulator mit Signalbeispiel

## 3.4 Zweiseitenband-AM mit Träger

Das Blockschaltbild des Senders für die ZSB-AM mit Träger ist in Bild 3-8 dargestellt. Das modulierende Signal wird dem AM-Modulator zugeführt. Zunächst wird durch Addieren der Gleichspannung $U_0$ der Arbeitspunkt eingestellt. Im nachfolgenden *Mischer* geschieht die Frequenzumsetzung mit dem Träger zum AM-Signal

$$u_{AM}(t) = \left[u_1(t) + U_0\right] \cdot u_T(t) = \hat{u}_T \cdot U_0 \cdot \left[1 + m \frac{u_1(t)}{\max\left|\ u_1(t)\ \right|}\right] \cdot \cos \omega_T t \qquad (3.9)$$

und dem *Modulationsgrad*

$$m = \frac{\max\left|u_1(t)\right|}{U_0} \qquad (3.10)$$

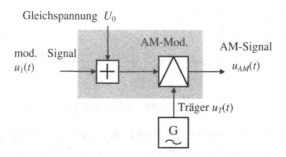

**Bild 3-8** AM-Modulation mit Träger (Sender)

*Anmerkung:* In Bild 3-8 wurde die Addition mit der Gleichspannung gesondert gezeichnet. Oft wird nur das Symbol des Mischers zur Darstellung der AM-Modulation benutzt.

Das Spektrum des Modulationsproduktes ist in Bild 3-9 skizziert. Man erkennt den Trägeranteil mit der Amplitude $\pi U_0$ und die beiden Seitenbänder oberhalb und unterhalb des Trägers. Dementsprechend wird die AM nach Bild 3-9 auch *Zweiseitenband-AM* (ZSB-AM) *mit Träger* genannt. Aus historischen Gründen ist auch die Bezeichnung *gewöhnliche AM* gebräuchlich.

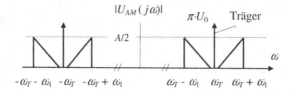

**Bild 3-9** Spektrum des modulierten Signals als Zweiseitenband-AM mit Träger

Für sinusförmige Signale mit den normierten Amplituden $\hat{u}_1 = 1$, $\hat{u}_T = 1$ und den normierten Gleichspannungen $U_0 = 0{,}5$, und $1{,}5$ ergeben sich die AM-Signale in Bild 3-10. Die Gleichspannung $U_0$ stellt den Modulationsgrad $m$ ein.

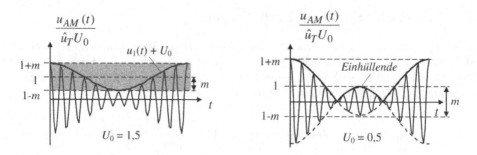

**Bild 3-10**  AM-Signal zu einem sinusförmigen Signal bei verschiedenen Modulationsgraden $m$ in normierter Darstellung

Ist der Modulationsgrad $m$ kleiner eins, wie im linken Bild, so bewegt sich die Einhüllende im grau unterlegten Streifen. Ist der Modulationsgrad größer eins, tritt die im rechten Bild sichtbare *Übermodulation* auf. Wie noch gezeigt wird, führt dies bei der Hüllkurvendemodulation zu Signalverzerrungen. Der Modulationsgrad 1 stellt den Grenzfall dar.

Die tatsächliche Wahl des Modulationsgrades hängt von den praktischen Randbedingungen ab. Ein zu kleiner Modulationsgrad macht das AM-Signal anfälliger gegen Störung durch Rauschen, da die Amplitude des demodulierten Signals proportional zum Modulationsindex ist.

Zur späteren Beurteilung der Übertragungseigenschaften sind die *Leistungen* der Signale wichtig. Aus dem Frequenzspektrum lässt sich die Leistung des AM-Signals mit Hilfe der parsevalschen Formel errechnen [Wer05].

$$P_{AM} = P_T + P_{oS} + P_{uS} \tag{3.11}$$

Die (Leistungs-) *Effizienz* des Modulationsverfahrens wird durch das Verhältnis der Leistung der informationstragenden Anteile zu der Gesamtsendeleistung angegeben.

$$\eta_{AM} = \frac{P_{oS} + P_{uS}}{P_{AM}} \tag{3.12}$$

**Beispiel** Berechnung der Effizienz für ein kosinusförmiges Nachrichtensignal

(*i*) Leistung des sinusförmigen Nachrichtensignals mit der Amplitude $\hat{u}_1$

$$P_1 = \frac{\hat{u}_1^2}{2} \tag{3.13}$$

*Anmerkung*: Wir rechnen ohne Dimensionen. Im Falle von Spannungsgrößen ist die physikalische Leistung auf einen Widerstand zu beziehen, z. B. 1 Ω. Da wir meist Leistungsgrößen zueinander ins Verhältnis setzen, wie beispielsweise beim SNR, spielt der Wert des Bezugswiderstandes keine Rolle.

(*ii*) Leistung in den oberen und unteren Seitenbändern nach der Modulation

$$P_{oS} + P_{uS} = \frac{\hat{u}_T^2}{2} P_1 \tag{3.14}$$

*Bemerkung*: Dieser Zusammenhang gilt allgemein wie man aus der Betrachtung im Frequenzbereich in Bild 3-4 ersehen kann.

(*iii*) Leistung des AM-Signals

$$P_{AM} = P_{oS} + P_{uS} + P_T = \frac{\hat{u}_T^2}{2}\left(P_1 + U_0^2\right) \tag{3.15}$$

Damit ergibt sich die Effizienz

$$\eta_{AM} = \frac{P_1}{P_1 + U_0^2} \tag{3.16}$$

Speziell für das kosinusförmige Nachrichtensignal und mit dem Modulationsindex (3.10) erhält man

$$\eta_{AM} = \frac{1}{1 + 2/m^2} \tag{3.17}$$

Für den maximalen Modulationsgrad $m = 1$ ist die größtmöglich Effizienz 33%. Es werden höchstens 33% der Sendeleistung zur Übertragung der eigentlichen Information verwendet.

## 3.5    Kohärente AM-Demodulation

Voraussetzung für die *kohärente Demodulation* (Synchrondemodulation) ist, dass das Träger-signal im Empfänger frequenz- und phasenrichtig zur Verfügung steht. Hierzu wird im Emp-fänger eine aufwendige Synchronisationseinrichtung benötigt.

Steht eine Nachbildung des Trägers im Empfänger zur Verfügung, kann die Demodulation ebenso wie die Modulation erfolgen, s. Bild 3-11.

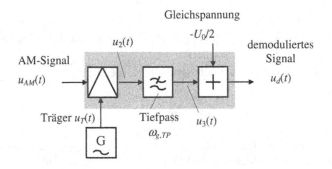

**Bild 3-11**  Kohärenter AM-Demodulator

Wird das AM-Signal im Demodulator zunächst mit dem Träger (Nachbildung) multipliziert

$$u_2(t) = u_{AM}(t) \cdot \cos(\omega_T t) = \left[ u_1(t) + U_0 \right] \cdot \cos^2(\omega_T t)$$

$$= \left[ u_1(t) + U_0 \right] \cdot \frac{1}{2} \left[ 1 + \cos(2\omega_T t) \right] \tag{3.18}$$

so schiebt sich das Spektrum ins Basisband. Es entstehen auch Spektralanteile bei $\pm 2\omega_T$, die durch (ideale) Tiefpassfilterung mit der Grenzkreisfrequenz

$$\omega_g < \omega_{g,TP} < 2\omega_T - \omega_g \tag{3.19}$$

vom gewünschten Signal abgetrennt werden.

$$u_3(t) = \frac{1}{2} \left[ u_1(t) + U_0 \right] \tag{3.20}$$

Nach Abzug des Gleichanteils $U_0/2$ ist das demodulierte Signal proportional zum modulieren-den Signal.

## 3.6 AM-Demodulation mit dem Hüllkurvendetektor

Sind gewisse Abstriche an der Übertragungsqualität tolerierbar, wie beispielsweise beim einfachen AM-Rundfunk, stellt die *inkohärente AM-Demodulation* mit einem Hüllkurvendetektor eine preiswerte Alternative dar. Es wird die Einhüllende des Empfangssignals bestimmt. Eine Nachbildung des Trägers im Empfänger ist nicht notwendig.

Bild 3-12 zeigt das Prinzipschaltbild des *Hüllkurvendetektors*. Das demodulierte Signal wird im Wesentlichen an der Kapazität $C_1$ abgegriffen. Durch den Gleichrichter werden die negativen Halbwellen des AM-Signals abgeschnitten.

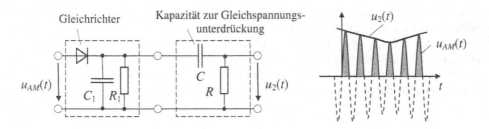

**Bild 3-12** Inkohärenter AM-Demodulator

Es entsteht im Prinzip zunächst das in Bild 3-12 grau unterlegte Signal. Während der positiven Halbwelle lädt sich die Kapazität $C_1$. In der nachfolgenden negativen Halbwelle kann sich die Kapazität über den Widerstand $R_1$ teilweise entladen. Die Dimensionierung von $C_1$ und $R_1$ geschieht so, dass einerseits die hochfrequente Schwingung des Trägers geglättet wird und andererseits die Spannung an der Kapazität der zum Träger vergleichsweise sehr langsamen Variation der Einhüllenden folgen kann. Für die Zeitkonstante der RC-Kombination folgt mit der Grenzfrequenz des modulierenden Signals $f_g$ und der Frequenz des Trägers $f_T$ die Abschätzung

$$1/f_T < R_1 C_1 < 1/f_g \qquad (3.21)$$

Die nachfolgende Kapazität hat die Aufgabe, den Gleichanteil ($U_0$) abzutrennen. Bild 3-12 zeigt schematisch den Verlauf eines Signalausschnitts am Ausgang des Hüllkurvendetektors.

## 3.7 Einseitenband-AM

Die Grundlage der *Einseitenband-AM* (ESB-AM) bildet die Symmetrie der Spektren reeller Signale [Wer05].

$$
\begin{array}{ccccc}
u(t) & = & u_g(t) & + & u_u(t) \\
\updownarrow F & & \updownarrow \cos & & \updownarrow j\sin \\
U(j\omega) & = & U_g(j\omega) & + & jU_u(j\omega)
\end{array}
\qquad (3.22)
$$

Wegen der geraden (g) bzw. ungeraden (u) Symmetrie im Spektrum ist die Nachricht sowohl im unteren Seitenband (uS) als auch im oberen Seitenband (oS) vollständig enthalten. Es genügt daher nur ein Seitenband zu übertragen. Hierdurch erfolgt eine Reduzierung der Bandbreite auf die Hälfte.

### 3.7.1    Filtermethode

Eine einfache Methode zur Erzeugung eines
Einseitenband-AM-Signals ist die *Filtermethode*,
wie sie in Bild 3-13 dargestellt ist.

Bei der Filtermethode wird mit einem Bandpass
von dem ursprünglichen Zweiseitenbandsignal
nur das obere oder untere Seitenband übertragen.
In Bild 3-14 sind schematisch die zugehörigen
Spektren für die Übertragung des oberen Seitenbandes dargestellt.

Das obere Teilbild zeigt das Spektrum des Basisbandsignals mit der unteren Grenzfrequenz $f_u$ und
der oberen Grenzfrequenz $f_o$. Darunter sind das
Spektrum des Modulationsproduktes vom Basis-
band- mit dem Trägersignal und das Spektrum
nach der Bandpassfilterung zu sehen.

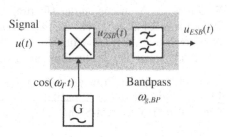

**Bild 3-13**   ESB-AM nach der Filtermethode

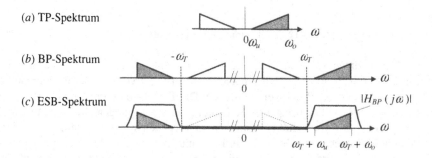

(*a*) TP-Spektrum

(*b*) BP-Spektrum

(*c*) ESB-Spektrum

**Bild 3-14**  Spektren zur ESB-AM (oS)

Die technische Realisierung in der Funktechnik erfolgt herkömmlicher Weise mit der Filtermethode in einer Zwischenfrequenzlage, s. Bild 3-15. Letzteres reduziert die Anforderungen an
das Bandpassfilter, da sich dadurch ein günstigeres Verhältnis von Mittenfrequenz und Bandbreite ergibt.

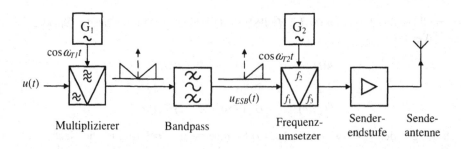

**Bild 3-15**  Sender mit Einseitenbandmodulation nach der Filtermethode

### 3.7.2 Phasenmethode

Eine alternative Erzeugung eines Einseitenbandsignals stellt die *Phasenmethode* in Bild 3-16 bereit. Bei der ESB-AM nach der Phasenmethode wird dem unteren Modulator sowohl die Signal- als auch die Trägerschwingung mit einer Phasenverschiebung zugeführt. Die resultierenden Modulationsprodukte $v_1(t)$ und $v_2(t)$ werden addiert, wobei sich in dem ergebenden Signal $u_{ESB}(t)$ ein Seitenband aufhebt.

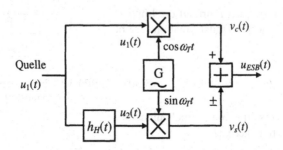

**Bild 3-16** ESB-AM nach der Phasenmethode

**Beispiel** Monofrequentes Signal

Aus dem Eingangssignal

$$u_1(t) = \hat{u}_1 \cdot \cos \omega_1 t \tag{3.23}$$

und der Trägerschwingung ergibt sich im oberen Zweig die *Normalkomponente*, auch Inphasekomponente genannt.

$$v_c(t) = \hat{u}_1 \cdot \cos \omega_1 t \cdot \cos \omega_T t = \frac{\hat{u}_1}{2} \Big[ \cos\big((\omega_T - \omega_1)t\big) + \cos\big((\omega_T + \omega_1)t\big) \Big] \tag{3.24}$$

Der untere Zweig erhält durch – wie später noch erklärt wird – die Hilbert-Transformation (H) ein um -90° phasenversetztes Signal

$$u_2(t) = T_H \big\{ \hat{u}_1 \cdot \cos(\omega_1 t) \big\} = \hat{u}_1 \cdot \sin \omega_1 t \tag{3.25}$$

*Anmerkung:* $\cos(\alpha - \pi/2) = \sin\alpha$

Mit der phasenversetzten Trägerschwingung wird daraus die *Quadraturkomponente* erzeugt

$$v_s(t) = \hat{u}_1 \cdot \sin \omega_1 t \cdot \sin \omega_T t = \frac{\hat{u}_1}{2} \Big[ \cos\big([\omega_T - \omega_1]t\big) - \cos\big([\omega_T + \omega_1]t\big) \Big] \tag{3.26}$$

Nach Addition der beiden Quadraturkomponenten erhält man das ESB-AM-Signal als unteres Seitenbandsignal

$$u_{ESB}(t) = v_c(t) + v_s(t) = \hat{u}_1 \cdot \cos\big((\omega_T - \omega_1)t\big) \tag{3.27}$$

bzw. als oberes Seitenbandsignal

$$u_{ESB}(t) = v_c(t) - v_s(t) = \hat{u}_1 \cdot \cos\big((\omega_T + \omega_1)t\big) \tag{3.28}$$

Ende des Beispiels

Die Abbildung eines Kosinussignals auf ein Sinussignal bedeutet im Frequenzbereich die Multiplikation des Spektrums mit $-j$ für positive und $+j$ für negative Frequenzen. Daraus folgt für den gewünschten Frequenzgang des *Hilbert-Transformators*, s. Bild 3-17

$$H_H(j\omega) = -j \cdot \operatorname{sgn}(\omega) \tag{3.29}$$

*Anmerkung*: Der Frequenzgang ist imaginär und ungerade. Die Impulsantwort ist demzufolge reell und ungerade.

Die Frage nach der Realisierbarkeit führt auf die Impulsantwort. Durch inverse Fourier-Transformation ergibt sich [Wer05]

$$h_H(t) = \frac{1}{\pi t} \leftrightarrow H_H(j\omega) = -j \cdot \operatorname{sgn}(\omega) \tag{3.30}$$

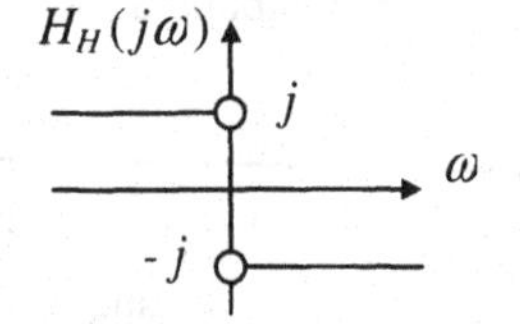

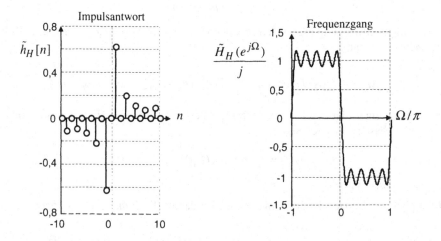

**Bild 3-17** Frequenzgang des Hilbert-Transformators

Die Impulsantwort ist zweiseitig und zeitlich nicht begrenzt. Damit ist sie nicht realisierbar.

Für Bandpasssignale, wie die Telefonsprache, kann die Hilbert-Transformation als digitale Signalverarbeitung näherungsweise realisiert werden. Bild 3-18 zeigt ein einfaches Beispiel mit einem FIR-System mit nur 10 wesentlichen Koeffizienten.

*Anmerkung*: Das FIR-System zur Hilbert-Transformation wurde mit dem Programm MATLAB® entsprechend einem vorgegebenen Toleranzschema (Chebyschev-Approximation, Remez-Algorithmus) entworfen [Wer03].

**Bild 3-18** Approximation der Hilbert-Transformation durch ein zeitdiskretes FIR-System

Das Prinzip der Phasenmethode ist in Bild 3-19 zusammengefasst. Man beachte das rein imaginäre Spektrum der Sinusfunktion, s. a. Tabelle 3-1.

*Anmerkung*: Die Hilbert-Transformation spielt auch in der Netzwerksynthese eine Rolle. Es ergeben sich für reellwertige Systeme Bindungen im Frequenzgang zwischen Real- und Imaginärteil und somit auch zwischen Phase und Betrag. Der Frequenzgang als Entwurfsziel für ein reellwertiges und rechtsseitiges System kann deshalb nicht beliebig vorgegeben werden.

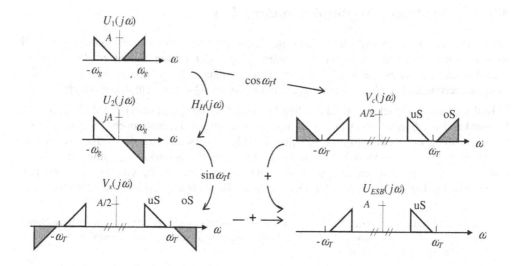

**Bild 3-19** Spektren zur Phasenmethode mit der Hilbert-Transformation in schematischer Darstellung

## 3.8 Restseitenband-AM

Die *Restseitenband-AM* (RSB-AM) stellt ein Mischung aus Zweiseitenband- und Einseitenband-AM dar. Im Gegensatz zur ESB-AM wird hierbei nicht ein volles Seitenband abgetrennt, sondern nur ein Teil davon. Der Rest des Seitenbandes inklusive Träger sowie das vollständige andere Seitenband bleiben erhalten.

Die RSB-AM findet u. a. Anwendung bei der Übertragung von Fernsehsignalen. In Bild 3-20 ist die RSB-AM für das VHF-Band (Kanal 11) mit einer Bildträgerfrequenz $f_T$ von 217,25 MHz dargestellt.

Da Videosignale - anders als Sprachtelefonsignale - Frequenzkomponenten bis zur Frequenz null aufweisen, ist eine ESB-AM mit realen Filtern nicht möglich. Durch die endliche Filtersteilheit (im Übergangsbereich) würden wesentliche Spektralanteile um die Frequenz null unterdrückt werden. Deshalb wird die RSB-AM eingesetzt, so dass die Kanalbandbreite 7 MHz beträgt. Die Frequenz des Bildträgers entspricht dabei der Frequenz null im Videosignal.

*Anmerkung*: Im UHF-Bereich sind 8 MHz Kanalbandbreite vorgesehen.

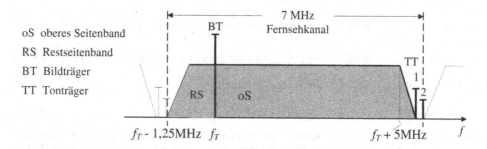

**Bild 3-20** Frequenzbelegung eines Fernsehsignals mit Restseitenband-AM (CCIR-Norm)

## 3.9    Quadraturamplitudenmodulation

In der analogen Farbfernsehtechnik kann die Farbinformation durch zwei Signale dargestellt werden, den reduzierten Farbdifferenzsignalen. Wegen der Kompatibilität zu den Schwarz-Weis-Empfängern ist es wünschenswert, die beiden Signale gleichzeitig im selben Frequenzband zu übertragen. Die *Quadraturamplitudenmodulation* (QAM) macht dies möglich.

In Bild 3-21 ist das Blockschaltbild des Senders und des Empfängers bei der QAM dargestellt. Es werden zwei Signale $u_1(t)$ und $u_2(t)$ mit einer einzigen Trägerfrequenz übertragen. Zur Unterscheidung der beiden Signale ist eine 90°-Phasenverschiebung der Träger zueinander erforderlich. Die beiden Modulationsprodukte, die *Normalkomponente* $v_c(t)$ und die *Quadraturkomponente* $v_s(t)$, besitzen dann ebenfalls eine Phasenverschiebung von 90° zueinander, d. h., sie stehen in Quadratur zueinander. Deswegen die Bezeichnung Quadraturamplitudenmodulation.

*Anmerkung*: Die Indizes „c" und „s" deuten auf die im englischen häufiger anzutreffenden Bezeichnungen „Cosine" bzw. „Sine component" hin. Die Bezeichnungen „i" und „q" sind ebenfalls verbreitet für „Inphase" und „Quadrature component".

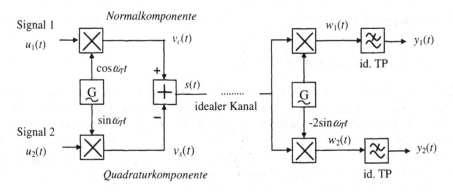

**Bild 3-21** Quadraturamplitudenmodulation, Sender und Empfänger

Das gesendete Signal

$$s(t) = v_c(t) - v_s(t) = u_1(t) \cdot \cos \omega_T t - u_2(t) \cdot \sin \omega_T t \qquad (3.31)$$

wird auf der Empfängerseite den beiden synchron arbeitenden Demodulatoren zugeführt. Da die beiden Demodulatoren den Referenzträger mit 0° bzw. -90° Phasenverschiebung erhalten, ergeben sich die beiden Modulationsprodukte

$$w_1(t) = s(t) \cdot 2 \cdot \cos \omega_T t \;\; = u_1(t)\left[\cos(0) + \cos 2\omega_T t\right] + u_2(t)\left[\sin(0) + \sin 2\omega_T t\right] \qquad (3.32)$$

$$w_2(t) = s(t) \cdot (-2\sin \omega_T t) = -u_1(t)\left[\sin(0) + \sin 2\omega_T t\right] + u_2(t)\left[\cos(0) - \cos 2\omega_T t\right] \qquad (3.33)$$

Nach Tiefpassfilterung resultieren die Ausgangssignale

$$y_1(t) = u_1(t) \quad \text{und} \quad y_2(t) = u_2(t) \qquad (3.34)$$

Sie sind identisch zu den auf der Senderseite verwendeten Nutzsignalen. Es tritt insbesondere kein „Übersprechen" von der Normal- zur Quadraturkomponente und umgekehrt auf. Dies setzt allerdings voraus, dass im Empfänger eine phasensynchrone Trägernachbildung vorliegt.

In realen Empfängern ist für die kohärente Demodulation die Trägernachbildung durch eine *Trägersynchronisationsschaltung* erforderlich, s. Bild 3-22. Mögliche Realisierungen sind beispielsweise Schaltungen mit einer Quadriererschleife, der Costas-Schleife oder einem Phasenregelkreis.

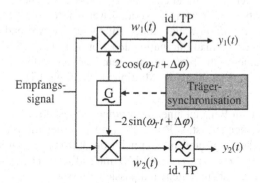

**Bild 3-22** QAM-Empfänger mit Trägersynchronisation mit Phasenfehler $\Delta\varphi$

Aufgrund von Übertragungsstörungen tritt bei der Trägernachbildung ein zeitlich schwankender Phasenfehler auf. Wir schätzen den Einfluss des *Phasenfehlers* am Beispiel eines konstanten Versatzes $\Delta\varphi$ ab. Dann resultieren nach der Tiefpassfilterung

$$y_1(t) = u_1(t) \cdot \cos\Delta\varphi + u_2(t) \cdot \sin\Delta\varphi \tag{3.35}$$

$$y_2(t) = u_2(t) \cdot \cos\Delta\varphi - u_1(t) \cdot \sin\Delta\varphi \tag{3.36}$$

Als Maß für die Störung durch *Übersprechen* kann das Verhältnis der Leistungen des Nutzanteils und der Störung, das SNR (Signal-to-Noise Ratio) herangezogen werden. Mit der Annahme, dass die Nutzsignale in den Quadraturkomponenten gleiche mittlere Leistung besitzen, gilt

$$SNR_{\Delta\varphi} = \frac{\cos^2\Delta\varphi}{\sin^2\Delta\varphi} = \cot^2\Delta\varphi \tag{3.37}$$

Bild 3-23 zeigt das SNR im logarithmischem Maß in Abhängigkeit vom Phasenfehler. Wenn der Phasenfehler $\Delta\varphi$ klein genug ist, kann das Übersprechen vernachlässigt werden. Als typischer SNR-Wert, der in der analogen Übertragungstechnik insgesamt nicht unterschritten werden sollte, gilt 30 dB. Damit sollte im Sinne einer ersten Abschätzung der Phasenfehler der Trägernachbildung kleiner 1° sein.

*Anmerkung*: Die Frequenzstabilität der Oszillatoren in Sender und Empfänger selbst ist so groß, dass deren Schwankungen hier vernachlässigt werden können.

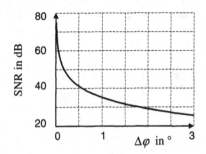

**Bild 3-23** SNR in den Quadraturkomponenten in Abhängigkeit vom Phasenfehler in der Trägernachbildung

## 3.10    Anwendungsbeispiele

### 3.10.1    Trägerfrequenzsystem in der Telefonie

Die *Trägerfrequenztechnik* (TF-Technik) ermöglicht es, verschiedene Signale gleichzeitig über ein Medium, z. B. ein Koaxialkabel, zu übertragen. Hierbei werden die Signale im Frequenzbereich nebeneinander im *Frequenzmultiplex* angeordnet. Eine wichtige Anwendung findet die TF-Technik in der Telefonie, bei der gemäß internationalen Normen bis zu 10800 Gesprächskanäle in einem Koaxialkabel gemeinsam übertragen werden. Dadurch teilen sich auch 10800 Teilnehmer die Übertragungskosten. Erst durch die Multiplextechnik wird Telekommunikation über größere Entfernungen erschwinglich.

Das Prinzip der TF-Technik wird am Beispiel einer *Vorgruppe* vorgestellt. In einer Vorgruppe werden 3 Gesprächskanäle zusammengefasst, s. Bild 3-24. Dabei werden die Basisbandsignale der Sprachtelefonie mit Spektralkomponenten im Bereich von 300 Hz bis 3400 Hz mit den Trägern bei $f_{T1}$ = 12 kHz, $f_{T2}$ = 16 kHz bzw. $f_{T3}$ = 20 kHz multipliziert. Daran schließen sich Bandpassfilter an, die jeweils nur das obere Seitenband passieren lassen.

Die zugehörigen Spektren sind schematisch im rechten Teil dargestellt. Das oberste Teilbild zeigt das Spektrum des Basisbandsignals mit der unteren Grenzfrequenz $f_u$ = 300 Hz und der oberen Grenzfrequenz $f_o$ = 3400 Hz. Das mittlere Teilbild gehört zu den Bandpass-Signalen nach der Multiplikation mit dem Träger. Zuletzt zeigt das untere Teilbild das Spektrum nach der Filterung.

Nur das obere Seitenband wird übertragen. Dies geschieht ohne Informationsverlust, da die Spektren reeller Signale symmetrisch sind, d. h., oberes und unteres Seitenband jeweils dieselbe Information enthalten. Durch die ESB-AM wird die Übertragungskapazität verdoppelt.

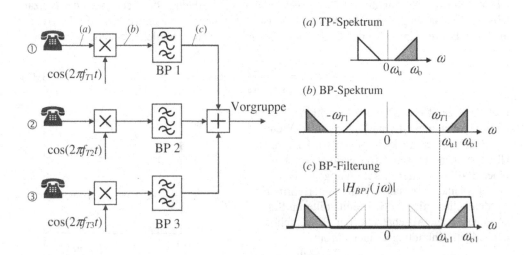

**Bild 3-24** Trägerfrequenztechnik in der Telefonie und Spektren der Vorgruppenbildung

Bild 3-25 zeigt das resultierende Spektrum der
Vorgruppe in der für den Frequenzmultiplex typischen Anordnung der Teilbänder (Sprachkanäle).
Die Spektralanteile bei den negativen Frequenzen
wurden im Bild weggelassen.

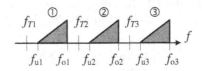

In Tabelle 3-2 ist die Hierarchie der TF-Systeme
zusammengestellt. Vier Vorgruppen werden zu einer Gruppe des Z12-Systems (Zweidrahtsystem)
zusammengefasst, usw.

**Bild 3-25** Bandpass-Spektrum der Vorgruppe im Frequenzmultiplex
(schematische Darstellung)

Der Vorteil der *hierarchischen Gruppenbildung* liegt darin, dass die Modulation und Demodulation für das nächst höhere TF-System für die gesamte Gruppe gemeinsam vorgenommen
werden kann. Der Nachteil besteht in der mangelnden Flexibilität: Wenn auch nur ein Ge-
sprächskanal mehr übertragen werden muss als die Gruppe fasst, so ist eine ganze neue Gruppe
zu übertragen und gegebenenfalls auf die nächste Hierarchieebene zu wechseln. Dies kann zu
unbefriedigenden Auslastungen der Verbindung im Netz führen.

Zusätzlich sind die typischen Entfernungen zwischen zwei Regenerationsverstärkern eingetragen. Je mehr Gespräche gleichzeitig übertragen werden, desto höhere Frequenzen werden benutzt. Da die Leitungsdämpfung mit zunehmender Frequenz ansteigt, müssen Verstärker in immer kürzeren Abständen eingesetzt werden.

*Anmerkungen*: (i) In modernen TK-Netzen ist die TF-Technik durch die digitale Übertragungstechnik
SDH (Synchrone Digitale Hierarchie) abgelöst. Sie verbindet die Weitverkehrsvermittlungsstellen durch
Lichtwellenleiter mit Übertragungsraten bis zu 10 Gbit/s pro Wellenlänge. (ii) Zurzeit werden weltweit
große Anstrengungen unternommen vollständig optische Netze zu entwickeln. Schlüsselelemente dabei
sind wirtschaftliche Lösungen für die Übertragung im Wellenlängenmultiplex, optische Verstärker und
optische Koppelfelder.

Das Prinzip des Frequenzmultiplex findet breite Anwendung in der Nachrichtenübertragungstechnik, wie bei der Verteilung von Rundfunk- und Fernsehsendungen über terrestrische Sen-
dernetze, der Mobilkommunikation, in drahtlosen lokalen Rechnernetzen (WLAN, Wireless
LAN), bei Nachrichtensatelliten oder den *Breitbandkommunikations-Verteilnetzen* (BK-Verteilnetze).

Der nutzbare Frequenzbereich der BK-Verteilnetze wird durch die physikalische Beschaffen-
heit der verwendeten Koaxialkabel, wie z. B. die frequenzabhängige Signaldämpfung, sowie
die Robustheit der Übertragungsverfahren gegen Störungen begrenzt. Durch neue digitale
Übertragungsverfahren ist eine Nachrichtenübertragung heute auch in den bereits bestehenden
Kabelnetzen bei Frequenzen möglich, die durch die Analogtechnik bisher nicht nutzbar waren.
Damit stehen neue Übertragungskanäle zur Verfügung, um beispielsweise zusätzlich digitale
Fernsehprogramme zu verteilen oder einen leistungsfähigen Internetzugang zu ermöglichen.

## 3.10.2  Hörrundfunkempfänger

Die Hörrundfunkübertragungstechnik hat ihre Anfänge in den 1920er Jahren. Beginnend mit
der gewöhnlichen AM für die LW-Übertragung, hat sie sich mit dem wachsenden technischen
Fortschritt immer höhere Frequenzbereiche erschlossen, s. Tabelle 1-3. Zwei wichtige Meilensteine waren die Einführung der FM-Übertragungstechnik im UKW-Bereich, in Mitteleuropa
zuerst beim Bayrischen Rundfunk 1950, und des Zweikanaltons (Stereophonie) in den USA
1961 und Deutschland 1963.

**Tabelle 3-2** Trägerfrequenzsystem in der Telefonie (Z: Zweidrahtsystem, V: Vierdrahtsystem, PG: Primär-Gruppe, SG: Sekundärgruppe, TG: Tertiär-Gruppe, QG: Quarternär-Gruppe)

| TF-System | Fern-sprech-kanäle | Übertragungsband (kHz) | Leitung ∅ in mm; Verstärkerabstand | |
|---|---|---|---|---|
| **Z12** | 12 | A→B  B→A<br>6  54  60 108 | sym. Zweidraht<br>0,8; 0,9; 1,2; 1,4;<br>32 km | 1 PG für jede Richtung |
| **V60** | 60 | 12  256 | sym. Vierdraht<br>1,2 mm<br>18 km | 1 SG |
| **V120** | 120 | 12  256 312  552  *oder*  60  300 312  552 | sym. Vierdraht<br>1,3 mm<br>18 km | 2 SG |
| **V300** | 300 | *oder*<br>60  1300<br>64  1296 | koaxial<br>1,2 / 4,4 mm<br>8 km | 5 SG<br>oder 1 TG |
| **V900**<br><br>**V960** | 900<br><br>960 | *oder*<br>316  4188<br>60  4028 | koaxial<br>2,6 / 9,5 mm<br>9 km | 3 TG<br>oder 16 SG |
| | TV-Kanäle | | | |
| **V2700** | 2700<br><br>1200 | -<br><br>1 | *oder*<br>315  12388<br>316  12300 | koaxial<br>2,6 / 9,5 mm<br>4,5 km | 3 TG<br>oder 1 QG 1<br>TG und 1<br>TV-Signal |
| **V10800** | 10800<br><br>7200<br><br>- | <br><br>2<br><br>6 | 4332  59684<br>4332  59684<br>4332  59684 | koaxial<br>2,6 / 9,5 mm<br>1 km | 12 QG,<br>QG u. 2 TV-Signale<br>oder 6 TV-Signale |

In Bild 3-26 wird das Blockschaltbild eines herkömmlichen *Rundfunkempfängers* gezeigt. Ein wesentliches Merkmal ist die Umsetzung des Empfangssignals in die Zwischenfrequenzlage. Man spricht hier von einem *Überlagerungsempfänger* im Gegensatz zu einem *Geradeaus-empfänger*, bei dem die Frequenzumsetzung direkt zur Demodulationsstufe erfolgt. Sollen, wie beim Rundfunkempfänger, mehrere Bänder wählbar sein, so vereinfacht der Überlagerungs-empfänger mit fester *Zwischenfrequenz* die praktische Realisierung.

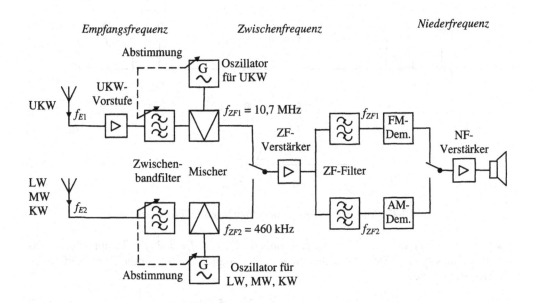

**Bild 3-26** Blockschaltbild eines Überlagerungsempfängers zum Hörrundfunkempfang

**Beispiel** Superheterodyn-Empfänger

Bei der Anwendung des Überlagerungsempfängers ergeben sich für die Wahl der Zwischenfrequenz zwei Alternativen.

Bei der ersten Alternative wird der *Oszillator* so eingestellt, dass die Zwischenfrequenz als Differenz zwischen der Empfangs- und der Oszillatorfrequenz resultiert. Die Oszillatorfrequenz ist kleiner als die Empfangsfrequenz.

$$f_{ZF} = f_E - f_{OSZ1} \tag{3.38}$$

Für den Bereich des MW-Empfangs von 526,5 bis 1606,5 kHz ergibt sich mit der Zwischenfrequenz von 460 kHz ein Abstimmbereich des Oszillators von

$$f_{OSZ1} = 66,5 \ldots 1146,5 \text{ kHz} \tag{3.39}$$

Das entspricht einem Dynamikbereich

$$\frac{\max\{f_{OSZ1}\}}{\min\{f_{OSZ1}\}} \approx 17 \tag{3.40}$$

der durch die üblichen Abstimmelemente, wie Kapazitätsdioden oder Drehkondensatoren, nicht darstellbar ist.

Abhilfe schafft der *Superheterodyn-Empfänger*. Bild 3-27 zeigt das Prinzip im Frequenzbereich. Die Oszillatorfrequenz wird jetzt größer als die Empfangsfrequenz gewählt.

$$f_{ZF} = f_{OSZ2} - f_E \tag{3.41}$$

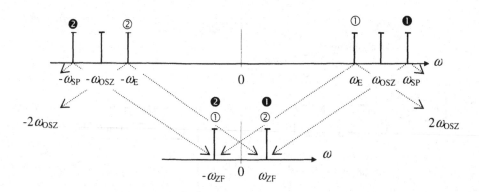

**Bild 3-27** Prinzip des Überlagerungsempfängers im Frequenzbereich

Dadurch verschiebt sich der Spektralanteil um $+f_E$ (①) auf $-f_{ZF}$ und $-f_E$ (②) auf $+f_{ZF}$, so dass sich wieder das symmetrische Spektrum eines reellen Signals ergibt. Für die Oszillatorfrequenz resultiert der Bereich

$$f_{OSZ2} = 986,5 \ldots 2066,5 \text{ kHz} \tag{3.42}$$

Die Oszillatorfrequenz kann jetzt zwar etwa doppelt so groß werden wie vorher, jedoch reduziert sich die Dynamik auf

$$\frac{\max\{f_{OSZ2}\}}{\min\{f_{OSZ2}\}} \approx 2 \tag{3.43}$$

Man beachte, beim Superheterodyn-Empfänger kommt es zum Phänomen der *Spiegelfrequenzstörung*. Wie Bild 3-27 zeigt, werden Frequenzkomponenten bei der Spiegelfrequenz (❶ u. ❷)

$$f_{SP} = f_{OSZ2} + f_{ZF} = f_E + 2 \cdot f_{ZF} \tag{3.44}$$

ebenfalls in den ZF-Bereich gemischt. Aus diesem Grund ist es erforderlich die störenden Spektralanteile vorher zu unterdrücken.

*Anmerkung*: Für KW-Signale wird auch die Mischung in zwei Stufen durchgeführt, so dass die Abtrennung der Spiegelfrequenzanteile einfacher wird.

### 3.10.3  Zweiseitenband-AM zur Stereorundfunkübertragung

Bei der Einführung des *Stereorundfunks* mit Raumklang musste auf die Abwärtskompatibilität zu den millionenfach existierenden Monoempfängern geachtet werden. Die beiden Stereokanäle werden deshalb als Monosignal und Stereozusatzsignal codiert übertragen. Die dazu erforderliche Verschaltung von linkem und rechtem Kanal wird *Matrix-Schaltung* genannt. In Bild 3-28 und Bild 3-29 wird das Prinzip der Stereorundfunkübertragung anhand des Blockschaltbildes des Senders bzw. der zugehörigen Signalspektren erläutert. Der Hilfsträger für das Stereozusatzsignal bei 38 kHz wird nicht übertragen. Stattdessen wird ein *Stereopilotton* mit 19 kHz gesendet, der dem Empfänger die Stereoübertragung anzeigt und zur Erzeugung des Hilfsträgers dient. Die FM-Modulation wird in Abschnitt 4 erläutert.

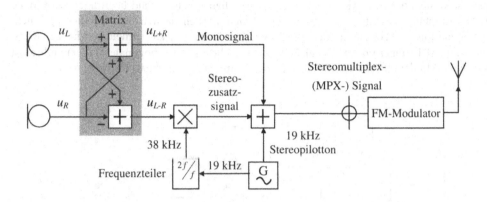

**Bild 3-28** Prinzipieller Aufbau eines Stereorundfunksenders mit Schaltmatrix und ZSB-AM

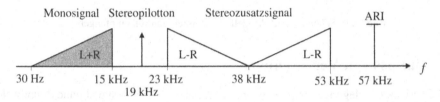

**Bild 3-29** Schematische Darstellung des Spektrums bei der Stereorundfunkübertragung mit Autofahrer-Rundfunk-Information (ARI)

Für das MPX-Signal wurde die folgende Leistungsaufteilung gewählt: 45% für das Monosignal, 45% für das Stereozusatzsignal und 10% für den Pilotton. Bei schwachem Empfang wird die Rauschstörung durch Umschalten auf den Monobetrieb oft hörbar reduziert. Da das Stereozusatzsignal bei gleichem Leistungsbeitrag die doppelte Bandbreite belegt, wird im Monobetrieb das SNR verbessert.

Im Empfänger wird die Signaltrennung in Monosignal und Stereozusatzsignal rückgängig gemacht. Bild 3-30 zeigt zuerst die Signaltrennung durch Tiefpass- und Bandpassfilter, die AM-Demodulation des Stereozusatzsignals und die abschließende Verschaltung der Signale zum Stereosignal.

In Bild 3-29 ist zusätzlich die Frequenzlage des Kennsignals des *Autofahrer-Rundfunk-Informationssystems* (ARI) eingezeichnet. Sie ist gleich dem dreifachen der Frequenz des Pilottons. Das Kennsignal markiert einen Rundfunkssender mit Verkehrsfunkinformationen. Zur Anzeige einer Verkehrsdurchsage wird das Kennsignal mit 125 Hz AM-moduliert. Man spricht von der *Durchsagekennung*. Zusätzlich wird stets eine *Bereichskennung* abgestrahlt. Für den Hessischen Rundfunk und den Bayrischen Rundfunk sind das die Eintonsignale mit 57 kHz ± 53,98 Hz bzw. 57 kHz ± 34,93 Hz.

*Anmerkung*: Im Februar 2005 wurde das ARI vom ARD abgeschaltet; zehn Jahre nachdem das letzte Autoradio mit ARI-Decoder in Deutschland verkauft wurde.

Das *Radio-Daten-System* (RDS) ist eine Weiterentwicklung des 1974 eingeführten ARI zur Übertragung digitaler Information. Erste RDS-Empfänger wurden 1988 vorgestellt. Das RDS-

Signal ist kompatibel zum ARI insofern es im gleichen Frequenzband übertragen wird, ohne den ARI-Empfang wesentlich zu stören. Die Daten werden nach Biphasencodierung einem Trägersignal mit 57 kHz durch AM aufgeprägt. Um Störungen zu vermeiden wird der RDS-Träger zum ARI-Träger um $\pi/2$ in seiner Phase verschobenen (orthogonale Träger) und selbst unterdrückt. Mit dem RDS-System werden 1187,5 bit/s (netto 731 bit/s) übertragen.

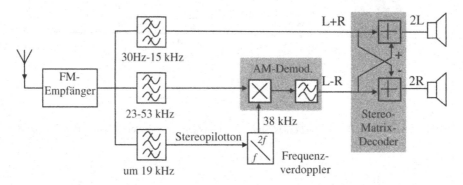

**Bild 3-30** Schematisches Modell eines Stereorundfunkempfängers

## 3.11 Einfluss von Verzerrungen

In den bisherigen Überlegungen wurde angenommen, dass das Sendesignal ohne irgendwelche Veränderungen vom Modulator zum Demodulator gelangt. Genauer: Wird ein Signal $x(t)$ übertragen und gilt für das empfangene bzw. demodulierte Signal

$$y(t) = a \cdot x(t - t_0) \qquad (3.45)$$

mit einem Amplitudenfaktor $a$ und einer Verzögerung $t_0$, so spricht man von einer *verzerrungsfreien Übertragung*.

Sehr oft kommt es jedoch bei der Übertragung zu *linearen* und *nichtlinearen Verzerrungen* des Signals. Während erstere auf ein lineares Übertragungsmodell zurückgeführt werden können, entstehen nichtlineare Verzerrungen an nichtlinearen Übertragungskomponenten, wie z. B. Modulatoren und Verstärkern.

### 3.11.1 Lineare Verzerrungen

Der Übertragungsweg des AM-Signals, z. B. über eine Funkstrecke oder Kabel, kann meist in guter Näherung als lineares zeitinvariantes System (LTI-System, Linear Time Invariant) mit dem Frequenzgang [Wer05]

$$H(j\omega) = \left| H(j\omega) \right| \cdot e^{+jb(\omega)} \qquad (3.46)$$

modelliert werden. Besitzt der Frequenzgang, wie in Bild 3-31 angedeutet, im Übertragungsband keinen konstanten Betrag und keine lineare Phase, d. h. liegt kein idealer Bandpass vor, so werden die Frequenzkomponenten des AM-Signals unterschiedlich bewertet.

*Anmerkung*: In Kabeln steigt die Dämpfung mit wachsender Frequenz entsprechend $\sqrt{f}$ an. Auch im terrestrischen Funk steigt die Ausbreitungsdämpfung mit wachsender Frequenz.

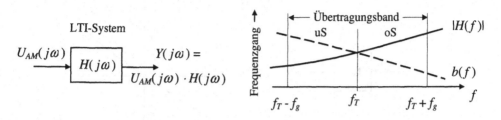

**Bild 3-31** Lineares Übertragungsmodell mit Frequenzgang $H(j\omega)$

Werden amplitudenmodulierte Signale durch lineare Verzerrungen verfälscht - man spricht je nach Art der Störung von *Dämpfungs-* und *Phasenverzerrungen* - so ist für die Auswirkung auf das demodulierte Nachrichtensignal wichtig, ob eine kohärente oder inkohärente Demodulation durchgeführt wird.

Lineare Verzerrungen im Kanal führen bei kohärenter Demodulation zu linearen Verzerrungen im Nachrichtensignal. Es entstehen keine Anteile bei neuen Frequenzen.

*Anmerkungen*: (i) Die rechnerische Behandlung des Problems gestaltet sich relativ umfangreich und beantwortet auch nur einen Teil der Fragen, z. B. [Schü94], weshalb hier darauf verzichtet wird. (ii) In [Wer05] ist ein anschauliches Beispiel für die Wirkung einer Phasenverzerrung zu finden.

Die Hüllkurvendemodulation ist nichtlinear. Dadurch führen lineare Verzerrungen im Kanal in der Regel auf nichtlineare Verzerrungen im Signal. Eine Ausnahme bilden Kanäle, deren Betragsfrequenzgänge zur Trägerfrequenz gerade und Phasenfrequenzgänge ungerade sind. Dann werden die Frequenzkomponenten im oberen und unteren Seitenband jeweils gleichartig gewichtet, so dass die Verzerrungen im demodulierten Nachrichtensignal nur linear sind. Symmetrische Frequenzgänge im Übertragungsband werden deshalb oft angestrebt.

## 3.11.2 Einfluss nichtlinearer Kennlinien

In diesem Abschnitt wird der Einfluss nichtlinearer Kennlinien exemplarisch vorgestellt. Eine weitergehende Einführung mit Beispielen und praktischen Lösungen findet man z. B. in [Hof00].

### 3.11.2.1 Kubische Parabel

Nichtlineare Kennlinien, wie in Bild 3-32, werden durch Potenzreihen dargestellt. Sie werden gegebenenfalls durch eine Messungen und anschließender Approximation bestimmt. Bei der Abbildung durch die Kennlinie handelt es sich um einen gedächtnislosen Vorgang. Der momentane Ausgangswert hängt nur vom momentanen Eingangswert ab.

Die *nichtlineare Kennlinie* Bild 3-32 wird als eine kubische Parabel angenommen.

$$y(t) = c_1 \cdot u_{AM}(t) + c_2 \cdot u_{AM}^2(t) + c_3 \cdot u_{AM}^3(t) \tag{3.47}$$

Im Falle einer monofrequenten Modulierenden, einem Eintonsignal, erhält man das gewöhnliche AM-Signal (3.9)

$$u_{AM}(t) = U_0 \cdot \hat{u}_T (1 + m \cdot \cos\omega_1 t) \cdot \cos\omega_T t \tag{3.48}$$

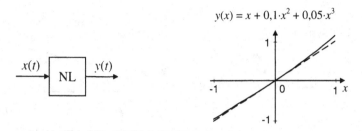

**Bild 3-32** Beispiel einer nichtlinearen Kennlinie mit Potenzreihe 3. Ordnung

Am Ausgang der Nichtlinearität überlagern sich der lineare, der quadratische und der kubische Anteil

$$y(t) = c_1 \cdot U_0 \cdot \hat{u}_T (1 + m \cdot \cos \omega_1 t) \cdot \cos \omega_T t +$$

$$+ c_2 \cdot U_0^2 \cdot \hat{u}_T^2 (1 + m \cdot \cos \omega_1 t)^2 \cdot \cos^2 \omega_T t + \qquad (3.49)$$

$$+ c_3 \cdot U_0^3 \cdot \hat{u}_T^3 (1 + m \cdot \cos \omega_1 t)^3 \cdot \cos^3 \omega_T t$$

Für die Auswirkung der nichtlinearen Verzerrungen ist entscheidend, ob sie im Übertragungsband liegen, da üblicherweise vor der Demodulation zur Störunterdrückung eine Bandbegrenzung durchgeführt wird.

Weil bei der Trägermodulation in der Regel die Grenzfrequenz des Nachrichtensignals wesentlich kleiner als die Trägerfrequenz ist, liegt mit

$$\cos^2 \omega_T t = \frac{1}{2}(1 + \cos 2\omega_T t) \qquad (3.50)$$

der quadratische Anteil nicht im Übertragungsband um $\omega_T$ und macht sich deshalb nach Bandbegrenzung auch nicht störend bemerkbar.

Für den kubischen Anteil gilt dies jedoch nicht. Wir betrachten aus (3.49) den Beitrag des modulierenden Signals

$$(1 + m \cdot \cos \omega_1 t)^3 = 1 + 3m \cos \omega_1 t + 3m^2 \cos^2 \omega_1 t + m^3 \cos^3 \omega_1 t \qquad (3.51)$$

und den Beitrag des Trägers

$$\cos^3 \omega_T t = \frac{1}{4}(\cos 3\omega_T t + 3 \cdot \cos \omega_T t) \qquad (3.52)$$

Wir überlegen uns die Frequenzlagen der Mischprodukte. Offensichtlich liegt der Anteil $\cos(3\omega_T t)$ außerhalb des Übertragungsbandes; der Anteil $3 \cdot \cos(\omega_T t)$ jedoch innerhalb. Bild 3-33 zeigt das Übertragungsband mit den resultierenden Frequenzkomponenten in schematischer Darstellung.

Je nach Frequenzlage im Spektrum des Nachrichtensignals ergeben sich zwei Fälle. Mit

$$\frac{f_g}{3} < f_1 < \frac{f_g}{2} \qquad (3.53)$$

befinden sich die Frequenzen $f_T \pm 3f_1$ nicht mehr im Übertragungsband. Und falls

$$f_1 > \frac{f_g}{2} \tag{3.54}$$

befinden sich auch die Frequenzen $f_T \pm 2f_1$ nicht mehr im Übertragungsband.

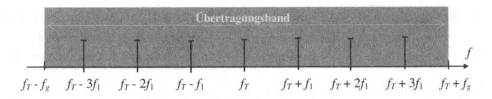

**Bild 3-33**  Mögliche Frequenzkomponenten aufgrund der Nichtlinearität 3. Grades (schematische Darstellung)

Zur quantitativen Beurteilung der nichtlinearen Verzerrungen wird der *Klirrfaktor*

$$d = \frac{\textit{Effektivwert der Oberschwingungen}}{\textit{Effektivwert des Gesamtsignals}} \tag{3.55}$$

bzw. den *Klirrfaktor i-ter Ordnung*

$$d_i = \frac{\textit{Effektivwert der } (i-1)-\textit{ten Oberschwingung}}{\textit{Effektivwert des Gesamtsignals}} \tag{3.56}$$

herangezogen. Es besteht der Zusammenhang

$$d = \sqrt{\sum_{i=2}^{\infty} d_i^2} \tag{3.57}$$

*Anmerkungen*: (i) Das Formelzeichen $d$ weist auf den englischen Fachbegriff „Distortion" für Verzerrung hin. (ii) Eine Klirrfaktormessung kann nach Digitalisierung des Signals mit der Diskreten Fourier-Transformation am Computer effizient durchgeführt werden.

Typische Werte für zulässige Klirrfaktoren sind:

- in der Analogtechnik (Mikrofon, Magnetbandaufzeichnung, …)          1% … 3%

- in der Digitaltechnik (DAT, CD, …)          0,005% … 0,05%

**Beispiel** ESB-AM (oberes Seitenband)

Wir gehen von einem ESB-Signal aus und betrachten wieder ein Eintonsignal

$$u_{ESB}(t) = \alpha \cdot \cos[(\omega_T + \omega_1)t] \tag{3.58}$$

Nach Abbildung an einer kubischen Parabel liegt der quadratische Anteil nicht im Übertragungsband

$$u_{ESB}^2(t) = \alpha^2 \cdot \cos^2[(\omega_T + \omega_1)t] = \frac{\alpha^2}{2} \cdot (1 + \cos 2(\omega_T + \omega_1)t) \qquad (3.59)$$

Betrachten wir den kubischen Anteil

$$u_{ESB}^3(t) = \alpha^3 \cdot \cos^3[(\omega_T + \omega_1)t] = \frac{\alpha^3}{4}[\cos 3[(\omega_T + \omega_1)t] + 3 \cdot \cos[(\omega_T + \omega_1)t]] \qquad (3.60)$$

bildet der Term $3 \cdot \cos[(\omega_T + \omega_1)t]$ das Signal selbst - verursacht also keine Verzerrung. Der Signalanteil $\cos[3(\omega_T + \omega_1)t]$ befindet sich nicht im Übertragungsband. Somit kommt es im Beispiel der ESB-AM bei einer Nichtlinearität 3. Ordnung zu keiner nichtlinearen Verzerrung.

### 3.11.2.2 Kreuzmodulation

Liegt gleichzeitig ein AM-moduliertes Signal und ein unmodulierter Träger an, z. B. wenn mehrere Sendesignale benachbarter Frequenzkanäle in einer Sendestufe gemeinsam verstärkt werden sollen, können Kombinationsschwingungen aufgrund der *Kreuzmodulation* mit dem unmodulierten Träger auftreten.

**Beispiel** ZSB-AM

Wir gehen von einem ZSB-AM-Signal und einem unmodulierten Trägersignal aus.

$$u(t) = u_{AM}(t) + u_{T2}(t) \qquad (3.61)$$

Nach Abbildung durch eine nichtlineare Kennlinie 3. Ordnung gilt für den quadratischen Anteil

$$u^2(t) = u_{AM}^2(t) + 2 \cdot u_{AM}(t) \cdot u_{T2}(t) + u_{T2}^2(t) \qquad (3.62)$$

Der Mischanteil

$$2 \cdot u_{AM}(t) \cdot u_{T2}(t) = \hat{u}_{T1} U_0 (1 + m \cdot \cos \omega_1 t) \cdot [\cos(\omega_{T2} - \omega_{T1})t + \cos(\omega_{T2} + \omega_{T1})t] \qquad (3.63)$$

liegt für $f_1 \ll f_{T1} \approx f_{T2}$ nicht im Übertragungsband.

Der kubische Anteil

$$u^3(t) = u_{AM}^3(t) + 3 \cdot u_{AM}^2(t) \cdot u_{T2}(t) + 3 \cdot u_{AM}(t) \cdot u_{T2}^2(t) + u_{T2}^3(t) \qquad (3.64)$$

führt mit $3 \cdot u_{AM}^2(t) \cdot u_{T2}(t)$ auf ein AM-Signal für den zweiten Träger (Kreuzmodulation), da der Faktor $3 \cdot u_{AM}^2(t)$ wegen der impliziten, zweimaligen Multiplikation mit dem Träger das demodulierte Nachrichtensignal im Basisband beinhaltet. Bild 3-34 veranschaulicht die grundsätzliche Situation in den beiden Übertragungsbändern.

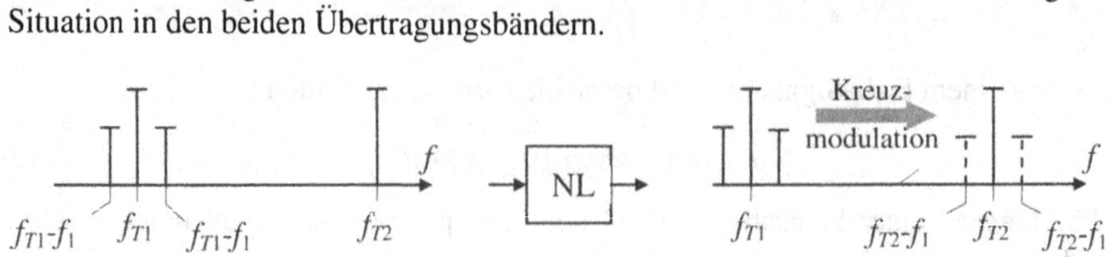

**Bild 3-34** Kreuzmodulation durch eine Nichtlinearität (NL) (schematische Darstellung)

## 3.12 Störung durch Rauschsignale

### 3.12.1 Einführung

Bei der Amplitudenmodulation werden additive Störsignale im Übertragungsband gemeinsam mit den AM-Signalen demoduliert. Ein störendes Eintonsignal kann im Hörrundfunkband zu einem Pfeifton führen. Je kleiner die Amplitude der Störung ist, desto weniger macht sich die Störung nach der Demodulation bemerkbar. Derartige Störsignale sind in der Entwicklung durch konstruktive Maßnahmen zu vermeiden und deuten in der Regel auf einen technischen Defekt hin. Bei Rauschstörungen ist dies anders. Sie lassen sich nicht gänzlich vermeiden und/oder müssen aus Kostengründen mehr oder weniger toleriert werden. Das Rauschen kann mehrere Ursachen haben. Häufig werden die Rauschquellen als additive Rauschstörung im Übertragungskanal modellhaft zusammengefasst, wie in Bild 3-35 gezeigt. Darüber hinaus dient das Modell für theoretische Berechnungen und Messkampagnen, so dass Theorie und Praxis gegenseitig verifiziert werden können. Üblich ist auch, zur Überprüfung eines Verfahrens oder Gerätes eine größere Rauschstörung, als in der Realität erwartet, anzunehmen, um eine Sicherheitsreserve gegen weitere unvorhergesehene Verluste, z. B. durch Bauteiltoleranzen und Wortlängeneffekte, zu haben.

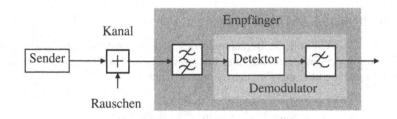

**Bild 3-35** Übertragungsmodell für additive Störung durch Rauschen im Übertragungskanal

Als Maß für die Qualität der Übertragung wird oft der Quotient aus der Signalleistung durch die Störsignalleistung, kurz das SNR (*Signal-to-Noise Ratio*) herangezogen. In der analogen Rundfunk und Fernsehtechnik gilt erfahrungsgemäß ein SNR von 30... 40 dB als ausreichend.

*Anmerkung*: Für das SNR sind auch die Bezeichnungen Signal-Geräuschverhältnis und S/N-Verhältnis verbreitet.

Eine typische Rauschstörung ist das *thermische Rauschen* [VlHa93] [Wer05]. Es entsteht durch die zufälligen thermischen Bewegungen der Elektronen in Leitern. Im technisch genutzten Frequenzbereich besitzt das thermische Rauschen ein konstantes zweiseitiges *Leistungs-dichtespektrum* (LDS) für die elektrische Spannung

$$S_n(\omega) = 2 \cdot kTR \qquad (3.65)$$

mit der *Boltzmann-Konstanten* $k = 1{,}380658 \cdot 10^{-23}$ Ws/K, der *Rauschtemperatur T* in K (Kelvin) und dem Widerstand $R$ in $\Omega$ (Ohm).

Legt man einen Bezugswiderstand von 1 $\Omega$ zugrunde, ergibt sich die (normierte) Leistungs-dichte im zweiseitigen LDS des Rauschens in Bild 3-36.

$$N_0 = 4 \cdot kT \qquad (3.66)$$

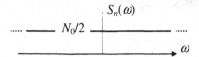

**Bild 3-36** Leistungsdichtespektrum des Rauschsignals – weißes Rauschen

Bei einer Umgebungstemperatur von $T = 20°C = 293,15$ K und dem Referenzwiderstand von 1 $\Omega$ beträgt die Rauschleistungsdichte

$$N_0 \approx 4 \cdot 1,38 \cdot 10^{-23} \frac{J}{K} \cdot 293,15 \text{ K} = 1,62 \cdot 10^{-20} \text{ Ws} \tag{3.67}$$

*Anmerkungen*: (i) In Anwendungen werden Rauschstörungen unterschiedlicher Quellen häufig zusammengefasst, so dass mit effektiven Rauschtemperaturen bzw. effektiven Rauschleistungsdichten gerechnet wird, die weit über dem obigen Wert des thermischen Rauschens bei Raumtemperatur liegen. (ii) In der Literatur wird auch das einseitige LDS verwendet, so dass sich beim Vergleich von Ergebnissen der Faktor 2 bzw. 3 dB einstellen kann. (iii) Im Folgenden wird meist ohne Dimensionen gerechnet. Alle physikalischen Größen werden zweckmäßigerweise auf das Internationale System (SI) bezogen, wie Stromstärke in Ampere (A) und Zeit in Sekunden (s) usw. (iv) Es werden die bei den Ingenieuren üblichen vereinfachten Sprech- und Schreibweisen für stochastische Variablen und Prozesse verwendet [Wer05].

### 3.12.2   Zweiseitenband-AM ohne Träger

Am Beispiel der ZSB-AM soll die Berechnung des SNR vorgestellt werden. Die Grundlage bildet die Definition der Signalleistung und die *parsevalsche Gleichung*, die eine alternative Berechnung der Leistung über den Frequenzbereich erlaubt.

$$P_u = \lim_{T \to \infty} \frac{1}{2T} \int_{-T}^{+T} u^2(t) \, dt = \frac{1}{2\pi} \int_{-\infty}^{+\infty} |U(j\omega)|^2 \, d\omega \tag{3.68}$$

Wir gehen von ZSB-AM-Signal

$$u_{ZSB}(t) = \hat{u}_T \cdot u(t) \cdot \cos \omega_T t \tag{3.69}$$

aus und bestimmen die Leistung im Zeitbereich

$$P_{ZSB} = \lim_{T \to \infty} \frac{1}{2T} \int_{-T}^{+T} [u(t) \cdot \hat{u}_T \cos \omega_T t]^2 \, dt \tag{3.70}$$

Die Gleichung ist zunächst nicht einfach zu lösen.

In den technisch interessanten Fällen sind die Nachrichtensignale und die Trägersignale unabhängig und die Grenzfrequenzen der Nachrichtensignale sind viel kleiner als die Trägerfrequenzen, $f_g \ll f_T$. Damit ist die Periode der Trägerschwingung im Vergleich zur Änderung des Nachrichtensignals so klein, dass bei der Integration über eine Periode das Nachrichtensignal näherungsweise als konstant angesehen werden darf. Demzufolge ist die Leistung gleich dem Produkt aus den Leistungen des Trägers $\hat{u}_T^2/2$ und der Nachricht.

Wir überprüfen die Überlegungen im Frequenzbereich. Die Leistung des zu modulierenden Signals $u(t)$ mit dem im Bild 3-4 schematisch dargestellten Tiefpass-Spektrum kann im Frequenzbereich berechnet werden (3.68). Da das Spektrum nur verschoben und mit dem Amplitudenfaktor $\hat{u}_T/2$ gewichtet wird, gilt für das ZSB-AM-Signal

$$P_{ZSB} = \frac{1}{2\pi} \int\limits_{-\infty}^{+\infty} |U_{ZSB}(j\omega)|^2 \, d\omega = \frac{\hat{u}_T^2}{4} \cdot 2 \cdot \frac{1}{2\pi} \int\limits_{\omega_T-\omega_g}^{\omega_T+\omega_g} |U(j\omega)|^2 \, d\omega = P_u \cdot P_T \qquad (3.71)$$

Der Faktor 2 berücksichtigt das paarweise Auftreten des ursprünglichen Spektrums bei $\pm\omega_T$.

Für das Rauschsignal am Demodulatoreingang, d. h. nach der idealen Bandpassfilterung wie in Bild 3-37 dargestellt ist, ergibt sich eine Rauschleistung von

$$P_{n,HF} = 2 \cdot \frac{N_0}{2} \cdot \frac{2\omega_g}{2\pi} \qquad (3.72)$$

Mit der Grenzfrequenz $f_g$ statt der Grenzkreisfrequenz, $\omega_g = 2\pi f_g$, erhält man

$$P_{n,HF} = N_0 \cdot B_{HF} \qquad (3.73)$$

mit der *HF-Bandbreite* (nach Modulation im Übertragungsband)

$$B_{HF} = \frac{W_{HF}}{2\pi} \qquad (3.74)$$

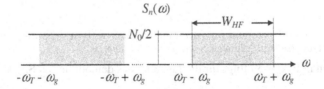

**Bild 3-37** LDS des Rauschens am Eingang des Demodulators

Mit den Leistungen des ZSB-AM-Signals und der Rauschstörung ergibt sich für das SNR am Demodulatoreingang

$$\left(\frac{S}{N}\right)_{HF} = \frac{P_{ZSB}}{P_{n,HF}} = \frac{P_T \cdot P_u}{N_0 \cdot B_{HF}} \qquad (3.75)$$

Nun betrachten wir die Demodulation und bestimmen das SNR am Demodulatorausgang. Insbesondere interessiert, ob die Demodulation das SNR verbessert, d. h. ein echter Detektionsgewinn auftritt.

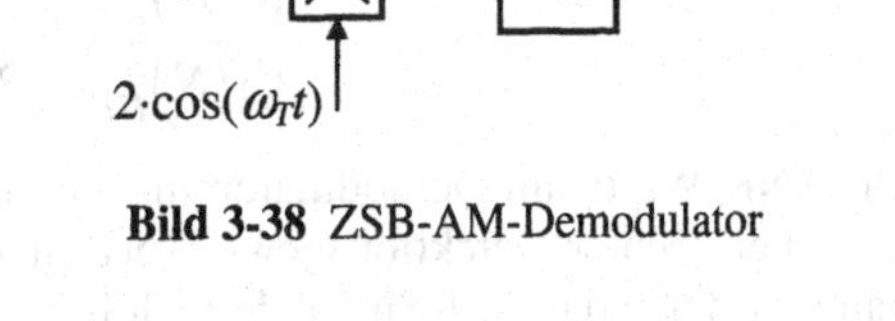

In Bild 3-38 ist dargestellt, wie das demodulierte Signal durch Modulation des Empfängereingangssignals mit der synchronen Trägernachbildung und anschließender idealer Tiefpassfilterung gewonnen wird.

**Bild 3-38** ZSB-AM-Demodulator

Der Vorfaktor 2 der Trägernachbildung verstärkt den Nutzanteil und den Rauschanteil gleichermaßen.

Die Spektren am Tiefpassausgang sind in Bild 3-39 modellhaft dargestellt. Man beachte den Wert $2N_0$ der Rauschleistungsdichte.

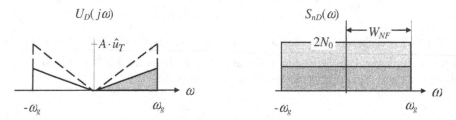

**Bild 3-39**   Nutzanteil und Rauschanteil des demodulierten Signals im Frequenzbereich in schematischer Darstellung

*Anmerkung*: Bei der Anwendung des Modulationssatzes für den Kosinusträger ist zu beachten, dass er für Amplituden gilt. Da sich die Leistung der Frequenzkomponenten quadratisch zur Amplitude verhält, wird in einer Hilfsbetrachtung für die Musterfunktionen mit einem Amplitudenspektrum mit der Amplitude $\sqrt{N_0/2}$ genauso wie für das Nachrichtensignal gerechnet. Nach Demodulation mit dem Kosinusträger ergibt sich für die Amplitude der Musterfunktion der Term in der eckigen Klammer unten.

$$\left(2\left[\frac{1}{2}\sqrt{\frac{N_0}{2}}+\frac{1}{2}\sqrt{\frac{N_0}{2}}\right]\right)^2 = 2N_0$$

Der Amplitudenfaktor 2 davor rührt von der Multiplikation in Bild 3-38 her. Schließlich wird der Ausdruck quadriert um den Bezug zum LDS wieder herzustellen.

Aus den Spektren in Bild 3-39 folgt für die Leistung des demodulierten Signals

$$P_D = \hat{u}_T^2 \cdot P_u = 2P_T P_u \tag{3.76}$$

sowie das SNR des demodulierten Signals

$$\left(\frac{S}{N}\right)_{NF} = \frac{P_D}{P_{n.NF}} = \frac{2P_T P_u}{2N_0 2B_{NF}} = \frac{P_T P_u}{2N_0 B_{NF}} \tag{3.77}$$

Der Vergleich des SNR in NF- und HF-Bereich liefert mit

$$B_{HF} = 2B_{NF} \tag{3.78}$$

den *Detektionsgewinn*

$$\frac{(S/N)_{NF}}{(S/N)_{HF}} = \frac{P_T P_u}{2N_0 B_{NF}} \cdot \frac{N_0 B_{HF}}{P_T P_u} = 1 \tag{3.79}$$

Die SNR-Werte am Demodulatorein- und ausgang sind gleich. Bei der ZSB-AM-Übertragung kann kein echter Detektionsgewinn erzielt werden. Additives Rauschen im HF-Übertragungsband wird wie das AM-Signal demoduliert.

### 3.12.3 Zweiseitenband-AM mit Träger

Für das AM-Signal mit Trägerzusatz

$$u_{AM} = \hat{u}_T \cdot [1 + m \cdot u(t)] \cdot \cos \omega_T t \tag{3.80}$$

erhält man die Signalleistung

$$P_{AM} = P_T + m^2 P_u P_T \tag{3.81}$$

sowie das SNR am Demodulatoreingang

$$\left(\frac{S}{N}\right)_{HF} = P_T \cdot \frac{1 + m^2 P_u}{N_0 B_{HF}} \tag{3.82}$$

Für das kohärent demodulierte Nachrichtensignal ergibt sich eine Signalleistung

$$P_D = \hat{u}_T^2 \cdot m^2 P_u \tag{3.83}$$

Und demnach das SNR

$$\left(\frac{S}{N}\right)_{NF} = \frac{2m^2 P_T P_u}{2N_0 \cdot 2B_{NF}} = m^2 \cdot \frac{P_T P_u}{2N_0 B_{NF}} \tag{3.84}$$

Der *Detektionsgewinn* beträgt also bei der gewöhnlichen AM mit kohärenter Demodulation

$$\frac{(S/N)_{NF}}{(S/N)_{HF}} = \frac{m^2 P_T P_u}{2N_0 B_{NF}} \cdot \frac{N_0 B_{HF}}{P_T(1 + m^2 P_u)} = \frac{m^2 P_u}{1 + m^2 P_u} < 1 \tag{3.85}$$

Üblich sind bei der gewöhnlichen AM Modulationsgrade $m = 0,8 \dots 0,9$. Bei einer angenommenen (normierten) Signalleistung $P_u = 1/3$ erhält man für den Detektionsgewinn $0,18 \dots 0,21$. Dies entspricht einem SNR-Verlust von ca. 7 dB im Vergleich zur ZSB-AM.

Im Falle des Hüllkurvendetektors muss das Rauschsignal am Demodulatoreingang als Bandpass-Prozess mit Normal- und Quadraturkomponente dargestellt werden, s. nächsten Abschnitt. Es lassen sich zwei Fälle unterscheiden:

Im ersten Fall ist die Leistung des Nutzsignals wesentlich stärker als die des Störsignals. Dann ist der Nachrichtenanteil der Einhüllenden näherungsweise gleich dem der kohärent demodulierten Nachricht und man erhält einen zu (3.85) vergleichbaren Detektionsgewinn.

Der zweite Fall wird durch einen *Schwellwerteffekt* charakterisiert: Unterschreitet das SNR am Demodulatoreingang den Schwellwert, tritt eine starke Beeinträchtigung der Übertragungsqualität auf.

## 3.13 Tiefpass- und Bandpass-Prozesse

*Anmerkungen*: (i) Dieser Abschnitt ist als vertiefende Ergänzung aus dem Bereich der Signale und Systeme gedacht. (ii) Eine Einführung in die Beschreibung von Zufallsprozessen ist beispielsweise in [Wer05] zu finden.

Im Folgenden werden Grundlagen der Signaltheorie zusammengestellt, die für eine quantitative Einschätzung der Leistungsfähigkeit der Übertragungsverfahren mit sinusförmigen Trägern benötigt werden.

Wir gehen von einem *reellen Bandpass-Signal* (BP-Signal) aus, welches prinzipiell durch eine QAM-Trägermodulation entstanden gedacht werden kann.

$$x_{BP}(t) = x_c(t) \cdot \cos \omega_c t - x_s(t) \cdot \sin \omega_c t \qquad (3.86)$$

Die Übertragung eines Bandpass-Signals wird oft vorteilhaft im Basisband mit Hilfe *äquivalenten Tiefpass-Signalen* (TP-Signalen), auch komplexe Einhüllende genannt, beschrieben.

$$x_{TP}(t) = x_{TP,r}(t) + j x_{TP,i}(t) \qquad (3.87)$$

mit

$$x_{BP}(t) = \mathrm{Re}\left\{ x_{TP}(t) \cdot e^{j\omega_c t} \right\} \qquad (3.88)$$

Den Zusammenhang zwischen dem reellen BP-Signal und dem äquivalenten TP-Signal liefert

$$x_{BP}(t) = x_{TP,r}(t) \cdot \cos \omega_c t - x_{TP,i}(t) \cdot \sin \omega_c t \qquad (3.89)$$

mit der *Normal-* und *Quadraturkomponente*

$$x_c(t) = x_{TP,r}(t) \quad \text{bzw.} \quad x_s(t) = x_{TP,i}(t) \qquad (3.90)$$

Stellt man das BP-Signal als moduliertes Kosinusträgersignal dar, so gilt

$$x_{BP}(t) = \left| x_{TP}(t) \right| \cdot \cos(\omega_c t + \varphi_{TP}(t)) \qquad (3.91)$$

mit dem *Betrag*

$$\left| x_{TP}(t) \right| = \sqrt{\left( x_{TP,r}(t) \right)^2 + \left( x_{TP,i}(t) \right)^2} \qquad (3.92)$$

und der *Phase*

$$\varphi_{TP}(t) = \arctan \frac{x_{TP,i}(t)}{x_{TP,r}(t)} \qquad (3.93)$$

Obige Überlegungen führen ausgehend von einem BP-Signal auf das äquivalente TP-Signal. Soll die Übertragung mit den äquivalenten TP-Signalen richtig beschrieben werden, muss auch die Rauschstörung mit einbezogen werden. Um die Zusammenhänge aufzuzeigen, wird der Einfachheit halber nun der umgekehrte Weg beschritten.

Wir gehen nun von einem bandbegrenzten komplexwertigen Zufallsprozess aus.

$$X(t) = X_r(t) + j X_i(t) \qquad (3.94)$$

Realteil- und Imaginärteilprozess seien mittelwertfrei und (schwach) stationär, zueinander unkorreliert und äquivalent. Letzteres heißt, dass beide die gleichen stochastischen Kenngrößen haben. Für die LDSen gelte, s. Bild 3-40

$$S_{XrXr}(\omega) = S_{XiXi}(\omega) = \begin{cases} N_0 & \text{für } |\omega| < 2\pi B_{NF} \\ 0 & \text{sonst} \end{cases} \tag{3.95}$$

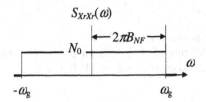

**Bild 3-40** LDS der Teilprozesse

Die *Autokorrelationsfunktion* (AKF) der Teilprozesse ergibt sich aus der inversen Fourier-Transformation des LDS

$$R_{XrXr}(\tau) = R_{XiXi}(\tau) = 2N_0 B_{NF} \cdot \text{si}(2\pi B_{NF}\tau) \tag{3.96}$$

Die AKF des komplexwertigen Prozesses

$$R_{XX}(\tau) = E(X(t+\tau) \cdot X^*(t)) = E([X_r(t+\tau) + jX_i(t+\tau)][X_r(t) - jX_i(t)]) \tag{3.97}$$

resultiert, da die Teilprozesse unkorreliert und mittelwertfrei sind, als Erwartungswert schließlich in

$$R_{XX}(\tau) = 2R_{XrXr}(\tau) \tag{3.98}$$

Die Leistungen der Komponenten sind

$$E\{X_r^2\} = E\{X_i^2\} = R_{XrXr}(0) = 2N_0 B_{NF} \tag{3.99}$$

Der gesuchte Zusammenhang ergibt sich, wenn man die Komponenten des äquivalenten TP-Prozesses als Komponenten eines reellen BP-Prozesses auffasst.

$$X_{BP}(t) = X_r(t) \cdot \cos \omega_c t - X_i(t) \cdot \sin \omega_c t \tag{3.100}$$

Für die AKF des BP-Prozesses erhält man

$$R_{X_{BP}X_{BP}}(\tau) = E\{[X_r(t+\tau) \cdot \cos \omega_c(t+\tau) - X_i(t+\tau) \cdot \sin \omega_c(t+\tau)] \cdot \\ \cdot [X_r(t) \cdot \cos \omega_c(t) - X_i(t) \cdot \sin \omega_c(t)]\} \tag{3.101}$$

Multipliziert man die Terme in den Klammern aus und wendet die Erwartungswertbildung auf die Prozesse an, so vereinfacht sich unter den gemachten Annahmen die Gleichung wesentlich.

$$R_{X_{BP}X_{BP}}(\tau) = R_{XrXr}(\tau) \cdot (\cos \omega_c(t) \cdot \cos \omega_c(t+\tau) + \sin \omega_c(t) \cdot \sin \omega_c(t+\tau)) \tag{3.102}$$

Eine kurze Zwischenrechnung liefert schließlich den gesuchten Zusammenhang

$$R_{X_{BP}X_{BP}}(\tau) = R_{XrXr}(\tau) \cdot \cos \omega_c(\tau) \tag{3.103}$$

Die AKF des BP-Prozesses ist gleich der AM des Trägersignals mit der AKF der Teilprozesse als Modulierende.

Die AKF des Bandpassprozesses ist – wie erwartet – stationär, da sie nur mehr von der Zeitdifferenz $\tau$ abhängt. Da die AKF und das LDS ein Fourier-Paar bilden, gilt der Modulationssatz für die LDSen.

$$S_{X_{BP}X_{BP}}(\omega) = \frac{1}{2}\left(S_{X_rX_r}(\omega - \omega_c) + S_{X_rX_r}(\omega + \omega_c)\right) \qquad (3.104)$$

Man erhält das Bandpass-Spektrum in Bild 3-41.

Man beachte, der Rauschleistungsdichte $N_0/2$ im BP-Bereich entspricht die Rauschleistungsdichte $N_0$ für jede der beiden Komponenten im TP-Bereich.

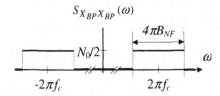

**Bild 3-41** LDS des Bandpass-Prozesses

## 3.14 Aufgaben zu Abschnitt 3

### 3.14.1 Aufgaben

**Aufgabe A3.1** AM-Modulator mit Diode

In Bild 3-42 wird ein AM-Modulator mit einer Diode und einem Bandpass aufgebaut.

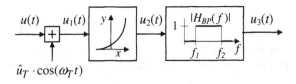

**Bild 3-42**   AM-Modulator mit Diode und Bandpass

a)  Geben Sie das Signal $u_2(t)$ an, wenn die Kennlinie der Diode im Arbeitsbereich beschrieben wird durch

$$y(x) = c_1 \cdot x + c_2 \cdot x^2 \qquad (3.105)$$

b)  Das modulierende Signal besitzt die Bandbreite $f_g$ mit $f_g < f_T$. Skizzieren Sie das Spektrum $U_2(f)$ schematisch. Geben Sie in der Skizze die Eckfrequenzen an.

c)  Welche Bedingungen sind an die Trägerkreisfrequenz $f_T$ und die untere und obere Durchlasskreisfrequenz des Bandpasses zu stellen, damit sich ein linear moduliertes AM-Signal ergibt?

d)  Berechnen Sie das Signal $u_3(t)$, wenn (c) erfüllt wird.

e)  Welchen Wert nimmt der Modulationsgrad an für die normierten Parameter $\hat{u}_T = 1$, $\max|u(t)| = 1$, $c_1 = 1$ und $c_2 = 0{,}2$?

**Aufgabe A3.2** ESB-AM-Demodulation

Zeigen Sie, dass mit dem AM-Synchrondemodulator in Bild 3-43 ein ESB-AM-Signal mit der Trägerfrequenz $f_T$ fehlerfrei demoduliert werden kann

a) durch eine Skizze der Spektren

b) durch Rechnung für ein Eintonsignal im oberen Seitenband

*Hinweis:* $u_{ESB}(t) = \cos([\omega_T + \omega_1]t)$ mit $\omega_1$ im Übertragungsband

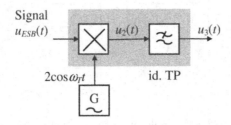

**Bild 3-43** AM-Synchrondemodulator

**Aufgabe A3.3** Scrambler

Zur Verschleierung von Sprachsignalen wird das System in Bild 3-44, auch Scrambler genannt, eingesetzt. Es transformiert das Signalspektrum in die Kehrlage und wurde beispielsweise im Mobilfunknetz C der Deutschen Telekom eingesetzt.

a) Analysieren Sie das System indem Sie die Spektren der Signale $u_1$ bis $u_5$ skizzieren. Es ist $f_g$ die Grenzfrequenz des Eingangssignals. Geben Sie die Frequenzen $f_1, f_2, f_{s1}$ und $f_{s2}$ zueinander so an, dass der Scrambler seine Aufgabe erfüllen kann.

b) Warum ist der Scrambler für Telefonsprache, wie z. B. im früheren Mobilfunknetz C der Deutschen Telekom, geeignet?

*Anmerkung:* Das Mobilfunknetz C war von 1986 bis 2000 im Betrieb. Im Vollausbau erreichte es 800 000 Teilnehmer. Heute ist es durch die GSM-Netze mit digitaler Sprachübertragung mit Verschlüsselung abgelöst.

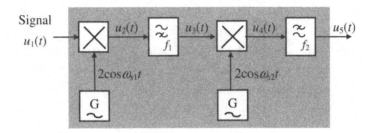

**Bild 3-44** Scrambler

**Aufgabe A3.4** Hilbert-Transformator

Eine alternative Schaltung zur Hilbert-Transformation wird in Bild 3-45 angegeben. Zeigen Sie durch eine Skizze im Frequenzbereich, dass für Frequenzkomponenten $0 < |f| < |f_g|$ tatsächlich eine Hilbert-Transformation durchgeführt wird.

*Hinweis*: Gehen Sie vereinfachend von einem reellen Spektrum am Systemeingang und idealen Filtern aus.

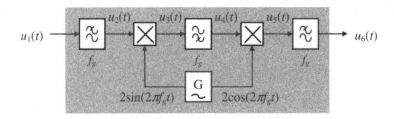

**Bild 3-45** Schaltung zur Hilbert-Transformation

**Aufgabe A3.5** Hüllkurvendemodulator

a) In Bild 3-46 wird das Prinzip der Hüllkurvendemodulation mit einem Gleichrichter und einem Tiefpass vorgestellt. Zeigen Sie durch Rechnung, dass damit das Signal der gewöhnlichen AM fehlerfrei demoduliert werden kann.

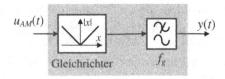

**Bild 3-46** Prinzipschaltbild des Hüllkurvendemodulators

b) Zur Vereinfachung wird ein Einweg-Gleichrichter verwendet, s. Bild 3-47. Ist damit eine fehlerfreie Demodulation möglich? Begründen Sie Ihre Antwort durch Rechnung.

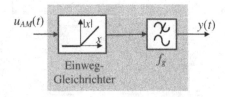

**Bild 3-47** Prinzipschaltbild des Hüllkurvendemodulators mit Einweg-Gleichrichtung

**Aufgabe A3.6** Einhüllenden-Demodulation für AM

Die Einhüllende des AM-Signals (Eintonmodulation)

$$u_{AM}(t) = \left[1 + m \cdot \cos(\omega_1 t)\right] \cdot \cos(\omega_T t) \quad \text{mit} \quad \omega_1 < \omega_g \ll \omega_T \tag{3.106}$$

soll mit Hilfe eines Diodengleichrichters mit der Kennlinie im Arbeitsbereich

$$y(x) = c_1 \cdot x + c_2 \cdot x^2 \tag{3.107}$$

und einem nach geschaltetem idealen Tiefpass mit der Grenzfrequenz $f_g$ gewonnen werden.

a) Skizzieren Sie das Spektrum des Signals $u_1(t)$ und geben Sie die Amplitude aller Komponenten an.

b) Berechnen Sie den Klirrfaktor des Signals $u_2(t)$.

c) Wie ist der Modulationsgrad $m$ zu wählen, damit bei vorgegebenem Wert für den Klirrfaktor letzterer nicht überschritten wird? Bewerten Sie das Ergebnis.

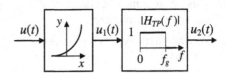

**Bild 3-48** Einhüllenden-Demodulator mit Diode und Tiefpass

**Aufgabe A3.7** Farbfernsehsignal im ZF-Bereich

Ein Farbfernsehsignal mit den in Tabelle 3-3 aufgeführten Kennzahlen der HF-Träger soll demoduliert werden. Das Spektrum ist in Bild 3-49 schematisch dargestellt.

Im Empfänger wird das Superheterodyn-Prinzip im ZF-Bereich mit 38,9 MHz für den Bildträger angewandt.

a) Geben Sie die Oszillatorfrequenz des Empfängers und die Frequenzlagen der Träger im ZF-Bereich an.

b) Skizzieren Sie maßstäblich das Spektrum im ZF-Bereich.

**Tabelle 3-3** Parameter der Farbfernsehsignals Kanal 37, Bereich IV (UHF) nach CCIR-Norm

| Träger | Kurzbezeichnung | Frequenzlage in MHz |
|---|---|---|
| HF-Bildträger | BT | 599,25 |
| HF-Tonträger 1 | TT1 | 604,75 |
| HF-Tonträger 2 | TT2 | 604,992 |
| Farbträger | FT | 603,68 |

*Anmerkung*: Der FB wird nicht übertragen

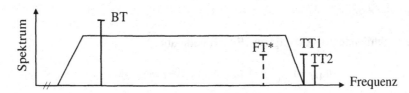

**Bild 3-49** Spektrum des Farbfernsehsignals (schematische Darstellung, * nicht übertragen)

**Aufgabe A3.8** Verzerrungen

a) Was versteht man bei der Signalübertragung unter einer Verzerrung? Wann ist eine Übertragung verzerrungsfrei?

b) Welche Arten von Verzerrungen gibt es? Worauf sind sie zurückzuführen? Wie wirken sie
   sich aus?

c) Ein Signal $x(t) = \cos(\omega_1 t)$ wird über die Kennlinie $y = x + 0{,}12 \cdot x^2 + 0{,}07 \cdot x^3$ abgebildet. Geben Sie den resultierenden Klirrfaktor an.

**Aufgabe A3.9** AM-Übertragung und Rauschstörung

Ein Nachrichtensignal hat die Bandbreite von 10 kHz und die (normierte) Leistung 1/3. Das
Signal wird in einen Kanal mit der Dämpfung 80 dB übertragen. Am Empfängereingang liegt
die effektive Rauschleistungsdichte $1{,}67 \cdot 10^{-13}$ Ws vor. Das SNR am Ausgang des
Demodulators soll mindestens 40 dB betragen. Wie groß ist die mindest erforderliche
Sendeleistung des Trägers, wenn eine ZSB-AM ohne Träger (a) oder ZSB-AM mit Träger bei
$m = 0{,}9$ (b) eingesetzt wird? Wie viel Prozent der Sendeleistung werden bei der ZSB-AM mit
Träger im Träger übertragen?

## 3.14.2 Lösungen

**Lösung zu A3.1** AM-Modulator

a)

$$u_2(t) = c_1 \cdot \left[u(t) + \hat{u}_T \cos(\omega_T t)\right] + c_2 \cdot \left[u(t) + \hat{u}_T \cos(\omega_T t)\right]^2 =$$

$$= \frac{c_2 \hat{u}_T^2}{2} + c_1 u(t) + c_2 u^2(t) + \hat{u}_T \cdot \left[c_1 + 2c_2 u(t)\right] \cdot \cos(\omega_T t) + \frac{c_2 \hat{u}_T^2}{2} \cos(2\omega_T t) \qquad (3.108)$$

b)

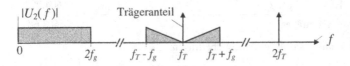

**Bild 3-50** Betragsspektrum von $U_2(f)$ in schematischer Darstellung

c) Es muss gelten mit $U(f_g) = 0$

$$2f_g \leq f_1 \leq f_T - f_g \quad \text{und} \quad 2f_T > f_2 \geq f_T + f_g \quad \text{und} \quad f_T \geq 3f_g \qquad (3.109)$$

d)

$$u_3(t) = \hat{u}_T \cdot [c_1 + 2c_2 u(t)] \cdot \cos(\omega_T t) \qquad (3.110)$$

e) Modulationsgrad

$$m = \frac{2c_2}{c_1} = 0,4 \qquad (3.111)$$

**Lösung zu A3.2** ESB-AM-Demodulation

a)

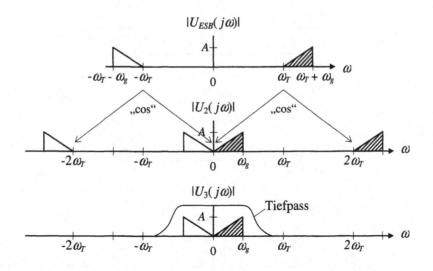

**Bild 3-51** Spektren zur ESB-AM-Demodulation (schematisch)

b)

$$u_{ESB}(t) = \cos([\omega_T + \omega_1]t)$$
$$u_2(t) \quad = \cos([\omega_T + \omega_1]t) \cdot 2\cos(\omega_T t) = \cos \omega_1 t + \cos([2\omega_T + \omega_1]t) \qquad (3.112)$$
$$u_3(t) \quad = \cos \omega_1 t$$

a) s. Bild 3-52

$$f_{s1} \geq f_g; \quad f_1 = f_{s1}; \quad f_{s2} = f_{s1} + f_g; \quad f_g \leq f_2 \leq f_{s1} + f_{s2} \qquad (3.113)$$

b) Telefonsprache ist bandbegrenzt von 300 Hz bis 3400 Hz. Somit steht für die Realisierung des Hochpasses ein Übergangsbereich der Breite von 600 Hz zur Verfügung.

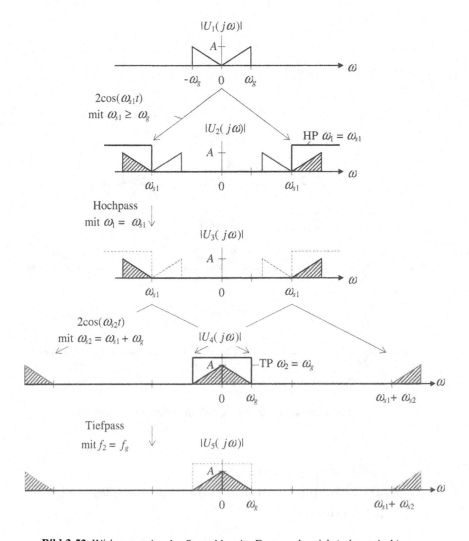

**Bild 3-52** Wirkungsweise des Scramblers im Frequenzbereich (schematisch)

**Lösung zu A3.4** Hilbert-Transformation

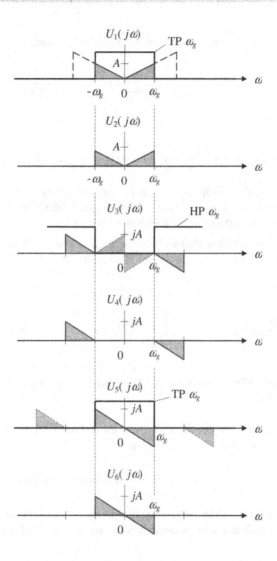

**Bild 3-53** Wirkungsweise der Schaltung zur Hilbert-Transformation im Frequenzbereich (schematisch)

**Lösung zu A3.5** Hüllkurvendemodulator

a) AM-Signal mit dem Gleichspannungsoffset $U_0 > 0$ und dem Modulationsindex $m < 1$.

$$u_{AM}(t) = \hat{u}_T \cdot U_0 \left[ 1 + m \cdot u(t) \right] \cdot \cos(\omega_T t) \qquad (3.114)$$

Der Gleichrichter führt eine Betragsbildung durch, die, da die Übermodulation ausgeschlossen ist, sich nur auf den Träger auswirkt.

$$u_2(t) = |u_{AM}(t)| = \hat{u}_T U_0 \cdot \underbrace{[1 + m \cdot u(t)]}_{>0} \cdot |\cos \omega_T t| \tag{3.115}$$

Der Betrag des Kosinus ist wieder periodisch, so dass eine Fourier-Reihe existiert. Man erhält

$$|\cos x| = \frac{2}{\pi} - \frac{4}{\pi} \cdot \sum_{k=1}^{\infty} (-1)^k \frac{\cos 2kx}{(2k-1)(2k+1)} \tag{3.116}$$

und weiter

$$u_2(t) = |u_{AM}(t)| = \frac{2\hat{u}_T U_0}{\pi} \cdot [1 + m \cdot u(t)] \cdot \left[1 + \frac{2}{3}\cos 2\omega_T t - \frac{2}{15}\cos 4\omega_T t \pm \right] \tag{3.117}$$

Durch den nachfolgenden Tiefpass werden die Spektralanteile um das Zweifache, Vierfache usw. der Trägerfrequenz eliminiert. Nach Abtrennen des Gleichanteils von $U_0$ von $y(t)$ ist das resultierende Signal proportional zur Modulierenden $u(t)$.

b) Die Demodulation mit dem Halbwellengleichrichter entspricht der Demodulation mit dem Gleichrichter, wobei jedoch nur jede zweite Halbwelle der Trägerschwingung beiträgt, s. Bild 3-54.

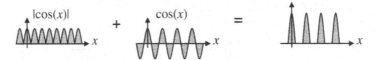

**Bild 3-54**   Vergleich der Trägeranteile bei AM-Demodulation mit Gleichrichter und Halbwellengleichrichter

Mit der Darstellung des „Halbwellen"-Signals im rechten Bild als Summe der beiden linken resultiert für das Signal am Eingang des Tiefpasses

$$u_2'(t) = |u_{AM}(t)| = \frac{\hat{u}_T U_0}{\pi} \cdot [1 + m \cdot u(t)] \cdot \left[1 - \frac{\pi}{2}\cos \omega_T t + \frac{2}{3}\cos 2\omega_T t - \frac{2}{15}\cos 4\omega_T t \pm \right] \tag{3.118}$$

Der hier zusätzlich entstehende Spektralanteil um die Trägerfrequenz wird durch den Tiefpass unterdrückt. Man beachte, dass das demodulierte Signal um den Faktor zwei kleiner ist als in (a).

**Lösung zu A3.6** Einhüllenden-Demodulation für AM

a)

$$u_1(t) = c_1 \cdot [1 + m \cdot \cos(\omega_1 t)]\cos(\omega_T t) + c_2 \cdot [1 + m \cdot \cos(\omega_1 t)]^2 \cdot \cos^2(\omega_T t) =$$

$$= \frac{c_1 m}{2} \cdot \left(\cos[(\omega_T - \omega_1)t] + \cos[(\omega_T + \omega_1)t]\right) + c_1 \cdot \cos(\omega_T t) + \tag{3.119}$$

$$+ c_2 \cdot \left[1 + 2m \cdot \cos(\omega_1 t) + m^2 \cdot \cos^2(\omega_1 t)\right] \cdot \cos^2(\omega_T t)$$

Mit

$$\cos^2(x) = \frac{1}{2}(1 + \cos 2x) \tag{3.120}$$

ergibt sich weiter

$$
\begin{aligned}
u_1(t) &= \frac{c_1 m}{2} \cdot \left(\cos\left[(\omega_T - \omega_1)t\right] + \cos\left[(\omega_T + \omega_1)t\right]\right) + c_1 \cdot \cos(\omega_T t) + \\
&\quad + c_2 \cdot \left[1 + 2m \cdot \cos(\omega_1 t) + \frac{m^2}{2} + \frac{m^2}{2}\cos(2\omega_1 t)\right] \cdot \frac{1}{2}\left[1 + \cos(2\omega_T t)\right] = \\
&= \frac{c_2}{2} \cdot \left[1 + \frac{m^2}{2}\right] + c_2 m \cdot \cos(\omega_1 t) + \frac{c_2 m^2}{4}\cos(2\omega_1 t) + \\
&\quad + \frac{c_1 m}{2} \cdot \left(\cos\left[(\omega_T - \omega_1)t\right] + \cos\left[(\omega_T + \omega_1)t\right]\right) + c_1 \cdot \cos(\omega_T t) + \\
&\quad + \frac{c_2}{2} \cdot \left[1 + \frac{m^2}{2}\right] \cdot \cos(2\omega_T t) + \frac{c_2 m}{2} \cdot \left(\cos\left[(2\omega_T - \omega_1)t\right] + \cos\left[(2\omega_T + \omega_1)t\right]\right) + \\
&\quad + \frac{c_2 m^2}{8} \cdot \left(\cos\left[(2\omega_T - 2\omega_1)t\right] + \cos\left[(2\omega_T + 2\omega_1)t\right]\right)
\end{aligned}
\tag{3.121}
$$

In Tabelle 3-4 sind die Signalkomponenten nach Frequenzen geordnet und mit ihren Amplituden zusammengestellt.

**Tabelle 3-4** Frequenzkomponenten

| Kreisfrequenzen | Amplituden | Kreisfrequenzen | Amplituden |
|---|---|---|---|
| $0$ | $c_2/2 + c_2 \cdot m^2/4$ | $\omega_T$ | $c_1$ |
| $\omega_1$ | $c_2 \cdot m$ | $2\omega_T \pm 2\omega_1$ | $c_2 \cdot m^2/8$ |
| $2\omega_1$ | $c_2 \cdot m^2/4$ | $2\omega_T \pm \omega_1$ | $c_2 \cdot m/2$ |
| $\omega_T \pm \omega_1$ | $c_1 \cdot m/2$ | $2\omega_T$ | $c_2/2 + c_2 \cdot m^2/4$ |

Skizze

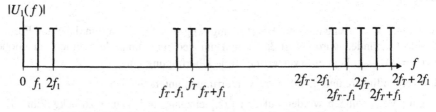

**Bild 3-55** Spektralkomponenten (schematische Darstellung)

b) Klirrfaktor

Im Basisband kommen nur die Frequenzkomponenten bei den Frequenzen $f_1$ (Grundschwingung) und $2f_1$ (1. Oberschwingung) in Betracht. Man beachte, dass für $f_1 \geq f_g$ die 1. Oberschwingung in den Sperrbereich des Tiefpasses fällt und demzufolge kein Klirren auftritt. Andernfalls erhält man

$$d = \frac{\dfrac{c_2 m^2}{4}}{\sqrt{(c_2 m)^2 + \left(\dfrac{c_2 m^2}{4}\right)^2}} = \frac{m}{\sqrt{4^2 + m^2}} \tag{3.122}$$

c)

$$m = \frac{4d}{\sqrt{1 - d^2}} \tag{3.123}$$

Bei einem für Audiosignale typischen Klirrfaktor von 3% gilt für den Modulationsindex $m \approx 4d$. Für kleine Klirrfaktoren ergeben sich kleine Modulationsindizes und damit relativ kleine Effizienzen. Im Audiobeispiel resultiert nur ca. 0,7% - mehr als 99% der Sendeleistung sind im Trägeranteil enthalten.

**Lösung zu A3.7** Farbfernsehsignal im ZF-Bereich

a) Mit (3.41) gilt

$$f_{OSZ} = f_{BT,ZF} + f_{BT} = 38,9\text{MHz} + 599,25\text{MHz} = 638,15\text{MHz} \tag{3.124}$$

b)

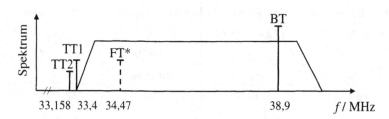

**Bild 3-56** Spektrum des Farbfernsehsignals im ZF-Bereich (schematisch, *nicht übertragen)

**Lösung zu A3.8** Verzerrungen

a) Von einer Verzerrung auf dem Übertragungsweg spricht man, wenn dabei die Form des Signals selbst verändert wird. Wird das Signal nur gedämpft und/oder zeitlich verschoben, d. h. gilt $y(t) = a \cdot x(t-t_0)$, liegt eine verzerrungsfreie Übertragung vor.

b) Es werden lineare und nichtlineare Verzerrungen unterschieden.

- Lineare Verzerrungen werden auf den Frequenzgang des Kanals zurückgeführt. Es können Dämpfungsverzerrungen und/oder Phasenverzerrungen auftreten. Durch lineare Verzerrungen entstehen keine neuen Frequenzkomponenten.

- Nichtlineare Verzerrungen gehen auf nichtlineare Effekte im Kanal, z. B. aussteuerungsabhängige Verstärkung, zurück. Durch nichtlineare Verzerrungen entstehen i. d. R. neue Frequenzanteile. Als Bewertungsmaß für die nichtlinearen Verzerrungen wird häufig der Klirrfaktor verwendet.

c) Klirrfaktor

$$d = \frac{\sqrt{0,12^2 + 0,07^2}}{\sqrt{1 + 0,12^2 + 0,07^2}} \approx 12,8\,\% \tag{3.125}$$

**Lösung zu A3.9** AM-Übertragung und Rauschstörung

a) ZSB-AM ohne Träger

Beim ZSB-AM ist der Dektektionsgewinn gleich eins und somit das SNR am Empfängerausgang ist gleich dem SNR am Empfängereingang. Mit einem minimalem SNR von 40 dB nach der Demodulation gilt für das SNR am Empfängereingang

$$(S/N)_{HF,E} = \frac{P_{T,E} \cdot P_u}{N_0 B_{HF}} = P_{T,E} \cdot \frac{1/3}{1,67 \cdot 10^{-13}\,\frac{Ws}{K} \cdot 2 \cdot 10\,kHz} = 10^4 \tag{3.126}$$

Die Leistung des Trägers ist demzufolge

$$P_{T,E} = 10^{-4}\,W = 0,1\,mW \tag{3.127}$$

Mit der Kanaldämpfung von 80 dB resultiert für die Sendeleistung des Trägers

$$P_{T,S} = P_{T,E} \cdot 10^8 = 10^4\,W = 10\,kW \tag{3.128}$$

b) ZSB-AM mit Träger

Mit dem Detektionsgewinn resultiert für das erforderlich SNR am Empfängereingang

$$(S/N)_{HF,E} = (S/N)_{NF} \cdot \frac{1 + m^2 P_u}{m^2 P_u} = 10^4 \cdot \frac{1 + 0,27}{0,27} = 4,7 \cdot 10^4 \tag{3.129}$$

Und weiter für die Empfangsleistung

$$P_{AM,E} = 4,7 \cdot 10^4 \cdot N_0 \cdot B_{HF} = 4,7 \cdot 10^4 \cdot 1,67 \cdot 10^{-13}\,Ws \cdot 20\,kHz = 1,6 \cdot 10^{-4}\,W \tag{3.130}$$

Für die Sendeleistung folgt aus der Dämpfung mit 80 dB

$$P_{AM,S} = P_{AM,E} \cdot 10^8 = 1,6 \cdot 10^4\,W = 16\,kW \tag{3.131}$$

Davon sind ca. 79 % im Träger enthalten.

# 4 Frequenz- und Phasenmodulation

## 4.1 Einführung

Die *Frequenzmodulation*, kurz FM genannt, stellt einen wichtigen Meilenstein in der Entwicklung zur modernen Kommunikationsgesellschaft dar. Obwohl das Prinzip der FM bereits seit den 1920er Jahren bekannt war, demonstrierte *Edwin H. Armstrong* erst 1935 (Patent 1933) in den USA die FM-Übertragung. Wegen ihrer überlegenen Robustheit wurde sie rasch das Standardverfahren der mobilen Kommunikation im 2. Weltkrieg. Ab 1948 verschaffte die hohe Klangqualität der FM in Mitteleuropa den Einzug in die Rundfunktechnik. Im UKW-Rundfunk ist sie heute weltweit verbreitet. Zusammen mit der Erfindung des Transistors, der die preiswerten und tragbaren Transistorradios ermöglichte, war die analoge FM-Übertragungstechnik Wegbereiter für die moderne Popkultur.

Die FM-Übertragung wird heute beispielsweise in der Mobilkommunikation, im UKW-Rundfunk, zur Tonübertragung im Fernsehrundfunk und zur Tonübertragung für drahtlose Kopfhörer im Infrarot-Bereich eingesetzt. Zurzeit wird die herkömmliche analoge FM-Übertragungstechnik durch moderne digitale Übertragungsverfahren verdrängt, die teilweise auf das gleiche Grundprinzip zurückgreifen.

Bei der Frequenz- und Phasenmodulation (PM) wird das Nachrichtensignal der Quelle dem Argument des Sinusträgers aufgeprägt. Man spricht deshalb zusammenfassend von der *Winkelmodulation*

$$u_T(t) = \hat{u}_T \cdot \cos \psi(t) = \hat{u}_T \cdot \cos\left[\omega_T t + \varphi(t)\right] \tag{4.1}$$

mit der Augenblicks- oder *Momentanphase* $\psi(t)$. Da die Nachricht in das Argument der Kosinusfunktion eingebracht wird, spricht man von einer *nichtlinearen Modulation*.

Die Augenblicks- oder *Momentanfrequenz* erhält man aus der Ableitung

$$2\pi f(t) = \frac{d}{dt}\psi(t) = \omega_T + \frac{d}{dt}\varphi(t) \tag{4.2}$$

Im Falle der *Frequenzmodulation* wird die (Kreis-)Frequenz des Trägers moduliert

$$\omega_{FM}(t) = \omega_T \cdot \left[1 + \alpha_{FM} u(t)\right] \tag{4.3}$$

so dass sich für die Momentanphase ergibt

$$\psi_{FM}(t) = \omega_T t + \alpha_{FM}\, \omega_T \int\limits_0^t u(\tau)d\tau \tag{4.4}$$

Die Wirkung des modulierenden Signals $u(t)$ auf den FM-Träger $u_{FM}(t)$ veranschaulichen die beiden Beispiele in Bild 4-1. Im oberen Beispiel wird der FM-Träger durch ein normiertes sägezahnförmiges Signal moduliert. Das modulierende Signal ist zunächst positiv, so dass sich zum Trägeranteil $\omega_T t$ ein Zuwachs in der Momentanphase ergibt. Mit größerer Amplitude des modulierenden Signals beschleunigt sich der Phasenzuwachs. Die Abstände der Nulldurchgänge des modulierten Trägers verkürzen sich. Bei $t \cdot f_T = 4$ springt das modulierende Signal auf den Wert -1. Die Momentankreisfrequenz nimmt ab. Die Abstände der Nulldurchgänge des Trägers verlängern sich. Da der Betrag des modulierenden Signals gegen Null geht, nimmt der Effekt ab. Am Ende ist die Momentankreisfrequenz gleich der Trägerkreisfrequenz, wie zu Beginn.

Im unteren Beispiel springt das modulierende Signal von seinem Maximum auf null und fällt danach linear auf sein Minimum. Dadurch findet die Abnahme der Momentankreisfrequenz nicht sprunghaft wie oben statt. Nach $t \cdot f_T = 4$ verlängern sich die Abstände der Nulldurchgänge des FM-Signals zunehmend. Am Ende ist die Momentankreisfrequenz wieder gleich der Trägerkreisfrequenz.

In beiden Beispielen wird sichtbar: Die FM-Modulation codiert die Nachricht in den Abständen der Nulldurchgänge des Trägers.

*Anmerkung*: Das Beispiel wurde am PC simuliert.

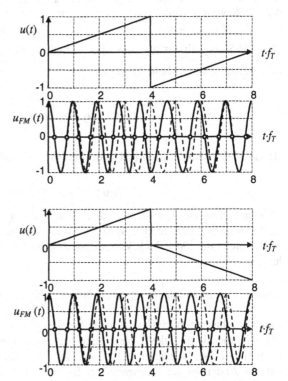

**Bild 4-1** Beispiele für die Frequenzmodulation (Trägerfrequenz $f_T$)

Die Nachrichtentechnik verwendet zur Beschreibung der FM die Parameter:

- *Modulationsgrad*

$$m = \alpha_{FM} \cdot \max |u(t)| \qquad (4.5)$$

- *Frequenzhub*

$$2\pi \cdot \Delta F = \omega_T \cdot m \qquad (4.6)$$

- *Modulationsindex*

$$\eta = \frac{\Delta F}{f_g} \qquad (4.7)$$

Der Frequenzhub gibt die maximale Abweichung der Momentanfrequenz von der Trägerfrequenz an, und der Modulationsindex ist der maximale Frequenzhub bezogen auf die Grenzfrequenz des Quellensignals.

Man beachte, der Frequenzhub ist nicht mit der Bandbreite des modulierten FM-Signals gleichzusetzen, obwohl er einen wichtigen Einfluss auf sie ausübt, wie in Abschnitt 4.3 noch gezeigt wird.

*Anmerkung*: Hier - und insbesondere in Rechenbeispielen mit diskreten Frequenzen - wird, anders wie bei der Einführung des Abtasttheorems in Abschnitt 2.4, die Grenzfrequenz als die größte vorkommende Frequenz im Signal verstanden.

Das *FM-Signal* nimmt für $\max |u(t)| = 1$ und der Grenzkreisfrequenz $\omega_g$ des Nachrichtensignals $u(t)$ die gebräuchliche Form an

$$u_{FM}(t) = \hat{u}_T \cdot \cos\left[\omega_T t + 2\pi\Delta F \cdot \int_0^t u(\tau)d\tau\right] \tag{4.8}$$

Bei der *Phasenmodulation* (PM) wird das Nachrichtensignal direkt der Phase $\psi(t)$ aufgeprägt.

$$u_{PM}(t) = \hat{u}_T \cdot \cos\left[\omega_T t + \Delta\varphi \cdot u(t)\right] \tag{4.9}$$

FM- und PM sind äquivalent in dem Sinne, dass die beiden Modulationsarten anhand ihrer Spektren nicht unterschieden werden können. Bei der Demodulation – wie später noch gezeigt wird – bietet die FM jedoch Vorteile, so dass wir im Weiteren die FM in den Mittelpunkt stellen.

**Beispiel** Binäre Frequenzumtastung (Binary Frequency Shift Keying, BFSK)

Einen graphisch einfach darstellbaren Sonderfall der FM liefert die *binäre Frequenzumtastung* (BFSK), die als digitales Übertragungsverfahren beispielsweise Anwendung bei Telefonmodems findet. Wir skizzieren in Bild 4-2 anhand eines kleinen Beispiels das modulierende Signal, die Änderung der Momentankreisfrequenz, die Momentanphase und das FM-Signal. Zur besseren graphischen Darstellung wählen wir das Intervall zwischen den Umtastungen, das Bitintervall, $T = 2/f_T$ (zwei Trägerperioden) und den Frequenzhub $\Delta F = f_T/2$.

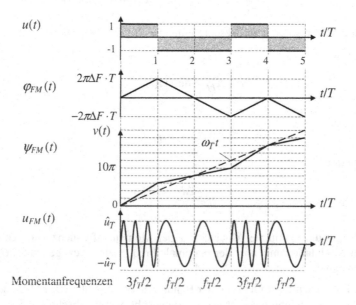

**Bild 4-2** Binäre Frequenzumtastung (BFSK) als Beispiel für die Frequenzmodulation mit $\Delta F = f_T/2$

## 4.2 Zeigerdiagramm

Wir betrachten als Modulierende ein Eintonsignal mit der Amplitude eins.

$$u(t) = \cos \omega_1 t \tag{4.10}$$

Dann ergibt sich für das FM-Signal (4.8) speziell

$$u_{FM}(t) = \hat{u}_T \cdot \cos\left[\omega_T t + \frac{\Delta F}{f_1} \cdot \sin \omega_1 t\right] = \hat{u}_T \cdot \cos\left[\omega_T t + \eta \cdot \sin \omega_1 t\right] \tag{4.11}$$

Stellt man das FM-Signal in komplexer Form dar

$$u_{FM}(t) = \mathrm{Re}\left\{\hat{u}_T e^{j\omega_T t} \cdot e^{j\eta \sin \omega_1 t}\right\} \tag{4.12}$$

so ergibt sich ein *komplexer Zeiger* für den Nachrichtenanteil

$$Z_{FM}(t) = e^{j\eta \sin \omega_1 t} \tag{4.13}$$

Die Darstellung des Zeigers in der komplexen Ebene in Bild 4-3 liefert den so genannten *Pendelzeiger* der FM, da der Zeiger dem modulierenden Signal folgend im schraffierten Bereich hin und her pendelt.

*Anmerkung*: Bei der Darstellung der AM wird eine Zeigerdarstellung verwendet, bei der die Nachricht in der Zeigerlänge (Amplitude) zu finden ist. Anders als bei der AM ändert der Pendelzeiger der FM seine Länge nicht.

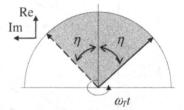

**Bild 4-3** Pendelzeiger der FM

## 4.3 Spektrum von FM-Signalen

Bei der FM-Modulation wird die Nachricht der Momentanfrequenz des Trägers aufgeprägt. Es handelt sich um ein nichtlineares Modulationsverfahren. Über das Spektrum des Modulationsproduktes kann zunächst wenig ausgesagt werden.

Zur Charakterisierung des Spektrums von FM-Signalen betrachten wir der Einfachheit halber die FM für ein Eintonsignal mit dem Pendelzeiger in (4.13). Da die Sinusfunktion periodisch ist und die Exponentialfunktion eine monotone Abbildung liefert, ist der Pendelzeiger ebenfalls zeitlich periodisch. Er besitzt demzufolge eine Fourier-Reihe mit der Grundkreisfrequenz $\omega_1$.

$$Z_{FM}(t) = e^{j\eta \sin \omega_1 t} = \sum_{n=-\infty}^{+\infty} c_n \cdot e^{jn\omega_1 t} \tag{4.14}$$

Die Fourier-Koeffizienten $c_n$ bestimmt man nach der Substitution $x = \omega_1 t$ aus

$$c_n = \frac{1}{2\pi} \int_{-\pi}^{+\pi} e^{j\eta \sin x} \cdot e^{jnx} dx \tag{4.15}$$

Das Integral ist in der Mathematik als Lösung der besselschen Differentialgleichung bekannt [BSMM99]. Es definiert die *Bessel-* oder *Zylinderfunktionen* $n$-ter Ordnung erster Gattung, s. a. Bild 4-4.

$$J_n(\eta) = \frac{(-j)^n}{\pi} \int\limits_0^{+\pi} e^{j\eta \sin x} \cdot \cos nx \ dx \qquad (4.16)$$

*Anmerkung*: Die Formel (4.15) ist so nicht direkt in [BSMM99] zu finden. Die Identität mit (4.16) kann durch Umformen und Beachtung von Symmetriebeziehungen gezeigt werden.

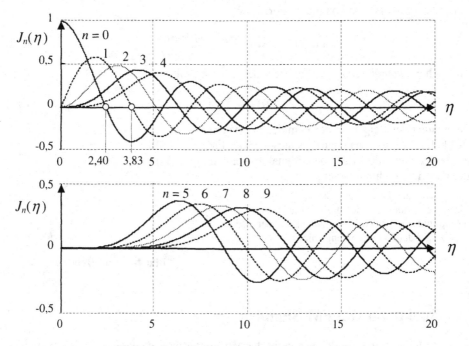

**Bild 4-4** Besselfunktionen $n$-ter Ordnung erster Gattung

Damit ergibt sich für den komplexen Zeiger bei einem Eintonsignal

$$Z_{FM}(t) = \sum_{n=-\infty}^{+\infty} J_n(\eta) \cdot e^{jn\omega_1 t} \qquad (4.17)$$

und demnach für das FM-Signal

$$u_{FM}(t) = \hat{u}_T \cdot \sum_{n=-\infty}^{+\infty} J_n(\eta) \cdot \cos[(\omega_T + n\omega_1)t] \qquad (4.18)$$

Berücksichtigt man noch die Symmetrie der Besselfunktionen

$$J_{-n}(\eta) = (-1)^n J_n(\eta) = J_n(-\eta) \qquad (4.19)$$

ergibt sich die gebräuchliche Darstellung mit dem Trägeranteil und den Frequenzkomponenten unterhalb und oberhalb der Trägerfrequenz. Für ein modulierendes Eintonsignal mit der Kreisfrequenz $\omega_1$ resultiert das FM-Signal

$$u_{FM}(t) = \hat{u}_T \cdot \left[ J_0(\eta)\cos\omega_T t + \sum_{n=1}^{+\infty} J_n(\eta) \cdot \left( \cos\left[(\omega_T + n\omega_1)t\right] + (-1)^n \cos\left[(\omega_T - n\omega_1)t\right] \right) \right] \quad (4.20)$$

Das zugehörige Betragsspektrum ist gerade bzgl. des Trägers. Typische Beispiele für modulierende Eintonsignale zeigt Bild 4-5. Dazu wurde die Formel (4.20) numerisch ausgewertet. Charakteristischerweise entstehen Linienspektren, wobei die Frequenzkomponenten ab einem bestimmten Abstand vom Träger rasch abnehmen. Dies gilt besonders bei kleinen Modulationsindizes und erklärt sich aus dem Verhalten der Besselfunktion in Bild 4-4. Damit wird das theoretisch unendlich ausgedehnte Spektrum praktisch auf einen engen Bereich um den Träger eingeschränkt. Die effektive Breite der Spektren hängt wesentlich vom Modulationsindex und der Grenzfrequenz des modulierenden Signals ab.

*Anmerkung*: Im Frequenzbereich (Fourier-Transformation) mit der Variablen $\omega$ (Kreisfrequenz) wird die Kosinusfunktion als Paar von verschobenen Impulsfunktionen $\delta(\omega - \omega_0)$ mit jeweils dem Gewicht $\pi$ dargestellt, s. Tabelle 3-1. Werden Spektren bzgl. der Frequenz $f$ aufgetragen, so ist es üblich, dass die Spektren durch den Faktor $2\pi$ normiert werden [Lük95]. Dann ist den Impulsfunktionen das Gewicht $1/2$ zugeordnet. Dementsprechend ergeben sich die Gewichte der Spektrallinien in Bild 4-5.

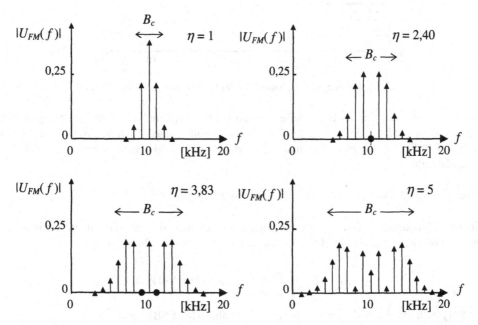

**Bild 4-5** Betragsspektren von FM-Signalen bei modulierendem Eintonsignal mit $f_S = 1$ kHz und der Trägerfrequenz $f_T = 10$ kHz

In den Beispielen in Bild 4-5 konzentriert sich die Signalleistung auf die Frequenz-komponenten um die Trägerfrequenz. Eine numerische Analyse mit (4.20) in Bild 4-6 weist nach, dass ca. 98% der Signalleistung sich innerhalb der *Carson-Bandbreite* befindet.

$$B_C = 2 \cdot (\eta + 1) \cdot f_1 \tag{4.21}$$

Im Falle von Tiefpass-Signalen mit der Grenzfrequenz $f_g$ definiert man deshalb allgemein

$$B_C = 2 \cdot (\eta + 1) \cdot f_g \tag{4.22}$$

*Anmerkung*: Man beachte, dass in der Literatur gelegentlich die Carson-Bandbreite $B_C = 2 \cdot (\eta+2) \cdot f_g$ definiert wird.

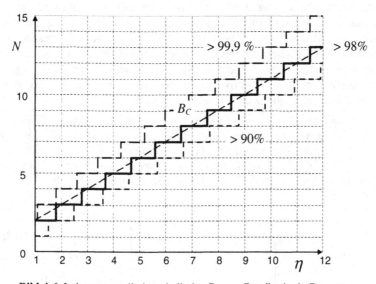

**Bild 4-6** Leistungsanteile innerhalb der Carson-Bandbreite in Prozent

Dass die Angabe der Carson-Bandbreite sinnvoll ist, bestätigt auch das Simulationsergebnis in Bild 4-7. Dort wird das gemessene LDS eines mit einem tiefpassgefilterten Rauschsignal modulierten FM-Signals gezeigt. Wie man sieht, umfasst die Carson-Bandbreite die wesentlichen Spektralanteile.

**Beispiel** UKW-Rundfunk und Fernseh-Tonübertragung

Mit einem Frequenzhub von 75 kHz und einer Grenzfrequenz des modulierenden Audiosignals von 15 kHz erhält man für die Monoübertragung die Carson-Bandbreite (4.22)

$$B_C = 2 \cdot \left( \frac{75 \ \text{kHz}}{15 \ \text{kHz}} + 1 \right) \cdot 15 \ \text{kHz} = 180 \ \text{kHz} \tag{4.23}$$

Der Vergleich mit der AM, genauer der Einseitenband-AM (ESB), zeigt

$$\frac{B_C}{B_{ESB-AM}} = \frac{180 \ \text{kHz}}{15 \ \text{kHz}} = 12 \tag{4.24}$$

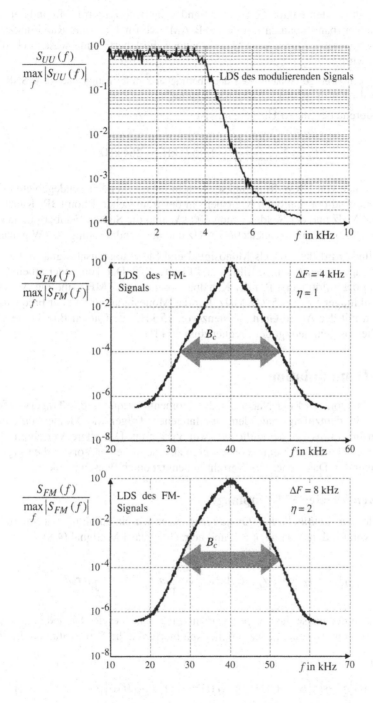

**Bild 4-7** Gemessene normierte Leistungsdichtespektren (LDS) und Carson-Bandbreiten von FM-Signalen mit modulierendem TP-Signal (Rauschsignal) mit der Eckfrequenz 4 kHz (Simulationsergebnisse, Trägerfrequenz $f_T$ = 40 kHz, Frequenzhub $\Delta F$ = 4 und 8 kHz)

dass bei der FM ein um den Faktor 12 größere Bandbreite benötigt wird. Mit anderen Worten, bei gleichem Frequenzband könnten mit der ESB-AM zwölfmal so viele Rundfunkkanäle als bei FM übertragen werden. Durch die FM wird jedoch die Übertragung wesentlich störfester wie noch gezeigt wird.

*Anmerkung*: Die wechselseitige Abhängigkeit der übertragbaren Informationsrate, dem SNR und der Bandbreite wird in der Kanalkapazität von Shannon aufgezeigt.

Die Carson-Bandbreite bei Stereo-Übertragung ist

$$B_C = 2 \cdot \left( \frac{75 \ \text{kHz}}{57 \ \text{kHz}} + 1 \right) \cdot 57 \ \text{kHz} = 264 \ \text{kHz} \qquad (4.25)$$

Die Frequenzabstände von UKW-Rundfunksendern in überdeckenden Sendegebieten sind 400 kHz. Als Beispiele sind die Stationen Kreuzberg in der fränkischen Rhön (BR, Kanal 31) mit der Frequenz 96,3 MHz und der Sendeleistung 100 kW und die Station Feldberg im hessischen Taunus (HR, Kanal 32) mit der Frequenz 96,7 MHz und der Sendeleistung 80 kW genannt.

Im Fernsehrundfunk wird der Ton als Monosignal und Stereoton-Zusatzsignal mit zwei FM-modulierten Tonträgern übertragen, s. Bild 3-20 TT1 und TT2. Der Tonsender arbeitet mit 5 % der Sendeleistung des Bildträgers. Bei der Kanalbandbreite von 7 MHz sind die Abstände der Tonträger zum Bildträger 5,5 und 5,742 MHz. Für das Monosignal beträgt der Frequenzhub 50 kHz, so dass sich mit der Audio-Grenzfrequenz von 15 kHz die Carson-Bandbreite 130 kHz ergibt. Für das Stereosignal beträgt der Frequenzhub 30 kHz.

## 4.4    FM-Demodulation

Bei der FM-Modulation wird die Nachricht der Momentanfrequenz des Trägers aufgeprägt. Demodulation heißt demzufolge aus dem empfangenen Träger die Momentanfrequenz zu extrahieren. Hierfür gibt es im Wesentlichen zwei Verfahren. Das ältere Verfahren, der konventionelle FM-Empfänger, stellt eine Kombination aus nichtlinearer Vorverarbeitung und einem AM-Empfänger dar. Das modernere Verfahren benutzt einen Phasenregelkreis.

### 4.4.1    Konventioneller FM-Empfänger

Zur Herleitung des *konventionelle FM-Empfängers* setzen wir ein amplitudennormiertes modulierendes Signal voraus, d. h. max $|u(t)| = 1$, und betrachten das FM-Signal (4.8)

$$u_{FM}(t) = \hat{u}_T \cdot \cos\left[ \psi_{FM}(t) \right] = \hat{u}_T \cdot \cos\left[ \omega_T t + 2\pi\Delta F \cdot \int_0^t u(\tau)d\tau \right] \qquad (4.26)$$

Da die Nachricht in der Phase des Trägers enthalten ist, muss bei der Demodulation zunächst die Trägerphase bestimmt werden. Eine Möglichkeit hierfür ist die Differentiation des FM-Signals.

$$\frac{d}{dt}\cos\left[\psi_{FM}(t)\right] = -\sin\left[\psi_{FM}(t)\right] \cdot \frac{d}{dt}\psi_{FM}(t) = -\sin\left[\psi_{FM}(t)\right] \cdot \left[\omega_T + 2\pi\Delta F \cdot u(t)\right] \qquad (4.27)$$

Das Ergebnis ist von der Struktur her ein gewöhnliches AM-Signal, das beispielsweise mit einem Hüllkurven-Demodulator weiterverarbeitet werden kann. Man spricht deshalb auch von einer Demodulation mit *FM/AM-Umsetzung*. Bild 4-8 fasst die Idee des konventionellen FM-Demodulators zusammen.

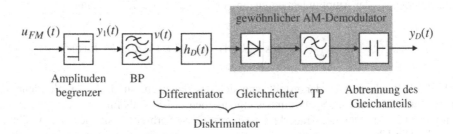

**Bild 4-8** Konventioneller FM-Demodulator

Wir gehen im Weiteren von einem auf die Carson-Bandbreite bandbegrenzten FM-Signal am Demodulatoreingang in Bild 4-8 aus und analysieren nacheinander die einzelnen Schritte der Demodulation.

- Schritt 1: Begrenzung der Amplitude

Da sich auf dem Übertragungsweg entstandene Amplitudenschwankungen bei der Differentiation besonders störend bemerkbar machen würden, wird im ersten Schritt eine harte Amplitudenbegrenzung vorgenommen, s. Bild 4-9.

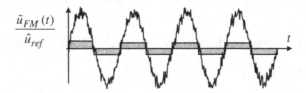

**Bild 4-9** Amplitudenbegrenzung des FM-Signals mit Rauschen

Die Amplitudenbegrenzung des Empfangssignals reduziert die Störung soweit, dass bei üblichem Empfangsbetrieb näherungsweise gilt

$$y_1(t) = \text{sgn}\left\{\ \tilde{u}_{FM}(t)\ \right\} \approx \text{sgn}\left\{\ \cos\left(\psi_{FM}(t)\right)\ \right\} \qquad (4.28)$$

Die Signumfunktion ist bezüglich der Phase $\psi$ eine periodische Rechteckfunktion mit der Periode $2\pi$. Sie kann deshalb – unabhängig von der Zeitabhängigkeit – als Fourier-Reihe bezüglich $\psi$ entwickelt werden.

$$\text{sgn}\left\{\ \cos\left(\psi_{FM}(t)\right)\ \right\} = \frac{4}{\pi} \cdot \sum_{k=0}^{\infty} \frac{(-1)^k}{2k+1} \cdot \cos\left[(2k+1)\cdot\psi_{FM}(t)\right] \qquad (4.29)$$

*Anmerkung*: Die Reihendarstellung in [BSMM99] enthält die Sinusfunktion, was auf die Wahl des Ursprungs zurückzuführen ist. Dort ist der Rechteckimpulszug als ungerade Funktion angenommen. Für die folgenden Betrachtungen spielt dies keine Rolle.

Wie in Bild 4-9 auch deutlich wird, bleiben nach der harten Amplitudenbegrenzung des FM-Signals nur die Nulldurchgänge erhalten. Soll die Nachricht dadurch nicht verloren gehen, muss sie in der zeitlichen Abfolge der Nulldurchgänge codiert sein.

Das Spektrum nach der Amplitudenbegrenzung ergibt sich aus dem Phasenterm

$$\cos\left[(2k+1)\cdot\psi_{FM}(t)\right]=\cos\left[(2k+1)\cdot\omega_T t+(2k+1)\cdot 2\pi\Delta F\cdot\int_0^t u(\tau)d\tau\right] \qquad (4.30)$$

In Bild 4-10 ist schematisch dargestellt, wie sich das Spektrum durch die Amplitudenbegrenzung verändert. Neben dem Spektrum des eigentlichen FM-Signals für $k = 0$ ergeben sich Anteile um das $(2k+1)$-fache der Trägerkreisfrequenz. Diese verbreitern sich jeweils um den Faktor $(2k+1)$. Die Überlappungsfreiheit mit dem gewünschten FM-Spektrum ist demzufolge gewährleistet mit

$$B_C < f_T \qquad (4.31)$$

• Schritt 2: Bandpass

Nach dem Begrenzer eliminiert der Bandpass die ungewollten Spektralanteile in Bild 4-10.

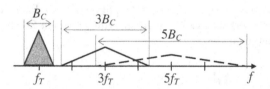

**Bild 4-10** Spektrum nach Amplitudenbegrenzung (schematische Darstellung)

• Schritt 3: Differenzierer

Der *Differenzierer* liefert die gesuchte Nachricht in Form eines gewöhnlichen AM-Signals.

$$\frac{d}{dt}y_2(t)=\frac{d}{dt}\cos\left[\psi_{FM}(t)\right]=-\sin\left[\psi_{FM}(t)\right]\cdot\left[\omega_T+2\pi\Delta F\cdot u(t)\right] \qquad (4.32)$$

Die Differentiation kann als lineare Operation näherungsweise durch eine elektrische Schaltung mit RLC-Elementen realisiert werden. Betrachtet man die Darstellung der Differentiation im Frequenzbereich, den Differentiationssatz der Fourier-Transformation

$$\frac{d}{dt}x(t)\ \leftrightarrow\ j\omega\cdot X(j\omega) \qquad (4.33)$$

so ist im Übertragungsband ein linear steigender Frequenzgang notwendig.

*Anmerkung*: Allgemein hebt eine Differentiation die Änderungen eines Signals hervor (s. Hochpass), während eine Integration das Signal glättet (s. Tiefpass).

Die Multiplikation mit $\omega$ im Übertragungsband kann beispielsweise durch ein einfaches RL-Differenzierglied geschehen. Man beachte jedoch, dass die Trägerkreisfrequenz wesentlich größer ist als der maximale Frequenzhub; beim UKW-Hörrundfunk um den Faktor 130. Bei einer direkten Realisierung des AM-Empfängers führt dies zu Schwierigkeiten, weil dann der

Frequenzhub die Rolle des Modulationsgrades $m$ spielt und sich die Effizienz der AM-Modulation entsprechend verringert.

Abhilfe schafft hier der *Gegentakt-Diskriminator*, bei dem zwei gegeneinander symmetrisch um die Trägerfrequenz verstimmte Schwingkreise verwendet werden, s. Bild 4-11 [Mäu92]. Die Spannungen an den beiden Schwingkreisen werden gegensinnig addiert, weshalb sich die Gleichanteile kompensieren.

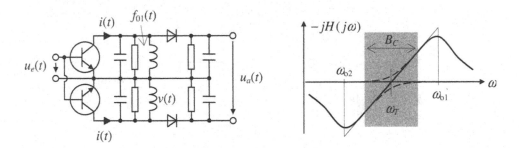

**Bild 4-11** Schaltung des Gegentakt-Flankendiskriminators (links) und Diskriminatorkennline (rechts)

*        Schritt 4: AM-Demodulator

Das Signal am Diskriminatorausgang ist mit dem Nachrichtensignal amplitudenmoduliert. Nach Gleichrichtung, Tiefpassfilterung und Abtrennen des Gleichanteils erhält man im Wesentlichen das modulierende Nachrichtensignal.

### 4.4.2    FM-Demodulation mit Phasenregelkreis (PLL)

Eine zum konventionellen FM-Demodulator wesentlich robustere Demodulation gelingt mit Hilfe eines *Phasenregelkreises* (Phase-Locked Loop, PLL). Der Phasenregelkreis spielt in der Nachrichtenübertragung bei Synchronisationsaufgaben eine wichtige Rolle. Er wird in Abschnitt 4.9 ausführlicher vorgestellt.

Als die ersten PLL-Schaltungen in Autoradios eingesetzt wurden, wurden die Geräte mit dem Hinweis auf den PLL beworben. PLL stand für eine überlegene Empfangsqualität. Heute werden FM-Signale üblicherweise auf der Basis eines PLL demoduliert.

Das Prinzip lässt sich anhand des linearen Ersatzschaltbildes des PLL in Bild 4-12 demonstrieren. Es zeigt das lineare Ersatzschaltbild mit der Phase eines FM-Signals am Eingang des PLL. Der PLL besteht aus drei Komponenten:

* Dem *Phasendiskriminator* (PD, Phase Discriminator) mit der *Diskriminatorsteilheit $K_d$*, dem Verstärkungsfaktor des PD. Er liefert idealer Weise die Differenz der Phasen des Eingangssignals und der im PLL erzeugten Referenzspannung.

* Dem *Schleifenfilter* (LF, Loop Filter), das das dynamische Verhalten des PLL beeinflusst und zur Rauschunterdrückung dient.

* Dem *spannungsgesteuerten Oszillator* (VCO, Voltage Controlled Oscillator), der die Referenzspannung mit einer im Arbeitsbereich idealer Weise zur Nachstimmspannung proportionalen Frequenz erzeugt.

Ist der PLL im synchronen Zustand, so ist die Referenzphase des VCO gleich der Phase des FM-Signals am Eingang des PD. Demzufolge ist die Nachstimmspannung am Ausgang des LF und Eingang des VCO proportional zum modulierenden Nachrichtensignal.

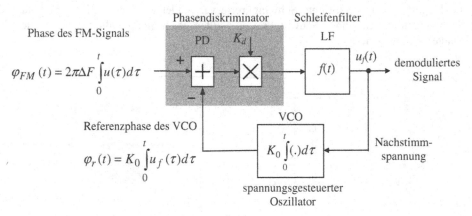

**Bild 4-12** Blockschaltbild des linearisierten Phasenregelkreises (PLL) für die FM-Demodulation

## 4.5     Störung durch Rauschsignale

Ebenso wie in Abschnitt 3.12 für die AM-Übertragung, soll nun das Verhältnis der Leistungen des Nutzanteils und des Störanteils, das SNR nach der Demodulation für FM und PM bestimmt und der Detektionsgewinn angegeben werden.

Den Ausgangspunkt der Überlegungen bildet das Übertragungsmodell in Bild 4-13. Das Empfangsfilter führt eine ideale Bandbegrenzung auf das Übertragungsband durch, so dass am Eingang des Demodulators das winkelmodulierte Signal anliegt

$$u_w(t) = \hat{u}_T \cdot \cos\left[\omega_T t + \varphi(t)\right] \tag{4.34}$$

mit

$$\varphi(t) = \begin{cases} 2\pi\Delta F \cdot \int\limits_0^t u(\tau)d\tau & \text{für FM} \\ \\ \alpha_{PM} \cdot u(t) & \text{für PM} \end{cases} \tag{4.35}$$

Die Betragsbegrenzung des modulierenden Signals wird vorausgesetzt.

$$\max|u(t)| = 1 \tag{4.36}$$

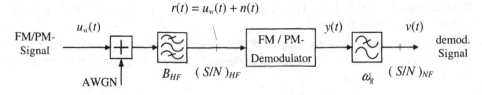

**Bild 4-13** Übertragungsmodell für FM

Wir nehmen an, die Übertragung wird durch weißes Rauschen additiv gestört. Dem winkel-modulierten Signal am Demodulatoreingang ist das Rauschsignal $n(t)$ als Bandpassrauschen, s. Abschnitt 3.13, überlagert.

$$r(t) = u_w(t) + n(t) \tag{4.37}$$

Liegt eine ausreichende Empfangsqualität vor, d. h. ist die Nutzsignalleistung hinreichend grö-ßer als die Rauschsignalleistung, kann ein Zeigerdiagramm entsprechend zu Bild 4-3 angege-ben und ausgewertet werden. Da bei der Winkelmodulation die Phase demoduliert wird, ist der Phasenfehler $\Delta\varphi$ von Interesse. Die Berechnung des Phasenfehlers gestaltet sich allgemein schwierig. Unter der Annahme, wie bei normalem Betrieb zu erwarten, dass das Nachrichten-signal überwiegt, wird im Anhang eine Abschätzung des Leistungsdichtespektrums (LDS) der Störung am Ausgang des Demodulator-Tiefpasses durchgeführt. Für das LDS der Störung am Tiefpassausgang ist noch zu berücksichtigten, dass im Falle der FM-Demodulation der Phasen-fehler differenziert wird. Im LDS bedeutet das eine Multiplikation mit $\omega^2$, s. Bild 4-14. Für das LDS der Störung nach der Demodulation ergibt sich schließlich

$$S(\omega) = \frac{N_0}{\hat{u}_T^2} \begin{cases} 1 & \text{für } |\omega| < \omega_g \text{ und PM} \\ \omega^2 & \text{für } |\omega| < \omega_g \text{ und FM} \end{cases} \tag{4.38}$$

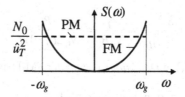

**Bild 4-14** LDS des Störanteils am Demodulatorausgang

Für die Störsignalleistung am Demodulatorausgang resultiert, wie im ergänzenden Abschnitt 4.10 gezeigt wird,

$$N = \frac{N_0}{\hat{u}_T^2} \begin{cases} 2f_g & \text{für PM} \\ 2(2\pi)^2 f_g^3 /3 & \text{für FM} \end{cases} \tag{4.39}$$

Nun kann mit der ebenfalls in Abschnitt 4.10 berechneten Signalleistung

$$S \approx \begin{cases} \alpha_{PM}^2 \cdot P_u & \text{für PM} \\ (2\pi\Delta F)^2 \cdot P_u & \text{für FM} \end{cases} \tag{4.40}$$

das gesuchte SNR angegeben werden.

$$\left(\frac{S}{N}\right)_{NF} = \begin{cases} \dfrac{\alpha_{PM}^2 P_u \hat{u}_T^2}{N_0 2 f_g} & \text{für PM} \\[4mm] \dfrac{\Delta F^2 P_u 3 \hat{u}_T^2}{N_0 2 f_g^3} & \text{für FM} \end{cases} \tag{4.41}$$

Das Ergebnis lässt sich übersichtlicher darstellen. Mit der Leistung des Trägers

$$P_T = \frac{\hat{u}_T^2}{2} \qquad (4.42)$$

und dem Modulationsindex $\eta$ (4.7) ergibt sich die aussagekräftigere Form

$$\left(\frac{S}{N}\right)_{NF} = \frac{P_T P_u}{N_0 f_g} \begin{cases} \alpha_{PM}^2 & \text{für PM} \\ 3\eta^2 & \text{für FM} \end{cases} \qquad (4.43)$$

Der theoretisch gefundene und durch Experimente bestätigte grundlegende Zusammenhang für das SNR der FM und PM führt auf drei wichtige Schlüsse:

- Folgerung 1: FM besser als PM

  Der Vergleich für ein Eintonsignal mit $\alpha_{PM} = \eta$ liefert ein um den Faktor 3 ($\approx$4,8 dB) größeres SNR bei FM- statt PM-Übertragung. Wir betrachten deshalb im Weiteren nur noch die FM.

Aus dem SNR am Demodulatoreingang

$$\left(\frac{S}{N}\right)_{HF} = \frac{P_T}{N_0 B_c} = \frac{P_T}{N_0 2(\eta+1) f_g} \qquad (4.44)$$

und (4.43) ergibt sich der gesuchte *Detektionsgewinn* der FM-Demodulation

$$\frac{(S/N)_{NF}}{(S/N)_{HF}} = \frac{P_T P_u 3\eta^2}{N_0 f_g} \cdot \frac{N_0 2(\eta+1) f_g}{P_T} = 6\eta^2(\eta+1) \cdot P_u \qquad (4.45)$$

- Folgerung 2: *Schwellwerteffekt*

  Das SNR am Demodulatorausgang (4.43) wächst quadratisch mit dem Modulationsindex $\eta$ oder äquivalent mit der Carson-Bandbreite (4.22). Allerdings nimmt mit wachsender Bandbreite das SNR am Demodulatoreingang (4.44) ab. Beide Effekte sind gegenläufig. Ist die Voraussetzung der Herleitung der SNR-Formel, die Nutzsignalleistung ist viel größer als die Rauschsignalleistung, nicht mehr zulässig, degradiert die Empfangsqualität sehr stark.

- Folgerung 3: *Preemphase* und *Deemphase*

  Bei der FM-Demodulation werden die Spektralanteile mit zunehmender Frequenz stärker gestört, s. Bild 4-14. Wie in Abschnitt 4.7 gezeigt wird, verbessert die Kombination aus Preemphase und Deemphase die Übertragungsqualität deutlich.

*Anmerkungen*: Bei der FM-Übertragung führt die Bandbegrenzung auf nichtlineare Verzerrungen. Diese können jedoch unter Beachtung der Carson-Bandbreite vernachlässigt werden. Der Einfluss von Bandbegrenzung und Dämpfungs- u. Phasenverzerrungen auf das FM-Signal wird z. B. in [Mäu92] vorgestellt.

## 4.6 Schwellwerteffekt und Dimensionierungsbeispiel

### 4.6.1 FM-Schwelle

Weitergehende theoretische Überlegungen und experimentelle Befunde für den konventionellen FM-Empfänger verifizieren eine starke Degradation der Empfangsqualität, die *FM-Schwelle* (Threshold) für ein SNR am Demodulatoreingang von

$$(S/N)_{HFth} \approx 10 \tag{4.46}$$

*Anmerkung*: Setzt man zur Demodulation einen PLL ein, so reduziert sich die Schwelle um einige dB. Daher auch die deutliche Überlegenheit von PLL-Empfängern in Autoradios.

Setzt man das SNR der FM-Schwelle in den Detektionsgewinn (4.45) ein und löst nach dem SNR am Demodulatorausgang auf, so ergibt sich

$$(S/N)_{NFth} = 60 \cdot \eta^2 (\eta + 1) \cdot P_u \tag{4.47}$$

Nachfolgend fassen wir die Ergebnisse zusammen. In der Literatur ist es hierzu üblich das SNR (4.47) auf das SNR der ESB-AM zu beziehen. Erstens ist bei der ESB-AM der Detektionsgewinn gleich eins, also das SNR im HF-Bereich gleich dem im NF-Bereich. Zweitens ist bei der ESB-AM die Bandbreite im HF- sowie im NF-Bereich ebenfalls gleich. Man spricht allgemein von einer Bandaufweitung durch die Modulation. Bei der ESB-AM findet keine Bandaufweitung statt. Mit dem Referenz-SNR

$$(S/N)_0 = \frac{2 P_T P_u}{N_0 f_g} \tag{4.48}$$

ergibt sich

$$\frac{(S/N)_{NF}}{(S/N)_0} = \frac{3\eta^2 P_T P_u}{N_0 f_g} \cdot \frac{N_0 f_g}{2 P_T P_u} = \frac{3}{2}\eta^2 \tag{4.49}$$

oder im logarithmischen Maß ausgedrückt

$$(S/N)_{NF}\big|_{dB} = (S/N)_0\big|_{dB} + 10 \lg\left(\frac{3}{2}\eta^2\right) \text{ dB} \tag{4.50}$$

*Anmerkungen*: (i) Die Leistung des ESB-Signals wird mit $2P_T P_u$ als das Doppelte der Leistung des ZSB-Signals $P_T P_u$ angesetzt, da die Phasenmethode zur Gewinnung des ESB-Signals zugrunde gelegt wird. In diesem Fall addieren sich die Leistungen der Normal- und Quadraturkomponenten. (ii) Mit (4.44) kann bei Bedarf das Referenz-SNR auf das SNR im HF-Bereich umgerechnete werden: $(S/N)_{HF} = (S/N)_0 / 2(\eta+1)$.

Das SNR nach der Demodulation ist in Bild 4-15 als Kurvenschar für verschiedene Werte des Modulationsindex aufgetragen. Man erkennt deutlich die mit zunehmendem Modulationsindex zunehmende Verschiebung der Graphen nach oben. Im Beispiel von $\eta = 2$ beträgt sie ca. 7,8 dB. Das SNR am FM-Demodulatorausgang ist um ca. 7,8 dB größer als bei einer ESB-AM-Übertragung mit gleicher Rauschleistungsdichte im HF-Band. Man beachte auch, dass mit jeder Verdopplung des Modulationsindex der zusätzlich Gewinn an SNR abnimmt. Es stellt sich ein asymptotisches Verhalten ein, so dass das SNR für immer größere HF-Bandbreiten gegen einen endlichen Wert konvergiert.

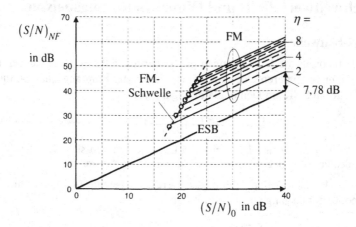

**Bild 4-15** SNR am Ausgang des FM-Demodulators bezogen auf das SNR bei der ESB-AM-Übertragung

Wichtig im Bild ist die Angabe der FM-Schwelle. Zur Berechnung der FM-Schwelle wird (4.47) verwendet. In der Literatur ist es üblich, für die Leistung des modulierenden Signals $P_u$ = 1/2 einzusetzen. Dann erhält man aus (4.50) und (4.47) die eingezeichneten Werte der FM-Schwelle.

$$(S/N)_{0th}\big|_{dB} = (S/N)_{NFth}\big|_{dB} - 10\lg\left(\frac{3}{2}\eta^2\right) \text{ dB} = 10\lg\left(20[\eta+1]\right) \text{ dB} \qquad (4.51)$$

## 4.6.2    Dimensionierungsbeispiel

Das *Dimensionierungsbeispiel* erläutert nochmals anschaulicher die in den letzten beiden Abschnitten aufgezeigten Zusammenhänge. Die hier relevanten Dimensionierungsparameter eines FM-Übertragungssystems sind in Tabelle 4-1 aufgelistet. Gesucht ist die kleinstmögliche Sendeleistung, die den Anforderungen noch genügt.

**Tabelle 4-1** Dimensionierungsbeispiel für ein FM-Übertragungssystem

| | |
|---|---|
| minimales SNR am Demodulatorausgang | 40 dB |
| verfügbare HF-Bandbreite | 120 kHz |
| Dämpfung auf dem Übertragungskanal | 40 dB |
| Rauschleistungsdichte (einseitig) | $10^{-8}$ W/Hz |
| Bandbreite des modulierenden Signals | 10 kHz |
| mittlere Leistung des modulierenden Signals | 1/2 |
| maximale Amplitude des modulierenden Signals | 1 |
| minimal zulässige Sendeleistung | gesucht! |

**Beispiel** Berechnung der minimalen Sendeleistung

Wir wollen zu den Vorgaben in Tabelle 4-1 die minimal zulässige Sendeleistung berechnen. Dazu gehen wir in fünf Schritten vor.

Schritt 1: Berechnung des maximalen Modulationsindex aus der Kanalbandbreite, s. (4.22)

$$\eta_K = \frac{B_C}{2 f_g} - 1 = \frac{120 \ \text{kHz}}{2 \cdot 10 \ \text{kHz}} - 1 = 5 \qquad (4.52)$$

Schritt 2: Berechnung des maximalen Modulationsindex aus der FM-Schwelle, s. (4.47)

$$\eta_{th}^2 (\eta_{th} + 1) = \frac{(S/N)_{NFth}}{60 \cdot P_u} = \frac{10^4}{30} \approx 333 \qquad (4.53)$$

Die Lösung der kubischen Gleichung kann beispielsweise graphisch oder iterativ durch probieren geschehen. Man erhält

$$\eta_{th} \approx 6,6 \qquad (4.54)$$

Schritt 3: Der Vergleich der beiden Grenzwerte zeigt, dass die Kanalbandbreite den Modulationsindex beschränkt, da die Kanalbandbreite nicht überschritten werden darf.

$$\eta_{th} > \eta_K = 5 = \eta \qquad (4.55)$$

Schritt 4: Das mindestens notwendige SNR am Demodulatoreingang bestimmt sich aus dem Detektionsgewinn (4.45) und dem geforderten SNR des demodulierten Signals

$$(S/N)_{HF} = \frac{(S/N)_{NF}}{6\eta^2 (\eta + 1) \cdot P_u} = \frac{10^4}{6 \cdot 5^2 (5+1) \cdot 1/2} = 22,2 \qquad (4.56)$$

Aus (4.44) kann nun die Empfangsleistung berechnet werden.

$$P_{Te} = N_0 \cdot 2(\eta + 1) \cdot f_g \cdot (S/N)_{HF} = 10^{-8} \frac{\text{W}}{\text{Hz}} \cdot 2(5+1) \cdot 10 \text{kHz} \cdot 22,2 = 26,64 \ \text{mW} \qquad (4.57)$$

Schritt 5: Berücksichtigt man noch die Dämpfung auf dem Übertragungsweg, so erhält man die minimale Sendeleistung.

$$P_{Ts}\big|_{dB} = P_{Te}\big|_{dB} + 40 \, \text{dB} = 10 \cdot \lg(0,02664) \, \text{dB} + 40 \, \text{dB} = 24,3 \, \text{dB} \qquad (4.58)$$

Es ist eine Sendeleistung von ca. 265 W erforderlich.

**Beispiel** Minimale Sendeleistung ohne Bandbreitenvorgabe

Wir wollen nun zu den Vorgaben in Tabelle 4-1, aber jetzt ohne Beschränkung der Kanalbandbreite, die minimale Sendeleistung und die zugehörige Kanalbandbreite berechnen. Dazu gehen wir wieder schrittweise vor.

Schritt 1: Berechnung des maximalen Modulationsindex aus der FM-Schwelle, s. (4.47). Wir erhalten wieder

$$\eta = \eta_{th} \approx 6,6 \tag{4.59}$$

Schritt 2: Das mindestens notwendige SNR am Demodulatoreingang bestimmt sich aus dem Detektionsgewinn (4.45) und dem geforderten SNR des demodulierten Signals

$$(S/N)_{HF} = \frac{(S/N)_{NF}}{6\eta^2(\eta+1)\cdot P_u} = \frac{10^4}{6\cdot 6,6^2(6,6+1)\cdot 1/2} = 10,1 \tag{4.60}$$

Aus (4.44) kann nun die Empfangsleistung berechnet werden.

$$P_{Te} = N_0 \cdot 2(\eta+1)\cdot f_g \cdot (S/N)_{HF} = 10^{-8}\,\frac{W}{Hz}\cdot 2(6,6+1)\cdot 10kHz \cdot 10,1 = 15,4\ \ mW \tag{4.61}$$

Schritt 3: Berücksichtigt man noch die Dämpfung auf dem Übertragungsweg, so erhält man die minimale Sendeleistung.

$$P_{Ts}\big|_{dB} = P_{Te}\big|_{dB} + 40dB = 10\cdot lg(0,0154)\ \ dB + 40\ \ dB = 21,9\,dB \tag{4.62}$$

Es ist eine minimale Sendeleistung von ca. 154 W erforderlich.

Schritt 4: Die notwendige Kanalbandbreite ergibt sich aus dem Modulationsindex und der Carson-Formel (4.22)

$$B_C = 2(\eta+1)f_g = 2(6,6+1)\cdot 10\ kHz = 152\ kHz \tag{4.63}$$

## 4.7    Preemphase und Deemphase

Die Modellrechnung zur Demodulation zeigt in (4.43) einen mit der Frequenz quadratischen Anstieg des LDS der Störung. Es sollte sich deshalb lohnen, über Maßnahmen zur Verbesserung des SNR speziell für die Signalanteile bei höheren Frequenzen nachzudenken.

Eine deutliche Verbesserung schafft hier ein Anheben der Amplituden der höherfrequenten Komponenten des modulierenden Signals vor der FM-Übertragung, die *Preemphase*. Um das ursprüngliche Signal zu rekonstruieren, wird nach der FM-Demodulation eine entsprechende Absenkung, die *Deemphase*, vorgenommen. Da die Absenkung auch das Rauschsignal betrifft, werden besonders die höherfrequenten Rauschanteile gedämpft. Das Verfahren stellt Bild 4-16 im Überblick vor.

*Anmerkung*: Ähnliche Lösungen werden bei der Magnetbandaufzeichnung und bei der logarithmischen PCM, s. Kompandierung, eingesetzt.

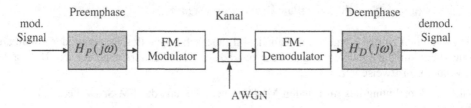

**Bild 4-16** Preemphase und Deemphase bei der FM-Übertragung

**Beispiel** UKW-Rundfunk

Im *UKW-Rundfunk* werden einfache Preemphase- und Deemphase-Schaltungen eingesetzt. Bild 4-17 zeigt die verwendeten Hochpass- und Tiefpassfilter mit den Frequenzgängen

$$H_P(j\omega) = \frac{R_1(1 + j\omega R_2 C)}{R_1 + R_2 + j\omega R_1 R_2 C} \quad \text{bzw.} \quad H_D(j\omega) = \frac{1}{1 + j\omega R_2 C} \tag{4.64}$$

Preemphase-Schaltung              Deemphase-Schaltung

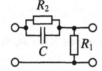       

**Bild 4-17** Preemphase- und Deemphase-Schaltungen für den UKW-Rundfunk

In der Rundfunktechnik ist es üblich, die Frequenzgänge in normierter Form anzugeben. Mit

$$r = \frac{R_1}{R_1 + R_2} \quad \text{und} \quad \Omega = \omega R_2 C \tag{4.65}$$

erhält man

$$H_P(j\omega) = r \cdot \left.\frac{1 + j\Omega}{1 + jr\Omega}\right|_{\Omega = \omega R_2 C} \quad \text{und} \quad H_D(j\omega) = \left.\frac{1}{1 + j\Omega}\right|_{\Omega = \omega R_2 C} \tag{4.66}$$

Im UKW-Rundfunk werden die Parameter verwendet

$$r = \frac{1}{16} \quad , \quad \Omega_{3dB} = 1 \quad \text{und} \quad R_2 C = 50 \ \mu s \tag{4.67}$$

Daraus resultiert eine 3dB-Grenzfrequenz des Deemphase-Tiefpasses von

$$f_{3dB} = \frac{1}{2\pi R_2 C} = 3{,}18 \ \text{kHz} \tag{4.68}$$

Das ist ungefähr ein Fünftel der Grenzfrequenz des Quellensignals von 15 kHz. Die zugehörigen Frequenzgänge sind in Bild 4-18 skizziert.

Die Anwendung der Preemphase und Deemphase im UKW-Rundfunk führt auf eine Absenkung der Rauschleistung von ca. 7,8 dB im Mono-Betrieb, s. Aufgabe 4.4.

*Anmerkungen*: (i) In der Videotechnik werden aufwendigere Schaltungen für die Preemphase und Deemphase bei der Magnetbandaufzeichnung der FM-modulierten Farbinformation (auch SECAM-Übertragung) verwendet. (ii) Für Audiosignale verbindet das Dolby-Verfahren (Dolby Laboratories) die Idee des dynamischen Rauschfilters (DNL, Dynamic Noise Limiter) mit der Preemphase und Deemphase. (iii) Bei der Compact Disc (CD) wird die Kombination aus Preemphase und Deemphase für Audiosignale eingesetzt.

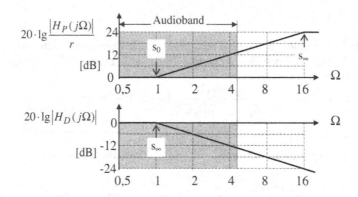

**Bild 4-18** Bode-Diagramme für die Preemphase- und Deemphase-Schaltungen im UKW-Rundfunk

## 4.8     Anmerkungen zur Bewertung von Modulationsverfahren

In den Abschnitten 3 und 4 werden mit AM und FM zwei analoge Modulationsarten vorgestellt. Auch bei der Standardisierung neuer Übertragungssysteme, wie beispielsweise im Mobilfunk in den letzten Jahren geschehen, sind unterschiedliche Systemvorschläge zu vergleichen. Hierbei spielen neben technischen, auch rechtliche und wirtschaftliche Faktoren eine Rolle. Letztere können sogar den Ausschlag für eine bestimmte Wahl geben. Neben der Frage nach der Sicherheit der Verfahren für die Öffentlichkeit, z. B. Einhalten von Grenzwerten im Rahmen der elektromagnetischen Verträglichkeit, spielt auch das Patentrecht (Intellectual Property Rights) eine wichtige Rolle.

Die technischen Fragen lassen sich vor allem unter drei Gesichtspunkten ordnen:

* die *Bandbreiteneffizienz*
* die Robustheit gegen Störungen, die *Störfestigkeit*
* die *Komplexität* (Leistungseffizienz) der Realisierung

Wie gezeigt, benötigt die ESB-AM die geringste Bandbreite. Sie ist jedoch auch am anfälligsten gegen Störungen und setzt deshalb eine „störungsarme" Übertragungstechnik voraus, wie sie beispielsweise mit der Trägerfrequenztechnik in herkömmlichen TK-Netzen kostenintensiv bereitgestellt wird. Zur Übertragung von Signalen mit Gleichanteil, wie Bildinformationen, ist sie ungeeignet. Als Kompromiss wird in der Fernsehrundfunkübertragung die RSB-AM verwendet.

ESB-AM und RSB-AM sind in ihrer Komplexität etwas aufwendiger wie die einfache AM, jedoch spielt die Komplexität der eingeführten analogen AM- und FM-Verfahren heute keine wesentliche Rolle mehr.

Was die Robustheit gegen Störungen und die Übertragungsqualität anbetrifft, stellt die FM einen deutlichen Fortschritt im Vergleich zur herkömmlichen AM dar. Mit dem Modulationsindex wird es möglich, gezielt Bandbreite mit Störfestigkeit auszutauschen. Damit wird ein Versprechen der Informationstheorie eingelöst, das die bekannte shannonsche Formel der Kanalkapazität bereithält, s. Abschnitt 6.6.4.

*Anmerkung*: Die hier vorgestellten Überlegungen werden in Abschnitt 6.5.6 wieder aufgegriffen. In Abschnitt 7 werden digitale Modulationsverfahren für sinusförmige Träger behandelt.

## 4.9    Phasenregelkreis

*Hinweis*: Dieser Abschnitt ist zur Vertiefung gedacht und kann ohne Verlust an Verständlichkeit für die folgenden Abschnitte übersprungen werden.

Der Phasenregelkreis (PLL), s. Bild 4-19, dient allgemein zur Synchronisation der Phase der Eingangsspannung

$$u_e(t) = \hat{u}_e \cdot \cos \psi_e(t) \tag{4.69}$$

mit der Phase eines spannungsgesteuerten Oszillators (VCO, Voltage-Controlled Oscillator), der Referenzspannung

$$u_r(t) = -\hat{u}_r \cdot \sin \psi_r(t) \tag{4.70}$$

*Anmerkung*: Für die nachfolgende Rechnung ist es einfacher die Eingangsspannung als Sinusfunktion anzunehmen. Im Falle einer Kosinusfunktion muss eine Phasenverschiebung um 90° berücksichtigt werden, z. B. durch einen Phasenschieber zwischen VCO und PD.

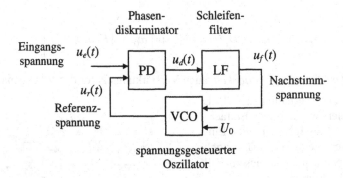

**Bild 4-19** Blockschaltbild des Phasenregelkreises (PLL)

- *Phasendiskriminator* (PD, Phase Discriminator)

Der Phasendiskriminator liefert idealer Weise eine zur *Phasendifferenz* $\psi(t)$ zwischen Eingangs- und Referenzspannung proportionale Ausgangsspannung. Er kann näherungsweise durch einen Multiplizierer mit anschließendem Tiefpass realisiert werden.

$$
\begin{aligned}
u_e(t) \cdot u_r(t) &= -\hat{u}_e \hat{u}_r \cdot \cos \psi_e(t) \sin \psi_r(t) = \\
&= \frac{\hat{u}_e \hat{u}_r}{2} \cdot \sin \underbrace{[\psi_e(t) - \psi_r(t)]}_{\psi(t)} - \frac{\hat{u}_e \hat{u}_r}{2} \cdot \sin [\psi_e(t) + \psi_r(t)]
\end{aligned} \tag{4.71}
$$

$$\underbrace{\qquad\qquad\qquad\qquad}_{\text{TP-Anteil}}$$

Mit der linearen Näherung für die Sinusfunktion erhält man die gewünschte Proportionalität.

$$u_d(t) = \frac{\hat{u}_e \hat{u}_r}{2} \cdot \sin \psi(t) \approx K_d \cdot \psi(t) \tag{4.72}$$

Der Proportionalitätsfaktor $K_d$ wird *Diskriminatorsteilheit* des PD genannt.

- *Schleifenfilter* (LF, Loop Filter)

Als Schleifenfilter wird ein Tiefpass eingesetzt. Dessen Grenzfrequenz bestimmt das dynamische Verhalten des PLL. Wird die Grenzfrequenz klein gewählt, erreicht man eine gute Unterdrückung von Rauschanteilen bei einem langsamen Adaptionsverhalten. Ist die Grenzfrequenz groß, kann der PLL Änderungen der Phase des Eingangssignals schnell folgen. Rauschstörungen werden allerdings kaum gedämpft, so dass es zu dynamischen Fehlanpassungen, dem *Phasenrauschen*, kommen kann.

- *Spannungsgesteuerter Oszillator* (VCO, Voltage-Controlled Oscillator)

Der VCO schwingt mit einer Frequenz, die durch die Eingangsspannung bestimmt wird. Mit der Gleichspannung $U_0$ wird die *Freilauf-Kreisfrequenz* $\omega_0$, auch *Ruhe-Kreisfrequenz* genannt, auf die Trägerkreisfrequenz abgestimmt.

$$\omega_0 = \omega_T \tag{4.73}$$

Unter Berücksichtigung der Nachstimmspannung erhält man das Ausgangssignal des VCO idealer Weise zu, s. a. Bild 4-20

$$u_r(t) = -\hat{u}_r \cdot \sin \psi_r(t) = -\hat{u}_r \cdot \sin \left[ \omega_0 t + \int_0^t K_o u_f(\tau) d\tau \right] \tag{4.74}$$

Darin ist $K_o$ die *Oszillatorempfindlichkeit*, auch Verstärkungsfaktor des VCO genannt.

Das Synchronisationsverhalten des PLL kann nun analysiert werden. Der Einfachheit halber vernachlässigen wir den Einfluss des Schleifenfilters. Wie später noch erläutert wird, spricht man in diesem Fall von einem PLL 1. Ordnung.

Mit der Spannung am PD-Ausgang (4.72), die im Fall des PLL 1. Ordnung gleich der Nachstimmspannung ist, resultiert für die Momentankreisfrequenz am Ausgang des VCO

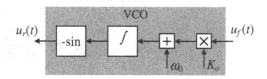

**Bild 4-20**   Ersatzschaltbild des spannungsgesteuerten Oszillators (VCO)

$$\omega_r(t) = \omega_0 + K_o K_d \cdot \sin \psi(t) \tag{4.75}$$

Die Differenz bzgl. der Momentankreisfrequenzen der Eingangsspannung und der Referenzspannung beträgt

$$\omega_e(t) - \omega_r(t) = \underbrace{\omega_e(t) - \omega_0}_{\Delta\omega(t)} - K_o K_d \cdot \sin \psi(t) \tag{4.76}$$

Die Differenz zwischen Momentankreisfrequenz des Eingangssignals und der Ruhekreisfrequenz des VCO wird *Verstimmung des Oszillators* genannt.

$$\Delta\omega(t) = \omega_e(t) - \omega_o \tag{4.77}$$

Man beachte, dass in (4.76) auf der linken Seite die Momentankreisfrequenz zur Phasendifferenz und auf der rechten Seite die Phasendifferenz selbst steht, s. $\psi(t)$ in (4.71). Mit der Definition der Momentankreisfrequenz als Ableitung der Phase

$$\frac{d}{dt}\psi(t) = \omega_e(t) - \omega_r(t) \qquad (4.78)$$

erhält man die *Differentialgleichung der Phasendifferenz* des PLL 1. Ordnung.

$$\frac{d}{dt}\psi(t) = \Delta\omega(t) - K_o K_d \cdot \sin\psi(t) \qquad (4.79)$$

Wegen des Sinusterms ist sie nicht linear. Die Differentialgleichung spielt bei der Analyse des PLL eine herausragende Rolle, da sie das dynamische Verhalten beschreibt. Wir veranschaulichen dazu die Differentialgleichung für einen beliebigen aber festen Zeitpunkt in Bild 4-21 und betrachten beispielhaft den Punkt $S_1$ für eine mögliche Kombination aus der Phasendifferenz $\psi$ und ihrer Ableitung $\dot\psi$.

In $S_1$ ist die Ableitung positiv, die Phasendifferenz wächst an dieser Stelle. Der Momentanwert d. Phasendifferenz wandert damit nach rechts in den Punkt $P$. Dort ist die Ableitung null. Die Phasendifferenz bleibt konstant. Die Phasen der Eingangsspannung und der Referenzspannung sind jetzt fest miteinander gekoppelt (*Phase-Locked Loop*) und der synchrone Zustand ist erreicht.

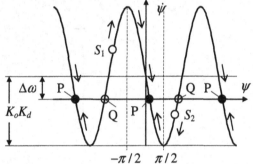

Nun betrachten wir den Punkt $S_2$. Dort ist die Ableitung negativ. Der Momentanwert der Phasendifferenz wandert demzufolge nach links in den Punkt $P$.

**Bild 4-21**  Dynamisches Verhalten der Phasendifferenz des PLL

Die Beobachtungen für $S_1$ und $S_2$ gelten im Prinzip für alle Punkte des Graphen. Ein sicheres Erreichen des synchronen Zustandes nach einer Störung erfolgt, wenn der Graph einen Schnittpunkt (Berührungspunkt) mit der Abszisse hat. Also die Ableitung der Phasendifferenz null werden kann. Man spricht vom *Haltebereich* des PLL

$$\Delta\omega_H = K_o \cdot K_d \qquad (4.80)$$

Die Schnittpunkte $Q$ im Graphen liefern keine synchronen Zustände. Eine kleine Auslenkung, z. B. durch ein Rauschsignal (Phasenrauschen) führt dazu, dass der Momentanwert der Phasendifferenz in einen der benachbarten Punkte $P$ wandert.

Ebenso kann überlegt werden, wie groß der Betrag der Phasendifferenz maximal sein darf, damit der PLL, z. B. nach dem Einschalten, synchronisiert. Diese Größe wird *Fangbereich* des PLL genannt. Aus Bild 4-21 folgt

$$\Delta\omega_F = K_o \cdot K_d \qquad (4.81)$$

Beim PLL 1. Ordnung ist der Haltebereich gleich dem Fangbereich.

Zur weiteren Analyse wird vom synchronen Zustand ausgegangen und eine *Störungsrechnung* durchgeführt. Den Ausgangspunkt bildet also

$$\omega_0 = \omega_T \qquad (4.82)$$

Somit kann der konstante Beitrag in der Analyse entfallen.

$$\varphi_e(t) = \psi_e(t) - \omega_T t \quad \text{und} \quad \varphi_r(t) = \psi_r(t) - \omega_0 t \qquad (4.83)$$

Mit der linearen Näherung ergibt sich die Spannung am Ausgang des Diskriminators

$$u_d(t) = K_d\left[\varphi_e(t) - \varphi_r(t)\right] = K_d \varphi(t) \qquad (4.84)$$

Betrachtet man nur die Phasen, so resultiert das lineare Ersatzschaltbild des PLL in Bild 4-22.

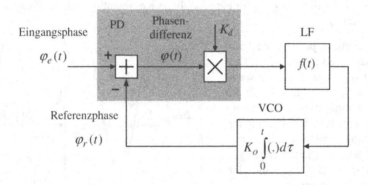

**Bild 4-22** Blockschaltbild des linearisierten Phasenregelkreises (PLL) im Zeitbereich

Die Modellierung des PLL als lineares System mit der Impulsantwort des Schleifenfilters $f(t)$ und der Integration der Nachstimmspannung im VCO legt nahe, die weiteren Überlegungen im Bildbereich durchzuführen. Dazu überführen wir mit der *Laplace-Transformation* das Bild 4-22 in Bild 4-23.

Jetzt ist es möglich – durch rückwärtiges Durchlaufen des Regelkreises – von der Referenzphase her das Übertragungsverhalten des PLL zu charakterisieren.

$$\Phi_r(s) = \frac{K_o}{s} \cdot F(s) \cdot K_d \left[\Phi_e(s) - \Phi_r(s)\right] \qquad (4.85)$$

Nach Umstellen ergibt sich die *Übertragungsfunktion der Phase*

$$H_\Phi(s) = \frac{\Phi_r(s)}{\Phi_e(s)} = \frac{K_o K_d F(s)}{s + K_o K_d F(s)} \qquad (4.86)$$

und die *Übertragungsfunktion des Phasenfehlers*

$$H_{\Delta\Phi}(s) = \frac{\Phi_e(s) - \Phi_r(s)}{\Phi_e(s)} = 1 - H_\Phi(s) = \frac{s}{s + K_o K_d F(s)} \qquad (4.87)$$

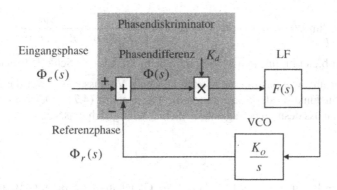

**Bild 4-23** Blockschaltbild des linearisierten Phasenregelkreises (PLL) im Bildbereich

**Beispiel** RC-Tiefpass als Schleifenfilter

Im Beispiel des RC-Tiefpasses mit der Übertragungsfunktion

$$F(s) = H_{RC}(s) = \frac{1}{1 + sRC} \tag{4.88}$$

ergibt sich die Übertragungsfunktion der Phasendifferenz

$$H_{\Phi}(s) = \frac{K_o K_d / RC}{s^2 + s / RC + K_o K_d / RC} \tag{4.89}$$

Man erkennt, dass der Grad der Übertragungsfunktion der Phase gleich dem Grad des Schleifenfilters plus eins ist: *Ordnungszahl des PLL* = Ordnungszahl des Schleifenfilters + 1.

Nachdem die Modellierung abgeschlossen ist, wenden wir uns der Störungsrechnung zu. Wir gehen vom synchronen Zustand aus und bringen zum Zeitpunkt $t = 0$ eine kleine Störung $\Delta\omega$ der Momentankreisfrequenz in Form einer Sprungfunktion ein.

$$\omega_e(t) = \omega_T + \Delta\omega \quad \text{für} \quad t > 0 \tag{4.90}$$

Für die Phase bedeutet das einen linearen Anstieg (Rampenfunktion)

$$\varphi_e(t) = \Delta\omega t \quad \text{für} \quad t > 0 \tag{4.91}$$

und damit im Bildbereich

$$\Phi_e(s) = \Delta\omega / s^2 \tag{4.92}$$

Durch die Störung wird ein Phasenfehler induziert.

$$\Delta\Phi(s) = H_{\Delta\Phi}(s) \cdot \Phi_e(s) = \frac{s}{s + K_o K_d F(s)} \cdot \frac{\Delta\omega}{s^2} \tag{4.93}$$

Von besonderem Interesse ist die Frage ob der Phasenfehler wächst und der PLL ausrastet. Eine Abschätzung liefert der Grenzwertsatz der Laplace-Transformation.

$$\lim_{t \to \infty} \varphi(t) = \lim_{s \to 0} s \cdot \Delta\Phi(s) = \lim_{s \to 0} \frac{\Delta\omega}{s + K_o K_d F(s)} = \frac{\Delta\omega}{K_o K_d F(0)} \qquad (4.94)$$

Der Phasenfehler bleibt im linearen Modell mit einem Tiefpass als Schleifenfilter endlich.

Nun erinnern wir uns, wie das lineare Modell entstand. Voraussetzung war die lineare Approximation der Sinusfunktion der Phase durch die Phase selbst (4.72). Der Grenzwert des Phasenfehlers (4.94) muss deshalb betragsmäßig kleiner oder gleich eins sein.

$$\frac{\Delta\omega}{K_o K_d F(0)} \le 1 \qquad (4.95)$$

Bei vorgegebenen Parametern des PLL liefert die Gleichung eine Bedingung an die maximal zulässige Störung der Momentankreisfrequenz. Wir schließen für den Haltebereich des PLL unter Berücksichtigung des Schleifenfilters

$$\Delta\omega_H = K_o K_d F(0) \qquad (4.96)$$

Ohne Schleifenfilter, d. h. $F(0) = 1$, erhält man wieder den Haltebereich des PLL 1. Ordnung.

*Anmerkungen*: (i) In der Regel wird ein PLL 2. Ordnung verwendet, obwohl beim PLL 3. Ordnung der Phasenfehler prinzipiell zu null geregelt werden kann. Bei PLL ab der 3. Ordnung können jedoch Instabilitäten auftreten. (ii) Zum Thema PLL existiert eine umfangreiche Spezialliteratur, z. B. [Bes82] [Gar79].

## 4.10    SNR-Abschätzung für die FM- und PM-Demodulation

*Hinweis*: Dieser Abschnitt ist zur Vertiefung gedacht und kann ohne Verlust an Verständlichkeit für die folgenden Abschnitte übersprungen werden.

Wir nehmen an, die Übertragung werde durch weißes Rauschen additiv gestört, s. Bild 4-14. Dem winkelmodulierten Signal am Demodulatoreingang ist das Rauschsignal $n(t)$ als Bandpassrauschen, s. Abschnitt 3.13, überlagert.

$$r(t) = u_w(t) + n(t) \qquad (4.97)$$

Unter der Annahme, dass eine ausreichende Empfangsqualität vorliegt, d. h. die Nutzsignalleistung hinreichend größer als die Rauschsignalleistung ist, kann ein Zeigerdiagramm angegeben und das SNR abgeschätzt werden. Bild 4-24 zeigt eine Momentaufnahme des Pendelzeigers des winkelmodulierten Signals $Z_w$ mit der Phase $\varphi$, der Rauschkomponente $Z_n$ und dem resultierenden Empfangszeiger $Z_r$.

Den Ausgangspunkt der Berechnung bildet der Pendelzeiger in Bild 4-24. Nach Vektorzerlegung der Rauschkomponente ergibt sich für ihn

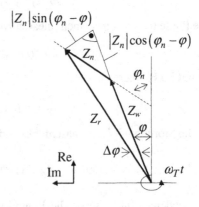

**Bild 4-24**   Pendelzeiger der Winkelmodulation $Z_w$, der Rauschkomponente $Z_n$ und dem Empfangszeiger $Z_r$

$$\Delta\varphi(t) = \arctan \frac{|Z_n| \cdot \sin[\varphi_n(t) - \varphi(t)]}{|Z_w| + |Z_n| \cdot \cos[\varphi_n(t) - \varphi(t)]} \qquad (4.98)$$

wobei $|Z_w| = \hat{u}_T$. Mit der Voraussetzung, dass das Nutzsignal dominiert, $\hat{u}_T \gg |Z_n|$, kann der Phasenfehler durch die Approximation

$$\Delta\varphi(t) \approx \frac{|Z_n|}{\hat{u}_T} \cdot \sin[\varphi_n(t) - \varphi(t)] \qquad (4.99)$$

einer weitergehenden Analyse zugeführt werden. Mit dem Phasenfehler $\Delta\varphi(t)$ ist das Signal am Demodulator

$$y(t) = \begin{cases} \dfrac{d}{dt}[\varphi(t) + \Delta\varphi(t)] = 2\pi\Delta F \cdot u(t) + \dfrac{d}{dt}\Delta\varphi(t) & \text{für FM} \\[2mm] \varphi(t) + \Delta\varphi(t) = \alpha_{PM} \cdot u(t) + \Delta\varphi(t) & \text{für PM} \end{cases} \qquad (4.100)$$

Die Nutzsignalleistung ist demzufolge

$$S \approx \begin{cases} (2\pi\Delta F)^2 \cdot P_u & \text{für FM} \\[2mm] \alpha_{PM}^2 \cdot P_u & \text{für PM} \end{cases} \qquad (4.101)$$

worin $P_u$ für die Leistung des modulierenden Signals steht.

Um das SNR zu bestimmen, muss noch die Leistung des Störanteils berechnet werden. Hierzu sind weitere Überlegungen notwendig. Zunächst schätzen wir die AKF des Phasenfehlers ab.

$$R_{\Delta\varphi\Delta\varphi}(\tau) = E[\Delta\varphi(t)\Delta\varphi(t+\tau)] \qquad (4.102)$$

*Anmerkung*: Der Einfachheit halber verwenden wir die gleichen Formelzeichen für Musterfunktionen und Prozesse.

Vorbereitend werden die Quadraturterme des Bandpassrauschens im Phasenfehler durch den Real- und Imaginärteil des äquivalenten Tiefpassprozesses dargestellt, s. Abschnitt 3.13.

$$\Delta\varphi(t) \approx \frac{|Z_n|}{\hat{u}_T} \cdot \sin[\varphi_n(t) - \varphi(t)] =$$

$$= \frac{|Z_n|}{\hat{u}_T} \cdot [\sin\varphi_n(t) \cdot \cos\varphi(t) - \cos\varphi_n(t) \cdot \sin\varphi(t)] = \qquad (4.103)$$

$$= \frac{1}{\hat{u}_T} \cdot [n_{TP,r}(t) \cdot \cos\varphi(t) - n_{TP,i}(t) \cdot \sin\varphi(t)]$$

Damit berechnet sich die AKF aus

$$R_{\Delta\varphi\Delta\varphi}(\tau) = \frac{1}{\hat{u}_T^2} E\Big[ [n_{TP,r}(t)\cos\varphi(t) - n_{TP,i}(t)\sin\varphi(t)] \cdot$$

$$\cdot [n_{TP,i}(t+\tau)\cos\varphi(t+\tau) - n_{TP,i}(t+\tau)\sin\varphi(t+\tau)] \Big] \qquad (4.104)$$

Mit gutem Grund können wir annehmen, dass das AWGN der Störung und der modulierende Prozess der Nachricht unabhängig sind. Dann kann die Erwartungswertbildung für die beiden Prozesse getrennt durchgeführt werden. Weiter ist aus Abschnitt 3.13 bekannt, dass die Real- und Imaginärteilprozesse äquivalent und unkorreliert sind. Die AKF vereinfacht deshalb zu

$$R_{\Delta\varphi\Delta\varphi}(\tau) = \frac{R_{n_{TP.r}n_{TP.r}}(\tau)}{\hat{u}_T^2} \cdot E\left[\cos\varphi(t)\cos\varphi(t+\tau) + \sin\varphi(t)\sin\varphi(t+\tau)\right] \quad (4.105)$$

mit der AKF des Realteilprozesses in Abschnitt 3.13

$$R_{n_{TP.r}n_{TP.r}}(\tau) = N_0 B_{HF} \cdot \text{si}\left(\pi B_{HF}\tau\right) \quad (4.106)$$

Das zum Realteilprozess zugehörige LDS ist in Abschnitt 3.13

$$S_{n_{TP.r}n_{TP.r}}(\omega) = \begin{cases} N_0 & \text{für } |\omega| < \pi B_{HF} \\ 0 & \text{sonst} \end{cases} \quad (4.107)$$

wobei hier die HF-Bandbreite eingesetzt wurde.

Für die gesuchte AKF des Phasenfehlers erhält man nach trigonometrischer Umformung

$$R_{\Delta\varphi\Delta\varphi}(\tau) = \frac{R_{n_{TP.r}n_{TP.r}}(\tau)}{\hat{u}_T^2} \cdot E\left[\cos\left[\varphi(t+\tau) - \varphi(t)\right]\right] \quad (4.108)$$

Der Erwartungswert für den Prozess des Nachrichtensignals, z. B. Audio-Signale für den UKW-Rundfunk, ist allgemein nicht bekannt. Wir führen deshalb eine Abschätzung des LDS auf Grund zweier Überlegungen durch:

- Das LDS des Störanteils ist nur für den Durchlassbereich des Tiefpasses, d. h. bis zur Grenzfrequenz des Nachrichtensignals $f_g$ in Bild 4-14, von Interesse.

- Die AKF des Realteilprozesses (4.106) geht wegen der relativ großen Bandbreite, $B_{HF}/2 \gg f_g$, viel schneller gegen null als der Erwartungswert bzgl. des modulierenden Signals, s. Zeitdauer-Bandbreite-Produkt. Für den Erwartungswert bzgl. des modulierenden Signals setzen wir näherungsweise eins ein.

Mit diesen Überlegungen resultiert als Näherung für das LDS des Phasenfehlers im Durchlass-bereich des Tiefpasses

$$S_{\Delta\varphi\Delta\varphi}(\omega) = \frac{N_0}{\hat{u}_T^2} \text{ für } |\omega| < \omega_g \quad (4.109)$$

wobei die Grenzfrequenz $f_g$ durch die Bandbreite des Signals der Nachrichtenquelle vorgege-ben wird.

Für das LDS der Störung am Tiefpassausgang ist noch zu berücksichtigen, dass im Falle der FM-Demodulation der Phasenfehler differenziert wird (4.100). Im LDS bedeutet das eine Multiplikation mit $\omega^2$.

$$S_{n_{TP}n_{TP}}(\omega) = \frac{N_0}{\hat{u}_T^2}\begin{cases} 1 & \text{für } |\omega| < \omega_g \text{ und PM} \\ \omega^2 & \text{für } |\omega| < \omega_g \text{ und FM} \end{cases} \quad (4.110)$$

# 4.11 Aufgaben zu Abschnitt 4

## 4.11.1 Aufgaben

**Aufgabe 4.1** FM-Signal und FM-Spektrum

Ein UKW-Rundfunksender mit Träger bei 96,3 MHz (Kreuzberg (928m), fränkische Rhön) wird zu Testzwecken mit einem Eintonsignal mit $f_1 = 15$ kHz frequenzmoduliert. Der Frequenzhub beträgt 75 kHz.

*Hinweis*: Gehen Sie im Weiteren der Einfachheit halber von auf eins normierten Amplituden aus.

a) Geben Sie das FM-Signal an.

b) Geben Sie das Spektrum des FM-Signals analytisch an.

c) Zeichnen Sie maßstäblich das Spektrum des modulierten Signals in Bild 4-25, s. a. Anmerkung zu Bild 4-5.

d) Tragen Sie die Carson-Bandbreite in die Skizze ein.

e) Berechnen Sie die Signalleistung innerhalb der Carson-Bandbreite. Wie viel Prozent der Signalleistung liegt innerhalb der Carson-Bandbreite? Begründen Sie Ihre Antwort.

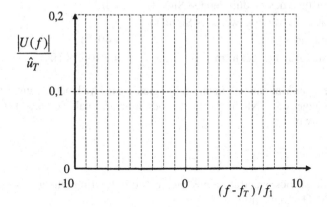

**Bild 4-25** Spektrum des FM-Signals

**Aufgabe 4.2** Schmalband-FM (Armstrong-Modulator)

a) Zeigen Sie, dass die Schaltung in Bild 4-26 für ein Eintonsignal $u_1(t) = \beta \cdot \cos \omega_1 t$ mit $\beta \ll 1$ ein FM-Signal erzeugt.

b) Geben Sie die Bandbreite des Signals an.

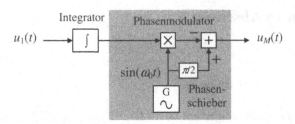

**Bild 4-26** Produktmodulator für die FM (Amstrong-Modulator)

**Aufgabe 4.3** FM-Übertragungssystem

a) Gehen Sie von einem modulierenden Eintonsignal mit der Frequenz $f_S = 1$ kHz aus. Skizzieren Sie jeweils das Spektrum des zugehörigen FM-Signals innerhalb der Carson-Bandbreite für die Modulationsindizes $\eta = 2{,}40$ und $\eta = 3{,}83$, s. a. Anmerkung zu Bild 4-5. Geben Sie die Carson-Bandbreiten explizit an und tragen Sie sie auch ins Bild ein.

b) Bestimmen Sie die minimal zulässige Sendeleistung für das FM-Übertragungssystem, wenn folgende Randbedingungen zu beachten sind:

- SNR am Demodulatorausgang $\geq 30$ dB
- HF-Kanalbandbreite $\leq 200$ kHz
- Bandbreite des modulierenden Signals $= 15$ kHz
- mittlere Leistung des modulierenden Signals $= 1/2$
  (bezogen auf den Maximalwert des Signals)
- Kanaldämpfung $= 40$ dB
- Rauschleistungsdichtespektrum (einseitig) $= 5 \cdot 10^{-9}$ W/Hz.

c) Durch welche zwei Maßnahmen kann im Vergleich zur FM-Übertragung mit konventionellem FM-Empfänger das SNR bzgl. des demodulierten Signals verbessert werden? Begründen Sie ihre Antwort.

**Aufgabe 4.4** FM-Stereorundfunk

In Bild 4-27 ist das Blockschaltbild eines Stereo-Multiplex-Empfängers zu sehen. Der Nutzanteil nach der FM-Demodulation sei

$$y(t) = u_L(t) + u_R(t) + \hat{u}_p \cdot \cos\left(2\pi f_p t\right) + \left[u_L(t) - u_R(t)\right] \cdot \cos\left(4\pi f_p t\right) \qquad (4.111)$$

Der Geräuschanteil $n(t)$ habe das Leistungsdichtespektrum

$$S_{nn}(\omega) = K_n \cdot \omega^2 \qquad (4.112)$$

a) Geben Sie die fehlenden Zahlenwerte für die Eckfrequenzen $f_g$, $f_p$, $f_1$, $f_2$ und für das Deemphasefilter $f_D$ an.

b) Skizzieren Sie den Betrag des Spektrums von $y(t)$, das Leistungsdichtespektrum von $n(t)$ und die Leistungsübertragungsfunktion des Deemphasefilters $H_D(j\omega)$.

c) Bestimmen Sie $y_M(t)$, $y_L(t)$ und $y_R(t)$.

d) Berechnen Sie für den Mono-Betrieb den SNR-Gewinn durch die Deemphase.

   *Hinweis*: Die Preemphase und die Deemphase sind so eingestellt, dass die Signalleistung über alles nicht geändert wird. Gehen Sie dabei von einem Verstärkungsfaktor $K_D = 1,31$ im Deemphase-System aus [Hsu93] [Schü94].

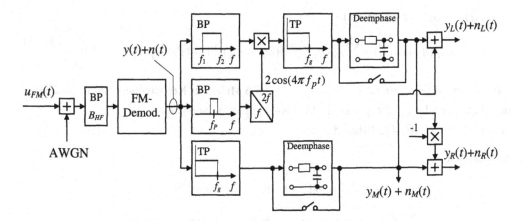

**Bild 4-27** Blockschaltbild des Empfängers für das Stereo-Multiplexsignal

**Aufgabe 4.5** FM-Demodulation mit Laufzeitglied

Bild 4-28 zeigt das Prinzip der FM-Demodulation mit Hilfe eines Laufzeitgliedes.

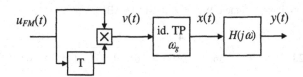

**Bild 4-28** FM-Empfänger mit Laufzeitglied

a) Geben Sie den Zusammenhang zwischen dem FM-Signal $u_{FM}(t)$ und dem modulierenden Signal (Nutzsignal) $u(t)$ an.

b) Geben Sie das Signal nach der Multiplikation, $v(t)$, als Funktion der Phase $\varphi_{FM}(t)$ an.

c) Der Tiefpass unterdrücke die Anteile bei der doppelten Trägerfrequenz ideal. Geben Sie das Signal am Ausgang des Tiefpasses in Abhängigkeit des modulierenden Signals an.

d) Spezialisieren Sie $x(t)$ für den Fall, dass $T = 3\pi/2\omega_T$ und sich der Phasenanteil des Nutzsignals $\varphi_{FM}(t)$ während der Zeitdauer $T$ nur wenig ändert. Geben Sie $x(t)$ als Funktion des modulierenden Signals (Nutzsignals) an.

e) Das System $H(j\omega)$ soll als Entzerrer eingesetzt werden. Geben Sie dazu den Wunsch-Frequenzgang an.

*Anmerkung*: Die Überlegungen in der Aufgabe 4.5 weitergedacht führen auf den digitalen FM-Empfänger, z. B. [Kam04].

## 4.11.2    Lösungen zu den Aufgaben

**Lösung zu Aufgabe 4.1** FM-Signal und FM-Spektrum

a) FM-Signal

$$u_{FM}(t) = \cos(\omega_T t + \eta \sin \omega_1 t) =$$

$$= J_0(\eta) \cdot \cos \omega_T t + \sum_{n=1}^{\infty} J_n(\eta) \cdot \left( \cos\left[(\omega_T + n\omega_1)t\right] + (-1)^n \cos\left[(\omega_T - n\omega_1)t\right] \right) \qquad (4.113)$$

mit der Trägerkreisfrequenz $\omega_T = 2\pi f_T = 2\pi \cdot 96{,}3$ MHz , der Kreisfrequenz des modulierenden Eintonsignals $\omega_1 = 2\pi f_1 = 2\pi \cdot 15$ kHz und dem Modulationsindex
$\eta = \Delta F / f_g = 75$ kHz / 15 kHz = 5

b) Spektrum

$$U_{FM}(j\omega) = J_0(\eta) \cdot \pi \left( \delta(\omega + \omega_T) + \delta(\omega - \omega_T) \right) +$$

$$+ \sum_{n=1}^{\infty} J_n(\eta) \cdot \left( \pi \left( \delta(\omega + [\omega_T + n\omega_1]) + \delta(\omega - [\omega_T + n\omega_1]) \right) \right) + \qquad (4.114)$$

$$+ \sum_{n=1}^{\infty} J_n(\eta) \cdot \left( (-1)^n \pi \left( \delta(\omega + [\omega_T - n\omega_1]) + \delta(\omega - [\omega_T - n\omega_1]) \right) \right)$$

c) Skizze

**Tabelle 4-2**  Besselfunktion (gerundete Werte, z. B. MATLAB)

| $n$ | 0 | 1 | 2 | 3 | 4 | 5 | 6 | 7 | 8 | 9 | 10 |
|---|---|---|---|---|---|---|---|---|---|---|---|
| $J_n(5)$ | -0,178 | -0,328 | 0,0466 | 0,365 | 0,391 | 0,261 | 0,131 | 0,0534 | 0,0184 | 0,0055 | 0,0015 |

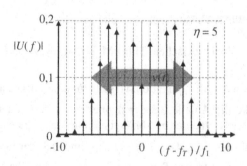

**Bild 4-29**  Spektrum des FM-Signals (s. Anmerkung zu Bild 4-5)

d) Carson-Bandbreite

$$B_C = 2(\eta + 1)f_g = 180 \text{ kHz} \qquad (4.115)$$

e) Die (normierte) Leistung innerhalb der Carson-Bandbreite ist mit $\eta = 5$

$$P_{BC} = \frac{1}{2} \cdot \left[ J_0^2(5) + 2 \cdot \sum_{n=1}^{6} J_n^2(5) \right] \approx 0,497 \tag{4.116}$$

Das normierte FM-Signal hat die Leistung 1/2, so dass gilt

$$\frac{P_{BC}}{P_{FM}} \approx \frac{0,497}{0,5} \approx 0,994 \tag{4.117}$$

Mehr als 99% der Sendeleistung liegen innerhalb der Carson-Bandbreite.

**Lösung zu Aufgabe 4.2** Schmalband-FM (Armstrong-Modulator)

a) Bandpass-Signal

$$u_M(t) = \cos \omega_0 t - \beta \cdot \left[ \int_0^t u_1(\tau) d\tau \right] \cdot \sin \omega_0 t = \cos \omega_0 t - \beta \cdot \sin \omega_1 t \cdot \sin \omega_0 t \tag{4.118}$$

Darstellung nach Betrag und Phase

$$\begin{aligned} u_M(t) &= \beta \cdot \sin \omega_1 t \cdot \cos \omega_0 t + \sin \omega_0 t = \\ &= \sqrt{1 + \beta^2 \cdot \sin^2 \omega_1 t} \cdot \cos \left( \omega_0 t + \arctan[\beta \sin \omega_1 t] \right) \end{aligned} \tag{4.119}$$

Für $\beta \ll 1$ (praktisch $\beta < 0,2$) gilt

$$u_M(t) = \sqrt{1 + \beta^2 \cdot \sin^2 \omega_1 t} \cdot \cos \left( \omega_0 t + \arctan[\beta \sin \omega_1 t] \right) \approx \cos \left( \omega_0 t + \beta \sin \omega_1 t \right) \tag{4.120}$$

b) Aus der Darstellung des Bandpass-Signals folgt, dass das Spektrum neben dem Träger zwei weitere Komponenten bei den Kreisfrequenzen $\omega_0 \pm \omega_1$ aufweist. Die HF-Bandbreite beträgt somit $2f_1$. Da keine Frequenzaufweitung bzgl. des Originalsignals stattfindet, spricht man hier von der *Schmalband-FM*.

Man beachte, dass das Spektrum bis auf Skalierungsfaktoren gleich dem Spektrum bei ZAM mit Träger ist, dass Verfahren sich bzgl. seiner Übertragungseigenschaften jedoch deutlich davon unterscheidet, da die Demodulation als FM-Signal erfolgt [Sch90].

**Lösung zu Aufgabe 4.3** FM-Übertragungssystem

a)

**Tabelle 4-3** Besselfunktion (gerundete Werte, z. B. MATLAB)

| $n$ | 0 | 1 | 2 | 3 | 4 | 5 | 6 | 7 | 8 | 9 | 10 |
|---|---|---|---|---|---|---|---|---|---|---|---|
| $J_n(2,4)$ | 0,003 | 0,520 | 0,431 | 0,198 | 0,064 | 0,016 | 0,003 | 0,001 | 0,000 | 0,000 | 0,000 |
| $J_n(3,83)$ | -0,403 | 0,001 | 0,403 | 0,420 | 0,255 | 0,113 | 0,040 | 0,012 | 0,003 | 0,001 | 0,000 |

Carson-Bandbreite  $B_C = 2(\eta+1)f_s$

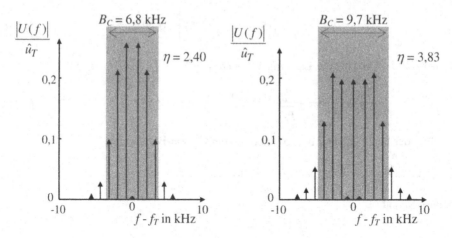

**Bild 4-30** Spektren der FM-Signale

b) Modulationsindex bzgl. Kanalbandbreite

$$\eta_c = \frac{B_C}{2B} - 1 = \frac{200\,\text{kHz}}{30\,\text{kHZ}} - 1 = 5,67 \tag{4.121}$$

Modulationsindex bzgl. FM-Schwelle

$$\eta_{th}^2 \cdot (\eta_{th}+1) = \frac{(S/N)_{NFth}}{60 \cdot P_u} \approx 33,3 \tag{4.122}$$

$$\eta_{th} \approx 2,9$$

Die FM-Schwelle beschränkt den Modulationsindex auf  $\eta = 2,9$  mit der Carson-Bandbreite  $B_C = 2(\eta+1)f_s = 2(2,9+1)\cdot15\,\text{kHz} = 117\,\text{kHz}$

HF-Empfangsleistung bei Betrieb an der FM-Schwelle   $(S/N)_{HF} = (S/N)_{NF}/10$

Empfangsleistung des Nutzanteils                    $(S/N)_{HF} = P_{T,e}/N_0 B_{HF}$

$$P_{T,e} = \frac{(S/N)_{NF}}{10} \cdot N_0 B_{HF} = \frac{1000}{10}\cdot 5\cdot10^{-9}\,\frac{\text{W}}{\text{Hz}}\cdot 2\cdot(2,9+1)\cdot15\,\text{kHz} = \tag{4.123}$$

$$= 58,5\cdot10^{-6}\,\text{W} \cong -12,3\,\text{dBm}$$

mit Berücksichtigung der Kanaldämpfung   $P_{T,s}\big|_{dB} = 27,7\,\text{dBm} \cong 589\,\text{mW}$

c) Da das LDS der Störung im NF-Bereich quadratisch mit der Frequenz steigt, kann durch die Kombination der Preemphase und Deemphase, d. h. Anheben der Spektralanteile bei höheren Frequenzen im modulierenden Signal und entsprechendes Absenken im demodulierten Signal, das SNR am Empfängerausgang verbessert werden.

Ein PLL-Empfänger verbessert den Empfang indem er die effektive FM-Schwelle senkt.

**Lösung zu Aufgabe 4.4** FM-Stereorundfunk

a) $f_g = 15\,\text{kHz}$, $f_p = 19\,\text{kHz}$, $f_1 = 23\,\text{kHz}$, $f_2 = 53\,\text{kHz}$, $f_D = 3{,}18\,\text{kHz}$

b)

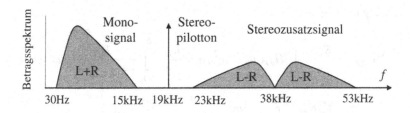

**Bild 4-31** Betragsspektrum des Nutzanteils $y(t)$ (schematisch)

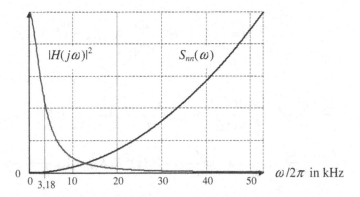

**Bild 4-32** Leistungsdichtespektrum $S_{nn}(\omega)$ des Störanteils $n(t)$ und Leistungsübertragungsfunktion des Deemphasefilters $|H(j\omega)|^2$ (normiert)

c)

$$y_M(t) = u_L(t) + u_R(t)$$
$$y_L(t) = u_L(t) + u_R(t) + u_L(t) - u_R(t) = 2u_L(t) \qquad (4.124)$$
$$y_R(t) = u_L(t) + u_R(t) - [u_L(t) - u_R(t)] = 2u_R(t)$$

d) SNR-Gewinn durch die Deemphase bei Mono-Betrieb

- Empfangsleistung des Nutzanteils wird durch die Kombination aus Preemphase und Deemphase nicht verändert. Der SNR-Gewinn berechnet sich aus den entsprechenden Rauschleistungen.

$$\frac{(S/N)_{M,D}}{(S/N)_M} = \frac{N_M}{N_{M,D}} \qquad (4.125)$$

- Rauschleistung ohne Deemphase

$$N_M = \frac{K_n}{2\pi} \int\limits_{-\omega_g}^{+\omega_g} \omega^2 d\omega = \frac{K_n}{2\pi} \cdot \left[ \frac{\omega^3}{3} \right]_{-\omega_g}^{\omega_g} = \frac{K_n}{2\pi} \cdot \frac{2}{3} \omega_g^3 = \frac{2 \cdot (2\pi)^2 K_n}{3} \cdot f_g^3 \qquad (4.126)$$

- Rauschleistung mit Deemphase

$$N_{M.D} = \frac{K_n}{2\pi} \cdot \int\limits_{-\omega_g}^{+\omega_g} |H_D(j\omega)|^2 \, \omega^2 d\omega = \frac{K_n}{2\pi} \cdot \int\limits_{-\omega_g}^{+\omega_g} \frac{K_D^2}{1 + (\omega/\omega_D)^2} \cdot \omega^2 d\omega =$$

$$= \frac{K_n K_D^2}{\pi} \cdot \int\limits_{0}^{+\omega_g} \frac{\omega^2}{1 + (\omega/\omega_D)^2} d\omega \qquad (4.127)$$

Die Substitution

$$\Omega = \frac{\omega}{\omega_D} \quad , \quad d\Omega = \frac{d\omega}{\omega_D} \quad , \quad \Omega_g = \frac{\omega_g}{\omega_D} \qquad (4.128)$$

liefert

$$N_{M,D} = \frac{K_n K_D^2 \cdot \omega_D^3}{\pi} \cdot \int\limits_{0}^{+\Omega_g} \frac{\Omega^2}{1 + \Omega^2} d\omega = \frac{K_n K_D^2 \cdot \omega_D^3}{\pi} \cdot \left[ \Omega - \arctan \Omega \right]_0^{\Omega_g} =$$

$$= \frac{K_n K_D^2 \cdot \omega_D^3}{\pi} \cdot \left[ \frac{\omega_g}{\omega_D} - \arctan \frac{\omega_g}{\omega_D} \right] = 2(2\pi)^2 K_n K_D^2 \cdot f_D^3 \cdot \left[ \frac{f_g}{f_D} - \arctan \frac{f_g}{f_D} \right] \qquad (4.129)$$

und somit

$$\frac{(S/N)_{M.D}}{(S/N)_M} = \frac{N_M}{N_{M.D}} = \frac{(f_g/f_D)^3}{3K_D^2 \cdot \left[ \dfrac{f_g}{f_D} - \arctan \dfrac{f_g}{f_D} \right]} \qquad (4.130)$$

und mit eingesetzten Zahlenwerten

$$\frac{(S/N)_{M.D}}{(S/N)_M} = \frac{(15/3,18)^3}{3 \cdot (1,31)^2 \cdot \left[ \dfrac{15}{3,18} - \arctan \dfrac{15}{3,18} \right]} = 6,08 \cong 7,8 \, \text{dB} \qquad (4.131)$$

Im Mono-Betrieb ist durch die Anwendung der einfachen Preemphase- und Deemphase-Schaltungen ein SNR-Gewinn von etwa 7,8 dB zu erwarten.

**Lösung zu Aufgabe 4.5** FM-Demodulation mit Laufzeitglied

a) Modulationsprodukt

$$u_{FM}(t) = \hat{u}_T \cdot \cos\left(\omega_T t + \varphi_{FM}(t)\right) = \hat{u}_T \cdot \cos\left(\omega_T t + 2\pi\Delta F \int_0^t u(\tau)d\tau\right) \tag{4.132}$$

b) nach dem Multiplizierer

$$v(t) = u_{FM}(t) \cdot u_{FM}(t-T) = \hat{u}_T^2 \cdot \cos\left(\omega_T t + \varphi_{FM}(t)\right) \cdot \cos\left(\omega_T(t-T) + \varphi_{FM}(t-T)\right) =$$

$$= \frac{\hat{u}_T^2}{2} \cdot \left[\cos\left(\omega_T T + \varphi_{FM}(t) - \varphi_{FM}(t-T)\right) + \cos\left(2\omega_T t + \omega_T T + \varphi_{FM}(t) - \varphi_{FM}(t-T)\right)\right] \tag{4.133}$$

c) nach dem Tiefpass

$$x(t) = \frac{\hat{u}_T^2}{2} \cdot \cos\left(\omega_T T + \varphi_{FM}(t) - \varphi_{FM}(t-T)\right) \tag{4.134}$$

d) mit der speziellen Wahl der Verzögerung $T$ ergibt sich

$$x(t) = \frac{\hat{u}_T^2}{2} \cdot \cos\left(\omega_T \frac{3\pi}{2\omega_T} + \varphi_{FM}(t) - \varphi_{FM}(t-T)\right) = \frac{\hat{u}_T^2}{2} \cdot \sin\left(\varphi_{FM}(t) - \varphi_{FM}(t-T)\right) \tag{4.135}$$

und weiter mit der linearen Näherung der Sinusfunktion

$$x(t) \approx \frac{\hat{u}_T^2}{2} \cdot \left[\varphi_{FM}(t) - \varphi_{FM}(t-T)\right] \tag{4.136}$$

Wegen der FM-Modulation gilt weiter

$$x(t) \approx \frac{\hat{u}_T^2}{2} \cdot \left[2\pi\Delta F \int_0^t u(\tau)d\tau - 2\pi\Delta F \int_0^{t-T} u(\tau)d\tau\right] = \hat{u}_T^2 \cdot \pi\Delta F \cdot \int_{t-T}^t u(\tau)d\tau \tag{4.137}$$

e) Spektrum

- am Entzerrereingang

$$X(j\omega) \approx \hat{u}_T^2 \pi\Delta F \left[\frac{U(j\omega)}{j\omega} - \frac{U(j\omega)}{j\omega} \cdot e^{-j\omega T}\right] = \hat{u}_T^2 \pi\Delta F \cdot U(j\omega) \cdot \frac{1 - e^{-j\omega T}}{j\omega} \tag{4.138}$$

- am Entzerrerausgang

$$Y(j\omega) \approx \hat{u}_T^2 \pi\Delta F \cdot U(j\omega) \cdot \frac{1 - e^{-j\omega T}}{j\omega} \cdot H(j\omega) \tag{4.139}$$

Für den Wunsch-Frequenzgang des Entzerrers folgt mit der Konstanten $K$

$$H_w(j\omega) = K \cdot \frac{j\omega}{1 - e^{-j\omega T}} = K \cdot \frac{j\omega}{e^{-j\omega T/2}\left(e^{+j\omega T/2} - e^{-j\omega T/2}\right)} = K \cdot \frac{\omega \cdot e^{+j\omega T/2}}{2\sin\frac{\omega T}{2}} \tag{4.140}$$

# 5    Rauschen in Kommunikationssystemen

## 5.1    Einführung

Regellose physikalische Vorgänge und in digitalen Systemen auch numerische Ungenauigkeiten erzeugen Signale, die sich störend den Nutzsignalen überlagern. Man spricht von störenden *Rauschsignalen* oder in Anlehnung an die Telefonie und Rundfunktechnik von (*Stör-*) *Geräuschen*. Wegen unterschiedlicher physikalischer Ursachen treten verschiedene Arten von Rauschsignalen mit jeweils typischen Eigenschaften auf [VlHa93]:

- *Schrotrauschen* (Elektronenröhren, Halbleiterbauelemente)

- *1/f-Rauschen* im Frequenzbereich unterhalb 100 kHz (Röhrendioden, Halbleiterdioden, Kohleschichtwiderstände)

- *Generations- und Rekombinationsrauschen* (Halbleiter)

- *Influenzrauschen* (Mehrelektrodenelemente, Triode)

- *Stromverteilungsrauschen* (Mehrelektrodenelemente, Tetrode)

- *Bandrauschen* (Magnetbandaufzeichnung)

- *Antennenrauschen* (Zünd- und Schaltfunken, Gewitter; alle Arten ungewünschter elektromagnetischer Strahlung im Übertragungsband)

- *thermisches Rauschen* (Widerstandsrauschen)

- *Quantisierungsgeräusch* (digitale Signalverarbeitung)

Da die rauschartigen Störsignale nicht deterministisch beschrieben werden können, werden sie im Mittel durch statistische Kenngrößen, wie dem linearen Mittelwert, der Varianz oder dem Leistungsdichtespektrum und der Autokorrelationsfunktion, charakterisiert.

Neben den genannten, primär auf physikalischen Effekten beruhenden Rauschquellen können weitere systembedingte bzw. von Menschen direkt beeinflussbare Rauschquellen (Man-made Noise) auftreten. Im Beispiel des digitalen Teilnehmeranschlusses, der xDSL-Technik [SCS00], sind das:

- *Nebensprechenrauschen* (Near-end Crosstalk (NEXT), Far-end Crosstalk (FEXT))

- *Funkrauschen* (Signaleinstreuungen durch Amateurfunk, AM-Rundfunk)

- *Impulsgeräusche* (Signaleinstreuungen durch Ein- und Ausschalten von Motoren in Leitungsnähe)

Beispiele aus der Mobilkommunikation für systembedingte Störungen sind:

- *Gleichkanalinterferenz* (Funksignale im gleichen Frequenzband im zellularen Mobilfunk nach dem GSM-Standard oder bei drahtlosen Netzen)

- *Multi-User-Interferenz* (Funksignale in CDMA-Systemen wie dem UMTS-System)

Die Aufzählung der unterschiedlichen Rauscharten macht deutlich, dass eine einfache, allgemeine Behandlung von Rauschstörungen nicht möglich ist. In der Nachrichtentechnik wird deshalb oft vereinfachend auf das Modell des additiven weißen gaußschen Rauschens (AWGN, Additive White Gaussian Noise) zurückgegriffen. Der Fehler durch das vereinfachte Modell wird aus Erfahrung heraus durch eine überhöhte Annahme der Rauschleistung kompensiert, so dass realistische Abschätzungen der Übertragungsqualität möglich werden.

## 5.2 Rauschen und Kettenschaltungen von Verstärkern

Die Nachrichtenübertragung über größere Strecken erfordert, wegen der mit der Entfernung wachsenden Dämpfung, eine Verstärkung des Nachrichtensignals. Im Beispiel der Trägerfrequenztechnik, s. Tabelle 3.1, sind Verstärker in Abstand von wenigen Kilometern notwendig, so dass sich eine längere Übertragungstrecke aus einer Kette von Leitungsabschnitten und Verstärkern zusammensetzt. In der analogen Übertragungstechnik wird dabei auch das Rauschsignal mitverstärkt. Darüber hinaus entstehen in den Verstärkern zusätzliche Rauschkomponenten, *Eigenrauschen* der Verstärker genannt. Zur Beurteilung der Übertragungsqualität wird in der Regel das Verhältnis der Leistung des (Nachrichten-) Signals zur Leistung des Rauschsignals, das SNR (Signal-to-Noise Ratio), verwendet. Im Folgenden betrachten wir deshalb den Einfluss von Leitungen und Verstärkern auf das SNR.

### 5.2.1 Äquivalente Rauschbandbreite

Zunächst erinnert Bild 5-1 an grundlegende Zusammenhänge bei LTI-Systemen. Dargestellt sind die Beziehungen zwischen den Autokorrelationsfunktionen (AKF) und Leistungsdichtespektren (LDS) der Signale an den Ein- und Ausgängen und den Systemfunktionen. Die deterministischen Systemfunktionen werden entsprechend Zeitkorrelationsfunktion und bzw. Leistungsübertragungsfunktion genannt [Wer05].

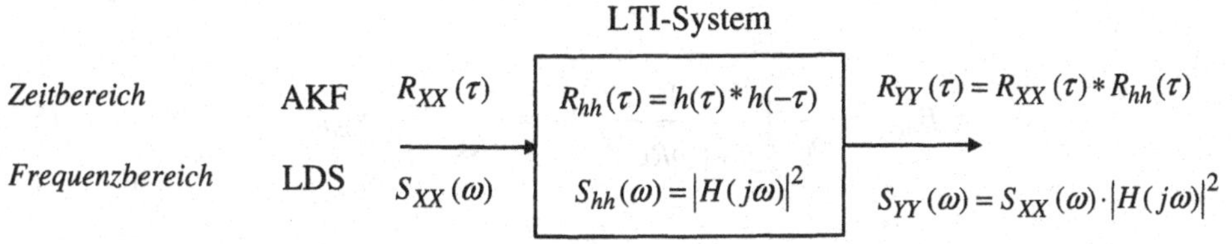

LTI-System

| | | $R_{XX}(\tau)$ | $R_{hh}(\tau) = h(\tau) * h(-\tau)$ | $R_{YY}(\tau) = R_{XX}(\tau) * R_{hh}(\tau)$ |
| --- | --- | --- | --- | --- |
| *Zeitbereich* | AKF | | | |
| *Frequenzbereich* | LDS | $S_{XX}(\omega)$ | $S_{hh}(\omega) = |H(j\omega)|^2$ | $S_{YY}(\omega) = S_{XX}(\omega) \cdot |H(j\omega)|^2$ |

**Bild 5-1** Reaktion von LTI-Systemen auf stochastische Eingangssignale: statistische Kenngrößen

Die Leistung am Ausgang des Systems bestimmt sich aus der *parsevalschen Gleichung*.

$$P_Y = \frac{1}{2\pi} \int_{-\infty}^{+\infty} |H(j\omega)|^2 S_{XX}(\omega)\, d\omega \tag{5.1}$$

In der Nachrichtentechnik wird häufig am Systemeingang das Modell des weißen Rauschens mit der (zweiseitigen) *Rauschleistungsdichte* $N_0$ verwendet, s. Abschnitt 3.12.1

$$S_{XX}(\omega) = \frac{N_0}{2} \quad \forall\, \omega \tag{5.2}$$

Dann beträgt die Rauschleistung am Systemausgang

$$N = \frac{1}{2\pi} \frac{N_0}{2} \int_{-\infty}^{+\infty} |H(j\omega)|^2 \, d\omega \tag{5.3}$$

Der Einfachheit halber wird als Rechengröße die *äquivalente Rauschbandbreite* (Noise-equivalent Bandwidth, neq) eingeführt

$$B_{neq} = \frac{\frac{1}{2\pi} \int_{-\infty}^{+\infty} |H(j\omega)|^2 \, d\omega}{2H_{max}^2} \tag{5.4}$$

mit dem – üblicherweise im Übertragungsband liegenden – Betragsmaximum des Frequenzganges

$$H_{max} = \max_{\omega} |H(j\omega)| \tag{5.5}$$

So erhält man die Rauschleistung am Systemausgang in einfacherer Form

$$N = N_0 B_{neq} H_{max}^2 \tag{5.6}$$

*Anmerkung*: Die Rechnung hier geschieht allgemein für Signale, also z. B. normierte Spannungen, normierte Ströme oder andere normierte Größen. Leistung im physikalischen Sinne ergibt sich beispielsweise bei einer Spannungsgröße an einem ohmschen Widerstand.

**Beispiel** RC-Tiefpass

$$B_{neq} = \frac{1}{4\pi} \int_{-\infty}^{+\infty} \frac{1}{1 + (\omega RC)^2} \, d\omega = \frac{1}{4RC} = \frac{\pi}{2} f_{3dB} \tag{5.7}$$

## 5.2.2     Rauschquelle bei angepasster Last

Wir betrachten die Ersatzschaltung für ein rauschendes Netzwerk mit Last in Bild 5-2. Dabei gehen wir von einer Leistungsanpassung aus, der Lastwiderstand $R_l$ ist gleich dem Innenwiderstand $R_i$ der Ersatzquelle.

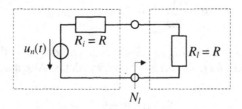

**Bild 5-2** Ersatzschaltbild mit rauschendem Zweipol und angepasster Last im Übertragungsband

Das innere Geräusch des Netzwerks wirkt wie eine Rauschspannungsquelle $u_n(t)$ mit dem zweiseitigen LDS im interessierenden Frequenzbereich, s. a. Abschnitt 3.12.1

$$S_{uu}(\omega) = 2kTR = \frac{N_0}{2} \tag{5.8}$$

Wir wollen nun die Rauschleistung an der Last berechnen. Die gesamte umgesetzte Leistung im Kreis berechnet sich aus dem Effektivwert der Spannung und dem Gesamtwiderstand. Wegen der Leistungsanpassung fällt davon die Hälfte an der Last ab. Es ergibt sich der Ansatz

$$N_l = \frac{1}{2} \cdot \frac{u_{eff}^2}{2R} \tag{5.9}$$

Für den Effektivwert der Rauschspannungsquelle gilt der Zusammenhang mit der AKF an der Stelle null mit [Wer05]

$$u_{eff}^2 = E\left(u^2(t)\right) = R_{uu}(0) = N_0 B_{neq} = 4kTR \cdot B_{neq} \tag{5.10}$$

wobei die Bandbegrenzung im Netzwerk durch die äquivalente Rauschbandbreite berücksichtigt wird. Für die gesuchte Rauschleistung an der Last resultiert mit (5.9)

$$N_l = kT \cdot B_{neq} \tag{5.11}$$

Ein Zahlenwertbeispiel gibt ein Bild von der Größenordnung der Rauschleistung und des Effektivwertes der Rauschspannung. Mit der Boltzmann-Konstanten von etwa $1{,}38 \cdot 10^{-23}$ Ws/K, der Raumtemperatur von 300 K und der äquivalenten Rauschbandbreite von 1 MHz resultiert an einem Lastwiderstand von 50 $\Omega$ die Rauschleistung $N_l = 4{,}14 \cdot 10^{-15}$ W. Der Effektivwert der Rauschspannung ist ca. 0,91 µV. Die thermische Rauschleistung bzw. Rauschspannung kann deshalb in manchen Anwendungen gegenüber dem Nutzanteil bzw. anderen Störungen vernachlässigt werden.

*Anmerkungen*: (i) Die Dimension des LDS zur Spannung $u_n(t)$ ergibt sich zu V$^2$/Hz. Mit der äquivalenten Rauschbandbreite in Hz ergibt sich - wie gefordert - die effektive Spannung $u_{eff}$ in V und die Leistung $N$ in W. (ii) Ein alternativer Rechengang liefert das gleiche Ergebnis. Gehen wir dazu von (5.6) aus und berücksichtigen die Bandbegrenzung durch die äquivalente Rauschbandbreite $B_{neq}$, so fehlt noch die Größe $H_{max}$. Diese erhalten wir indem wir in Bild 5-2, dem Ersatzschaltbild gültig für das Übertragungsband, die Übertragungsfunktion durch die Spannungsteilerregel bestimmen. $H_{max}$ ist 1/2 (ohne Dimension). Setzen wir nun $N_0$ aus (5.8) noch ein und berücksichtigen, dass sich diese auf die effektive Spannung bezieht, so resultiert nach Division mit dem Widerstand $R$ das Ergebnis für die physikalische Leistung in (5.11). (iii) Verursacht auch die Last ein thermisches Geräusch, verdoppelt sich bei gleicher Temperatur die Rauschleistung in der Last im Vergleich zu oben.

### 5.2.3 Rauschen an Verstärkern

Das Verhalten von *Verstärkern* wird im angepassten Betrieb durch den *Leistungsverstärkungsfaktor*, im Folgenden *Gewinn G* (Gain) genannt, und der *Rauschtemperatur T* charakterisiert, s. Bild 5-3.

Die *Signalleistung* am Verstärkerausgang ist

$$P_2 = G \cdot P_1 \tag{5.12}$$

Die *Rauschleistung* am Ausgang setzt sich aus einem Anteil aufgrund des Rauschens am Eingang und einem im Verstärker selbst erzeugten Anteil, dem *inneren Rauschen* oder *Eigenrauschen*, zusammen.

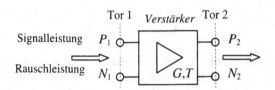

**Bild 5-3** Verstärker mit Gewinn $G$ und Rauschtemperatur $T$

$$N_2 = G \cdot N_1 + N_i \qquad (5.13)$$

Mit weißem Rauschen am Eingang ergibt sich bei der in der Regel gewünschten Leistungsanpassung mit (5.8)

$$N_2 = G \cdot kTB_{neq} + N_i \qquad (5.14)$$

Üblicherweise stellt man die Gleichung durch die Definition der *effektiven Rauschtemperatur*

$$T_e = \frac{N_i}{G \cdot kB_{neq}} \qquad (5.15)$$

in der Form dar

$$N_2 = G \cdot k \left( T + T_e \right) \cdot B_{neq} \qquad (5.16)$$

Für das in der Nachrichtentechnik als Qualitätsmaß übliche SNR erhält man nun

$$\left( S/N \right)_2 = \frac{P_2}{N_2} = \frac{G \cdot P_1}{G \cdot k \left( T + T_e \right) \cdot B_{neq}} = \frac{1}{1 + T_e/T} \cdot \frac{P_1}{kTB_{neq}} = \frac{1}{1 + T_e/T} \cdot \left( S/N \right)_1 \qquad (5.17)$$

Der Nenner im Vorfaktor rechts beschreibt das Verhalten des Verstärkers. Er wird zur *Rauschzahl* zusammengefasst.

$$F = 1 + \frac{T_e}{T} \qquad (5.18)$$

Die Rauschzahl ist ein von der Bauart des Verstärkers abhängiges Gütemaß. In der Regel wird sie bzgl. der Raumtemperatur $T = 20\ °C$ ($\approx 293\ K$) angegeben. Mit ihr schreibt sich für die SNR-Übertragung vom Eingang des Verstärkers zum Ausgang kurz

$$\left( S/N \right)_2 = \frac{1}{F} \cdot \left( S/N \right)_1 \qquad (5.19)$$

Mit dem *Rauschmaß*

$$F_{dB} = 10 \lg F\ dB \qquad (5.20)$$

erhält man im gebräuchlichen logarithmischen Maß

$$\left( S/N \right)_{2,dB} = \left( S/N \right)_{1,dB} - F_{dB} \qquad (5.21)$$

Das Rauschmaß gibt den Verlust an SNR in dB durch den Verstärker an.

*Anmerkung* [VlHa93]: Die Rauschzahl eines Verstärkers hängt in der Regel von seinem Generatorwiderstand und der Betriebsfrequenz ab. Die Rauschmaße typischer Transistorverstärker liegen im Bereich von einem bis einigen wenigen dB. Mit auf 4 K tiefgekühlten MASER-Verstärkern (Microwave Amplification by Stimulated Emission of Radiation) lassen sich Rauschmaße unter 0,1 dB erzielen.

### 5.2.4 Kettenschaltung von Verstärkern

In der Nachrichtenübertragung werden auf längeren Strecken mehrere Verstärker wie in Bild 5-4 kaskadiert. Nachfolgend soll das SNR nach der Verstärkerkette in Abhängigkeit vom SNR am Eingang und den Verstärkerparametern bestimmt werden. Dabei wird vereinfachend vorausgesetzt, dass die Umgebungstemperatur $T$ für alle Komponenten gleich ist.

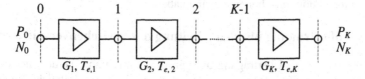

**Bild 5-4** Kettenschaltung von Verstärkern

Für die (Nutz-) Signalleistung nach dem $K$-ten Verstärker gilt

$$P_K = G_1 G_2 \cdots G_K \cdot P_0 \tag{5.22}$$

Für die Rauschleistung wird der Ausdruck etwas komplizierter, da jeder Verstärker mit seinem inneren Geräusch das SNR verschlechtert. Man erhält nach dem ersten Verstärker aus (5.16)

$$N_1 = G_1 B_{neq} k \cdot \left( T + T_{e,1} \right) \tag{5.23}$$

Nach dem zweiten Verstärker ergibt sich

$$N_2 = G_2 N_1 + N_{i,2} = G_1 G_2 B_{neq} k \cdot \left[ T + T_{e,1} + \frac{T_{e,2}}{G_1} \right] \tag{5.24}$$

Entsprechendes gilt auch für die nachfolgenden Verstärker, so dass schließlich insgesamt resultiert

$$N_K = G_1 G_2 \cdots G_K B_{neq} k \cdot \left[ T + T_{e,1} + \frac{T_{e,2}}{G_1} + \frac{T_{e,3}}{G_1 G_2} + \cdots + \frac{T_{e,K}}{G_1 G_2 \ldots G_{K-1}} \right] \tag{5.25}$$

Der Einfachheit halber werden die Rauschbeiträge aller Verstärker zu einer *effektiven Rauschtemperatur* der Verstärkerkette zusammengefasst.

$$\tilde{T}_e = T_{e,1} + \frac{T_{e,2}}{G_1} + \frac{T_{e,3}}{G_1 G_2} + \cdots + \frac{T_{e,K}}{G_1 G_2 \ldots G_{K-1}} \tag{5.26}$$

Mit der *Rauschzahl* der Verstärkerkette

$$\tilde{F} = 1 + \frac{\tilde{T}_e}{T} \tag{5.27}$$

erhält man

$$\left(\frac{S}{N}\right)_K = \frac{1}{\tilde{F}} \cdot \left(\frac{S}{N}\right)_0 \tag{5.28}$$

Sind nur die Rauschzahlen der Verstärker gegeben, kann entsprechend (5.18) die Rauschzahl der Verstärkerkette aus

$$\tilde{F} = F_1 + \frac{F_2 - 1}{G_1} + \frac{F_3 - 1}{G_1 G_2} + \cdots + \frac{F_K - 1}{G_1 G_2 \dots G_{K-1}} \tag{5.29}$$

berechnet werden. Da die Gewinne größer eins sind, dominiert üblicher Weise die Rauschzahl des ersten Verstärkers das Ergebnis. Deshalb sollte der erste Verstärker eine möglichst niedrige Rauschzahl bei einem möglichst hohen Gewinn haben.

### 5.2.5    Signalübertragung über eine Leitung mit Zwischenverstärkern

Bei der leitungsgebundenen Übertragung über größere Entfernung werden, um die Leitungs-dämpfung auszugleichen, *Zwischenverstärker* eingesetzt. Die grundsätzliche Situation veran-schaulicht Bild 5-5. Im Folgenden soll die Frage geklärt werden: Wie groß ist das SNR am Ende der Übertragungsstrecke bei gegebenen SNR am Eingang und Parametern der Leitungs-abschnitte und Zwischenverstärkern?

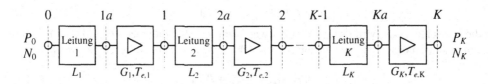

**Bild 5-5** Übertragungsstrecke mit $K$ Leitungen und Zwischenverstärkern

Die Signalleistung am Ausgang der ersten *Leitung* beträgt

$$P_{1a} = \frac{1}{L_1} \cdot P_0 \tag{5.30}$$

mit der *Leitungsdämpfung* $L_1$.

Für die Berechnung der Rauschsignalleistung nehmen wir am Sender die Temperatur $T$ und in der Leitung die Umgebungstemperatur $T_L$ an. Wir nehmen weiter an, dass eine Anpassung vor-liegt. Dann ergibt sich die Rauschleistung am Ende des ersten Leitungsstückes als Überlage-rung zweier Rauschanteile. Zum Ersten ist die vom Eingang zum Ausgang übertragene Rauschsignalleistung zu berücksichtigen. Zum Zweiten kommt das in der Leitung selbst ent-stehende thermische Rauschen hinzu, da sich die Leitung vom ersten Verstärker aus gesehen als ohmscher Widerstand darstellt.

$$N_{1a} = \frac{kTB_{neq}}{L_1} + \left(1 - \frac{1}{L_1}\right)kT_L B_{neq} = \frac{kTB_{neq}}{L_1}\left(1 + \frac{T_L}{T}[L_1 - 1]\right) \tag{5.31}$$

Man beachte die Aufteilung des Rauschanteils der Leitung in einen hin- und einen rücklaufen-den Teil, vgl. Lösung der Telegraphengleichung. Der durch die Leitung an den Eingang zu-rücklaufende Teil ist mit $1/L_1$ abzuziehen.

Das SNR am Ende der ersten Leitung ist demzufolge

$$\left(\frac{S}{N}\right)_{1a} = \frac{P_{1a}}{N_{a1}} = \frac{1}{1+\frac{T_L}{T}[L_1 - 1]} \cdot \left(\frac{S}{N}\right)_S = \frac{1}{F_{1a}} \cdot \left(\frac{S}{N}\right)_0 \qquad (5.32)$$

mit der Rauschzahl

$$F_{1a} = 1 + \frac{T_L}{T}[L_1 - 1] \approx L_1 \quad \text{für } T_L \approx T \qquad (5.33)$$

Die Rauschzahl der Leitung ist ungefähr gleich der Leitungsdämpfung, wenn die Temperatur des Senders und der Leitung ungefähr gleich sind. Der Blick auf den Zusammenhang beim Verstärker (5.19) zeigt, dass sich die Leitung bzgl. des SNR wie ein Verstärker mit Rauschzahl $L$ verhält.

Mit dieser Näherung ergibt sich für die Leitung mit nachgeschaltetem Verstärker aus (5.29) die Rauschzahl der Kaskade

$$\tilde{F}_1 = L_1 + \frac{F_1 - 1}{1/L_1} = L_1 \cdot (1 + F_1 - 1) = L_1 F_1 \qquad (5.34)$$

und der Gewinn

$$\tilde{G}_1 = G_1/L_1 \qquad (5.35)$$

Damit kann die Übertragungsstrecke mit Leitungen und Verstärkern in Bild 5-5 formal wie die Kettenschaltung mit Verstärkern in Bild 5-4 analysiert werden. Für das SNR am Ende der Übertragungsstrecke gilt (5.28) sinngemäß mit der Gesamtrauschzahl entsprechend zu (5.29).

Für den in den Anwendungen wichtigsten Sonderfall, der gleichmäßigen Aufteilung der Übertragungsstrecke und Verstärker, die jeweils die vorhergehende Dämpfung ausgleichen ($G_i = L_i$),

$$F = F_1 = F_2 = \cdots = F_K \quad \text{und} \quad L = L_1 = L_2 = \cdots = L_K \qquad (5.36)$$

ergibt sich aus (5.29) für die Rauschzahl der gesamten Übertragungsstrecke aus $K$ Abschnitten die für praktische Anwendungen vereinfachte Formel

$$\tilde{F} \approx K \cdot L \cdot F \qquad (5.37)$$

*Anmerkungen*: (i) Mit $\tilde{F}_i = L_i F_i = LF$ und $\tilde{G}_i = G_i/L_i = 1$ vorgegeben, folgt aus (5.29) zunächst $\tilde{F} = KLF - (K-1)$. Der Anteil $K-1$ kann oft vernachlässigt werden. (ii) Man beachte, bei der Herleitung wird nur thermisches Rauschen betrachtet, wobei die Rauschtemperatur $T$ in allen Abschnitten gleich ist.

**Beispiel** Übertragung ohne Zwischenverstärker

Ein Signal der Bandbreite von 4 kHz soll über eine Strecke von 200 km leitungsgebunden übertragen werden. Die Leitung habe einen *Dämpfungskennwert* (Dämpfungsbelegung) von 2 dB/km. Als Rauschstörung tritt thermisches Rauschen auf.

Wir bestimmen die notwendige Sendeleistung, wenn das SNR am Empfängereingang mindestens 30 dB betragen soll und dem Empfänger ein Verstärker mit dem Rauschmaß von 5 dB vorgeschaltet wird. Aus (5.34) folgt

$$(S/N)_{E,dB} = (S/N)_{S,dB} - 10\lg(LF) \text{ dB} \tag{5.38}$$

Einsetzen der Zahlenwerte liefert bei Zimmertemperatur

$$N_{S,dB} = 10\lg\left(1,38 \cdot 10^{-23} \frac{\text{Ws}}{\text{K}} \cdot 293\text{K} \cdot 4\text{kHz}\right) \text{ dB} \approx -168\text{dB} \tag{5.39}$$

Die notwendige Sendeleistung ist

$$P_{S,dB} = 30\text{dB} + 10\lg(L)\text{dB} + 10\lg(F)\text{dB} + N_{S,dB} \approx 267\text{dB} \tag{5.40}$$

Das entspricht einer technisch nicht darstellbaren Leistung von

$$P_S \approx 10^{26,7} \text{ W} \tag{5.41}$$

**Beispiel** Übertragung mit Zwischenverstärkern

Wir wiederholen die Überlegungen im obigen Beispiel, wobei alle 10 km ein Zwischenverstärker mit dem Rauschmaß von 5 dB eingesetzt wird. Dabei wählen wir den Gewinn so, dass auf jedem Teilstück die Leitungsdämpfung jeweils ausgeglichen wird.

Mit der Formel (5.37) ergibt sich die Rauschzahl der gesamten Übertragungsstrecke.

$$\tilde{F} \approx K \cdot L \cdot F = 20 \cdot 10^2 \cdot 10^{0,5} \approx 6325 \cong 38 \text{ dB} \tag{5.42}$$

Damit kann nach (5.19) die notwendige Sendeleistung bestimmt werden.

$$P_{S,dB} \approx 30\text{dB} + 10\lg\tilde{F} \text{ dB} + N_{S,dB} \approx -100\text{dB} \tag{5.43}$$

Die erforderliche Sendeleistung ist nunmehr

$$P_S \approx 10^{-10} \text{ W} \tag{5.44}$$

**Beispiel** Dimensionierung einer Verstärkerkette

*Anmerkung*: (i) Die folgenden drei Beispiele werden aus didaktischen Gründen in der Form gelöster Aufgaben vorgestellt. (ii) dBm steht für das logarithmische Maß bezogen auf die Leistung von 1 mW.

Eine Leitung der Länge 40 km wird angepasst betrieben. Sie hat einen Dämpfungskennwert von 2 dB/km. Die Sendeleistung beträgt 10 dBm. Es werden gleichartige Verstärker mit einem Leistungsverstärkungsfaktor von 20 dB und einer Rauschzahl 5 dB eingesetzt.

a)  Wie viele Verstärker werden benötigt, wenn am Empfängereingang eine Signalleistung von 10 dBm gefordert ist?

b)  Wie ist das Signal-Geräuschverhältnis (SNR) am Sender vorzugeben, wenn am Empfängereingang ein SNR von mindestens 30 dB gefordert wird?

a) Die Gesamtdämpfung $L_g$ auf der Leitung beträgt

$$L_{g,dB} = 40\ km \cdot 2\ dB/km = 80\ dB \tag{5.45}$$

Diese muss hier durch die Gesamtverstärkung $G_g$ ausgeglichen werden.

$$G_{g,dB} = K \cdot G_{v,dB} = L_{g,dB} \tag{5.46}$$

Daraus folgt für die Zahl der Verstärker

$$K = \frac{L_{g,dB}}{G_{v,dB}} = \frac{80\ dB}{20\ dB} = 4 \tag{5.47}$$

b) Mit der Gesamtrauschzahl nach (5.37)

$$\tilde{F} = K \cdot L \cdot F = 4 \cdot 10^2 \cdot 10^{0,5} \cong 1265 \triangleq 31\ dB \tag{5.48}$$

überträgt sich das SNR zum Empfänger gemäß (5.19)

$$\left(\frac{S}{N}\right)_E = \frac{1}{\tilde{F}} \cdot \left(\frac{S}{N}\right)_S \tag{5.49}$$

Auflösen nach dem SNR des Senders und einsetzen von (5.48) liefert

$$\left(\frac{S}{N}\right)_{S,dB} = \left(\frac{S}{N}\right)_{E,dB} + \tilde{F}_{dB} = 30\ dB + 31\ dB = 61\ dB \tag{5.50}$$

**Beispiel** Pegeldiagramm und inneres und externes Geräusch

Eine Übertragung soll über eine Strecke mit drei Leitungsabschnitten geführt werden, s. Bild 5-6. Alle Abschnitte haben einen Dämpfungskennwert von 2 dB/km. Nach jedem Abschnitt wird die Signalleistung so verstärkt, dass wieder die Leistung am Eingang des Abschnittes erreicht wird. Die verfügbaren Verstärker haben das Rauschmaß 5 dB.

Der Effektivwert der Nutzspannung am Eingang beträgt 500 mV und das SNR 40 dB. Die äquivalente Bandbreite des Nutzsignals ist 1 MHz. Die Leitung ist auf 75 Ω angepasst. Alle Abschnitte werden bei Zimmertemperatur betrieben.

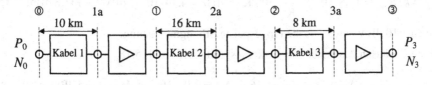

**Bild 5-6** Übertragungsstrecke mit Kabeldämpfung und Zwischenverstärkern

Aufgaben

a) Bestimmen Sie die Leitungsdämpfungen und erforderlichen Verstärkungen.

b) Zeichnen Sie den Verlauf des Leistungspegels des Nutzsignals in Abhängigkeit der Wegstrecke, das Pegeldiagramm.

c) Zeigen Sie, dass das thermisches Rauschen im Beispiel vernachlässigt werden kann.

*Hinweis*: Berechnen Sie Nutzleistung und Rauschleistung am Eingang. Bestimmen Sie auch die thermische Rauschleistung und die durch die Verstärker verursachten Geräusch-beiträge.

Lösungen

a) Die Leitungsdämpfungen betragen $L_{1,dB} = 20$ dB, $L_{2,dB} = 32$ dB und $L_{3,dB} = 16$ dB. Dementsprechend werden die Verstärkungen $G_{1,dB} = 20$ dB, $G_{2,dB} = 32$ dB und $G_{3,dB} = 16$ dB gewählt.

b) Das *Pegeldiagramm* in Bild 5-7 zeigt die Ortsabhängigkeit der Leistungen des Nutzsignals und des Störsignals. Die Anhebungen bei Kilometer 10, 26 und 34 durch die Verstärker sind hervorgehoben.

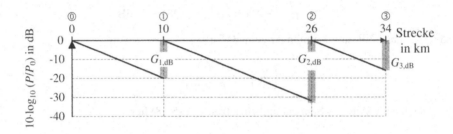

**Bild 5-7** Pegeldiagramm der Nutzsignalleistung

c) Die Signalleistung am Eingang ist

$$P_0 = \frac{u_{eff}^2}{R} = \frac{0,5^2 \text{ V}^2}{75 \, \Omega} = 3,33 \text{ mW} \cong 5,2 \text{ dBm} \tag{5.51}$$

Bei dem SNR von 40 dB ist die Störsignalleistung

$$N_{0,dB} = P_{0,dB} - 40 \text{ dB} = -34,8 \text{ dBm} \cong 3,31 \cdot 10^{-4} \text{ mW} \tag{5.52}$$

Die thermische Rauschleistung beträgt zum Vergleich

$$N_T = kTB_{neq} = 1,38 \cdot 10^{-23} \frac{\text{Ws}}{\text{K}} \cdot 300 \text{ K} \cdot 1 \text{ MHz} = 4,14 \cdot 10^{-15} \text{ mW} \cong -143,8 \text{ dBm} \tag{5.53}$$

also um ca. 110 dB weniger als die eingespeiste Störsignalleistung.

Das innere Geräusch des ersten Verstärkers ist mit (5.15) und (5.18)

$$N_{i,1} = N_T \cdot (F_1 - 1) G_1 = 216,2 \cdot N_T = 8,95 \cdot 10^{-9} \text{ mW} \cong -80,5 \text{ dBm} \tag{5.54}$$

Für den zweiten und dritten Verstärker ergibt sich entsprechend

$$N_{i,2} = 142 \cdot 10^{-9} \text{ mW} \cong -68,5 \text{ dBm}$$

$$N_{i,3} = 3,56 \cdot 10^{-9} \text{ mW} \cong -84,5 \text{ dBm} \tag{5.55}$$

Die durch die drei Verstärker erzeugten zusätzlichen Störungen liegen leistungsmäßig jeweils mindestens um 33,5 dB (Faktor 1000) unter der eingespeisten Geräuschleistung und können somit vernachlässigt werden.

**Beispiel** Pegeldiagramm für das SNR bei thermischem Geräusch

*Hinweis*: Das Beispiel soll die theoretischen Ergebnisse durch elementare Überlegungen verifizieren und so die Zusammenhänge veranschaulichen..

Im Folgenden wird wieder von Bild 5-6 ausgegangen, es tritt jedoch nur die thermische Rauschstörung auf.

Aufgaben

a) Welche SNR-Werte ergeben sich am Eingang der Übertragungsstrecke und an den Ausgängen der Verstärker, wenn die Rauschtemperatur aller Abschnitte gleich der Zimmertemperatur ist?

b) Verifizieren Sie die Ergebnisse aus (a) indem Sie das SNR über die Übertragungsstrecke skizzieren.

*Hinweis*: Vereinfachen Sie die Betrachtungen geeignet. Gehen Sie ähnlich wie beim Bode-Diagramm vor.

Lösungen

Die thermische Rauschleistung am Eingang wird in (5.53) berechnet. Mit (5.51) ergibt sich

$$(S/N)_{0,\text{dB}} = 10 \cdot \log_{10} \frac{P_0}{N_T}\,\text{dB} = 109,2\,\text{dB} \tag{5.56}$$

Die Rauschzahlen der Verstärkerkette folgen aus (5.29) mit den Kombinationen aus Leitungen und Verstärkern.

$$\tilde{F}_g = \tilde{F}_1 + \frac{\tilde{F}_2 - 1}{\tilde{G}_1} + \frac{\tilde{F}_3 - 1}{\tilde{G}_1 \tilde{G}_2} = L_1 F_1 + \frac{L_2 F_2 - 1}{G_1/L_1} + \frac{L_3 F_3 - 1}{G_1 G_2/L_1 L_2} \tag{5.57}$$

Da sich jeweils Leitungsdämpfungen und Verstärkungen aufheben, ergibt sich einfacher

$$\tilde{F}_g = L_1 F_1 + L_2 F_2 - 1 + L_3 F_3 - 1 \approx L_1 F_1 + L_2 F_2 + L_3 F_3 \tag{5.58}$$

Den Teilstrecken in Bild 5-6 werden von links nach rechts die effektiven Rauschzahlen für die Abschnitte 1, 2 und 3 zugeordnet

$$\tilde{F}_g \approx \underbrace{\underbrace{\underbrace{L_1 F_1}_{F_\text{I}} + L_2 F_2 + L_3 F_3}_{F_\text{II}}}_{F_\text{III}} \tag{5.59}$$

Die Zahlenwerte sind

$$F_{I,dB} = 25\,dB$$

$$F_{II,dB} = 10 \cdot \log_{10}\left(10^{2,5} + 10^{3,7}\right)\,dB = 37,26\,dB \tag{5.60}$$

$$F_{III,dB} = 10 \cdot \log_{10}\left(10^{3,726} + 10^{2,1}\right)\,dB = 37,37\,dB$$

Damit ergeben sich die SNR-Werte an den Ausgängen der Verstärker

$$\left(S/N\right)_{1,dB} = \left(S/N\right)_{0,dB} - F_{I,dB} \approx 84,2\,dB$$

$$\left(S/N\right)_{2,dB} = \left(S/N\right)_{0,dB} - F_{II,dB} \approx 71,9\,dB \tag{5.61}$$

$$\left(S/N\right)_{3,dB} = \left(S/N\right)_{0,dB} - F_{III,dB} \approx 71,8\,dB$$

b) Diagramm des SNR in Bild 5-8

① Auf der ersten Leitung wird die Nutzsignalleistung pro Kilometer um 2 dB gedämpft. Die Störleistung bleibt gleich, da sich der Wellenwiderstand über der Leitung nicht ändert. Im ersten Verstärker kommt das innere Rauschen mit der Rauschzahl von 5 dB hinzu, so dass sich der SNR-Verlust auf 25 dB addiert.

② Auf der zweiten Leitung wird die Nutzsignalleistung pro Kilometer um 2 dB gedämpft. Dies trifft zunächst auch auf die Störsignalleistung zu, bis die Störsignalleistung in die Größe der thermischen Rauschleistung $N_T$ aus (5.53) kommt. (Nach 12,5 km, s. a. 3dB-Punkt im Bode-Diagramm.) Danach nimmt die Nutzsignalleistung wegen der Leitungsdämpfung weiter ab. Die Rauschleistung wird nun durch $N_T$ dominiert. Es ergibt sich ein linearer Abfall des SNR wie auf der Leitung 1. Am Punkt ② liegt demzufolge ein SNR von -25 dB + -7 dB vor. Am Eingang des zweiten Verstärkers dominiert das thermische Geräusch den Störanteil. Demzufolge stellt sich durch das innere Geräusch des Verstärkers ein Verlust an SNR von 5 dB ein. Am Ausgang des zweiten Verstärkers ist das SNR näherungsweise -37 dB bezogen auf $(S/N)_0$.

③ Auf dem dritten, dem kürzesten Leitungsstück dominiert das eingespeiste Geräusch. Am Eingang des dritten Verstärkers liegt das relative SNR von -37 dB an. Im Verstärker werden Nutzanteil und Geräusch leistungsmäßig um 16 dB angehoben. Das verstärkte Geräusch ist weitaus größer als das zusätzliche innere Geräusch. Das SNR am Ausgang des Verstärkers ist näherungsweise gleich dem SNR an seinem Eingang.

Der Vergleich mit (5.60) und (5.61) zeigt die prinzipielle Übereinstimmung der physikalischen Überlegungen und der Rechnung.

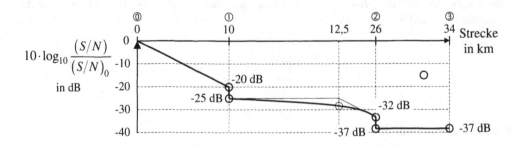

**Bild 5-8** SNR-Verlauf entlang der Übertragungsstrecke (Approximation)

## 5.3 Beispiel: Satellitenkommunikation

Den Einfluss von Rauschstörungen auf die Dimensionierung bzw. Kapazität von Nachrichten-systemen veranschaulicht eindrucksvoll das historische Beispiel aus der interplanetarischen Satellitenkommunikation von M. G. Easterling *„From 8 1/3 Bits/s to 100,000 Bits/s in Ten Years"* [Eas77]. In Tabelle 5-1 sind die Startjahre, die Zielplaneten und die verfügbaren Bitraten zu den Mariner Missionen in den 1960er und Anfang der 1970er Jahre zusammenge-stellt. Der darin sichtbare technische Fortschritt soll im Folgenden aufgedeckt werden.

*Anmerkungen*: (i) Mehr Informationen, insbesondere über den Verlauf und die Ergebnisse der Missionen findet man im Internet unter http://nssdc.gfsc.nasa.gov/database. (ii) In den Jahren 1963 bis 1974 wurden von der UdSSR mehrere erfolgreiche Missionen zum Mars durchgeführt. (iii) Ein vorläufiger Höhepunkt der Marsfernerkundung war 1997 die Pathfinder Mission mit Aussetzen eines Fahrzeugs auf dem Mars und Übertragung von Nahaufnahmen aus dessen Umgebung.

**Tabelle 5-1** Bitraten der Datenübertragung der Mariner Sonden [Eas77][Bro04]

| Mariner Mission | Jahr | Erforschter Planet | Bitrate in bit/s | Bemerkungen |
|---|---|---|---|---|
| 1 | fehlgeschlagen | (Venus) | | |
| 2 | 1962 | Venus | $8^{1}/_{3}$ | |
| 3 | fehlgeschlagen | (Mars) | | |
| 4 | | Mars | $8^{1}/_{3}$ | Vorbeiflug in 9844 km Ent-fernung, 22 Bilder übermit-telt, Gewicht 260 kg |
| 5 | | Venus | $8^{1}/_{3}$ | |
| 6 | 1969 | Mars | 16 200 | Vorbeiflug in 3412 km Ent-fernung, 75 Bilder und Daten über Druck und Zusammen-setzung der Atmosphäre übermittelt, Gewicht 410 kg |
| 7 | 1969 | Mars | 16 200 | |
| 8 | fehlgeschlagen | (Mars) | | |
| 9 | | Mars | 16 200 | |
| 10 | 1973/1974 | Venus / Merkur | 117 600 | |

Für die *Satellitenkommunikation* ist das Verhältnis von Nutzsignalleistung zu Störsignalleis-tung von besonderer Bedeutung. Wir stellen deshalb zunächst die Berechnung der Empfangs-leistung für die Kommunikationsstrecke vom Satellit zur Bodenstation, dem Down-link, in Bild 5-9 vor.

Die vom Sender im Satelliten abgestrahlte Leistung $P_S$ wird durch eine Antenne mit Richt-wirkung um den *Antennengewinn* $G_S$ erhöht. Dann trifft bei angenommener *Freiraumaus-breitung* in der Entfernung $d$ die *Leistungsdichte* ein

$$S = \frac{G_S}{4\pi d^2} P_S \tag{5.62}$$

*Anmerkung*: Bei dem im Beispiel betrachteten Frequenzbereich, dem S-Band von 2990 bis 3000 MHz, spielt die Dämpfung durch die Atmosphäre keine Rolle.

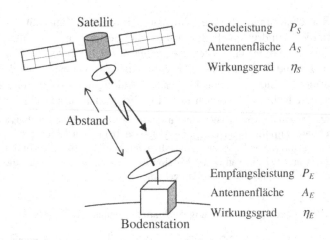

Sendeleistung $P_S$

Antennenfläche $A_S$

Wirkungsgrad $\eta_S$

Empfangsleistung $P_E$

Antennenfläche $A_E$

Wirkungsgrad $\eta_E$

**Bild 5-9** Satellitenkommunikation

Am Satelliten und in der Bodenstation wird in der Regel eine *Parabolspiegelantenne* verwendet. Ihr Antennengewinn ist von der *Antennenfläche A*, der *Wellenlänge λ* sowie dem *Antennenwirkungsgrad η* abhängig.

$$G = 4\pi \frac{A \cdot \eta}{\lambda^2} \qquad (5.63)$$

Dabei berechnet sich die Antennenfläche aus dem *Spiegeldurchmesser D*.

$$A = \frac{\pi}{4} D^2 \qquad (5.64)$$

Für die Empfangsleistung, die Leistung die durch die Antenne dem Empfänger zugeführt wird, gilt dann

$$P_E = S \cdot \eta_E A_E = \frac{P_S}{4\pi d^2} \cdot G_S \cdot \eta_E A_E = \frac{P_S}{4\pi d^2} \cdot \frac{4\pi \eta_S A_S}{\lambda^2} \cdot \eta_E A_E \qquad (5.65)$$

wobei die Indizes S und E den Bezug zum Sender bzw. zum Empfänger kennzeichnen. Im gebräuchlichen logarithmischen Maß ausgedrückt, ergibt sich der Leistungspegel im Empfänger

$$P_{E,\text{dB}} = P_{S,\text{dB}} + G_{S,\text{dB}} + \left(\eta_E A_E\right)_{\text{dB}} - \left(4\pi d^2\right)_{\text{dB}} \qquad (5.66)$$

Den enormen Fortschritt der Nachrichtentechnik zeigt der Vergleich zweier Beispiele aus der Fernraumerkundung der NASA aus den Jahren 1964 bzw. 1973/74 auf [Eas77][Sch90].

*Anmerkung*: National Aeronautics and Space Administration (NASA), gegründet 1958 mit Sitz in Washington D.C., USA

- **Mariner 10 – Mission (1974)**

Im November 1973 startete die Mariner-10-Sonde mit dem Ziel, Venus und Merkur im Vorbeiflug zu erkunden, s. Bild 5-10. Dazu war u. a. auch eine Fernsehkamera vorbereitet.

Wegen eines technischen Defekts im Satelliten stand nur die Sendeleistung von 20 W statt der geplanten 35 W zur Verfügung. Aufgrund weiterer Verluste, Modulation Loss genannt, konnte tatsächlich für die Haupt-Datenübertragung nur die Leistung $P_S = 16,8$ W verwendet werden. Die Sendefrequenzen lagen im S-Band von 2,29 bis 2,30 GHz. Der Durchmesser der Parabolspiegelantenne war $D_S = 1,35$ m und der Wirkungsgrad $\eta_S = 0,54$.

Für den Satelliten berechnet sich der Antennengewinn

$$G_{S,dB} \approx 27,6 \ \text{dB} \tag{5.67}$$

**Bild 5-10** Raumsonde Mariner 10 [Quelle: NASA]

Die Ausbreitungsdämpfung, hier Freiraumdämpfung, betrug mit der Entfernung von $1,6 \cdot 10^{11}$ m des Satelliten von der Erde (Merkur-Erde)

$$\left(4\pi d^2\right)_{dB} \approx 235 \ \text{dB} \tag{5.68}$$

Während bei der Sonde Größe und Gewicht eng begrenzt waren, konnte bei der Bodenstation ein größerer Aufwand getrieben werden. Die Bodenstation in Goldstone (Kalifornien) war mit einer Parabolspiegelantenne mit dem Durchmesser $D_E = 64$ m und einem Antennenwirkungsgrad $\eta_E = 0,575$ ausgestattet. Damit ergab sich der Gewinn zur Empfangsleistung

$$\left(A_E \eta_E\right)_{dB} \approx 32,6 \ \text{dB} \tag{5.69}$$

In der Bodenstation betrug somit die Empfangsleistung insgesamt

$$P_{E,dB} \approx 12,25\,\text{dB} + 27,6\,\text{dB} + 32,6\,\text{dB} - 235\,\text{dB} \approx -162,5\,\text{dB} \tag{5.70}$$

also nur

$$P_E \approx 56 \cdot 10^{-18} \text{ W} \tag{5.71}$$

Nun betrachten wir das Rauschen im Empfänger. Ein rauscharmer *Maser-Empfänger* (Microwave Amplification by Stimulated Emission of Radiation) mit der effektiven Rauschtemperatur von 2,1 K wurde verwendet, vgl. [VlHa93]. Die effektive Systemrauschtemperatur betrug

$$T_{E,s} = T_{e,E} + T_{\text{kosmisch}} = 13,5 \text{ K} \tag{5.72}$$

*Anmerkung*: Die kosmische Rauschtemperatur $T_{\text{kosmisch}}$ ist frequenzabhängig und beträgt ca. 10 K bei 1 GHz.

Nach dieser Vorbereitung kann die Rauschleistung am Empfänger bestimmt werden. Man erhält aus

$$N_E = k T_{E,s} B_{neq} \tag{5.73}$$

für die logarithmische Größen

$$N_{E,\text{dB}} \approx -217,3 \text{ dB} + 10 \lg(B_{neq}) \text{ dB} \tag{5.74}$$

Das SNR am Empfängereingang resultiert demzufolge in

$$\left(S/N\right)_{E,\text{dB}} \approx 55 \text{dB} - 10 \lg(B_{neq}) \text{dB} \tag{5.75}$$

Man beachte: das SNR ist abhängig von der Signalbandbreite. Die Signalbandbreite selbst bestimmt sich entsprechend der gewählten Modulationsart und Datenrate.

Der grundlegende Zusammenhang zwischen der Übertragungskapazität, der Bandbreite und dem SNR wird mit der *shannonschen Kanalkapazität* angegeben [Wer02]. Es ergibt sich die Abschätzung der maximal möglichen Bitrate

$$\frac{C}{\text{bit}} = B_{neq} \cdot \text{ld}\left(1 + \frac{P_E}{k T_{E,s} \cdot B_{neq}}\right) \tag{5.76}$$

Um einen Zahlenwert für eine grundsätzliche Orientierung zu haben, setzen wir vereinfachend für die äquivalente Rauschbandbreite die Bandbreite des benutzten S-Bandes von 10 MHz ein. Dann ergibt sich aus

$$\frac{\hat{C}}{\text{bit}} = 10^7 \text{ Hz} \cdot \text{ld}\left(1 + \frac{5,7 \cdot 10^{-17} \text{W}}{1,38 \cdot 10^{-23} \frac{\text{Ws}}{\text{K}} 13,5 \text{K} \cdot 10^7 \text{Hz}}\right) \tag{5.77}$$

die abgeschätzte Kanalkapazität

$$\hat{C} \approx 434 \frac{\text{kbit}}{\text{s}} \tag{5.78}$$

Bei der Mariner 10 – Mission wurde eine binäre PSK-Modulation, s. Abschnitt 7 BPSK, eingesetzt. Eine Bitfehlerwahrscheinlichkeit von 5% wurde zugelassen. Für diesen Fall kann das benötigte SNR bestimmt und die Bandbreite angegeben werden. Es wurde eine theoretische maximale Datenrate von 214 kbit/s berechnet. Wegen weiterer Verluste im Übertragungssys-

tem, z. B. den Zuleitungen zu den Antennen, wurde tatsächlich eine Datenrate von ca. 117 kbit/s realisiert [Eas77][Sch90].

- **Mariner 4 – Mission (1964)**

Einen Beleg für die Fortschritte der Nachrichtentechnik in nur 10 Jahren liefert der Vergleich der Mariner-10-Mission zum Merkur mit der zehn Jahre früheren Mariner-4-Mission zum Mars in Tabelle 5-2. Obwohl die Entfernung zum Mars mit ca. $2,16 \cdot 10^8$ m wesentlich kürzer als zum Merkur war, konnte insgesamt nur eine Datenrate von 8 1/3 bit/s realisiert werden.

An Bord der Sonde war eine Kamera für Schwarzweiß-Bilder mit einer Bildauflösung von 200×200 Bildelementen und je 6 Bits zur Darstellung der Helligkeit. Pro Bild fielen 240 000 Bits an, die auf einem Magnetband aufgezeichnet und später gesendet wurden. Von Mariner 4 wurden insgesamt 21 Bilder - davon 16 brauchbar - in je 8 Stunden zur Erde übertragen.

**Tabelle 5-2** Zehn Jahre Fortschritt in der Satellitenkommunikationstechnik

|  | *Mariner 4* | *Mariner 10* |
|---|---|---|
| Ziel | Mars | Merkur |
| Entfernung | $2,16 \ 10^{11}$ m | $1,6 \ 10^{14}$ m |
| Jahr | 1964 | 1974 |
| Gewicht | 260 kg | 503 kg |
| Antennendurchmesser Satellit | 0,79 m | 1,35 m |
| Antennengewinn Satellit | 23,4 dB | 27,6 dB |
| Sendeleistung (Daten) | 10 (2,9) W | 20 (16,8) W |
| Sendefrequenz (Träger im S-Band) | 2,3 GHz | 2,3 GHz |
| Antennendurchmesser Bodenstation | 26 m | 64 m |
| Rauschtemperatur des Empfängers in der Bodenstation (System) | 55 K | 13,5 K |
| Bitrate | 8,3 bit/s | 117 kbit/s |

- **Global Positioning System (GPS)**

Einen Vergleich mit heutigen Systemen geben nachfolgend einige Angaben zum *Global Positioning System* (GPS) [Man98].

Zur Positionsbestimmung in der Luft, z. B. für Flugzeuge, werden die Signale von vier unterschiedlichen Satelliten gleichzeitig benötigt. An der Erdoberfläche, z. B. für Schiffe, genügen prinzipiell drei. Die Positionsbestimmung geschieht mit Hilfe von Bahndaten, d. h. die Aufenthaltsorte der Satelliten sind jeweils bekannt da sie im Signal mit gesendet werden. Laufzeitmessungen für die empfangenen Satellitensignale erlauben den Rückschluss auf die eigene Position. Hierfür besitzen die Satelliten vier „genaue" Atomuhren und senden Zeitmarken im Signal. Die GPS-Empfänger berechnen anhand der empfangenen Satellitensignale dann den Standort mit einer Abweichung von ± 100m.

*Anmerkung*: Durch zusätzliche landgestützte Sender werden z. B. beim Differenzial-GPS (DPGS) Ungenauigkeiten in den Bereich eines Meter reduziert.

Das GPS wurde 1978 zunächst mit vier Satelliten getestet. 1980 bis 1985 schloss sich eine erweiterte Erprobungsphase mit sieben zusätzlichen Satelliten an. 1989-1990 begann die Betriebsphase mit zunächst neun neuen Satelliten des Blocks II und weiteren 15 Satelliten des Blocks IIa.

Die Bahnhöhe beträgt 20230 km. Die Satelliten umkreisen die Erde in 12 Stunden. Sie senden mit den Trägern L1 und L2 mit den Frequenzen 1575,42 MHz bzw. 1227,60 MHz. Die Sendeleistungen betragen 13,4 bzw. 8,2 dB (Watt) und die Antennengewinne sind 13,4 bzw. 11,5 dB.

Die Dämpfungen bei der Freiraumausbreitung bei den Trägern L1 und L2 sind 184,4 bzw. 182,3 dB. Der Minimalwert der Empfängereingangsleistung ist -160 bzw. -166 dB.

# 5.4    Aufgaben zu Abschnitt 5

## 5.4.1    Aufgaben

**Aufgabe 5.1** Verstärkerkette

Eine Telefonleitung (verdrilltes Adernpaar) wird angepasst betrieben. Die Leitung ist 56 km lang und hat eine Dämpfung von 2,5 dB/km. Die Signalleistung am Leitungsanschlusspunkt des Senders beträgt 10 dBm. Es werden gleichartige Verstärker mit einem Leistungsverstärkungsfaktor von 20 dB und einer Rauschzahl von 6 dB eingesetzt. An den Verstärkereingängen sind jeweils Signalleistungen von 10 dBm erforderlich.

a)  Bestimmen Sie die Anzahl der benötigten Verstärker, wenn am Übergabepunkt des Empfängers eine Signalleistung von mindestens 10 dBm gefordert ist.

b)  Wie ist das Signal-Rauschverhältnis in dB am Sender zu wählen, wenn am Empfängereingang ein Signal-Rauschverhältnis von mindestens 30 dB benötigt wird?

**Aufgabe 5.2** Leistungsbilanz für GPS-Empfang

Betrachtet wird die Satellit-Boden-Kommunikation für GPS beim Träger L1. Der Antennengewinn des GPS-Empfängers sein 3 dB.

Wird die minimale Empfangsleistung von −160 dB im Empfänger überschritten? Begründen Sie Ihre Antwort.

## 5.4.2    Lösungen

**Lösung zu Aufgabe 5.1** Verstärkerkette

a) Am Übergabepunkt des Senders wird ein Verstärker eingesetzt. Die Verstärkung von 20 dB ist nach 20 dB / 2,5 dB/km = 8 km aufgezehrt. Es wird jeweils nach 8 km ein weiterer Verstärker benötigt. Es werden 56 km / 8 km = 7 Verstärker benötigt.

b) Übertragung des SNR durch die Verstärkerkette (5.28)

$$(S/N)_S = \tilde{F}_K \cdot (S/N)_E$$

Wegen der gleichmäßigen Aufteilung in Teilstrecken und der gleichen Rauschzahlen der Verstärker, die jeweils genau die Leitungsdämpfung der Teilstrecke kompensieren, kann die vereinfachte Formel (5.37) angewandt werden.

$$\tilde{F}_K = 8 \cdot 10^2 \cdot 10^{0,6} = 3185 \triangleq 35 \text{ dB}$$

Das SNR verschlechtert sich durch die Übertragung über die Leitung mit der Verstärkerkette um 35 dB. Da bei Empfänger ein SNR von mindestens 30 dB gefordert wird, muss des SNR am Sender mindestens 30 dB + 35 dB = 65 dB betragen.

**Lösung zu Aufgabe 5.2** Leistungsbilanz für GPS-Empfang

Die Leistungsbilanz Satellit - Empfänger am Boden beträgt

$$\begin{aligned}
P_{E,dB} &= P_{S,dB} + G_{S,dB} + G_{E,dB} - 10\log(4\pi d^2)\, \text{dB} = \\
&= 13,4 \text{ dB} + 13,4 \text{ dB} + 3 \text{ dB} - 10\log(4\pi \cdot 20,23^2 \cdot 10^{12})\, \text{dB} = \\
&= 29,8 \text{ dB} - 157 \text{ dB} = -127,2 \text{ dB}
\end{aligned}$$

Die minimale Empfangsleistung wird überschritten.

# 6 Digitale Basisbandübertragung

## 6.1 Einführung

Gilt es kurze Entfernungen kostengünstig zu überbrücken, wie beispielsweise die Übertragung von Telefonsprache über den Teilnehmeranschluss, der Austausch von Dateien zwischen Rechnern in einem lokalen Netz oder der Daten zwischen Sensoren, Aktoren und Prozess-Steuerrechnern in einem Fahrzeug, so kommt in der Regel die Basisbandübertragung zur Anwendung. Typisch für sie ist, dass die informationstragenden Signale ohne zusätzliche Frequenzverschiebung über eine Leitung übertragen werden. Heute werden überwiegend digitale Verfahren eingesetzt. Nicht nur weil sie von Natur aus für die Kommunikation zwischen Digitalrechnern, Mikrocontrollern, usw. geschaffen sind, sondern auch weil ursprünglich analoge Signale, wie beispielsweise Sprach-, Audio- und Videosignale, meist in digitaler Form vorliegen. Der Übergang vom analogen Telefonnetz zum ISDN-Netz (Integrated Services Digital Network - diensteintegrierendes digitales Netz) macht dies deutlich. Auf gewöhnlichen Teilnehmeranschlussleitungen werden heute Basisbandübertragungssysteme kommerziell eingesetzt, die mit Hilfe der digitalen Übertragungstechniken xDSL (Digital Subscriber Line) Bitraten bis zu mehreren Mbit/s ermöglichen [Che98][SCS00].

Die digitale Basisbandübertragung beschäftigt sich mit der elektrischen Übertragungstechnik und schließt die zur Kommunikation notwendigen Schnittstellen und Protokolle mit ein. Verbreitete Beispiele sind die X.25-Empfehlung mit der RS-232-Schnittstelle und der $S_0$-Bus für den Endgeräteanschluss für ISDN [Wer05b]. Um den hier vorgesehenen Rahmen nicht zu sprengen, beschränken sich die nachfolgenden Betrachtungen auf die grundlegenden Konzepte der physikalischen Datenübertragung, also der untersten Schicht des OSI-Referenzmodells.

Die Komponenten der Basisbandübertragung sind im Überblick in Bild 6-1 zusammengestellt:

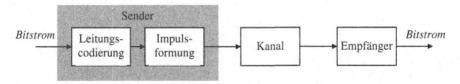

**Bild 6-1** Komponenten der digitalen Basisbandübertragung

- Im *Sender* wird die *Leitungscodierung* und *Impulsformung* durchgeführt. Sie haben die Aufgabe, das Signal an die physikalischen Eigenschaften des Kanals anzupassen. Dabei sind meist folgende Anforderungen zu berücksichtigen:

  - Gleichstromfreiheit, um eine Fernspeisung bei einer galvanischen Entkopplung mit elektrischen Übertragern zu ermöglichen

  - hohe spektrale Effizienz

  - hohe Störfestigkeit

  - hoher Taktgehalt zur Unterstützung der Synchronisation

  - geringe Komplexität, d. h. einfache Hard- und Software

- Als *Kanal* tritt meist eine einfache Verkabelung auf, wie beispielsweise die verdrillte Zwei-drahtleitung (Twisted Pair) des ISDN-Teilnehmeranschlusses mit der $U_{K0}$-Schnittstelle. Typisch für die Kanäle sind der Tiefpass-Charakter und die additive Rauschstörung. Neben dem unvermeidlichen thermischen Rauschen existieren meist weitere Rauschquellen, zum Beispiel das Übersprechen von im gleichen Bündel geführten Leitungen oder auch Ein-streuungen von Amateurfunk-Signalen. Die verschiedenartigen Rauschstörungen werden der Einfachheit halber oft in erster Näherung als additive weiße gaußsche Störung (AWGN, Additiv White Gaussian Noise) modelliert und erfahrungsgemäß wird für die Dimensionie-rung die Rauschleistung zur Sicherheit etwas größer als erwartet angenommen.

- Der *Empfänger* hat die Aufgabe, die gesendete Information zu rekonstruieren. Dazu werden die drei Schritte Synchronisation, Entzerrung und Detektion durchgeführt.

  - Die *Synchronisation* gewinnt den Symbol- bzw. Bittakt wieder.

  - Die Verzerrungen des Basisbandsignals durch den Tiefpasskanal werden im *Entzerrer* soweit möglich rückgängig gemacht. Sind die Verzerrungen unwesentlich, kann auf den Entzerrer verzichtet werden.

  - Die *Detektion* rekonstruiert in Entscheidungsvorgängen die digitale Information.

In den folgenden Unterabschnitten werden die Aspekte der Basisbandübertragung genauer dis-kutiert.

## 6.2 Scrambler

Eine wichtige Voraussetzung für die spektrale Formung durch die Leitungscodierung sowie die richtige Funktion mancher Entzerrer ist, dass die zu codierende Bitfolge gleichverteilt und unkorreliert ist. Insbesondere gilt es Periodizitäten und lange Eins- und Nullfolgen im Bitstrom zu vermeiden, da diese zu Anomalien im Spektrum und Problemen bei der Taktsynchronisation führen können.

Um dies zumindest näherungsweise zu erreichen, wird vor der Leitungscodierung oft eine *Ver-würfelung* (Scrambling) durchgeführt. Verwendet werden einfach zu implementierende *selbst-synchronisierende Scrambler*, die eine *transparente Übertragung* zulassen. Die Bitfolge der Nachricht unterliegt also keinen Einschränkungen; alle möglichen Kombinationen von Nullen und Einsen sind als Nachricht zugelassen.

Für die Modemübertragung werden von der ITU Schieberegisterschaltungen mit den *Gene-ratorpolynomen* in der Tabelle 6-1 empfohlen. Die Exponenten geben dabei die Stellen der Ab-griffe für die Rückführungen an mit $x^{-i}$ für $i$-faches Verzögern

$$c(x) = \sum_{i=0}^{N} c_i x^{-i} \quad \text{mit} \quad c_i \in \{0,1\} \tag{6.1}$$

*Anmerkung*: In der Codierungstheorie werden die Polynome meist mit positiven Exponenten in der Form $g(X) = g_0 + g_1 X + g_2 X^2 + \ldots + g_N X^N$ geschrieben [Wer02b].

Der betragsmäßig größte Exponent $N$ gibt die Anzahl der Verzögerungsglieder an. Man spricht von der Stufenzahl des Scrambler. In Bild 6-2 wird die Konstruktionsanleitung der *Schiebe-registerschaltungen* für den $N$-stufigen Scrambler und Descrambler gezeigt. Alle Additionen und Multiplikationen sind in der Modulo-2-Arithmetik, insbesondere $1 \oplus 1 = 0$, durchzufüh-ren.

*Anmerkungen*: (i) Mathematisch gesprochen wird mit der Modulo-2-Arithmetik der *Galois-Körper* der Ordnung 2 zugrunde gelegt, abgekürzt durch *GF*(2) nach der englischen Bezeichnung Galois Field [Wer02b]. (ii) Bei den Polynomen $1 + x^{-6} + x^{-7}$ und $1 + x^{-5} + x^{-23}$ handelt es sich um primitive Polynome, so dass der Scrambler als autonomes System eine Pseudo-Zufallszahlenfolge mit Periode $2^7$-1 bzw. $2^{23}$-1 erzeugen kann [LiCo83][LiCo04].

**Tabelle 6-1** Für Scrambler empfohlene Generatorpolynome

| Generatorpolynom | Kommentar |
|---|---|
| $x^{-7} + x^{-6} + 1$ | V22/V29 – Modems (2,4/9,6 kbit/s), STM-1 (155,520 Mbit/s) |
| $x^{-17} + x^{-14} + 1$ | |
| $x^{-23} + x^{-5} + 1$ | ISDN $U_{K0}$-Schnittstelle: vom Netzwerk zum NT; HDSL: vom HTU-R zum HTU-C |
| $x^{-23} + x^{-18} + 1$ | ISDN $U_{K0}$-Schnittstelle: vom NT zum Netzwerk; HDSL: vom HTU-C zum HTU-R: ADSL |

*Erläuterung*: Digital Subscriber Line (DSL): High-bit-rate DSL (HDSL); Asynchronous DSL (ADSL); TU-R steht für Terminal Unit-remote („Teilnehmerseite") und TU-C steht für Central Office („Netzseite") [Che98].

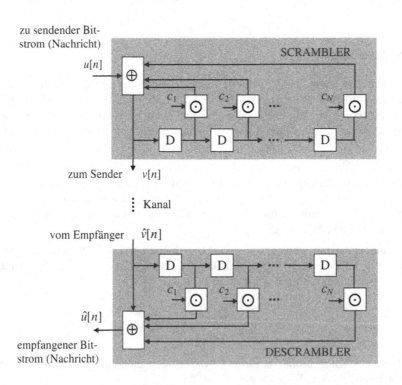

**Bild 6-2** Scrambler und Descrambler mit den Verzögerungsgliedern $D$ und den Elementen der Modulo-2-Arithmetik für die Addition $\oplus$ und Multiplikation $\odot$ für das Generatorpolynom $c_0 + c_1 x^{-1} + c_2 x^{-2} + \dots + c_N x^{-N}$ mit $c_0 = 1$

Wir zeigen, dass die Kette aus Scrambler und Descrambler wieder die ursprüngliche Nachricht erzeugt. Am Ausgang des Scrambler erhält man wegen der rekursiven Struktur die Folge

$$v[n] = u[n] \oplus \left( \sum_{i=1}^{N} c_i \odot v[n-i] \right) \qquad (6.2)$$

Sie wird übertragen und im Empfänger dem Descrambler zugeführt.

$$\hat{u}[n] = \hat{v}[n] \oplus \left( \sum_{i=1}^{N} c_i \odot \hat{v}[n-i] \right) \qquad (6.3)$$

Eine fehlerfreie Übertragung vorausgesetzt, gilt wegen der Vertauschbarkeit der Reihenfolge der Addition bei der Modulo-2-Arithmetik

$$\hat{u}[n] = u[n] \oplus \underbrace{\left( \sum_{i=1}^{N} c_i \odot v[n-i] \right) \oplus \left( \sum_{i=1}^{N} c_i \odot v[n-i] \right)}_{0} \qquad (6.4)$$

Wie die kurze Rechnung zeigt, spielt die Reihenfolge der Schaltungen im fehlerfreien Fall keine Rolle. Praktisch ist jedoch die in Bild 6-2 gezeigte Anordnung mit rekursivem Scrambler und nichtrekursiven Descrambler vorteilhaft. Tritt trotz zusätzlicher Schutzmaßnahmen bei der Übertragung ein Bitfehler auf, so wird bei nichtrekursivem Descramber die Zahl der Bitfehler auf die Zahl der von Null verschiedenen Koeffizienen $c_i$ begrenzt. Eine weitere Fehlerfortpflanzung findet nicht statt. Aus diesem Grund werden auch Generatorpolynome mit möglichst wenig Koeffizienten bevorzugt.

**Beispiel** Scrambling und Descrambling

Der Einfachheit halber verwenden wir den 7-stufigen Scrambler nach Tabelle 6-1. Als Nachricht wählen wir zufällig die Bitfolge

$$u[n] = \{1,0,0,1,0,0,1,1,1,0,1,0,1,0,0,1,\ldots\} \qquad (6.5)$$

Dann ergeben sich die in Bild 6-3 angegebenen Schaltungen und Folgen.

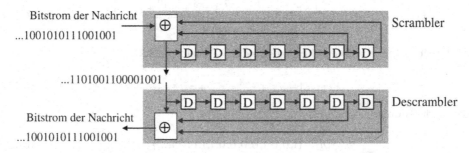

**Bild 6-3** Scrambler und Descrambler mit den Verzögerungsgliedern $D$ und den Exor-Verknüpfungen $\oplus$ für das Generatorpolynom $1 + x^{-6} + x^{-7}$

Im Folgenden wird die Verbindung zur digitalen Signalverarbeitung hergestellt. Betrachtet man binäre Signale mit den Signalwerten $\{0,1\}$ und Schieberegisterschaltungen mit Modulo-2-Arithmetik, so erhält man lineare zeitinvariante Systeme. Für sie gelten - unter Beachtung der Modulo-2-Arithmetik - die aus der Systemtheorie bekannten Ergebnisse.

Die Scrambler und Descrambler-Schaltungen in Bild 6-2 entsprechen Signalflussgraphen in der Direktform I [Wer05]. Mit der Modulo-2-Arithmetik, $1 \oplus 1 = 0$, gilt für die binären Koeffizienten des Scrambler $-c_i = c_i$, so dass sich die *Übertragungsfunktion* ergibt

$$H_s(z) = \frac{1}{\sum_{i=0}^{N} c_i z^{-i}} \tag{6.6}$$

Man beachte den Zusammenhang mit (6.1). Mit der Eingangsfolge $u_0, u_1, u_2,...$ resultiert die z-Transformierte der Ausgangsfolge des Scrambler

$$Y(z) = U(z) \cdot H_s(z) = \frac{u_0 + u_1 z^{-1} + u_2 z^{-2} + \cdots}{\sum_{i=0}^{N} c_i z^{-i}} \tag{6.7}$$

Mit obiger Polynomdivision steht ein alternativer Weg zur Berechung der verwürfelten Bitfolge zur Verfügung, wie das nachfolgende Beispiel zeigt.

**Beispiel** Scrambling

Wir knüpfen am vorherigen Beispiel an. Es ergibt sich die Übertragungsfunktion

$$H_s(z) = \frac{1}{1 + z^{-6} + z^{-7}} \tag{6.8}$$

Die z-Transformierte des Eingangsbitstromes ist

$$U(z) = 1 + z^{-3} + z^{-6} + z^{-7} + z^{-8} + z^{-10} + z^{-12} + z^{-15} + ... \tag{6.9}$$

Somit ist die z-Transformierte des verwürfelten Bitstromes

$$Y(z) = H(z) \cdot U(z) = \frac{1 + z^{-3} + z^{-6} + z^{-7} + z^{-8} + z^{-10} + z^{-12} + z^{-15} + ...}{1 + z^{-6} + z^{-7}} \tag{6.10}$$

Mit der Nebenrechnung in Bild 6-4 ergibt sich die z-Transformierte

$$Y(z) = 1 + z^{-3} + z^{-8} + z^{-9} + z^{-12} + \cdots \tag{6.11}$$

und daraus die Bitfolge

$$y[n] = \{1,0,0,1,0,0,0,0,1,1,0,0,1,...\} \tag{6.12}$$

wie auch in Bild 6-3.

Nebenrechnung

$$(1 + z^{-3} + z^{-6} + z^{-7} + z^{-8} + z^{-10} + z^{-12} + z^{-15} + \ldots) : (1 + z^{-6} + z^{-7}) = 1 + z^{-3} + z^{-8} + z^{-9} + z^{-12} + \ldots$$

$$\underline{1 + z^{-6} + z^{-7}}$$

$$z^{-3} + z^{-8} + z^{-10} + z^{-12} + z^{-15} + \ldots$$

$$\underline{z^{-3} + z^{-9} + z^{-10}}$$

$$z^{-8} + z^{-9} + z^{-12} + z^{-15} + \ldots$$

$$\underline{z^{-8} + z^{-14} + z^{-15}}$$

$$z^{-9} + z^{-12} + z^{-14} + \ldots$$

$$\underline{z^{-9} + z^{-15} + z^{-17}}$$

$$z^{-12} + z^{-14} + z^{-15} + \ldots$$

usw.

**Bild 6-4** Polynomdivision mit Modulo-2-Arithmetik für die Polynomkoeffizienten

## 6.3 Leitungscodierung

### 6.3.1 Binäre Leitungscodes

In der Datenübertragungstechnik haben sich verschiedene Formen binärer Leitungscodes als firmenspezifische Lösungen entwickelt, wobei sich in der Literatur für gleiche Leitungscodes teilweise unterschiedliche Bezeichnungen eingebürgert haben.

Man unterscheidet grundsätzlich zwei Familien von binären Leitungscodes: Codes bei denen innerhalb eines Bitintervalls die Signalamplitude nicht auf null zurückkehrt, die *NRZ-Codes* (Nonreturn-to-Zero), und Codes bei denen dies geschieht, die *RZ-Codes* (Return-to-Zero).

In Bild 6-5 sind typische Beispiele abgebildet. Die Übertragung der Bits durch das unipolare NRZ-Signal, auch On-off Keying (OOK) genannt, und das bipolare NRZ-Signal unterscheiden sich nur durch eine Gleichspannungskomponente. OOK ist für den Übergang auf eine optische Übertragung, wie beispielsweise eine Infrarot-Strecke, von Interesse, da damit Leuchtdioden (Light Emitting Diode, LED) angesteuert werden können.

Bei der unipolaren RZ-Übertragung ist die Dauer der elektrischen Impulse im Vergleich zum unipolaren NRZ-Signal halbiert. Das Signal enthält nun den doppelten Takt und das Spektrum wird um den Faktor zwei verbreitert. Dem Nachteil des breiteren Spektrums steht der Vorteil gegenüber, dass durch den zusätzlichen Schutzabstand um $T/2$ Symbolinterferenzen durch Impulsverbreiterungen auf der Leitung reduziert werden.

Ein in lokalen Rechnernetzen häufig verwendeter Leitungscode ist der *Manchester-Code*. Er wird beispielsweise bei der 10BaseT-Ethernet-Übertragung über ein verdrilltes Kabelpaar (Twisted Pair, TP) oder bei der Übertragung mit Koaxialkabel nach IEEE 802.3 eingesetzt.

*Anmerkung*: Man findet den Manchester-Code beispielsweise auch in der Rundfunktechnik, im Radio-Daten-System (RDS). Dort wird das so codierte Basisbandsignal einem Träger bei 57 kHz durch AM aufgeprägt.

Der Manchester-Code ist in jedem Bitintervall und damit insgesamt *gleichstromfrei*. Der Manchester-Code wird auch *Biphase-Code* genannt, da das Signal innerhalb eines Bitintervalls $T_b$ zwischen den beiden Phasen „1" („0") und „–1" („$\pi$") wechselt. Durch den Phasenwechsel in jedem Bitintervall besitzt der Manchester-Code einen hohen *Taktgehalt*. Selbst bei langen

Null- oder Eins-Folgen kann die Synchronisation im Empfänger aufrechterhalten werden. Dies ist bei den anderen Beispielen in Bild 6-5 nicht immer der Fall.

*Anmerkung*: In [Kad95] werden zusätzlich die Varianten Biphase-L- (Manchester-), Biphase-M- und Biphase-S-Code unterschieden.

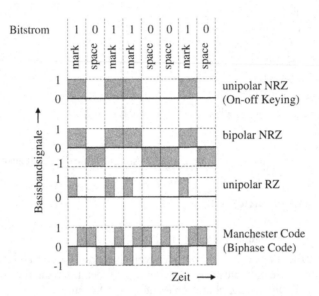

**Bild 6-5**  Beispiele für binäre Leitungscodes

Den vorgestellten Leitungscodes ist gemeinsam, dass das Basisbandsignal als Überlagerung von Impulsen dargestellt werden kann

$$u(t) = \sum_{n=-\infty}^{+\infty} d[n] \cdot g(t - nT) \tag{6.13}$$

Man spricht auch von einer linearen Modulation. Das analoge Basisbandsignal entsteht als Abfolge von analogen Impulsen, den *Sendegrundimpulsen g(t)* auch Elementarsignalen genannt, die mit den jeweils aktuellen Daten (-symbolen) $d[n]$ gewichtet werden, s. Bild 6-5.

*Anmerkung*: Statt $d[n]$ für die Datenfolge, eine häufige Schreibweise für Folgen in der digitalen Signalverarbeitung, ist auch die in der Mathematik übliche Schreibweise $d_n$ verbreitet.

Zur Bewertung der *spektralen Effizienz* der Leitungscodes ist das Leistungsdichtespektrum der codierten Signale wichtig. Dabei wird angenommen, dass die zu codierenden Bitströme gleichverteilt und unabhängig sind. Dann werden die Leistungsdichtespektren (LDS) der digitalen Basisbandsignale nur durch die Form des Sendegrundimpulses $g(t)$ und die Korrelation der Datenfolge $d[n]$ bestimmt. Die Berechnung ist der LDS erfordert besonders sorgfältiges Vorgehen und wird in Abschnitt 6.7 genauer vorgestellt.

Man beachte, dass das LDS und die Autokorrelationsfunktion (AKF) ein Fourier-Paar bilden. Wie in Abschnitt 6.7 gezeigt wird, werden den Rechnungen die AKF zugrunde gelegt. Von besonderer Bedeutung ist eine etwaige Korrelation der Datenfolgen. Sie hat direkten Einfluss auf das LDS. Durch gezieltes Einführen einer Korrelation durch Codieren, man spricht dann auch von *Codes mit Gedächtnis*, lässt sich das LDS formen.

Für die in Bild 6-5 vorgestellten vier Leitungscodes wird das LDS in Abschnitt 6.7 berechnet. Die Ergebnisse sind in Bild 6-6 zu sehen. Bis auf den Manchester-Code treten überall wesentliche Leistungsanteile um die Frequenz null herum auf. Die OOK- und unipolare RZ-Übertragung weisen sogar Gleichstromanteile auf, die einen großen Anteil der Sendeleistung aufzehren, so dass bei gleicher Sendeleistung die Störanfälligkeit gegen Rauschen deutlich ansteigt. Bei der Manchester-Codierung wird die Leistung im Spektrum zu höheren Frequenzen hin verschoben. Demzufolge kann sich der Tiefpasscharakter der Leitung eher bemerkbar machen. Die Besonderheit des Manchester-Codes liegt hier in der Gleichstromfreiheit. Er besitzt nicht nur keinen Gleichanteil, das LDS besitzt eine Nullstelle für die Frequenz null.

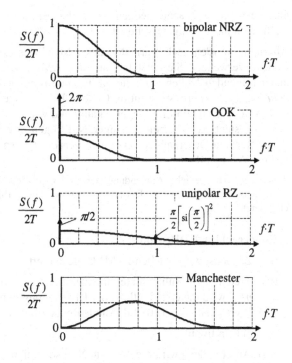

**Bild 6-6** Leistungsdichtespektren der binären Leitungscodes in Bild 6-5 mit Bitintervall $T$

## 6.3.2 Ternäre Leitungscodes

Eine in den Anwendungen bedeutende Klasse von Leitungscodes bilden die ternären Leitungscodes. Ein wichtiger Vertreter ist der *AMI-Code*. Das Akronym AMI steht für Alternate Mark Inversion und beschreibt die alternierende Codierung des Bit „1" als positiver bzw. negativer Impuls. Das Bit „0" wird ausgetastet, s. Bild 6-7.

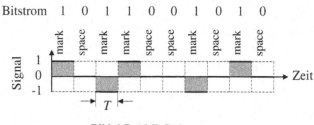

**Bild 6-7** AMI-Code

Beim AMI-Code werden zwar drei Symbole, gekennzeichnet durch die Amplitudenstufen $-1$, $0$ und $+1$, verwendet, jedoch wird pro *Symbolintervall T* nur ein logisches Bit übertragen. Man spricht deshalb von einem *pseudoternären Code*. Seine Effizienz im Sinne der im Code enthaltenen Redundanz ist $1/\mathrm{ld}3 \approx 0{,}63$. Der AMI-Code besitzt ausreichenden Taktgehalt, wenn lange *Nullfolgen* vermieden werden. Er wird deshalb häufig zusammen mit einem Scrambler eingesetzt. Man beachte jedoch, dass der Einsatz eines Scrambler das Auftreten langer Nullfolgen nicht völlig ausschließt.

Alternativ werden auch Varianten des AMI-Codes, die *HDB$_n$-Codes* (High Density Bipolar Codes), verwendet. Sie entstehen aus den AMI-Codes durch Ersetzen von mehreren aufeinander folgenden Nullen. Aus diesem Grunde bezeichnet man die HDB$_n$-Codes auch als *Substitutionscodes* (Zero Substitution Codes). Das Ersetzen von Nullfolgen stellt eine Coderegelverletzung dar, die im Empfänger erkannt und wieder rückgängig gemacht wird. Diesem Mehraufwand steht das Vermeiden langer Nullfolgen gegenüber. Mit den HDB$_n$-Codes kann auf Scrambler und Descrambler verzichtet werden. Die spektralen Eigenschaften sind ähnlich denen des AMI-Codes.

*Anmerkung*: Die gezielte Anwendung der Coderegelverletzung setzt voraus, dass Übertragungsfehler vernachlässigt werden können. Der HDB$_3$-Code wird beim ISDN auf den Schnittstellen $S_{2M}$, $U_{K2}$ und $V_{2M}$ eingesetzt.

---

**Coderegel für HDB$_n$-Codes**

(i)   Zunächst wird wie beim AMI-Code codiert.

(ii)  Treten ($n$+1) Nullen hintereinander auf, man spricht von einer Nullfolge der Länge
      $n$+1, wird die erste Null bei der Übertragung durch einen Impuls ersetzt mit der
      Wertigkeit  +1/ -1/ 0* falls die laufende digitale Summe (RDS) gleich -1/ +1/ 0 ist.

      *) kein Impuls

(iii) Anschließend wird die ($n$+1)-te Null so codiert, dass die Coderegel (alternierend) hier
      verletzt wird.

---

In Bild 6-8 werden der AMI-Code und der HDB$_3$-Code gegenüber gestellt. Zusätzlich eingetragen ist die *laufende digitale Summe* (Running Digital Sum, RDS), also die fortlaufende Addition der Wertigkeiten der elektrischen Impulse. Ist die RDS null, so haben sich alle Impulse bis dahin gegenseitig kompensiert, das Signal ist bis dahin gleichstromfrei. Leitungscodes, deren RDS prinzipiell nicht beschränkt sind, können Gleichstromanteile enthalten. Der HDB$_3$-Code wird nach der ITU-Empfehlung G.921 zur Übertragung des PCM-30-Grundsystems und der Systeme für 8 und 34 Mbit/s vorgeschlagen.

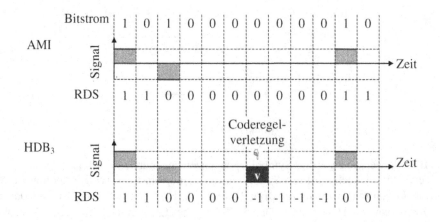

**Bild 6-8**  AMI-Code und HDB$_3$-Code mit RDS

Einige Beispiele für die möglichen Codierungsfälle sind in Bild 6-9 zusammengestellt. Durch die Kombination von einem Impuls zur Coderegelverletzung (**v**) und einem gegebenenfalls voran gesetzten Ausgleichsimpuls (**a**) wird sichergestellt, dass der Betrag der RDS nicht größer als 1 wird. Dem Empfänger ist es relativ einfach möglich, die Kombination der Impulse zu erkennen, da bei einer Coderegelverletzung nur in diesem Fall stets genau $n$-1 Nullen dazwischen liegen.

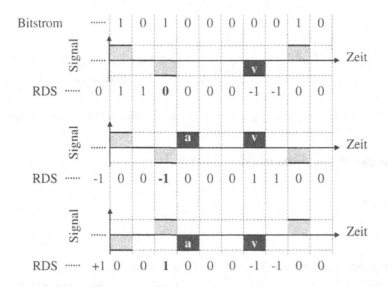

**Bild 6-9** HDB$_3$-Codierung mit Coderegelverletzung **v** und Ausgleichsimpuls **a**

Zur Beurteilung der spektralen Effizienz wird das Leistungsdichtespektrum der Basisbandsignale benötigt. Seine Berechnung gestaltet sich wegen der Coderegeln, die wie bei den AMI- und den HDB$_n$-Codes Abhängigkeiten zwischen den Symbolen einführen, als aufwendig. Man spricht hier auch von Codes mit Gedächtnis.

*Anmerkung*: Ist die Berechung zu aufwendig, kann das LDS der Basisbandcodierung gegebenenfalls experimentell durch eine Computersimulation oder an realen Übertragungsstrecken geschätzt werden.

In [Pro01] wird eine Gleichung nach [TiWe61] zur Berechnung des LDS von digitalen Basisbandsignalen angegeben, s. Abschnitt 6.7. Voraussetzung ist, dass das Gedächtnis des Codes durch eine Markov-Kette beschrieben werden kann [Wer02].

Für Rechteckimpulse als Sendegrundimpulse wird das LDS für AMI-codierte Basisbandsignale in Abschnitt 6.7 berechnet. Das Ergebnis ist in Bild 6-10 zu sehen. Zum Vergleich sind die LDS zur bipolaren Übertragung und zum Manchester-Code ebenfalls eingetragen. Der AMI-Code ist gleichstromfrei. Die Leistung konzentriert sich im Frequenzbereich um $f \approx 1/(2T)$. Das gilt besonders, wenn man eine zusätzliche Impulsformung, z. B. durch einen Sendetiefpass mit $f_g = 1/T$, berücksichtigt.

*Anmerkung*: s. a. Nyquist-Frequenz $f_N = 1/(2T)$ bei der bipolaren Übertragung in Abschnitt 6.6.2

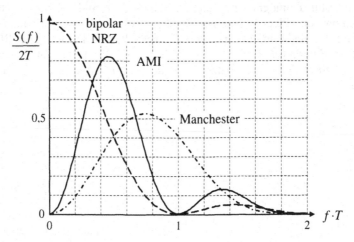

**Bild 6-10** LDS von Basisbandsignalen mit bipolarer NRZ-, AMI- und Manchester-Codierung

# 6.4    Aufgaben zu Abschnitt 6.1 bis 6.3

### 6.4.1    Aufgaben

**Aufgabe 6.1** Scrambler

a)  Welche Aufgaben erfüllt ein Scrambler in der digitalen Basisbandübertragung?

b)  Geben Sie die Schaltungen für den Scrambler und den Descrambler zum primitiven Polynom $c(x) = x^{-4} + x^{-1} + 1$ an.

c)  Welche Struktur sollte der Descrambler haben? Begründen Sie Ihre Antwort.

d)  Geben Sie die zur Bitfolge 100 010 000 000 110... am Eingang gehörige Ausgangsfolge des Scrambler an.

   *Hinweis*: Gehen Sie von einem energiefreien Anfangszustand aus.

e)  Lösen Sie d) , indem Sie den Scrambler mit den Methoden der digitalen Signalverarbeitung beschreiben. Berechnen Sie die Ausgangsfolge.

**Aufgabe 6.2** Leitungscodierung

Ein Bitstrom mit Bitrate 9,6 kbit/s soll binär im Basisband übertragen werden. Schätzen Sie die benötigte Bandbreiten für die Codierungen mit (a) AMI-Code + Filterung und (b) Manchester-Code ab. Welche Werte haben die so genannten Schwerpunktfrequenzen der Leistungsdichtespektren?

**Aufgabe 6.3** Leitungscodes

Skizzieren Sie in den nachfolgenden Bildern die Signale der angegebenen Leitungscodes zu den vorgegebenen Bitströmen. Geben Sie gegebenenfalls auch die jeweiligen Werte der laufenden digitalen Summe (RDS) an und beachten Sie die gegebenen Startwerte.

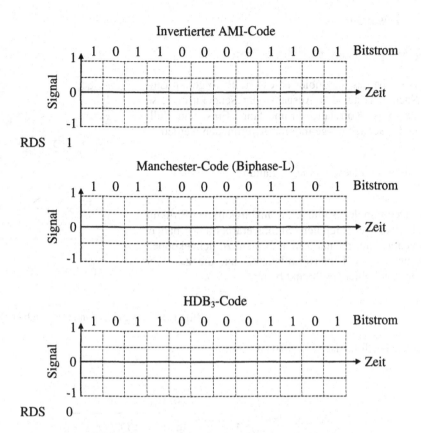

Bild 6-11 Beispiele für die Basisband-Codierung

**Aufgabe 6.4** Leitungscodierung mit dem HDB$_3$-Code

Skizzieren Sie im nachfolgenden Bild das Signal des angegebenen Leitungscodes zum vorge-gebenen Bitstrom. Geben Sie auch die Werte der laufenden digitalen Summe (RDS) an und be-achten Sie den gegebenen Startwert.

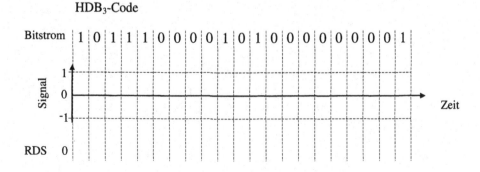

Bild 6-12 Beispiel für die HDB$_3$-Codierung

## 6.4.2 Lösungen

**Lösung zu Aufgabe 6.1** Scrambler

a) Die Aufgabe des Scrambler ist es, die Bitfolge am Eingang (Nachricht) auf den Ausgang, die Sendebitfolge, so abzubilden, dass Korrelationen und lange Eins- und Nullfolgen in der Sendebitfolge möglichst vermieden werden.

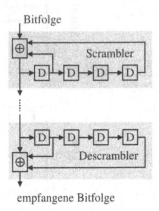

b) Scrambler- und Descrambler-Schaltung

c) Der Descrambler sollte eine nichtrekursive Struktur (FIR-Filter in der digitalen Signalverarbeitung) haben, damit eventuell auftretende Bitfehler nicht zurückgekoppelt werden und so die Fehlerfortpflanzung auf die Zahl der Stufen des Scrambler beschränkt bleibt.

**Bild 6-13**   Scrambler- und Descrambler-Schaltung

d) Die Ausgangsfolge ist 11111010110000…

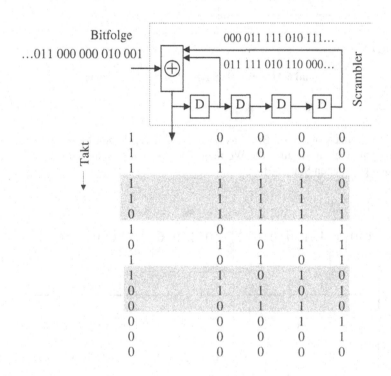

**Bild 6-14**   Verwürfelung des Bitstroms durch den Scrambler

e) Der Scrambler entspricht einem LTI-System mit nur Rückwärtszweigen. Bild 6-15 zeigt die Struktur in der Direktform I.
Man beachte die Modulo-2-Addition in den Vereinigungskno-
ten.

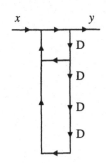

Das Eingangssignal wird einmal direkt durchgereicht, d. h. $b_0 =$
1. Alle anderen Zählerkoeffizienten sind null. Das Ausgangssignal wird einmal um einen Takt verzögert und einmal um vier
Takte verzögert zurückgekoppelt; also $a_1 = 1$ und $a_4 = 1$. Außer
$a_0$, $a_1$ und $a_4$ sind alle Nennerkoeffizienten null. Somit wird die
Übertragungsfunktion

$$H_s(z) = \frac{1}{1+z^{-1}+z^{-4}} = \frac{1}{c(z^{-1})}$$

**Bild 6-15** Sigalflussgraph des
Scrambler in der
Direktform I

Das Generatorpolynom ist das Nennerpolynom des Systems
(charakteristisches Polynom der DGL). Da der Zähler keine
Nullstelle aufweist, spricht man auch von einem Allpol-System.

*Anmerkung*: Das im Beispiel verwendet Generatorpolynom wurde willkürlich für die Übung gewählt.

Die Eingangs-Ausgangsgleichung im Bildbereich

$$Y(z) = X(z) \cdot H(z)$$

wird hier zu einer Division des Eingangspolynoms $X(z) = 1 + z^{-4} + z^{-12} + z^{-13}$ mit dem Generatorpolynom $c(z)$

$$X(z):c(z) = z^{-13} + z^{-12} + z^{-4} + 1 : z^{-4} + z^{-1} + 1 = z^{-9} + z^{-8} + z^{-6} + z^{-3} + z^{-2} + z^{-1} + 1$$

Hier ergibt sich der Sonderfall, dass das Eingangspolynom durch das Generatorpolynom ohne
Rest teilbar ist. Für die Anwendung des Scrambler bedeutet das, dass nach dem neunten Takt
nur noch null ausgegeben wird. D. h. wird die Eingangsbitfolge im Beispiel mit einer langen
Nullfolge fortgesetzt, wird diese Nullfolge ebenfalls am Ausgang des Scrambler erscheinen.

**Lösung zu Aufgabe 6.2** Leitungscodierung

Der Bitrate $R_b = 9,6$ kbit/s entspricht ein Bitintervall $T_b = 104,17$ µs.

a) Nach Bild 6-10 ist das Spektrum der Signale mit AMI-Code im Wesentlichen auf den
Bereich bis $f_g = 1/T_b = 9,6$ kHz begrenzt. Die Schwerpunktfrequenz ist als der Frequenzwert
zum Maximum des Spektrums definiert. Man erhält $f_g/2 = 4,8$ kHz.

b) Für den Manchester-Code ergibt sich $f_g \approx 1,5/T_b = 14,4$ kHz bzw. 7,2 kHz.

*Anmerkung*: Die Nyquist-Frequenz beträgt 4,8 kHz.

## Lösung zu Aufgabe 6.3 Leitungscode

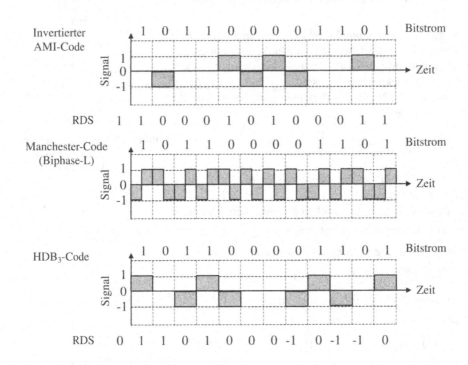

**Bild 6-16**   Beispiele für Leitungscodierungen

## Lösung zu Aufgabe 6.4 Leitungscodierung mit dem HDB₃-Code

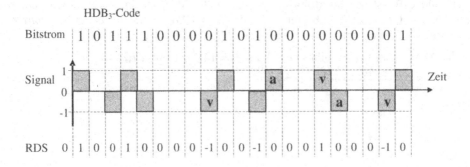

**Bild 6-17**   Leitungscodierung mit dem HDB₃-Code

## 6.5 Optimalempfänger für bekannte Signale in AWGN

*Anmerkung*: Dieser Abschnitt stellt wichtige Grundlagen zum Verständnis der digitalen Übertragungsverfahren bereit. Die für die Basisbandübertragung gefundenen Ergebnisse werden in Abschnitten 7 unmittelbar auf die digitale Modulation von sinusförmigen Trägersignalen übertragen und sind auch in Abschnitt 8 relevant.

### 6.5.1 Übertragungsmodell

Wir betrachten das in der Nachrichtenübertragung häufig benutzte *Übertragungsmodell* des AWGN-Kanals in Bild 6-18 mit den Komponenten und ihren Funktionen:

- Eine diskrete und gedächtnislose *Quelle* liefert einen gleichverteilten Bitstrom $b[n]$ im Bittakt $T_b$.

- Der *Sender* bildet den Bitstrom in die Trägersignale $s_m(t)$ ab; die Information wird durch die Auswahl des Trägersignals codiert.

- Der *AWGN-Kanal* wird durch ein vereinfachtes Übertragungsmodell mit gedächtnisloser Übertragung und additivem Rauschsignal $n(t)$ modelliert. Der Rauschprozess ist unkorreliert (weiß) und normalverteilt (gaußverteilt) mit Mittelwert $\mu = 0$ (mittelwertfrei) und Varianz $\sigma^2$. Die Varianz entspricht der Rauschsignalleistung im Übertragungsband $\sigma^2 = B_{neq} \cdot N_0/2$.

- Der *Empfänger* schätzt anhand des Empfangssignals $r(t)$ den gesendeten Bitstrom; eine perfekte Synchronisation wird vorausgesetzt.

Das vorgestellte Übertragungsmodell wird häufig verwendet, da es zwei wichtige Vorteile hat:

☞ Durch die Verwendung des AWGN-Modells werden die theoretischen Überlegungen und Berechnungen einfacher. Insbesondere folgt bei Normalverteilung aus der Unkorreliertheit der stochastischen Variablen deren Unabhängigkeit.

☞ Wegen der gedächtnislosen Übertragung treten keine Symbolinterferenzen auf und es dürfen die weiteren Überlegungen auf das jeweilige Symbolintervall beschränkt werden

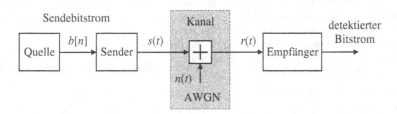

**Bild 6-18** Übertragungsmodell mit AWGN-Kanal

### 6.5.2 Trägersignale

Im Sender werden jeweils Blöcke von $N$ Bits zu einem Symbol zusammengefasst und auf die $M = 2^N$ unterschiedlichen *Trägersignale* abgebildet, wobei die Dauern aller Trägersignale jeweils auf ein Symbolintervall begrenzt sind.

$$\left\{ s_m(t), m = 1, 2, \dots, M = 2^N \right\} \text{ mit } s_m(t) = 0 \quad \forall\, t \notin [0, T_s] \tag{6.14}$$

### 6.5.2.1    Unipolare und bipolare Übertragung

Bei der uni- und bipolaren Übertragung werden die Trägersignale in der Tabelle 6-2 verwendet. Als *Sendegrundim-*
*pulse* g(t) kommen auf das Symbolintervall $T_s$, hier gleich
dem Bitintervall $T_b$, beschränkte Signale in Frage. Für einfache Modellüberlegungen eignet sich der *Rechteckimpuls*
(Rectangular Impulse, REC)

**Tabelle 6-2**  Trägersignale

| Trägersignal | unipolar | bipolar |
|---|---|---|
| $s_1(t)$ | $g(t)$ | $g(t)$ |
| $s_2(t)$ | 0 | $-g(t)$ |

$$g_{REC}(t) = \begin{cases} 1 & \text{für } |t| \le T_s/2 \\ 0 & \text{sonst} \end{cases} \qquad (6.15)$$

*Anmerkung*: Der Rechteckimpuls ist oben in seiner zweiseitigen Form angegeben. Durch Verschieben um
das halbe Symbolintervall nach rechts erhält man daraus die rechtsseitige Form.

Im praktischen Einsatz werden Impulse mit günstigeren spektralen Eigenschaften, wie der *RC-*
*Impuls*, bevorzugt. Er ähnelt dem Rechteckimpuls, wobei die Flanken an den Impulsgrenzen
durch einen kosinusförmigen Übergang ersetzt werden, s. Bild 6-19. Man spricht von einem
abrollen, englischen raised cosine roll-off genannt, daher die Bezeichnung *Raised-Cosine-*
*Impuls* (RC). In zweiseitiger Form wird er definiert durch

$$g_{RC}(t) = \begin{cases} A & |t| \le t_u \\ \dfrac{A}{2}\left[1 + \cos\left(\dfrac{\pi(t-t_u)}{2\alpha}\right)\right] & t_u \le t \le t_o \\ 0 & \text{sonst} \end{cases} \qquad (6.16)$$

Der Parameter $\alpha = (t_o - t_u)/2$ stellt die Breite des
Abrollbereiches ein und heißt deshalb *Roll-off-*
*Faktor*. Für den Grenzfall $\alpha = t_o/2$ wird auch die
Bezeichnung $cos^2$-*Impuls* verwendet.

*Anmerkungen*: (i) Die Bezeichnung $cos^2$-Impuls leitet
sich aus der trigonometrischen Umformung $2 \cdot cos^2(\alpha/2)$
$= 1 + \cos(\alpha)$ ab. (ii) Beachten Sie auch den Unterschied
zwischen den RC-Impulsen, die im Zeitbereich durch
Bild 6-19 definiert werden, und den Impulsen, die im
Frequenzbereich durch ein Spektrum mit Form wie in
Bild 6-19 zu sehen definiert werden.

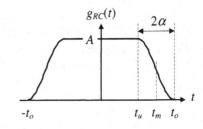

**Bild 6-19**  RC-Impuls in zweiseitiger Form

Das Spektrum des RC-Impulses ist z. B. in
[Sch90] zu finden.

$$G_{RC}(j\omega) = A\pi^2 2t_m \cdot si(\omega t_m) \cdot \frac{\cos(\omega\alpha)}{\pi^2 - (2\omega\alpha)^2} \qquad (6.17)$$

Für große Frequenzen fällt das Spektrum proportional zu $f^3$, während das Spektrum des Rechteckimpulses nur proportional mit $f$ abnimmt. Damit ist ein kompakteres Spektrum und somit
eine höhere spektrale Effizienz zu erwarten.

In Bild 6-20 werden der Rechteckimpuls und zwei RC-Impulse und die Quadrate ihrer Betragsspektren verglichen. Die Amplituden in den oberen Bildern ergeben sich bei einer Energienor-

mierung. Die Impulse besitzen gleiche Energien. In den unteren Bildern wurden die Spektren jeweils auf ihren Maximalwert normiert.

Besonders in den logarithmischen Darstellungen erkennt man den schnellen Abfall des Spektrums des cos²-Impulses im Vergleich zum Rechteckimpuls. Allerdings ist dafür der Hauptbereich des Spektrums bis zur ersten Nullstelle doppelt so breit.

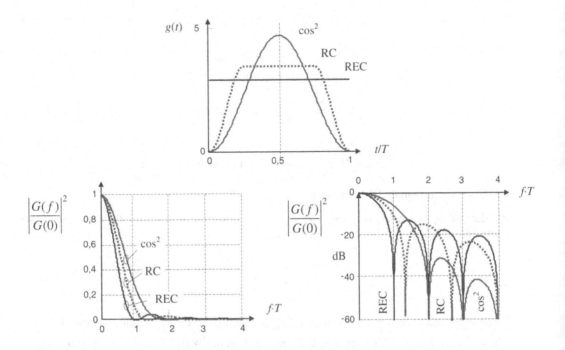

**Bild 6-20** Rechteckimpuls (REC), RC-Impuls (RC) mit Roll-off-Faktor 1/4 und cos²-Impuls (cos²) sowie das Quadrat ihrer Betragsspektren

### 6.5.2.2 Mehrpegelübertragung

Bei der uni- und bipolaren Übertragung wird nur jeweils ein Bit pro Sendegrundimpuls übertragen. Sind die Kanalstörungen relativ gering, kann eine Mehrpegelübertragung angewendet werden. Ein wichtiges Beispiel ist die *M*-stufige *Puls-Amplituden-Modulation* (PAM). Hierbei werden die *M* Symbole durch die *M* Amplitudenstufen $A_1$, $A_2$, ..., $A_M$, den *Datenniveaus*, dargestellt. Es leiten sich alle *M* Trägersignale aus einem Sendegrundimpuls ab.

$$s_i(t) = A_i \cdot g(t) \quad \text{mit } A_i \in \{A_1, A_2, ..., A_M\} \tag{6.18}$$

Ein Beispiel für eine symmetrische PAM mit Gray-Codierung wird in Bild 6-21 vorgestellt. Bei der symmetrischen PAM werden die Amplituden symmetrisch um den Wert null gewählt. Bei gleichverteilten Symbolen wird das Signal somit insgesamt mittelwertfrei. Der Abstand zwischen den Amplitudenstufen ist jeweils gleich, so dass sich bezüglich der Fehleranfälligkeit durch Rauschen eine gleichmäßige Empfindlichkeit einstellt.

Beim *Gray-Code* werden die Amplitudenstufen den Symbolen so zugeordnet, dass die Hamming-Distanz, die Zahl der unterschiedlichen Bits, benachbarter Symbole eins ist, denn bei guten Übertragungsbedingungen bewirken die Kanalstörungen meist im Empfänger nur Fehlentscheidungen zwischen benachbarten Symbolen. Damit tritt pro Symbolfehler meist nur ein Bitfehler auf.

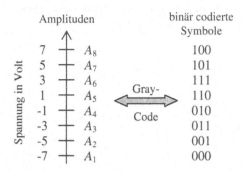

**Bild 6-21** Symmetrische PAM mit Gray-Codierung

### 6.5.2.3    Orthogonale Übertragung

Bei der *orthogonalen Übertragung* werden Trägersignale verwendet, die die *Orthogonalitätsbedingung* erfüllen.

$$\int_0^{T_s} s_i(t) \cdot s_l^*(t)\, dt = \begin{cases} E_s & i = l \\ 0 & \text{sonst} \end{cases} \tag{6.19}$$

Zusätzlich wurde angenommen, dass alle Trägersignale die gleiche Energie $E_s$ besitzen.

Ein wichtiges Beispiel für orthogonale Signale liefern die *Walsh-Funktionen* in Bild 6-22. Sie werden mit Hilfe der *Hadamard-Matrizen* bestimmt. Den Ausgangspunkt bildet die Hadamard-Matrix der Ordnung 2. Daraus können alle Hadamard-Matrizen höherer Ordnung $N = 4, 8, 16$, usw. erzeugt werden.

$$\mathbf{H}_2 = \begin{pmatrix} 1 & 1 \\ 1 & -1 \end{pmatrix} \; ; \; \mathbf{H}_4 = \begin{pmatrix} \mathbf{H}_2 & \mathbf{H}_2 \\ \mathbf{H}_2 & -\mathbf{H}_2 \end{pmatrix} = \begin{pmatrix} 1 & 1 & 1 & 1 \\ 1 & -1 & 1 & -1 \\ 1 & 1 & -1 & -1 \\ 1 & -1 & -1 & 1 \end{pmatrix} \; ; \; \mathbf{H}_8 = \begin{pmatrix} \mathbf{H}_4 & \mathbf{H}_4 \\ \mathbf{H}_4 & -\mathbf{H}_4 \end{pmatrix} \tag{6.20}$$

Zuordnen von Rechteckimpulsen, so genannten *Chips*, mit entsprechenden Polaritäten zu den Zeilen der Hadamard-Matrix erzeugt die Walsh-Funktionen. Demzufolge ergibt sich der Zusammenhang zwischen dem Chipintervall $T_c$ und dem Symbolintervall $T_s$ für Walsh-Funktionen der Ordnung $N$

$$T_c = \frac{T_s}{N} \tag{6.21}$$

*Anmerkung*: Die Walsh-Funktionen spielen beispielsweise als Walsh-Code in den Mobilfunksystemen der 2. und 3. Generation cdmaOne, cdma2000 u. UMTS eine wichtige Rolle. In der digitalen Signalverarbeitung wird die Walsh-Transformation wegen der einfachen Berechenbarkeit eingesetzt.

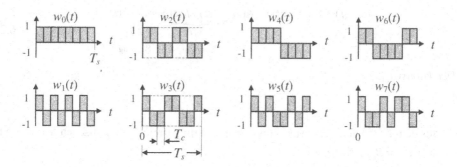

**Bild 6-22** Die Walsh-Funktionen der Ordnung 8

### 6.5.3 Matched-Filter Empfänger

Im letzen Abschnitt wurde die Abbildung der Nachrichten auf die Trägersignale vorgestellt. Aufgabe des Empfängers ist es, die Trägersignale zu erkennen und so die Nachricht festzustellen, zu detektieren. Diese Aufgabe wird in der Regel durch Störungen erschwert, wie im Beispiel des additiven Rauschens. In diesem Abschnitt studieren wird deshalb das Erkennen von Signalen in Rauschen.

Wir lösen dazu die Aufgabe in Bild 6-23. Es soll ein lineares Empfangsfilter – das Matched-Filter – so entworfen werden, dass das Verhältnis von Signalleistung und Rauschleistung, das SNR, maximal wird. Dabei sind drei Randbedingungen zu beachten: Zum ersten betrachten wir nur Signale $x(t)$ endlicher Dauer $T$. Zum zweiten ist bei der Detektion zu einem zunächst wählbaren Zeitpunkt die Entscheidung zu treffen. Wir sprechen vom optimalen Detektionszeitpunkt $t_0$ für den wir das SNR maximieren wollen. Zum dritten nehmen wir eine additive, stationäre und mittelwertfreie Rauschstörung an.

*Anmerkung*: Ein Mittelwert als Störung ist meist unkritisch, da er in der Regel kompensiert werden kann.

Der Wunsch das SNR zu maximieren erscheint nahe liegend, ist jedoch nicht zwingend. Wir werden im nächsten Abschnitt sehen, dass unter typischen Bedingungen dann auch die Wahrscheinlichkeit einer fehlerhaften Entscheidung minimiert wird.

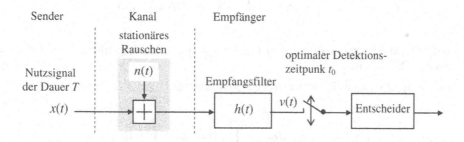

**Bild 6-23** Empfangsfilter zur Rauschunterdrückung

Am Ausgang des Empfangsfilters überlagern sich der Nutz- und der Störanteil

$$v(t) = \left[ x(t) + n(t) \right] * h(t) = \underbrace{x(t) * h(t)}_{y(t)} + \underbrace{n(t) * h(t)}_{\tilde{n}(t)} \tag{6.22}$$

$$\underset{\text{Nutzsignal}}{} \quad \underset{\text{Störung}}{}$$

Die *Detektionsvariable*

$$v(t_0) = y(t_0) + \tilde{n}(t_0) \tag{6.23}$$

besteht aus dem Nutzanteil (Nachricht) und einer mittelwertfreien stochastischen Variablen mit der Varianz $\sigma^2 = B_{neq} \cdot N_0 / 2$ .

Das SNR im Detektionszeitpunkt ist demzufolge

$$\left( \frac{S}{N} \right)_0 = \frac{y^2(t_0)}{\sigma^2} \tag{6.24}$$

Zur Maximierung des SNR betrachten wir die Leistung des Nutzanteils

$$y^2(t_0) = \left( \frac{1}{2\pi} \int\limits_{-\infty}^{+\infty} X(j\omega) H(j\omega) e^{j\omega t_0} d\omega \right)^2 \tag{6.25}$$

und die des stationären mittelwertfreien Rauschanteils

$$E\left( n^2(t_0) \right) = \sigma^2 = \frac{1}{2\pi} \int\limits_{-\infty}^{+\infty} S_{nn}(\omega) \left| H(j\omega) \right|^2 d\omega \tag{6.26}$$

Eingesetzt in das SNR resultiert

$$\left( \frac{S}{N} \right)_0 = \frac{y^2(t_0)}{\sigma^2} = \frac{\left( \dfrac{1}{2\pi} \int\limits_{-\infty}^{+\infty} X(j\omega) H(j\omega) e^{j\omega t_0} d\omega \right)^2}{\dfrac{1}{2\pi} \int\limits_{-\infty}^{+\infty} S_{nn}(\omega) \left| H(j\omega) \right|^2 d\omega} \tag{6.27}$$

Der Freiheitsgrad der Optimierung ist der Frequenzgang des Empfangsfilters. Er ist so zu wählen, dass das SNR maximal wird.

Die Lösung ergibt sich aus der schwarzschen Ungleichung

$$\left| \int\limits_{-\infty}^{+\infty} g_1(\omega) \cdot g_2^*(\omega) \; d\omega \right|^2 \leq \int\limits_{-\infty}^{+\infty} \left| g_1(\omega) \right|^2 d\omega \cdot \int\limits_{-\infty}^{+\infty} \left| g_2(\omega) \right|^2 d\omega \tag{6.28}$$

wobei die Gleichheit genau dann gilt, wenn die beiden Funktionen zueinander proportional sind.

Mit dem Ansatz

$$g_1(\omega) = \frac{X(j\omega)}{\sqrt{S_{nn}(\omega)}} \quad \text{und} \quad g_2^*(\omega) = \sqrt{S_{nn}(\omega)} \cdot H(j\omega) \ e^{j\omega t_0} \tag{6.29}$$

in das SNR (6.27) eingesetzt, erhält man

$$\left(\frac{S}{N}\right)_0 = \frac{1}{2\pi} \cdot \frac{\left|\int\limits_{-\infty}^{+\infty} g_1(\omega) g_2^*(\omega) \ d\omega\right|^2}{\int\limits_{-\infty}^{+\infty} |g_2(\omega)|^2 \ d\omega} \leq \frac{1}{2\pi} \cdot \int\limits_{-\infty}^{+\infty} |g_1(\omega)|^2 \ d\omega \tag{6.30}$$

Das maximale SNR wird bei Gleichheit erreicht. Es folgt die Dimensionierungsvorschrift für das Empfangsfilter im Frequenzbereich

$$H_{MF}(j\omega) = c \cdot \frac{X^*(j\omega)}{S_{nn}(\omega)} \cdot e^{-j\omega t_0} \tag{6.31}$$

mit der positiven Proportionalitätskonstanten $c$, die wir im Weiteren gleich 1 setzen.

*Anmerkung*: Es werden normierte Größen ohne Angabe von Dimensionen verwendet.

Das so bestimmte Empfangsfilter wird *Matched-Filter* genannt, weil es speziell auf das Sende-signal angepasst ist. Es lässt besonders die Frequenzkomponenten passieren, die zum Signal-spektrum wesentlich beitragen und/oder in denen nur wenig Rauschen auftritt. Umgekehrt werden die Frequenzkomponenten besonders gedämpft, in denen das Signalspektrum nur rela-tiv wenig Leistung aufweist und/oder das LDS des Rauschens überwiegt.

Besitzt die Störung im Übertragungsband ein konstantes LDS

$$S_{nn}(\omega) = \frac{N_0}{2} \tag{6.32}$$

hängt die Lösung (6.31) nur vom Signal ab.

$$H_{MF}(j\omega) = X^*(j\omega) \cdot e^{-j\omega t_0} \tag{6.33}$$

Die Rücktransformation in den Zeitbereich geschieht durch Anwenden der Sätze der Fourier-Transformation. Die Bildung des konjugiert komplexen Spektrums bedeutet für die Zeit-funktion eine Spiegelung an der Zeitachse. Für ein reelles rechtsseitiges Signal $x(t)$ ergibt sich daraus ein linksseitiges Zwischenergebnis. Der Faktor $\exp(-j\omega t_0)$ verursacht eine Zeitverschie-bung um $t_0$ nach rechts. Wählt man $t_0$ gleich der Zeitdauer des Nutzsignals $T$, resultiert die Impulsantwort des rechtsseitigen Matched-Filters.

$$h_{MF}(t) = x(-t + T) \tag{6.34}$$

Das Matched-Filter liefert als Reaktion auf $x(t)$ am Ausgang die *Zeit-AKF* des Sendesignals [Wer05].

$$x(t) * h_{MF}(t) = R_{xx}(t-T) = R_{hh}(t-T) \tag{6.35}$$

Im optimalen Detektionszeitpunkt $t_0 = T$ erhält man die Signalenergie

$$R_{xx}(0) = E_x = \int_0^T |x(t)|^2 \, dt \tag{6.36}$$

Für das SNR am Matched-Filterausgang (6.24) gilt im optimalen Detektionszeitpunkt bei weißer Rauschstörung mit der parsevalschen Formel

$$\left(\frac{S}{N}\right)_{0.MF} = \frac{\frac{1}{2\pi} \int_{-\infty}^{+\infty} |X(j\omega)|^2 \, d\omega}{N_0/2} = \frac{E_x}{N_0/2} \tag{6.37}$$

Damit ist das SNR gleich dem Verhältnis aus der Energie des Signals $x(t)$ zur Rauschleistungsdichte. Man beachte, dass das SNR nicht von der speziellen Form des Signals abhängt.

Nachdem das Konzept und die Dimensionierungsvorschrift für das Matched-Filter vorgestellt wurde, wird noch auf drei für die Anwendung wichtige Punkte hingewiesen:

- Betrachtet man rückblickend nur den Betrag des Frequenzganges, dann wird die Überlegung der Rauschunterdrückung durch eine einfache Bandpass- bzw. Tiefpassfilterung in Bild 6-23 bestätigt und präzisiert. Wie im Anhang gezeigt wird, kann bei rechteckförmigen Sendegrundimpulsen bereits mit einem einfachen RC-Tiefpass ein SNR erreicht werden, das weniger als 1 dB unterhalb des mit dem Matched-Filter erzielbaren SNR liegt.

- Im nächsten Abschnitt wird gezeigt, dass im Fall der AWGN-Störung beim Matched-Filter-Empfänger die Wahrscheinlichkeit für eine Fehlentscheidung minimal wird. Man spricht in diesem Fall von einer *Maximum-Likelihood-Detektion* bzw. in der Radartechnik von einem *optimalen Suchfilter*.

- Schließlich sei angemerkt, dass weitergehende Überlegungen zur Detektion von Signalen und Prozessen in der Literatur unter den Stichworten *Wiener-Filter* (6.31) und *Kalman-Filter* zu finden sind, z. B. [Schl88][Schl92].

**Beispiel** Rechteckimpuls

Ist das Sendesignal ein rechtsseitiger Rechteckimpuls

$$x(t) = g_{REC}(t - T_S/2) \tag{6.38}$$

so resultiert bei additiver weißer Störung aus (6.34) wegen der Symmetrie von $x(t)$ die Impulsantwort des Matched-Filters

$$h_{MF}(t) = x(t) \tag{6.39}$$

Am Ausgang des Matched-Filters stellt sich dann ein Dreiecksimpuls wie in Bild 6-24 ein.

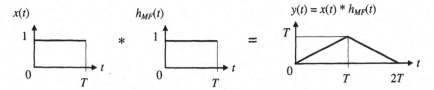

**Bild 6-24** Matched-Filter-Empfang für einen Rechteckimpuls

**Beispiel** Walsh-Funktion

Als weiteres Beispiel betrachten wir die Walsh-Funktion $w_5(t)$ in Bild 6-22. Wir fassen sie als Überlagerung von Rechteckimpulsen, den Chips, auf.

Für das Matched-Filter ergibt sich als Impulsantwort die gespiegelte und nach rechts verschobene Version der Walsh-Funktion. Da die Walsh-Funktion in sich symmetrisch ist, ist sie identisch zur Impulsantwort des zugehörigen Matched-Filters.

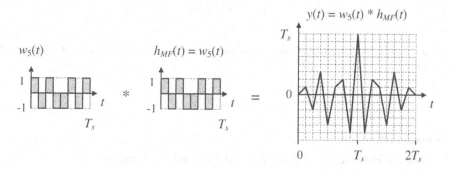

**Bild 6-25** Matched-Filter-Empfang für Walsh-Funktionen der Ordnung 8

## 6.5.4 Optimalempfänger für uni- und bipolare Signale in AWGN

Wir erweitern die Überlegungen des letzten Abschnittes auf die Übertragung eines Bitstroms in Bild 6-26, dem Modell einer *Basisbandübertragung*. Wir setzen wieder eine ideale Synchronisation voraus.

Im Sender wird der *Bitstrom* $b[n]$ auf das Sendesignal

$$s(t) = \sum_{n=0}^{\infty} d[n]g(t - nT_b) \tag{6.40}$$

mit dem Sendegrundimpuls $g(t)$ und der Datenfolge $d[n]$ abgebildet. Das logische Bit „0" wird auf die Datenniveaus „0" bzw. „-1" codiert; das logische Bit „1" auf das Datenniveau „1".

$$\begin{aligned} d[n] &\in \{0,1\} \quad \text{unipolar} \\ d[n] &\in \{-1,1\} \quad \text{bipolar} \end{aligned} \tag{6.41}$$

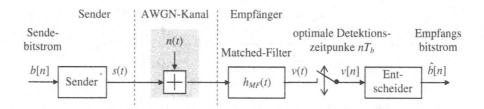

**Bild 6-26** Uni- und bipolare Basisbandübertragung in AWGN-Kanälen

Der Sendegrundimpuls ist auf das Bitintervall $T_b$ begrenzt

$$g(t) = 0 \; \forall \; t \notin [0, T_b]$$

(6.42)

und seine Energie ist

$$E_g = \int_0^{T_b} g^2(t)\, dt$$

(6.43)

Im AWGN-Kanal wird dem Sendesignal weißes gaußsches Rauschen mit dem Leistungsdichtespektrum

$$S_{nn}(\omega) = \frac{N_0}{2}$$

(6.44)

additiv überlagert.

Am Eingang des Empfängers wird ein Matched-Filter mit der Impulsantwort

$$h_{MF}(t) = g(T_b - t)$$

(6.45)

eingesetzt.

Für die *Detektionsvariablen* in den optimalen Detektionszeitpunkten ergeben sich demzufolge stochastische Variablen mit einem Nutzanteil und einer Rauschstörung.

$$v(t = nT) = v[n] = \underbrace{d[n] \cdot E_g}_{\text{Nutzanteil}} + \underbrace{n_r[n]}_{\text{Rauschstörung}}$$

(6.46)

Für den betrachteten Fall des weißen gaußschen Rauschens mit Matched-Filterempfang erhält man die bedingten Wahrscheinlichkeitsdichtefunktionen (WDF) in Bild 6-27 mit den Varianzen

$$\sigma_r^2 = E_g N_0 / 2$$

(6.47)

Damit sind die Detektionsvariablen im Sinne der Wahrscheinlichkeitsrechnung vollständig charakterisiert.

Es liegt nahe, die Optimalität des Empfängers an der Wahrscheinlichkeit fest zu machen, dass der Empfänger die tatsächlich gesendeten Daten (Nachrichten) ausgibt. Also der Entscheider des *Optimalempfängers* die empfangenen Daten jeweils so auswählt, dass bei bekanntem (empfangenen) Wert der Detektionsvariablen $v$ die Wahrscheinlichkeit der detektierten Nachricht $d$ maximal ist.

$$\max_{d} P(d\,/\,v) \qquad (6.48)$$

Die Detektionsaufgabe ist hier nicht direkt lösbar, da nur die bedingte WDF für die Detektionsvariablen in Bild 6-27 zur Verfügung steht. Mit einer kleinen Überlegung lässt sich die Aufgabe jedoch äquivalent formulieren. Zunächst stellen wir die Wahrscheinlichkeit für die gesendeten Daten dar, wenn die Detektionsvariable innerhalb eines kleinen Intervalls $\Delta$ um den Wert $v_0$ liegt.

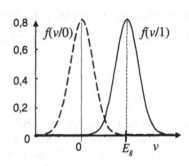

$$P(d\,/\,v \in [v_0, v_0 + \Delta[) \approx \frac{f(d, v_0)\Delta}{f(v_0)\Delta} \qquad (6.49)$$

**Bild 6-27** Bedingte WDF der Detektionsvariablen für die unipolare Übertragung

*Anmerkungen*: (i) Wir setzen der Einfachheit halber eine stetige WDF, wie bei der gaußschen Glockenkurve, voraus. Die Verbund-WDF ist diskret bzgl. der Daten $d$ und reell bezüglich der Detektionsvariablen $v$. (ii) Das Formelzeichen $P$ weist auf den engl. Begriff Probability für Wahrscheinlichkeit hin (probabilis lateinisch für annehmbar).

Die gesuchte Wahrscheinlichkeit lässt sich durch Erweitern mit der Wahrscheinlichkeit, dass das spezielle Datum $d$ gesendet wird, in die für die Übertragung vom Sender zum Empfänger natürliche Form bringen

$$\frac{f(d, v_0)\Delta \cdot P(d)}{f(v_0)\Delta \cdot P(d)} = \frac{f(v_0 / d)P(d)}{f(v_0)} \qquad (6.50)$$

Da wir das Intervall $\Delta$ prinzipiell beliebig klein machen dürfen, auch gegen null, erhalten wir bei stetigen WDF für die gesuchte Wahrscheinlichkeit einer gesendeten Nachricht $d$ bei bekanntem Wert der Detektionsvariablen $v$

$$P(d\,/\,v) = \frac{f(v\,/\,d)P(d)}{f(v)} \qquad (6.51)$$

Man beachte, dass im Nenner die WDF $f(v)$ unabhängig von der Nachricht $d$ ist. Sie hat demzufolge keinen Einfluss auf die Entscheidung und kann weggelassen werden. Wir notieren die Entscheidungsregel für den Optimalempfänger, das MAP-Kriterium:

---

**Maximum-a-posteriori (MAP) -Kriterium**

Der Empfänger wählt die Nachricht $d$ mit der maximalen a-posteriori-Wahrscheinlichkeit aus

$$\max_{d} P(d\,/\,v) = \max_{d} f(v\,/\,d) \cdot P(d) \qquad (6.52)$$

---

*Anmerkung*: Die lateinischen Fügungen „a priori" und „a posteriori" stehen für „vom Früheren her" bzw. „vom Späterem her". A priori bezeichnet eine durch logisches Schließen gefundene (meist grundsätzliche) Erkenntnis, während a posteriori auf eine aus Erfahrung im Nachhinein gefundene Erkenntnis, hier den Wert der Detektionsvariablen, hinweist.

Im Falle nur gleichwahrscheinlicher Nachrichten, also $P(d)$ ist gleich für alle Datensymbole $d$, kann das MAP-Kriterium äquivalent zum ML-Kriterium vereinfacht werden:

---

**Maximum-likelihood (ML) -Kriterium**

Der Empfänger wählt die Nachricht $d$ mit der maximalen bedingten Wahrscheinlichkeit aus

$$\max_{d} f(v/d) \tag{6.53}$$

---

Die beiden Kriterien werden in Bild 6-28 für den Fall einer binären Entscheidung dargestellt. Links ist die Situation des MAP-Kriteriums skizziert. Es lassen sich zwei Entscheidungsgebiete identifizieren, deren Grenzen an den Schnittpunkten der Kurven für die Produkte aus den bedingten WDF und den a-priori-Wahrscheinlichkeiten der Nachrichten liegen. Liegt beispielsweise die Detektionsvariable im *Entscheidungsgebiet $D_2$*, so wird auf die Nachricht $d_2$ entschieden.

Ganz entsprechendes gilt für das ML-Kriterium im rechten Teilbild. Im Beispiel ergeben sich mehrere Schnittpunkte der WDF, so dass die Entscheidungsgebiete in Teilgebiete zerfallen.

*Anmerkung*: Gilt, wie in Bild 6-28 links im Vergleich mit rechts angenommen, $P(d_2) > P(d_1)$, so wird häufiger das Datensymbol $d_2$ gesendet. Es ist deshalb natürlich, dass das Entscheidungsgebiet für $d_2$ links im Bild im Vergleich zu dem rechts im Bild vergrößert wird, da nun mehr Datensymbole auf $d_2$ entschieden werden; also im Mittel weniger Fehler auftreten.

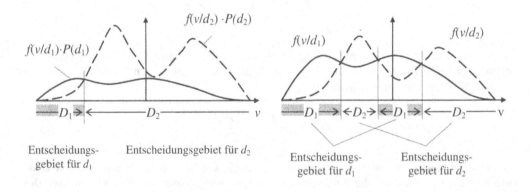

**Bild 6-28**  Entscheidungsgebiete für die binäre Nachrichtenübertragung für das MAP-Kriterium (links) und das ML-Kriterium (rechts)

Im Beispiel der bedingten WDF der normalverteilten Detektionsvariablen $v$ in Bild 6-27

$$f(v/d) = \frac{1}{\sqrt{2\pi} \cdot \sigma_r} \exp\left(-\frac{(v - dE_g)^2}{2\sigma_r^2}\right) \tag{6.54}$$

erfordern MAP- und ML-Kriterium den Vergleich der WDF bei empfangenem Wert der Detektionsvariablen für alle zulässigen Nachrichten $d$. Zusätzlich ist die a-priori-Wahrscheinlichkeit für die Datensymbole $P(d)$ beim MAP-Kriterium noch zu berücksichtigen.

$$\max_d P(d) \cdot f(v/d) = \max_d \left[ P(d) \cdot \frac{1}{\sqrt{2\pi} \cdot \sigma_r} \cdot \exp\left(-\frac{(v - dE_g)^2}{2\sigma_r^2}\right) \right] \tag{6.55}$$

Der Vergleich kann durch die Logarithmusfunktion wesentlich vereinfacht werden. Die Logarithmusfunktion ist monoton und ändert deshalb den Größenvergleich, die Entscheidung, nicht. Man spricht dann von der *Log-likelihood-Funktion*.

$$\max_d \ln\left[ \frac{P(d)}{\sqrt{2\pi} \cdot \sigma_r} \cdot \exp\left(-\frac{(v - dE_g)^2}{2\sigma_r^2}\right) \right] = \min_d \left[ \frac{(v - dE_g)^2}{2\sigma_r^2} - \ln P(d) \right] \tag{6.56}$$

*Anmerkung*: Nach kurzer Zwischenrechnung ergibt sich der Ausdruck auf der rechten Seite. Dabei wird mit −1 multipliziert, weshalb die Suche nach dem Maximum zur Suche nach dem Minimum wird. Der nicht zur Entscheidung beitragende Term mit der Varianz wurde entfernt.

Wird der Term mit der Wahrscheinlichkeit der Nachrichten $d$ weggelassen, weil die Daten gleichwahrscheinlich sind oder dies für On-chip-Lösungen näherungsweise angenommen werden kann, so resultiert die Vereinfachung

$$\min_d (v - dE_g)^2 = \min_d |v - dE_g| \tag{6.57}$$

Bei Übertragung im AWGN-Kanal ist die Entscheidungsregel MAP und ML äquivalent zur Suche der *minimalen euklidschen Distanz* zwischen den Detektionsvariablen und den Nachrichten im Symbolraum. Der Codierung der Nachrichten im Symbolraum kommt damit entscheidende Bedeutung für die Robustheit der Übertragung gegen Rauschstörungen zu. Darauf wird später noch eingegangen.

### 6.5.5 Bitfehlerwahrscheinlichkeiten

In diesem Abschnitt wenden wir die Detektionsregeln für verschiedene Basisbandübertragungsverfahren an. Wir gehen dabei von unabhängigen und gleichverteilten Daten und einer Übertragung in AWGN-Kanälen aus.

#### 6.5.5.1 Bitfehlerwahrscheinlichkeit für die uni- und bipolare Übertragung

Im Falle der uni- und bipolaren Übertragung in AWGN-Kanälen mit Matched-Filterempfang ergeben sich die in Bild 6-29 gezeigten Detektionsaufgaben. Beide sind im Prinzip gleich. Entsprechend den Forderungen des MAP-Kriteriums liegen die Entscheidungsschwellen $v_{th}$ (Threshold) jeweils auf den Schnittpunkten der bedingten WDF.

Eine Fehlentscheidung tritt auf, wenn beispielsweise $d = 1$ gesendet wird, die Detektionsvariable $v$ aber einen Wert im Entscheidungsgebiet $D_0$ bzw. $D_{-1}$ annimmt. Die Wahrscheinlichkeit für eine Fehlentscheidung $P_{e1}$ (Error) ist demzufolge jeweils gleich der grau eingetragenen Flächen in Bild 6-29.

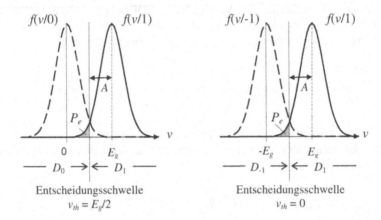

**Bild 6-29**   WDF der Detektionsvariablen für unipolare und bipolare Übertragung links bzw. rechts

Die Berechnung der Fehlerwahrscheinlichkeit erfolgt mit dem *gaußschen Fehlerintegral* $\Phi(x)$ oder der *komplementäre Fehlerfunktion* erfc$(x)$ [Wer05]. Mit $A = E_g/2$ für die unipolare und $E_g$ für die bipolare Übertragung resultiert

$$P_{e1} = 1 - \Phi\left(\frac{A}{\sigma_r}\right) = \frac{1}{2}\text{erfc}\left(\frac{A}{\sigma_r\sqrt{2}}\right) \qquad (6.58)$$

Zahlenwertbeispiele für die komplementäre Fehlerfunktion sind in Tabelle 6-2 zu finden.

Um verschiedene Verfahren fair zu vergleichen, wird in der Nachrichtentechnik die Signalenergie bzw. –leistung am Empfängereingang als Bezugsgröße verwendet. Im Falle der uni- und bipolaren Übertragung gelten bei gleichverteilten Daten für die Energien pro Bit

$$E_b = \begin{cases} E_g / 2 & \text{unipolar} \\ E_g & \text{bipolar} \end{cases} \qquad (6.59)$$

Damit und mit der Varianz des Rauschanteils der Detektionsvariablen (6.47) resultiert

$$\text{unipolar: } P_{e1} = \frac{1}{2}\text{erfc}\sqrt{\frac{E_b}{2N_0}} \quad \text{und} \quad \text{bipolar: } P_{e1} = \frac{1}{2}\text{erfc}\sqrt{\frac{E_b}{N_0}} \qquad (6.60)$$

**Tabelle 6-2** Komplementäre Fehlerfunktion (Complementary Error Function)

| $x$ | erfc($x$) | $x$ | erfc($x$) | $x$ | erfc($x$) | $x$ | erfc($x$) | $x$ | erfc($x$) |
|---|---|---|---|---|---|---|---|---|---|
| 0 | 1 | 1,0 | 0,157 | 2,0 | $4,68\cdot10^{-3}$ | 3,0 | $2,21\cdot10^{-5}$ | 4,0 | $1,54\cdot10^{-8}$ |
| 0,1 | 0,888 | 1,1 | 0,120 | 2,1 | $2,98\cdot10^{-3}$ | 3,1 | $1,17\cdot10^{-5}$ | 4,1 | $6,70\cdot10^{-9}$ |
| 0,2 | 0,777 | 1,2 | 0,0897 | 2,2 | $1,86\cdot10^{-3}$ | 3,2 | $6,03\cdot10^{-6}$ | 4,2 | $2,86\cdot10^{-9}$ |
| 0,3 | 0,671 | 1,3 | 0,0660 | 2,3 | $1,14\cdot10^{-3}$ | 3,3 | $3,06\cdot10^{-6}$ | 4,3 | $1,19\cdot10^{-9}$ |
| 0,4 | 0,572 | 1,4 | 0,0477 | 2,4 | $6,89\cdot10^{-4}$ | 3,4 | $1,52\cdot10^{-6}$ | 4,4 | $4,89\cdot10^{-10}$ |
| 0,5 | 0,480 | 1,5 | 0,0339 | 2,5 | $4,07\cdot10^{-4}$ | 3,5 | $7,44\cdot10^{-7}$ | 4,5 | $1,97\cdot10^{-10}$ |
| 0,6 | 0,396 | 1,6 | 0,0237 | 2,6 | $2,36\cdot10^{-4}$ | 3,6 | $3,56\cdot10^{-7}$ | 4,6 | $7,75\cdot10^{-11}$ |
| 0,7 | 0,322 | 1,7 | 0,162 | 2,7 | $1,34\cdot10^{-4}$ | 3,7 | $1,67\cdot10^{-7}$ | 4,7 | $3,00\cdot10^{-11}$ |
| 0,8 | 0,258 | 1,8 | 0,0109 | 2,8 | $7,50\cdot10^{-5}$ | 3,8 | $7,70\cdot10^{-8}$ | 4,8 | $1,14\cdot10^{-11}$ |
| 0,9 | 0,203 | 1,9 | $7,21\cdot10^{-3}$ | 2,9 | $4,11\cdot10^{-5}$ | 3,9 | $3,48\cdot10^{-8}$ | 4,9 | $4,22\cdot10^{-12}$ |

| $x$ | erfc($x$) | $x$ | erfc($x$) | $x$ | erfc($x$) |
|---|---|---|---|---|---|
| 5 | $1,54\cdot10^{-12}$ | 6 | $2,15\cdot10^{-17}$ | >5 | $\approx \dfrac{1}{x\sqrt{\pi}}\cdot\exp\left(-x^2\right)$ |

mit relativem Fehler kleiner 2%

Nachdem die Wahrscheinlichkeit für eine Fehlentscheidung bei der Übertragung von $d = 1$ berechnet ist, wird die Bitfehlerwahrscheinlichkeit betrachtet. Sie gibt die Wahrscheinlichkeit für einen Übertragungsfehler unabhängig vom tatsächlichen Wert des gesendeten Bits an.

Man erhält die *Bitfehlerwahrscheinlichkeit* aus der stochastischen Mittelung der beiden Sendemöglichkeiten. Für die unipolare Übertragung resultiert

$$P_b = P_{e1}\cdot P(d=1) + P_{e0}\cdot P(d=0) \tag{6.61}$$

Und für den bipolaren Fall gilt entsprechendes.

Mit der Gleichverteilung der Daten, $P(d=1) = P(d=0) = 1/2$, und der Symmetrie der Aufgabenstellung, $P_{e1} = P_{e0}$ und $P_{e1} = P_{e-1}$, ergibt sich die Bitfehlerwahrscheinlichkeit

$$P_b = \begin{cases} \dfrac{1}{2}\,\text{erfc}\sqrt{\dfrac{E_b}{2N_0}} & \text{unipolar} \\[3mm] \dfrac{1}{2}\,\text{erfc}\sqrt{\dfrac{E_b}{N_0}} & \text{bipolar} \end{cases} \tag{6.62}$$

Die Bitfehlerwahrscheinlichkeit nimmt bei wachsendem $E_b/N_0$-Verhältnis schnell monoton ab, s. Bild 6-30.

*Anmerkung*: Im deutschen wird zwischen der theoretischen Bitfehlerwahrscheinlichkeit und der experimentell bestimmten Bitfehlerquote unterschieden. Im Englischen gibt es natürlich ebenfalls den Begriff „Probability of Bit Error", jedoch wird in der Literatur häufig für beides kurz der Begriff „Bit Error Rate" (BER) verwendet.

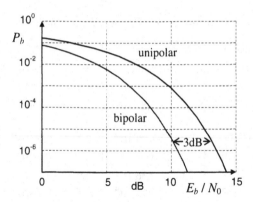

**Bild 6-30**   Bitfehlerwahrscheinlichkeiten für die unipolare und die bipolare Übertragung in AWGN-Kanälen mit Matched-Filterempfang bezogen auf das Verhältnis aus der Energie pro Bit und der Rauschleistungsdichte

### 6.5.5.2  Bitfehlerwahrscheinlichkeit für die *M*-stufige PAM-Übertragung

In diesem Abschnitt betrachten wir eine *M*-stufige PAM-Übertragung mit Matched-Filterempfang. Verglichen mit der uni- oder bipolaren Übertragung liegt ein prinzipiell ähnlicher Fall vor. Statt zwei möglichen Nachrichten stehen nun *M* Alternativen zur Verfügung, s. (6.18) und Bild 6-21.

Beispielhaft ist die Empfangssituation für die symmetrische 8-stufige PAM in Bild 6-31 skizziert. Darin hervorgehoben sind die acht möglichen diskreten Werte der Detektionsvariablen im ungestörten Fall. Durch die AWGN-Rauschstörung werden die Detektionsvariablen reell und besitzen die angegebenen bedingten WDF der Normalverteilung.

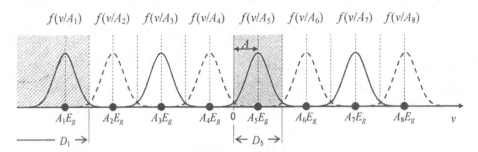

**Bild 6-31**   Bedingte WDF der Detektionsvariablen am Eingang des Entscheiders bei 8-stufiger PAM-Übertragung

Im Weiteren gehen wir von einer symmetrischen PAM mit *M* gleichwahrscheinlichen Symbolen aus. Demzufolge ergeben sich nach dem MAP-Kriterium die in Bild 6-31 an den zwei Beispielen angedeuteten Entscheidungsgebiete $D_1$ und $D_5$. Es ist zwischen den *M*-2 inneren Symbolen und den beiden Randsymbolen zu unterscheiden. Bei den Randsymbolen ist das Entscheidungsgebiet nach außen nicht begrenzt. Im Gegensatz zu den Randsymbolen ist bei den inneren Symbolen eine Fehlentscheidung nach beiden Seiten möglich. Zur Berechnung der Fehlerwahrscheinlichkeit ist deshalb eine Fallunterscheidung notwendig.

Mit dem Abstand der Grenzen der Entscheidungsgebiete zu den jeweiligen Schwerpunkten

$$A = A_{M/2+1} \cdot E_g \tag{6.63}$$

erhalten wir die Wahrscheinlichkeit für einen Symbolfehler entsprechend zu (6.61)

$$P_s = \frac{1}{M} \cdot [2(M-2)+2] \cdot \frac{1}{2} \operatorname{erfc}\left(\frac{A}{\sigma_r \sqrt{2}}\right) = \frac{M-1}{M} \cdot \operatorname{erfc}\left(\frac{A}{\sigma_r \sqrt{2}}\right) \tag{6.64}$$

Darin sind die Beiträge der ($M$-2) inneren Symbole und der beiden Randsymbole berücksichtigt. Die Summe aller Beiträge und die Division durch $M$ entsprechen der Erwartungswertbildung für die gleichwahrscheinlichen Symbole.

Zum Vergleich mit anderen Verfahren soll die Symbolfehlerwahrscheinlichkeit auf die Energie pro Symbol bzw. Bit bezogen werden. Hierzu ist eine kleine Überlegung erforderlich. Mit der Energie $E_g$ des Sendegrundimpulses und den Amplituden $A_i$ der Symbole resultiert die mittlere Energie pro Symbol (AES, Average Energy per Symbol)

$$E_{AES} = \frac{1}{M} \sum_{i=1}^{M} A_i^2 \cdot E_g = \frac{E_g}{M} \cdot 2 \sum_{i=1}^{M/2} \left[(2i-1) \cdot A_{M/2+1}\right]^2 = \frac{E_g A_{M/2+1}^2}{M/2} \sum_{i=1}^{M/2} (2i-1)^2 \tag{6.65}$$

Mit dem kompakten Ausdruck für die Summe [BSMM99]

$$\sum_{i=1}^{N} (2i-1)^2 = 1^2 + 3^2 + 5^2 + \cdots + (2N-1)^2 = \frac{N(4N^2-1)}{3} \tag{6.66}$$

ergibt sich die mittlere Energie pro Symbol

$$E_{AES} = \frac{(M^2-1)}{3} \cdot E_g A_{M/2+1}^2 \tag{6.67}$$

und weiter die mittlere Energie pro Bit

$$E_{AEB} = \frac{E_{AES}}{\operatorname{ld} M} = \frac{(M^2-1)}{3 \cdot \operatorname{ld} M} \cdot E_g A_{M/2+1}^2 \tag{6.68}$$

Die mittlere Energie pro Bit kann jetzt in die Symbolfehlerwahrscheinlichkeit eingesetzt werden. Zusätzlich wird die Darstellung der Varianz der Rauschkomponente (6.47) verwendet. Es resultiert die gesuchte Symbolfehlerwahrscheinlichkeit.

$$P_s = \frac{M-1}{M} \cdot \operatorname{erfc} \sqrt{\frac{3 \operatorname{ld} M}{M^2 - 1} \cdot \frac{E_{AEB}}{N_0}} \tag{6.69}$$

Unter der Annahme, dass eine *Gray-Codierung* eingesetzt wird und die Störung genügend klein ist, zieht ein Symbolfehler meist nur einen Bitfehler nach sich, so dass für die *Bitfehlerwahrscheinlichkeit* näherungsweise gilt

$$P_b \approx P_s / \mathrm{ld}\, M \tag{6.70}$$

Man beachte bei der Bitfehlerwahrscheinlichkeit die Division durch die Anzahl der Bits pro Symbol, da ld($M$)-mal so viele Bits als Symbole übertragen werden. Dies entspricht der experimentellen Schätzung der Bitfehlerquote, der relativen Häufigkeit der Bitfehler.

In Bild 6-32 ist die Symbolfehlerwahrscheinlichkeit für verschiedene Stufenzahlen $M$ aufgetragen. Für den Sonderfall $M = 2$ ergibt sich die Bitfehlerwahrscheinlichkeit der bipolaren Übertragung. Mit wachsender Stufenzahl nimmt bei begrenzter mittlerer Sendeleistung die Anfälligkeit für Übertragungsfehler stark zu, da die Datenniveaus immer näher zusammenrücken.

*Anmerkung*: Die Erhöhung der Stufenzahl ändert die Bandbreite des übertragenen Signals nicht, da diese hier nur von der Form des Sendegrundimpulses, im Wesentlichen von seiner Dauer, abhängt.

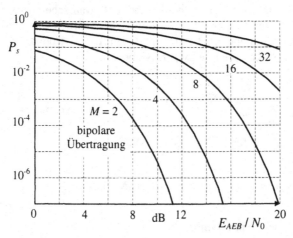

**Bild 6-32** Symbolfehlerwahrscheinlichkeit für die $M$-stufige symmetrische PAM-Übertragung in AWGN-Kanälen mit Matched-Filterempfang bezogen auf das Verhältnis aus der mittleren Energie pro Bit und der Rauschleistungsdichte

**Beispiel** Bipolare Übertragung

Im Falle $M = 2$ liegt die bipolare Übertragung aus dem letzten Abschnitt vor. Setzt man $M = 2$ in (6.69) ein, so erhält man, wie verlangt, das Ergebnis in (6.62).

$$P_b = \frac{2-1}{2} \cdot \mathrm{erfc}\sqrt{\frac{3\,\mathrm{ld}\,2}{2^2-1} \cdot \frac{E_{AEB}}{N_0}} = \frac{1}{2} \cdot \mathrm{erfc}\sqrt{\frac{E_{AEB}}{N_0}} \tag{6.71}$$

### 6.5.5.3 Bitfehlerwahrscheinlichkeiten für orthogonale Signale

Im letzten Unterabschnitt betrachten wir die Übertragung orthogonaler Signale, wie beispielsweise die Walsh-Funktionen in Abschnitt 6.5.2.3. Bei der orthogonalen Übertragung bietet es sich an, im Empfänger eine Bank von auf die Trägersignale angepassten Matched-Filtern zu verwenden.

Äquivalent zur Implementierung mit Matched-Filtern kann auch eine Bank von Korrelatoren, wie in Bild 6-34, verwendet werden.

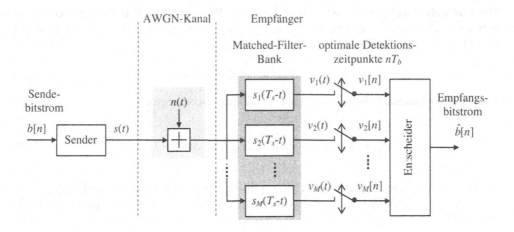

**Bild 6-33** Matched-Filterempfang orthogonaler Signale mit AWGN-Störung

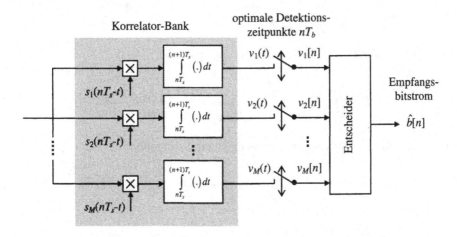

**Bild 6-34** Korrelations-Empfänger für orthogonale Signale mit AWGN-Störung

Ohne Beschränkung der Allgemeinheit nehmen wir an, es wird $s_1(t)$ übertragen. Es ergibt sich die Detektionsvariable mit der WDF im ersten Zweig

$$f_{v_1}(v) = \frac{1}{\sqrt{2\pi\sigma_r^2}} \cdot \exp\left(-\frac{(v - E_s)^2}{2\sigma_r^2}\right) \qquad (6.72)$$

und in den anderen Zweigen entsprechend

$$f_{v_m}(v) = \frac{1}{\sqrt{2\pi\sigma_r^2}} \cdot \exp\left(-\frac{v^2}{2\sigma_r^2}\right) \quad \text{für } m = 2,3,...,M \qquad (6.73)$$

Der Einfachheit halber berechnen wir zunächst die Wahrscheinlichkeit für eine richtige Entscheidung. Das Signal $s_1(t)$ wird detektiert, wenn die Detektionsvariable $v_1$ größer als alle anderen ist.

$$v_1 > v_m \text{ für } m = 2, 3, ..., M \tag{6.74}$$

Die Wahrscheinlichkeit für eine korrekte Entscheidung ist demzufolge

$$P_c = \int\limits_{-\infty}^{+\infty} P(v_2 < x, v_3 < x, ..., v_M < x/v_1 = x) \cdot f_{v_1}(x)\, dx \tag{6.75}$$

Im Falle orthogonaler Signale und AWGN sind alle Detektionsvariablen unabhängig. Damit vereinfacht sich die Wahrscheinlichkeit unter dem Integral zum Produkt von gaußschen Fehlerintegralen

$$P(v_2 < x, v_3 < x, ..., v_M < x/v_1 = x) =$$

$$= \left[ \int\limits_{-\infty}^{x} \frac{1}{\sqrt{2\pi\sigma_r^2}} \exp\left( -\frac{y^2}{2\sigma_r^2} \right) dy \right]^{M-1} = \left[ \Phi\left( \frac{x}{\sigma_r} \right) \right]^{M-1} \tag{6.76}$$

Die Wahrscheinlichkeit für eine korrekte Entscheidung ist nun

$$P_c = \int\limits_{-\infty}^{+\infty} \left[ \Phi\left( \frac{x}{\sigma_r} \right) \right]^{M-1} \cdot \frac{1}{\sqrt{2\pi\sigma_r^2}} \exp\left( -\frac{(x-E_s)^2}{2\sigma_r^2} \right) dx \tag{6.77}$$

Eine etwas einfachere Darstellung erhält man durch die Substitution

$$y = \frac{x}{\sigma_r \sqrt{2}} \text{ mit } dx = \sigma_r \sqrt{2} \cdot dy \tag{6.78}$$

und

$$\frac{E_s}{\sigma_r \sqrt{2}} = \frac{E_s}{\sqrt{N_0 E_s / 2} \cdot \sqrt{2}} = \sqrt{\frac{E_s}{N_0}} \tag{6.79}$$

mit

$$P_c = \frac{1}{\sqrt{\pi}} \int\limits_{-\infty}^{+\infty} \left[ \Phi\left( y\sqrt{2} \right) \right]^{M-1} \cdot \exp\left( -\left( y - \sqrt{E_s / N_0} \right)^2 \right) dy \tag{6.80}$$

Die Berechnung der Symbolfehlerwahrscheinlichkeit geschieht mit Hilfe einer numerischen Integration. Dabei kann gegebenenfalls das gaußsche Fehlerintegral auch durch die Fehlerfunktion ersetzt werden.

Die Wahrscheinlichkeit, dass das Trägersignal $s_1(t)$ nicht erkannt wird, ist demzufolge

$$P_s = 1 - P_c \qquad (6.81)$$

Da alle Signale gleichwahrscheinlich sind, ist damit auch die Wahrscheinlichkeit für einen beliebigen Symbolfehler gegeben.

Das Resultat der numerischen Berechnung ist in Bild 6-35 zu sehen, vgl. [PrSa94]. Man beachte besonders die Skalierung der Abszisse mit der Energie pro Bit. Da die Energie pro Symbol als konstant vorausgesetzt wird, reduziert sich die Energie pro Bit mit zunehmender Zahl $M$ der Symbole. Dadurch verschieben sich die Kurven für zunehmendes $M$ nach links. Die Verschiebung wird jedoch immer kleiner. Es kann gezeigt werden, dass ein asymptotisches Verhalten gegen die Shannon Grenze bei -1,6 dB vorliegt [PrSa94].

In Bild 6-35 kann die Symbolfehlerwahrscheinlichkeit abgelesen werden. Will man die Bitfehlerwahrscheinlichkeit abschätzen, so sind weitere Überlegungen notwendig.

Bei gleichwahrscheinlichen Symbolen, sind – anders als bei der PAM – alle Symbolverwechslungen gleichwahrscheinlich. Tritt ein Symbolfehler auf so können $n$ von $k$ Bits gestört sein. Mit $M = 2^k$ Symbolen ergibt sich die mittlere Zahl von Bitfehlern pro übertragenem Symbol.

$$\sum_{n=1}^{k} \binom{k}{n} \cdot \frac{1}{M-1} \cdot P_s = \frac{2^{k-1}}{2^k - 1} \cdot k P_s \qquad (6.82)$$

Da mit jedem Symbol $k$ Bits übertragen werden erhält man

$$P_b = \frac{2^{k-1}}{2^k - 1} \cdot P_s \overset{k \gg 1}{\approx} \frac{P_s}{2} \qquad (6.83)$$

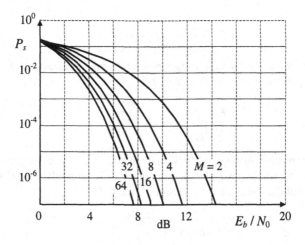

**Bild 6-35** Symbolfehlerwahrscheinlichkeit für die Übertragung $M$ orthogonaler Signale in AWGN-Kanälen mit Matched-Filter-Empfang bezogen auf das Verhältnis aus der mittleren Energie pro Bit und der Rauschleistungsdichte

## 6.5.6    Vergleich von PAM und orthogonaler Übertragung

In den beiden vorhergehenden Abschnitten werden mit der PAM und den orthogonalen Signalen zwei grundsätzliche Methoden der digitalen Übertragung vorgestellt. Ein Vergleich beider Methoden ist deshalb von besonderem Interesse. Wir wollen die Gegenüberstellung bei gleicher Übertragungsqualität, d. h. Bitfehlerwahrscheinlichkeit, durchführen. Als Kriterien wählen wir

☞ das benötigte Signal-Geräusch-Verhältnis bzw. das Verhältnis von Energie pro Bit und Rauschleistungsdichte ($E_b/N_0$)

☞ die *spektrale Effizienz*, die Bitrate pro Hz benötigter Bandbreite

Aus den Diagrammen Bild 6-32 und Bild 6-35 lassen sich – mit den in den betreffenden Abschnitten diskutierten Näherungen – die $E_b/N_0$-Werte entnehmen. Zahlenwerte sind exemplarisch für die Bitfehlerwahrscheinlichkeit $P_b = 10^{-5}$ in Tabelle 6-3 zusammengestellt.

**Tabelle 6-3** Benötigtes $E_b/N_0$ für die PAM- und orthogonale Übertragung bei einer Bitfehlerwahrscheinlichkeit von ca. $10^{-5}$ (Zahlenwerte gerundet, vgl. Bild 6-32 und Bild 6-35)

| Stufenzahl $M$ | 2 | 4 | 8 | 16 | 32 | Verfahren |
|---|---|---|---|---|---|---|
| $E_b/N_0$ | 9,5 dB | 13 dB | 17 dB | 22 dB | 27 dB | PAM |
|  | 12 dB | 9,5 dB | 8 dB | 7 dB | 6,5 dB | orthogonal |

Die erforderlichen Bandbreiten lassen sich mit einfachen Überlegungen abschätzen. Dazu nehmen wir eine feste Bitrate $R_b$ an. Für die PAM-Übertragung gehen wir von Rechteckimpulsen als Sendegrundimpulse aus. Die Bandbreite schätzen wir der Einfachheit halber mit der Nyquist-Bandbreite ab, s. Abschnitt 6.6.2. Mit $M$ Symbolen werden Blöcke von ld($M$) Bits gebildet, so dass für die Symboldauer $T_s$ die Zeit ld($M$)·$T_b$ zur Verfügung steht.

$$B = \frac{1}{2T_s} = \frac{1}{2\,\mathrm{ld}(M)\cdot T_b} \tag{6.84}$$

Wegen des reziproken Zusammenhangs zwischen Bitrate und Bitintervall, $R_b = 1/T_b$ in bit/s, gilt für die gesuchte spektrale Effizienz der PAM-Übertragung

$$\left(\frac{R_b}{B}\right)_{PAM} = 2\,\mathrm{ld}(M)\,\frac{\text{bit/s}}{\text{Hz}} \tag{6.85}$$

Für die Übertragung mittels orthogonaler Signale nehmen wir der Einfachheit halber die Walsh-Funktionen als Realisierungsbeispiel. Sie setzen sich ebenfalls aus Rechteckimpulsen zusammen; hier aber mit der Chip-Dauer $T_c$. Es gilt mit (6.21)

$$B = \frac{1}{2T_c} = \frac{M}{2T_s} \tag{6.86}$$

Pro orthogonalem Trägersignal werden ld($M$) Bits übertragen, d. h. $T_s = \mathrm{ld}(M)\cdot T_b$. Es ergibt sich demzufolge die gesuchte spektrale Effizienz der orthogonalen Übertragung

$$\left(\frac{R_b}{B}\right)_{orth} = \frac{2\operatorname{ld}(M)}{M}\frac{\text{bit/s}}{\text{Hz}} \tag{6.87}$$

Jetzt sind alle Größen für den beabsichtigten Vergleich bekannt. Bild 6-36 stellt die Zusammenhänge anschaulich dar. Bei der PAM wächst mit der Stufenzahl die Bitrate schneller als die Bandbreite. Damit lassen sich hohe Bitraten in bandbegrenzten Kanälen übertragen, wenn genügend SNR bereitgestellt werden kann. Entsprechend der shannonschen Formel für die Kanalkapazität wird Bandbreite gegen $E_b/N_0$ eingetauscht.

Von anderer Natur ist die Übertragung mit orthogonalen Trägersignalen. Mit orthogonalen Trägersignalen können Bitströme bei relativ niedrigem $E_b/N_0$ übertragen werden. Allerdings werden dazu relativ große Bandbreiten benötigt. Hier wird SNR gegen Bandbreite eingetauscht.

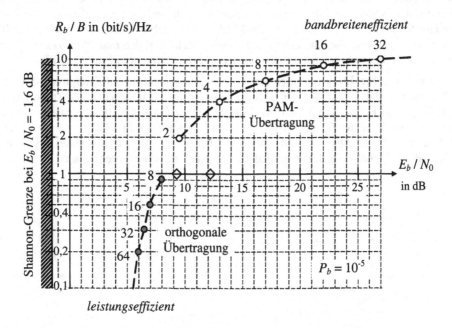

**Bild 6-36** Vergleich der Übertragung mit $M$-stufiger PAM und $M$ orthogonalen Signalen in AWGN-Kanälen mit Matched-Filterempfang bezogen auf das Verhältnis aus der mittleren Energie pro Bit und der Rauschleistungsdichte bei der Bitfehlerwahrscheinlichkeit von $10^{-5}$

Heute gewinnen leistungseffiziente Verfahren mit quasi-orthogonaler, bandspreizender Übertragung zunehmend an Bedeutung. Aktuelle Beispiele sind in der Mobilkommunikation (UMTS), bei den drahtlosen Netze (WLAN 802.11) und der Nachrichtenübertragungen über die Teilnehmeranschluss- (DSL) und Stromversorgungsleitungen zu finden. Zu den hier vorgestellten grundsätzlichen Überlegungen kommen weitere Gesichtspunkte hinzu. Zu nennen sind vor allem die limitierenden Eigenschaften der realen Kanäle, s. Abschnitt 8, die Komplexität der Hard- und Software-Lösungen, Vorgaben der Regulierungsbehörden und wirtschaftliche Einflussfaktoren.

## 6.6    Übertragung im Tiefpass-Kanal

### 6.6.1    Verzerrungen im Tiefpass-Kanal

Bei der realen Basisbandübertragung treten lineare Verzerrungen im Empfangssignal auf. Ursachen können beispielsweise die mit der Frequenz mit typischerweise $\sqrt{f}$ anwachsende Leitungsdämpfung durch den Skin-Effekt oder Frequenzgänge von Filtern in Zwischenverstärkern sein.

Im Falle eines *Tiefpass-Kanals* entsteht das Empfangssignal aus der Faltung des Sendesignals $s(t)$ mit der Impulsantwort des Kanals $h_K(t)$.

$$r(t) = s(t) * h_K(t) + n(t) \tag{6.88}$$

Der Tiefpass-Kanal schneidet die Spektralkomponenten bei hohen Frequenzen ab. Da diese für die schnellen Änderungen im Zeitsignal verantwortlich sind, tritt eine „Glättung" ein. Für das bipolare Signal bedeutet das: die steilen Flanken der Rechteckimpulse werden „verschliffen" und benachbarte Impulse überlagern sich. Man spricht von der *Impulsverbreiterung* und der sich daraus ergebenden *Nachbarzeicheninterferenz* (*Intersymbol Interference*, ISI).

Die grundsätzlichen Effekte werden am Beispiel eines einfachen RC-Tiefpasses als Kanalmodell in Bild 6-37 deutlich. Aus der Bitfolge resultiert als Sendesignal zunächst die grau hinterlegte Folge von Rechteckimpulsen. Am Ausgang des Kanals, des RC-Tiefpasses, sind die Impulsverbreiterungen als die aus der Physik bekannten Lade- und Entladevorgänge an der Kapazität sichtbar. Man erkennt, dass die Kapazität bei jedem Vorzeichenwechsel des Signals fast vollständig umgeladen wird. Die gesendeten Rechteckimpulse werden verzerrt.

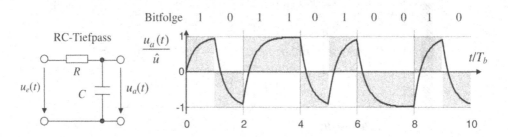

**Bild 6-37**  Rechteckimpulsfolge vor (grau) und Signal nach der Tiefpassfilterung mit dem RC-Glied
(Zeitkonstante $\tau$ und Bitdauer $T_b$ mit $\tau = T_b/\pi$)

Die Nachbarzeicheninterferenzen im Detektionssignal lassen sich am Oszilloskop sichtbar machen. Dazu zeichnet man durch geeignete Triggerung die empfangenen Impulse übereinander. Das *Augendiagramm* entsteht. Im Beispiel resultiert das Augendiagramm in Bild 6-38.

*Anmerkung*: Das Augendiagramm wurde durch Simulation am PC aus einer zufälligen Bitfolge der Länge 100 bestimmt.

Wegen der Darstellung des Sendesignals als Linearkombination von Rechteckimpulsen, kann der Nutzanteil des Empfangssignals als ebensolche Linearkombination von *Detektionsgrundimpulsen*, hier die Faltung des Rechteckimpulses mit der Kanalimpulsantwort, beschrieben werden.

Je nachdem welche Vorzeichen benachbarte Impulse tragen, ergeben sich aufgrund der Impuls-verbreiterungen verschiedene Signalübergänge. In Bild 6-38 sind acht Bereiche (Niveaus) für die Detektionsvariablen zu erkennen, die auf die Überlagerung von je drei Detektionsgrundim-pulsen zurückzuführen sind. Der ungünstigste Fall ergibt sich bei wechselnden Vorzeichen, den Bitkombinationen „010" und „101". Dann löschen sich die benachbarten Detektionsgrund-impulse gegenseitig teilweise aus. Die zugehörigen Übergänge begrenzen die Augenöffnung.

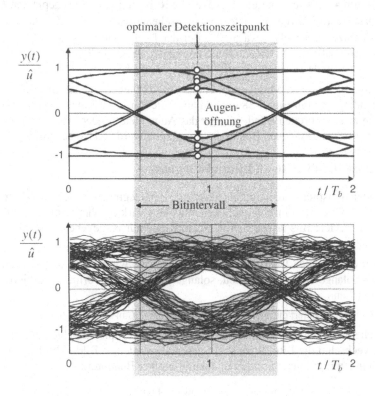

**Bild 6-38**  Augendiagramm zu Bild 6-37 mit MF-Empfang ohne Rauschen (oben) und mit AWGN (un-ten) mit einem $E_b/N_0$ von 12 dB

Entscheidend für die Robustheit der Übertragung gegenüber additivem Rauschen ist die *Augenöffnung*. Der minimale Abstand zur Entscheidungsschwelle im Detektionszeitpunkt gibt die *Rauschreserve* an, d. h. um wieviel der Abtastwert durch die additive Rauschkomponente ent-gegen seinem Vorzeichen verfälscht werden darf, ohne dass eine Fehlentscheidung eintritt. In Bild 6-38 ist dabei eine ideale Synchronisation vorausgesetzt. Dann wird das Detektionssignal in der maximalen Augenöffnung abgetastet. Im Bild sind die möglichen Abtastwerte im op-timalen Detektionszeitpunkt durch weiße Kreise markiert.

Tritt jedoch ein *Synchronisationsfehler* auf, z. B. leichte Schwankungen des Abtasttaktes (Abtast-Jitter), so kann die Rauschreserve merklich abnehmen. Die Detektion ist umso robuster gegen kleine Synchronisationsfehler desto flacher das Auge in seinem Maximum verläuft.

Mit Hilfe des Augendiagramms kann die Bitfehlerwahrscheinlichkeit (BER) wie im folgenden Beispiel abgeschätzt werden.

**Beispiel** Bipolare Übertragung im RC-TP-Kanal

Zunächst wird die Augenöffnung bestimmt. Aus Bild 6-38 ergibt sich eine relative Augenöffnung von ca. 58%. Da bei hinreichend großem SNR die Fehler vor allem dann auftreten, wenn die Nachbarzeicheninterferenzen die Abtastwerte nahe an die Entscheidungsschwelle heranführen, legen wir der Rechnung den ungünstigsten Fall zugrunde. Die Augenöffnung von 58% entspricht einem um 4,7 dB reduzierten effektiven SNR. Im Beispiel eines geplanten $E_b/N_0$ von 12 dB erhält man aus (6.62) (unten) statt der vorgesehenen BER von $9 \cdot 10^{-9}$ durch die Nachbarzeicheninterferenzen nur mehr etwa $5 \cdot 10^{-4}$. Bei der Interpretation des Ergebnisses beachte man, dass diese Abschätzung nur die Größenordnung der BER wiedergibt, da ihr vereinfachte Modellannahmen zugrunde liegen.

Die relativ geringe BER von im Mittel einen Fehler auf 2000 übertragenen Bits belegt auch das simulierte Augendiagramm in Bild 6-38 unten. Durch die Rauschstörung verschmieren sich die Signalübergänge zwar zu breiten Bändern, aber das Auge bleibt in der Simulation deutlich geöffnet. Keines der 100 übertragenen Bits in der Simulation wurde falsch detektiert.

### 6.6.2    Nyquist-Bandbreite und Impulsformung

Im vorangehenden Beispiel wird deutlich, dass die Bandbegrenzung des Kanals wegen der Nachbarzeichenstörungen die Bitfehlerwahrscheinlichkeit stark erhöhen kann. Es stellt sich die wichtige Frage: Wie viele Bits lassen sich in einem Kanal mit vorgegebener Bandbreite zuverlässig übertragen?

Man beachte bei der digitalen Übertragung, dass hier anders wie bei der analogen die Verzerrung des Signals solange keine Rolle spielt, solange die digitale Information fehlerfrei zurück gewonnen werden kann.

*Anmerkung*: Einen Hinweis liefert die shannonsche Kanalkapazität $C$ in Abschnitt 6.6.4

Eine anschaulichere Antwort liefert die folgende Überlegung. Man betrachte ein bipolares Signal bei dem abwechselnd die Bits „0" und „1" gesendet werden, s. Bild 6-39. Dann ergibt sich ein bipolares Signal mit größter Variation und damit größter Bandbreite.

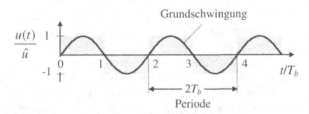

**Bild 6-39** Bipolares Signal zur alternierenden Bitfolge 1, 0, 1, 0, 1, 0, ...

Es ist offensichtlich, dass der in Bild 6-26 beschriebene Empfänger (ohne Matched-Filter) aus der Grundschwingung die zum bipolaren Signal identischen Abtastwerte entnimmt. Also ist die für die Detektion benötigte Information mit der Grundschwingung im Signal enthalten. Man folgert, dass der Kanal mindestens die Grundschwingung übertragen muss und schätzt die notwendige Bandbreite mit der *Nyquist-Bandbreite* ab.

$$f_N = \frac{1}{2T_b} \tag{6.89}$$

Demzufolge wird bei einer binären Übertragung mit der Bitrate $R_b = 1$ bit $/ T_b$ eine Kanalband-breite benötigt, die mindestens gleich der Nyquist-Bandbreite ist.

Die bisherigen Überlegungen gingen von einem bipolaren Signal aus. Die verwendeten Recht-eckimpulse führen zu Sprungstellen im Signal und damit zu einem relativ langsam abklingen-den Spektrum. Es stellt sich die Frage: Würde eine andere Impulsform eine bandbreiteneffi-zientere Übertragung ermöglichen?

Zur Beantwortung der Frage gehen wir von einem idealen Tiefpass-Spektrum für den Sende-grundimpuls aus. Die Grenzfrequenz sei gleich der Nyquist-Bandbreite. Mit Hilfe der inversen Fourier-Transformation kann das Zeitsignal bestimmt werden. Aufgrund der Symmetrie zwi-schen der Fourier-Transformation und ihrer Inversen erhält man zu einem Rechteckimpuls im Frequenzbereich (idealer Tiefpass) einen si-Impuls im Zeitbereich.

$$\text{si}\left(\pi \frac{t}{T_b}\right) \leftrightarrow \begin{cases} 2T_b & \text{für} \quad |\omega| \leq \omega_N = 2\pi/2T_b \\ 0 & \text{sonst} \end{cases} \tag{6.90}$$

Man beachte die Nullstellen des si-Impulses. Sie liegen äquidistant im Abstand $T_b$. Benützt man si-Impulse zur Datenübertragung, so überlagern sich zwar die Impulse; sie liefern aber in den optimalen Abtastzeitpunkten keine Interferenzen, s. Bild 6-40. Impulse die diese Eigen-schaft aufweisen erfüllen das *1. Nyquist-Kriterium* zur Impulsformung [Kam04][Pro01].

*Anmerkungen*: (i) Das 1. Nyquist-Kriterium zur Impulsformung ist die allgemeine Formulierung von (6.90). Für eine Übertragung ohne Symbolinterferenzen muss für die Autokorrelationsfunktion des Sen-degrundimpulses gelten: $R_{gg}(t) = E_g$ für $t = 0$ und $0$ für $t = n \cdot T_s$ mit der Energie des Sendegrundimpulses $E_g$ und dem Symbolintervall $T_s$. (ii) Aus der Bedingung des 1. Nyquist-Kriteriums folgt, dass das Spekt-rum des Sendegrundimpulses auf den Bereich $f < 2f_N$ begrenzt ist und die Flanke bezüglich der Nyquist-Frequenz ungerade symmetrisch ist, s. Bild 6-41. (iii) Das 2. Nyquist-Kriterium zur Impulsformung behan-delt den hier nicht weiter betrachteten Fall der Abtastung mit zugelassener, kontrollierter Impulsinterfe-renz, s. [Kam04][Pro01].

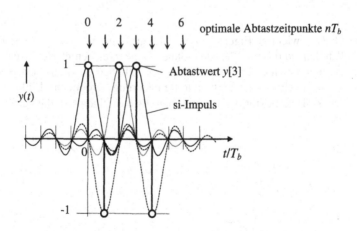

**Bild 6-40** Digitale Übertragung mit interferenzfreien si-Impulsen

Bild 6-40 zeigt, dass eine interferenzfreie Datenübertragung innerhalb der Nyquist-Bandbreite prinzipiell möglich ist. Bei der praktischen Durchführung ist jedoch weder ein ideales Tief-pass-Spektrum gegeben noch liegt exakte Synchronität vor. Letzteres führt dazu, dass der opti-male Abtastzeitpunkt nicht genau getroffen wird. In der Nachrichtentechnik werden deshalb je nach Anwendung verschiedene Impulsformen eingesetzt, wobei ein guter Kompromiss zwischen Realisierungsaufwand, Bandbreite und Robustheit gegen Störungen angestrebt wird.

Eine häufig verwendete Familie von Detektionsgrundimpulsen sind die Impulse mit *Raised-Cosine-Spektrum* (RC-Spektrum).

$$X_{RC}(j\omega) = \begin{cases} A & \text{für} \quad \dfrac{|\omega|}{\omega_N} \leq 1-\alpha \\[2em] \dfrac{A}{2}\cdot\left[1+\cos\left(\dfrac{\pi}{2\alpha}\left(\dfrac{|\omega|}{\omega_N}-(1-\alpha)\right)\right)\right] & \text{für} \quad 1-\alpha < \dfrac{|\omega|}{\omega_N} \leq 1+\alpha \\[2em] 0 & \text{sonst} \end{cases} \quad (6.91)$$

Ein Beispiel für ein RC-Spektrum ist in Bild 6-41 rechts zu sehen. Es ist strikt bandbegrenzt mit der Grenzfrequenz $f_g = (1+\alpha)\cdot f_N$. Der Parameter $\alpha$, mit $0 \leq \alpha \leq 1$, bestimmt die Flankenbreite und damit das Abrollen der Flanke. Er wird *Roll-off-Faktor* genannt. Ist $\alpha$ gleich null, so liegt ein ideales Tiefpass-Spektrum vor. Ist $\alpha$ gleich eins, so erhält man eine nach oben verschobene Kosinus-Welle. Ein in den Anwendungen üblicher Wert ist $\alpha = 1/2$. Die tatsächlich benötigte Bandbreite ist dann $1{,}5\cdot f_N$.

Die zu den RC-Spektren gehörenden Impulse haben die Form

$$x(t) = A\,\text{si}\left(\pi\frac{t}{T_b}\right)\cdot\frac{\cos\left(\pi\alpha\dfrac{t}{T_b}\right)}{1-\left(2\alpha\dfrac{t}{T_b}\right)^2} \quad (6.92)$$

Es lassen sich zwei wichtige Eigenschaften ablesen. Zum ersten sorgt die si-Funktion für äquidistante Nullstellen, so dass wieder ideal ohne Nachbarzeicheninterferenzen abgetastet werden kann. Zum zweiten bewirkt der Nenner einen zusätzlichen quadratischen Abfall mit wachsender Zeit $t$, was beispielsweise eine digitale Realisierung vereinfacht. Links in Bild 6-41 ist der Impuls für den Roll-off-Faktor $\alpha = 0{,}5$ zu sehen. Es bestätigen sich die gemachten Aussagen.

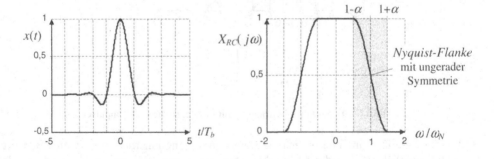

**Bild 6-41** Impuls $x(t)$ zum Raised-cosine-Spektrum $X_{RC}(j\omega)$ mit Roll-off-Faktor $\alpha = 0{,}5$

In der Anwendung wird die Übertragungsfunktion $X_{RC}(j\omega)$ gleichmäßig auf den Impulsformer, mit $G(j\omega) = \sqrt{X_{RC}(j\omega)}$, und das Empfangsfilter (Matched-Filter) aufgeteilt. Man bezeichnet den Sendegrundimpuls deshalb auch als *Root-RC-Impuls*. Bei dieser Wahl resultiert am Empfangsfilterausgang als Detektionsgrundimpuls die Zeit-Autokorrelationsfunktion in der Form (6.92). Da die AKF des Geräuschanteils im Detektionssignal gleich dem Detektionsgrundimpuls ist, sind die abgetasteten Detektionsvariablen unkorreliert, bzw. im gaußschen Fall sogar unabhängig, so dass ein optimaler MF-Empfänger vorliegt.

In Bild 6-42 ist links das zugehörige simulierte Augendiagramm für die Übertragung mit Root-RC-Impulsen gezeigt. Ohne Bandbegrenzung ergibt sich die maximale Augenöffnung. Bei einer Bandbegrenzung durch einen RC-Tiefpass mit $\tau = T_b / \pi$ erhält man das rechte Teilbild. Im Vergleich zur Übertragung mit Rechteckimpulsen in Bild 6-38 resultiert mit 0,69 eine deutlich größere Augenöffnung. Die SNR-Degradation beträgt hier 3,2 dB, also 1,5 dB weniger als bei der Übertragung mit Rechteckimpulsen.

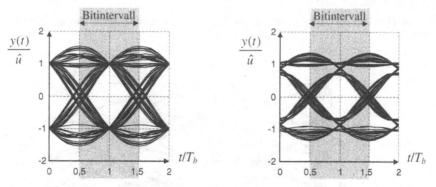

**Bild 6-42**   Augendiagramm für die Übertragung mit Root-RC-Impulsen in Kanälen ohne (links) und mit Bandbegrenzung durch einen RC-Tiefpass (rechts)

### 6.6.3   Mehrstufige Pulsamplitudenmodulation

Die bisherigen Überlegungen zeigen, wie die Impulsverbreiterung aufgrund der endlichen Kanalbandbreite die Impulsrate und damit bei binärer Übertragung ebenso die Bitrate beschränkt. Eine Steigerung der Bitrate ist prinzipiell möglich, werden pro Sendegrundimpuls mehrere Bits übertragen, d. h. eine mehrstufige Modulation eingesetzt.

Das nachfolgende Beispiel der 4-stufigen *Pulsamplitudenmodulation* (PAM) zeigt das Prinzip und die Grenzen mehrstufiger Modulationsverfahren für die Basisbandübertragung auf. Fasst man zwei Bits zu einem Symbol zu-

**Tabelle 6-4**   Zuordnung zwischen den Bits und den Sendesignalamplituden für die 4-PAM

| Bitmuster | 0 0 | 0 1 | 1 1 | 1 0 |
|---|---|---|---|---|
| Amplitude | $-3/\sqrt{5}$ | $-1/\sqrt{5}$ | $1/\sqrt{5}$ | $3/\sqrt{5}$ |

sammen, so ergeben sich vier mögliche Symbole die mit vier unterschiedlichen Amplitudenwerten dargestellt werden. Verwenden wir wieder rechteckförmige Sendegrundimpulse und wählen die Amplituden so, dass die mittlere Sendeleistung mit dem früheren Beispiel der bipolaren Übertragung, der 2-stufigen PAM, übereinstimmt, so ergeben sich die Zuordnungen in der Tabelle 6-4. Der Faktor $1/\sqrt{5}$ sorgt für die Leistungsnormierung.

Aus dem AWGN-Modell ergeben sich zwei weitere wichtige Gesichtspunkte. Erstens wird die Differenz benachbarter Amplitudenwerte jeweils gleich gewählt. Dadurch wird erreicht, dass die Wahrscheinlichkeit für eine Fehlentscheidung zwischen zwei beliebigen benachbarten Symbolen jeweils identisch ist. Zweitens werden die Bitmuster den Amplituden (Symbolen) so zugeordnet, dass sich die Bitmuster zu benachbarten Amplituden möglichst wenig unterscheiden. Man spricht dann von einer *Gray-Codierung*. Damit wird erreicht, dass die Zahl der Bitfehler bei Symbolfehlern im Mittel möglichst klein bleibt, da im Fehlerfall bei nicht allzu großer Rauschstörung meist ein Nachbarsymbol detektiert wird.

Die Robustheit der Übertragung lässt sich anhand des Augendiagramms in Bild 6-43 beurteilen. Die Randbedingungen entsprechen denen in Bild 6-38, so dass ein direkter Vergleich durchgeführt werden kann. Man erkennt in Bild 6-43 zunächst die vier möglichen Amplitudenbereiche für die Detektionsvariablen, die durch drei Augen getrennt werden. Die relative Augenöffnung von 25% im Vergleich zur idealen bipolaren Übertragung zeigt eine erhöhte Empfindlichkeit gegen AWGN an. Eine Abschätzung der resultierenden BER wird im nachfolgenden Beispiel vorgenommen.

*Anmerkung*: Das Augendiagramm wurde durch Simulation am PC aus einer zufälligen Folge von 200 Bits bestimmt.

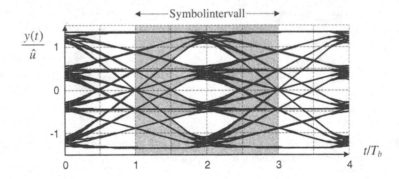

**Bild 6-43**     Augendiagramm zur 4-stufigen PAM mit Übertragung im RC-Tiefpass-Kanal und mit MF-Empfang (ohne AWGN)

**Beispiel** M-stufigen PAM-Übertragung

Die Berechnung der *Symbolfehlerwahrscheinlichkeit* $P_s$ der M-stufigen PAM-Übertragung in AWGN-Kanälen mit MF-Empfang geschieht ähnlich wie in Abschnitt 6.5.5.

$$P_s = \frac{(M-1)}{M}\,\mathrm{erfc}\sqrt{\frac{E_g}{N_0}} \qquad (6.93)$$

Für $E_g$ ist hier die Energie des Sendegrundimpulses bei der kleinsten Amplitude einzusetzen, da die Leistungsnormierung bereits in den Amplituden in Tabelle 6-4 berücksichtigt wurde. Im Beispiel ist

$$E_g = \frac{1}{5}\cdot\hat{u}^2 T_s = \frac{1}{5}\cdot\hat{u}^2 2T_b = \frac{2}{5}E_{AEB} \qquad (6.94)$$

wobei die Energie des Sendegrundimpulses durch die mittlere Bitenergie pro Bit $E_{AEB}$ ersetzt wurde. Für die 4-stufige PAM ergibt sich

$$P_{s,4-PAM} = \frac{3}{4}\text{erfc}\sqrt{\frac{2}{5} \cdot \frac{E_{AEB}}{N_0}} \qquad (6.95)$$

Weiter wird angenommen, dass ein Symbolfehler nur einen Bitfehler verursacht, d. h. $P_{b,4-PAM} \approx P_{s,4-PAM} / 2$. Ein direkter Vergleich von (6.95) mit (6.62) ist damit möglich. Er zeigt im Wesentlichen eine Degradation im effektiven $E_b/N_0$ bzgl. der bipolaren Übertragung durch den Faktor 2/5 bzw. $\approx$ -4 dB bei reiner AWGN-Störung.

Hinzu addiert sich die höhere Empfindlichkeit wegen der Nachbarzeichenstörungen. Die Augenöffnungen in Bild 6-43 ergeben einen tatsächlichen Wert von ca. 1/2, der dem theoretischen Wert $2/\sqrt{5}$ gegenüber zu stellen ist. Damit ist nochmals ein Verlust von 5 dB verbunden.

Insgesamt stellt sich eine Degradation von ca. 9 dB bzgl. der bipolaren Übertragung ohne Nachbarzeichenstörungen ein. Bei einem eingestellten $E_{AEB}/N_0$ von 12 dB ist deshalb mit einer BER in der Größenordnung von $8 \cdot 10^{-3}$ zu rechnen, vgl. vorheriges Beispiel.

### 6.6.4 Kanalkapazität

Das Beispiel der 4-stufigen PAM zeigt die prinzipiellen Effekte bei der Anwendung mehrstufiger Modulationsverfahren in der Basisbandübertragung auf. Bei fester Bandbreite und bei begrenzter Sendeleistung limitiert das Signal-Geräuschverhältnis die detektierbare Stufenzahl und damit die maximale Bitrate. Diese grundsätzlichen Überlegungen finden in der Informationstheorie als Kanalkapazität ihre mathematische Formulierung. Claude Shannon hat 1948 gezeigt, dass die - theoretisch fehlerfrei - übertragbare Bitrate in bandbegrenzten AWGN-Kanälen durch die *Kanalkapazität* begrenzt wird

$$\frac{C}{\text{bit}} = B \cdot \text{ld}\left(1 + \frac{S}{N}\right) \qquad (6.96)$$

mit [C] = bit/Hz und dem Logarithmus Dualis $\text{ld}\, x = \log_2 x$. Als wichtigstes Ergebnis darf festgehalten werden: Die maximale Bitrate wird durch die Bandbreite und das Signal-Geräuschverhältnis begrenzt. Bandbreite und Signal-Geräuschverhältnis sind (in gewissen Grenzen) gegeneinander austauschbar.

*Anmerkung*: Die shannonsche Kanalkapazität gibt die maximal übertragbare Informationsrate in bit/s bei idealem BP-Kanal mit der NF-Bandbreite $B$ und dem Verhältnis von Signal-zu-Geräuschleistung $S/N$ an. Dabei wird ein normalverteiltes Sendesignal als angepasste Quelle im Sinne der Kanalkapazität vorausgesetzt [Sha48]. Die mit realen Übertragungssystemen erreichbaren Informationsraten liegen darunter. Man spricht deshalb auch von einer oberen Schrank für die erreichbare Informationsrate.

### 6.6.5 Entzerrer

Das Beispiel des RC-Tiefpass-Kanals macht deutlich, wie die Nachbarzeichenstörungen (ISI) die Übertragungskapazität beschränkt. Eine alleinige Erhöhung der Sendeleistung liefert wegen der gegenseitigen Auslöschung der Symbole keine nachhaltige Verbesserung. Besonders bei der Übertragung mit hohen Datenraten, d. h. kurzen Sendegrundimpulsen, kann es notwendig werden, die ISI im Empfänger zu bekämpfen. Je nach Problemstellung geschieht dies unterschiedlich [PrSa94][WiSt85][Wer02b]. Es kommen dabei meist Lösungen zur Anwendung, die als Kompromiss zwischen erforderlichem Aufwand und erreichbarer Verringerung der BER anzusehen sind. Die moderne Digitaltechnik macht den praktischen Einsatz komplexer Verfahren der digitalen Signalverarbeitung zunehmend attraktiver. Wir zeigen im Folgenden die Möglichkeiten der digitalen Signalverarbeitung an einem Fallbeispiel auf.

Den Ausgangspunkt bildet die Zusammenfassung der bisherigen Überlegungen im *Übertragungsmodell* in Bild 6-44.

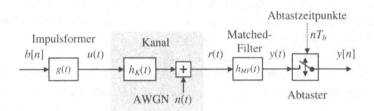

**Bild 6-44** Basisbandübertragung im AWGN-Kanal mit Bandbegrenzung

Als Sendegrundimpuls für die binären Daten wird der Root-RC-Impuls mit $\alpha = 0{,}5$ verwendet. Es stellt sich ohne Kanalverzerrungen ein Detektionsgrundimpuls wie in Bild 6-41 (links) ein. Für den Kanal wird der Einfachheit halber der Frequenzgang eines RC-Tiefpasses mit der 3dB-Grenzfrequenz gleich der halben Nyquist-Frequenz, $f_{3dB} = f_N/2$, angenommen. Das Matched-Filter ist auf den Sendegrundimpuls angepasst, $h_{MF}(t) = g(t)$. Im Beispiel ergibt sich der Detektionsgrundimpuls in Bild 6-45. Seine zeitliche Dauer erstreckt sich im Wesentlichen über neun Bitintervalle. Demzufolge treten relevante ISI-Störungen auf.

Bild 6-46 stellt für eine Übertragung von 50 Bits das Sendesignal oben und darunter das Signal am MF-Ausgang ohne Rauschen dar. Die durch Kreise markierten Detektionsvariablen $y[n]$ zeigen deutlich die gegenseitige Auslöschung der Impulse. Insbesondere bei Bitwechsel, z. B. 0, 1, 0, 1, ... , liegen die Detektionsvariablen nahe an der Entscheidungsschwelle. Bei realer Übertragung mit Rauschen ist demzufolge eine hohe BER zu erwarten.

*Anmerkung*: Die im Beispiel auftretenden Signale wurden durch digitale Simulation am PC erzeugt.

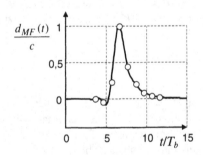

**Bild 6-45** Detektionsgrundimpuls der Basisbandübertragung mit Bandbegrenzung ($c = 0{,}50$)

Da die gesamte Übertragungsstrecke aus linearen Systemen aufgebaut ist, lässt sich ein einfaches *äquivalentes zeitdiskretes Übertragungsmodell* ableiten. Ausgehend vom Bitstrom wird die gesamte Übertragungsstrecke einschließlich der Abtastung als zeitdiskretes nichtrekursives Filter endlicher Länge modelliert: also als *FIR-Filter* (Finite Impulse Response) mit der Impulsantwort $h[n] = \{h_0, h_1, ..., h_{N-1}\}$, s. Bild 6-47. Die Koeffizienten der Impulsantwort entsprechen hier den neun relevanten Abtastwerten des Detektionsgrundimpulses in Bild 6-45. Als Rauschstörung liegt wieder AWGN vor, da bei der Abtastung des Signals im Bittakt hinter dem (Root-RC-) MF nur unkorrelierte Rauschamplituden erfasst werden.

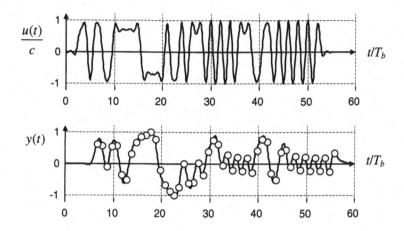

**Bild 6-46** Sendesignal $u(t)$ und Signal am MF-Ausgang $y(t)$ (ohne Rauschen, $c = 0{,}45$)

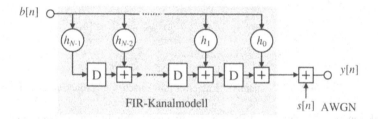

**Bild 6-47** Äquivalentes zeitdiskretes Kanalmodell

Bei bekanntem Kanal ist vor der Übertragung eine Anpassung des Sende- und Empfangsfilters mit dem Ziel die ISI und die Rauschstörung klein zu halten möglich. In praktischen Fällen sind die Kanaleigenschaften jedoch vorab in der Regel unbekannt und/oder verändern sich während der Übertragung. Eine Verbesserung der Übertragungsqualität lässt sich dann nur durch eine adaptive Kanalentzerrung erzielen.

Für eine adaptive Entzerrung müssen die Kanaleigenschaften zu Beginn der Übertragung geschätzt und danach laufend aktualisiert werden. Zur Schätzung der Kanalparameter werden dem Empfänger bekannte Bitsequenzen, so genannte *Trainingsfolgen*, gesendet.

*Anmerkung*: Eine Kanalschätzung ohne Trainingsfolgen ist bei bekanntem Übertragungsverfahren u. U. möglich. Man spricht dann von einem Blind Equalizer [Hay02].

Zur Aktualisierung der Kanalparameter während des Betriebes stehen verschiedene Verfahren zur Verfügung. Sie sind in der Fachliteratur ausführlich beschrieben. Wir betrachten im Weiteren exemplarisch ein Verfahren, das sich durch algorithmische Einfachheit, Robustheit gegen Störung und deutliche Reduktion der BER auszeichnet: der *Least-Mean-Square Decision-Feedback Equalizer* (LMS-DFE) in Bild 6-48.

Der LMS-DFE besteht im Wesentlichen aus vier Teilen: den *Vorwärtszweigen* (oben), dem *Detektor* (rechts), der *Adaptionseinrichtung* (grau unterlegt) und den *Rückwärtszweigen* (unten).

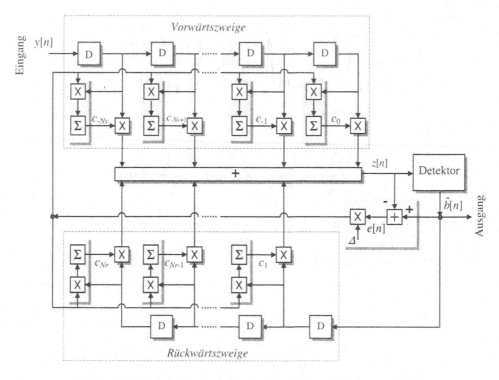

**Bild 6-48** LMS-adaptiver Entzerrer mit Entscheidungsrückführung (DFE)

Die Funktion der Vorwärts- und Rückwärtszweige erschließt sich aus dem Detektionsgrundimpuls in Bild 6-45. Da der optimale Detektionszeitpunkt im Maximum des Detektionsgrundimpulses liegt, teilt man seine zeitdiskreten Werte in *Vorläufer*, *Nachläufer* und dem *Hauptwert* ein, s. Bild 6-49.

Geht man von einer zunächst fehlerfreien Detektion und bekanntem Kanalmodell aus, bietet es sich an, die Nachläufer mit Hilfe der Rückwärtszweige zu kompensieren. Man spricht dann von einer Entzerrung durch *Entscheidungsrückführung* (Decision Feed-back). Die quantisierte Rückführung der Detektionsvariablen führt auf einen *nichtlinearen Entzerrer*. Im Beispiel in Bild 6-49 treten nach dem Hauptwert fünf Nachläufer auf. Zur vollständigen Kompensation werden fünf Rückwärtszweige benötigt. Das aus den Vorwärtszweigen gebildete FIR-Filter hat die Aufgabe, die durch die Vorläufer verursachten ISI zu entzerren.

Die Detektionsvariablen $z[n]$ werden durch die mit den Entzerrerkoeffizienten $c_k$ gewichteten Werte der Abtastfolge am MF-Ausgang $y[n]$ und des geschätzten bipolaren Bitstromes $\hat{b}[n]$ bestimmt. Man beachte, dass wegen der Verzögerungskette in den Vorwärtszweigen eine *Dekodierverzögerung* entsprechend der Zahl $N_v$ der Vorwärtszweige entsteht, d. h.

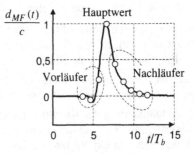

**Bild 6-49** Detektionsgrundimpuls mit Vorläufern, Hauptwert und Nachläufern

$$\hat{b}[n] = b[n - N_v] \quad \text{wenn störungsfrei} \tag{6.97}$$

Aus Bild 6-48 folgt für die Detektionsvariablen die Überlagerung der Signalkomponenten aus den Vorwärts- und Rückwärtszweigen

$$z[n] = \underbrace{\sum_{k=-N_v}^{-1} c_k \cdot y[n - (N_v - k)] + c_0 \cdot y[n - N_v]}_{\text{Kompensation der Vorläufer}} + \underbrace{\sum_{k=1}^{N_v} c_k \cdot \hat{b}[n - k]}_{\text{Entscheidungsrückführung}} \tag{6.98}$$

Entscheidend für das Detektionsergebnis ist die Wahl der Anzahl der Vorwärts- und Rückwärtspfade und ihrer Gewichte. Hierzu dient der *Adaptionsalgorithmus*. Bei unbekannten Kanalparametern werden zunächst in einer *Trainingsphase* bei bekannter (Trainings-) Bitfolge $b_T[n]$ die Koeffizienten adaptiert. Beginnend mit Startwerten für die Koeffizienten, z. B. $c_0 = 1$ und $c_k = 0$ für $k \neq 0$, wird im Entzerrer das *Fehlersignal* $e[n] = \hat{b}[n] - z[n]$ mit den Bits der Trainingsfolge $\hat{b}[n] = b_T[n - N_v]$ gebildet. Das Fehlersignal wird mit der *Schrittweite* $\Delta$ multipliziert und zur Aktualisierung der Koeffizienten verwendet.

$$c_k[n+1] = c_k[n] + \Delta \cdot e[n] \cdot \begin{cases} y[n - (N_v - k)] & \text{für } k = -N_v, ..., 0 \\ \hat{b}[n - k] & \text{für } k = 1, ..., N_r \end{cases} \tag{6.99}$$

Dabei werden die Koeffizienten von Pfaden die zur Vergrößerung des Fehlers beitragen abgeschwächt und/oder im Vorzeichen gedreht. Koeffizienten von Pfaden die zur Verringerung des Fehlers führen werden verstärkt.

Für die Zahl der Takte, bis die Koeffizienten geeignet bestimmt sind, die *Konvergenzgeschwindigkeit*, ist die Schrittweite mitentscheidend. Wird sie relative groß gewählt, können sich die Koeffizienten schneller adaptieren. Spätere Fehlentscheidungen aufgrund der Rauschstörungen führen dann allerdings zu größeren Verstimmungen. Aus diesem Grund werden auch unterschiedliche Werte für die Schrittweite in der Trainingsphase und der nachfolgenden *entscheidungsgetriebenen Adaptionsphase* verwendet. Eine für langsam variierende Kanäle vorgeschlagene Schrittweite ist

$$\Delta = \frac{1}{5(2N + 1)P_r} \tag{6.100}$$

mit $P_r$, der Empfangsleistung aus Nutzsignal und Rauschen [PrSa94].

Der vorgestellte Adaptionsalgorithmus wird Least-Mean Square- (LMS-) Algorithmus oder *stochastischer Gradientenalgorithmus* genannt. Interpretiert man nämlich die Fehlerfolge a's stochastischen Prozess, dessen quadratischer Mittelwert in Abhängigkeit von den Entzerrerkoeffizienten minimiert werden soll, so resultiert nach Ersetzen der auftretenden, in der Regel unbekannten Korrelationsfunktionen durch entsprechende Zeitmittelwerte der LMS-Algorithmus.

Im Beispiel ergeben sich für den LMS-DFE nach einer Trainingsphase von 500 Bits im rauschfreien Fall die in Bild 6-50 gezeigten Entzerrerkoeffizienten. Der Vergleich mit dem Detektionsgrundimpuls in Bild 6-49 zeigt insbesondere, wie die Koeffizienten der Rückwärtszweige ($k = 1, ..., 5$) zur Kompensation der Nachläufer beitragen. Die damit erreichbare fast vollständige Unterdrückung der ISI belegen die letzten 50 Werte der Detektionsvariablen der Trainingsphase in  Bild 6-51, vgl. Bild 6-46.

In praktischen Anwendung führen additive Rauschkomponenten zu fehlangepassten Entzerrerkoeffizienten. Insbesondere ist mit einem Schwellenverhalten zu rechnen: Ist die Rauschstörung so stark, dass Fehlentscheidungen zurückgekoppelt werden, tritt eine Fehlanpassung auf, die zu einer starken Zunahme der mittleren BER führen kann.

Über die Leistungsfähigkeit des LMS-DFE geben für das Fallbeispiel die Simulationsergebnisse in der Tabelle 6-5 Auskunft. Darin eingetragen sind für verschiedene Werte des Signal-Geräuschverhältnisses (SNR) am Empfängereingang, die theoretischen BER bei reiner AWGN-Störung ohne ISI, die BER bei der Übertragung ohne Entzerrung und bei Verwendung des LMS-DFE mit 11 Koeffizienten und 500 Trainingsbits. Es wurden jeweils $10^6$ Bits übertragen. Die Simulationsergebnisse zeigen deutlich die durch die Entzerrung erzielbare Verminderung der BER. Während ohne Entzer-

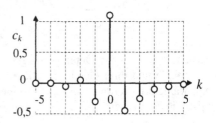

**Bild 6-50**  Koeffizienten des LMS-DFE
nach der Trainingsphase

rung eine BER von etwa 0,015 auch ohne Rauschen wegen der ISI nicht unterschritten werden kann, macht der LMS-DFE eine nahezu fehlerfreie Übertragung bei moderatem SNR möglich.

Der vorgestellte Entzerrer stellt einen Kompromiss zwischen Realisierungsaufwand und erreichbarer Fehlerreduzierung dar. Eine weitere Verbesserung lässt sich durch die *Maximum-Likelihood-Sequenzdetektion* (MLSD) erzielen. Sie wählt im Empfänger von allen möglichen Sendefolgen diejenige aus, die aufgrund des Empfangssignals als am wahrscheinlichsten gesendet anzusehen ist, z. B. [PrSa94]. Eine aufwandsgünstige Realisierung der MLSD liefert die dynamische Programmierung in Form des Viterbi-Entzerrers [Wer02]. Sie wird bei stark gestörten Übertragungskanälen, wie beispielsweise im digitalen Mobilfunk, eingesetzt.

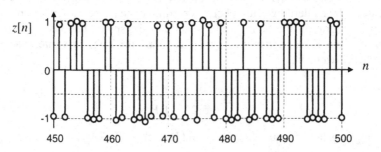

**Bild 6-51**  Detektionsvariablen nach LMS-DFE

**Tabelle 6-5**  Simulationsergebnisse für die BER

| SNR in dB | 10 | 12 | 14 | 16 | ∞ |
|---|---|---|---|---|---|
| AWGN-Kanal (theoret.) | $3,8 \cdot 10^{-6}$ | $9,0 \cdot 10^{-9}$ | $6,8 \cdot 10^{-13}$ | $2,3 \cdot 10^{-19}$ | 0 |
| ohne Entzerrer | 0,057 | 0,047 | 0,038 | 0,032 | 0,015 |
| mit LMS-DFE | $6,8 \cdot 10^{-3}$ | $8,1 \cdot 10^{-4}$ | $2,2 \cdot 10^{-5}$ | 0 | 0 |

# 6.7 Leistungsdichtespektren digitaler Basisbandsignale

*Hinweis*: Dieser Abschnitt ist zur Vertiefung gedacht. Er kann ohne Verlust an Verständlichkeit für die weiteren Abschnitte übersprungen werden.

## 6.7.1 Mittlere AKF und mittleres LDS

Zur Bewertung der spektralen Effizienz der Leitungscodes ist das Leistungsdichtespektrum der codierten Signale wichtig. Dabei wird angenommen, dass die zu codierenden Bitströme gleichverteilt und unabhängig sind, so dass die Leistungsdichtespektren (LDS) der digitalen Basisbandsignale

$$u(t) = \sum_{n=-\infty}^{+\infty} d[n] \cdot g(t - nT) \tag{6.101}$$

nur durch die Form des Sendegrundimpulses $g(t)$ und die Korrelation der Datenfolge $d[n]$ bestimmt werden. Die Berechnung des LDS erfordert sorgfältiges Vorgehen. Wir fassen den Strom der Daten als Musterfolge eines stationären stochastischen Prozesses mit dem linearen Mittelwert

$$E(d[n]) = \mu_d \tag{6.102}$$

und der Varianz

$$E\left([d[n] - \mu_d]^2\right) = \sigma_d^2 \tag{6.103}$$

auf.

*Anmerkung*: Der Einfachheit halber unterscheiden wir im Folgenden nicht durch Groß- und Kleinschreibung zwischen den Prozessen und den zugehörigen Musterfunktionen.

Die Autokorrelationsfunktion (AKF) des Prozesses des Basisbandsignals ist definitionsgemäß

$$R_{uu}(t+\tau,t) = E\left(u(t+\tau) \cdot u(t)\right) = E\left(\sum_{n=-\infty}^{+\infty} d[n]g(t+\tau-nT) \cdot \sum_{m=-\infty}^{+\infty} d[m]g(t-mT)\right) \tag{6.104}$$

Im Ansatz sind die deterministischen Sendegrundimpulse nicht von der Erwartungswertbildung betroffen. Letztere wirkt nur auf den Datenprozess, so dass sich mit dessen AKF die Vereinfachung ergibt

$$R_{uu}(t+\tau,t) = \sum_{n=-\infty}^{+\infty} \sum_{m=-\infty}^{+\infty} g(t+\tau-nT)g(t-mT) \cdot \underbrace{E\left(d[n]d[m]\right)}_{R_{dd}[n-m]} \tag{6.105}$$

Die Substitution

$$l = n - m \quad \text{und} \quad n = l + m \tag{6.106}$$

liefert den übersichtlicheren Ausdruck

$$R_{uu}(t+\tau,t) = \sum_{m=-\infty}^{+\infty} \sum_{l=-\infty}^{+\infty} g(t+\tau-mT-lT)g(t-mT) \cdot R_{dd}[l] \qquad (6.107)$$

Eine genauere Betrachtung zeigt, dass die AKF bzgl. des Symbolintervalls $T$ periodisch ist. Wir zeigen das kurz anhand des folgenden Ansatzes. Mit

$$R_{uu}(t+\tau+kT,t+kT) = \sum_{m=-\infty}^{+\infty} \sum_{l=-\infty}^{+\infty} g(t+\tau+kT-mT-lT)g(t+kT-mT) \cdot R_{dd}[l] \qquad (6.108)$$

und der Substitution $i = m$-$k$ für jede endliche ganze Zahl $k$ folgt

$$R_{uu}(t+\tau+kT,t+kT) = \sum_{i=-\infty}^{+\infty} \sum_{l=-\infty}^{+\infty} g(t+\tau-iT-lT)g(t-iT) \cdot R_{dd}[l] \qquad (6.109)$$

Der Vergleich mit (6.107) belegt die Periodizität. Es liegt ein im weiteren Sinn zyklisch-stationärer Prozess (Wide-sense Cyclostationary Process) vor [Pap84]. Bei zeitlicher Mittelung über eine Periode resultiert daraus ein schwach stationärer Prozess mit der mittleren AKF

$$\bar{R}_{uu}(\tau) = \frac{1}{T} \int_{-T/2}^{+T/2} R_{uu}(t+\tau,t) \, dt \qquad (6.110)$$

*Anmerkung*: Die zeitliche Mittelung kann man so interpretieren, als würde die AKF durch eine Messreihe bestimmt, wobei für die einzelnen Messungen keine Synchronisation des Beginns der Messung mit dem Beginn der Symbolintervalle in der Musterfunktion vorliegt.

Mit der zeitlichen Mittelung erhalten wir nach geschickter Umformung schließlich die Abhängigkeit von der Zeitverschiebung $\tau$ in Form der Zeit-AKF des Sendegrundimpulses.

$$\bar{R}_{uu}(\tau) = \frac{1}{T} \sum_{l=-\infty}^{+\infty} R_{dd}[l] \cdot \underbrace{\sum_{m=-\infty}^{+\infty} \underbrace{\int_{-T/2}^{+T/2} g(t+\tau-mT-lT)g(t-mT) \, dt}_{\int_{-T/2-mT}^{+T/2-mT} g(t+\tau-lT)g(t) \, dt}}_{\int_{-\infty}^{+\infty} g(t+\tau-lT)g(t) \, dt = R_{gg}(\tau-lT)} \qquad (6.111)$$

Die gesuchte AKF ist

$$\bar{R}_{uu}(\tau) = \frac{1}{T} \sum_{l=-\infty}^{+\infty} R_{dd}[l] \cdot R_{gg}(\tau-lT) \qquad (6.112)$$

Das gesuchte mittlere LDS wird aus der AKF durch Fourier-Transformation berechnet.

$$\bar{S}_{uu}(\omega) = \frac{1}{T} \int\limits_{-\infty}^{+\infty} \sum_{l=-\infty}^{+\infty} R_{dd}[l] \cdot R_{gg}(\tau - lT) e^{-j\omega\tau} d\tau \tag{6.113}$$

Da die Zeit-AKF des Sendegrundimpulses zeitlich beschränkt ist, dürfen wir die Reihenfolge von Summe und Fourier-Transformation vertauschen. Mit dem Verschiebungssatz der Fourier-Transformation erhalten wir das Betragsquadrat des Spektrums des Sendegrundimpulses.

$$\bar{S}_{uu}(\omega) = \frac{1}{T} \sum_{l=-\infty}^{+\infty} R_{dd}[l] \cdot \underbrace{\int\limits_{-\infty}^{+\infty} R_{gg}(\tau - lT) e^{-j\omega\tau} d\tau}_{|G(j\omega)|^2 e^{-j\omega Tl}} \tag{6.114}$$

Umstellen liefert einen Ausdruck, den wir als Fourier-Transformation der zeitdiskreten AKF des Datenprozesses zur normierten Kreisfrequenz $\Omega = \omega T$ auffassen können [Wer05].

$$\bar{S}_{uu}(\omega) = \frac{1}{T} |G(j\omega)|^2 \cdot \sum_{l=-\infty}^{+\infty} R_{dd}[l] \cdot e^{-j\omega Tl} \tag{6.115}$$

Das Symbolintervall $T$ spielt dabei formal die Rolle der Abtastfrequenz. Wie die Spektren abgetasteter Signale enthält somit das LDS des Datenprozesses einen in $2\pi/T$ periodischen Anteil. Dieser wird noch gewichtet mit dem Quadrat des Betragsspektrums des Sendegrundimpulses.

### 6.7.2 Digitale Basisbandsignale ohne Gedächtnis

Im Sonderfall unkorrelierter Datenprozesse, d. h.

$$R_{dd}[l] = \begin{cases} \sigma_d^2 + \mu_d^2 & \text{für } l = 0 \\ \mu_d^2 & \text{sonst} \end{cases} \tag{6.116}$$

mit der Varianz $\sigma_d^2$ und dem linearen Mittelwert $\mu_d$, ergibt sich

$$\bar{S}_{uu}(\omega) = \frac{1}{T} |G(j\omega)|^2 \cdot \left[ \sigma_d^2 + \mu_d^2 \sum_{l=-\infty}^{+\infty} e^{-j\omega Tl} \right] =$$

$$= \frac{1}{T} |G(j\omega)|^2 \cdot \left[ \sigma_d^2 + \mu_d^2 \frac{1}{T} \sum_{l=-\infty}^{+\infty} 2\pi\delta\left(\omega - \frac{2\pi l}{T}\right) \right] \tag{6.117}$$

Das LDS lässt sich in einen kontinuierlichen und diskreten Anteil aufspalten.

$$\bar{S}_{uu}(\omega) = \underbrace{\frac{\sigma_d^2}{T} |G(j\omega)|^2}_{\substack{\text{kontinuierliches} \\ \text{Spektrum}}} + \underbrace{\left(\frac{\mu_d}{T}\right)^2 \sum_{l=-\infty}^{+\infty} \left|G\left(j\frac{2\pi l}{T}\right)\right|^2 \cdot 2\pi\delta\left(\omega - \frac{2\pi l}{T}\right)}_{\text{diskretes Spektrum}} \tag{6.118}$$

Ist der Datenprozess mittelwertfrei, wie beispielsweise beim bipolaren NRZ-Code, entfallen die Impulsanteile.

Wir wollen nun die Formel für einige praktisch wichtige Leitungscodes auswerten, wobei wir die Lösungen kurz als LDS der Codes bezeichnen. Für die Datenfolge nehmen wir eine gleichverteilte und unkorrelierte Bitfolge an.

**Beispiel** Bipolarer NRZ-Code

Im Beispiel der bipolaren NRZ-Codierung ergibt sich im Falle gleichwahrscheinlicher und unkorrelierter Bits mit der AKF der Datensymbole

$$R_{dd}[l] = \begin{cases} 1 & \text{für } l = 0 \\ 0 & \text{sonst} \end{cases} \tag{6.119}$$

und dem Betragsspektrum des Sendegrundimpulse [Wer05]

$$g(t) = \Pi_T(t) \quad \leftrightarrow \quad G(j\omega) = T \cdot \text{si}\left(\frac{\omega T}{2}\right) \tag{6.120}$$

aus (6.118) das LDS

$$S_{bpNRZ}(\omega) = T \cdot \left[\text{si}\left(\frac{\omega T}{2}\right)\right]^2 \tag{6.121}$$

**Beispiel** On-Off Keying

Das OOK-Signal kann als ein skaliertes und verschobenes bipolares NRZ-Signal angesehen werden. Man beachte, dass bei gleicher Amplitude die Leistung des OOK-Signals nur halb so groß ist wie bei der bipolaren Übertragung. Soll, wie in der Nachrichtentechnik zu Vergleichszwecken üblich, gleiche Leistung vorliegen, so ist die Signalamplitude des OOK-Signals mit $\sqrt{2}$ zu multiplizieren.

$$u_{OOK}(t) = \frac{1}{\sqrt{2}} \cdot u_{bpNRZ}(t) + \frac{1}{\sqrt{2}} \tag{6.122}$$

Für das LDS ergibt sich unmittelbar

$$S_{OOK}(\omega) = \frac{1}{2} \cdot T \cdot \text{si}^2\left(\frac{\omega T_b}{2}\right) + \pi\delta(\omega) \tag{6.123}$$

**Beispiel** Unipolar RZ-Code

Die Berechnung des LDS von unipolar RZ-codierten Signalen gestaltet sich etwas komplizierter als die beiden bisherigen Beispiele. Hier ist die Korrelation des Datensignals nach (6.115) zu berücksichtigen. Die Korrelationsfolge ergibt sich aus den Erwartungswerten mit den diskreten stochastischen Variablen $d[n+l]$ und $d[n]$ für beliebige aber jeweils feste Indizes $n$ und $l$.

$$R_{dd}[l] = E\left(d[n+l]d[n]\right) = \sum_{m=1}^{M}\left(d[n+l]\cdot d[n]\right)_m \cdot P_m \tag{6.124}$$

Bei der Berechnung sind $M$ mögliche Kombinationen von Wertepaaren des Datensignals $d[n+l]\cdot d[n]$ mit den jeweiligen Wahrscheinlichkeiten $P_m$ zu berücksichtigen. Tabelle 6-6 fasst die Überlegungen zusammen. Wir erhalten

$$R_{dd}[l] = \begin{cases} 1/2 & \text{für } l = 0 \\ 1/4 & \text{sonst} \end{cases} \tag{6.125}$$

**Tabelle 6-6** Wertepaare des Datensignals

| $l$ | $d[n+l]\cdot d[n]$ | $P_m$ | $M$ | $\sum_{m=1}^{M}\left(d[n+l]\cdot d[n]\right)_m \cdot P_m$ |
|---|---|---|---|---|
| 0 | $0\cdot 0 = 0$ | 1/2 | 2 | 1/2 |
| | $1\cdot 1 = 1$ | 1/2 | | |
| $\neq 0$ | $0\cdot 0 = 0$ | 1/4 | 4 | 1/4 |
| | $0\cdot 1 = 0$ | 1/4 | | |
| | $1\cdot 0 = 0$ | 1/4 | | |
| | $1\cdot 1 = 1$ | 1/4 | | |

Aus Gründen der Vergleichbarkeit normieren wir wieder die Leistung des Basisbandsignals auf den Wert des bipolaren NRZ-Signals. Wegen der Austastungen ist hier ein Amplitudenfaktor von 2 notwendig. Mit (6.118) resultiert für das LDS der unipolaren RZ-Codierung

$$\begin{aligned}
S_{upRZ}(\omega) &= \frac{1}{4T}\left|T\cdot\text{si}\left(\frac{\omega T}{4}\right)\right|^2 + \frac{1}{T^2}\cdot\frac{1}{4}\sum_{l=-\infty}^{+\infty}\left|T\cdot\text{si}\left(\frac{\omega T}{4}\right)\right|^2 2\pi\delta\left(\omega-\frac{2\pi l}{T}\right) = \\
&= \frac{T}{4}\left|\text{si}\left(\frac{\omega T}{4}\right)\right|^2 + \frac{1}{4}\sum_{l=-\infty}^{+\infty}\left|\text{si}\left(\frac{\pi l}{2}\right)\right|^2 2\pi\delta\left(\omega-\frac{2\pi l}{T}\right)
\end{aligned} \tag{6.126}$$

**Beispiel** Manchester-Code

Der Manchester-Code verwendet die zwei bipolaren Trägersignale in Bild 6-52, die aus einem Sendegrundimpulse abgeleitet werden und sich nur durch das Vorzeichen unterscheiden. Deshalb besitzen sie identische Betragsspektren.

Mit der Darstellung des Sendegrundimpulses

$$g(t) = \Pi_{T/2}(t-T/4) - \Pi_{T/2}(t-3T/4) \tag{6.127}$$

ergibt sich für das Spektrum

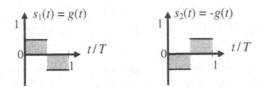

**Bild 6-52** Trägersignale des Manchester-Codes für links „0" und rechts „1"

$$G(j\omega) = \frac{T}{2} \cdot \mathrm{si}\left(\frac{\omega T}{4}\right) e^{-j\omega T/4} - \frac{T}{2} \cdot \mathrm{si}\left(\frac{\omega T}{4}\right) e^{-j3\omega T/4} =$$

$$= \frac{T}{2} \cdot \mathrm{si}\left(\frac{\omega T}{4}\right) \cdot \left[e^{-j\omega T/4} - e^{-j3\omega T/4}\right] = \qquad\qquad (6.128)$$

$$= \frac{T}{2} \cdot \mathrm{si}\left(\frac{\omega T}{4}\right) \cdot e^{-j\omega T/2} \cdot \underbrace{\left[e^{+j\omega T/4} - e^{-j\omega T/4}\right]}_{j2\sin(\omega T/4)}$$

bzw. das Betragsspektrum

$$\left|G(j\omega)\right| = T \cdot \left|\mathrm{si}\left(\frac{\omega T}{4}\right) \cdot \sin\left(\frac{\omega T}{4}\right)\right| \qquad\qquad (6.129)$$

Aus (6.117) erhalten wir demzufolge

$$S_{MC}(\omega) = T \cdot \left[\mathrm{si}\left(\frac{\omega T}{4}\right) \cdot \sin\left(\frac{\omega T}{4}\right)\right]^2 \qquad\qquad (6.130)$$

### 6.7.3   Digitale Basisbandsignale mit Gedächtnis

In [Pro01] wird die Gleichung (6.131) nach [TiWe61] zur Berechnung des LDS von digitalen Basisbandsignalen angegeben. Voraussetzung ist, dass das *Gedächtnis* des Codes durch eine *Markov-Kette* mit $K$ Zuständen mit den Zustandswahrscheinlichkeiten $p_i$ beschrieben werden kann.

$$S(f) = \frac{1}{T^2} \sum_{n=-\infty}^{+\infty} \left|\sum_{i=1}^{K} p_i S_i\left(\frac{n}{T}\right)\right|^2 \delta\left(f - \frac{n}{T}\right) + \frac{1}{T} \sum_{i=1}^{K} p_i \left|\tilde{S}_i(f)\right|^2 +$$

$$+ \frac{2}{T} \mathrm{Re}\left[\sum_{i=1}^{K}\sum_{l=1}^{K} p_i \tilde{S}_i^*(f) \tilde{S}_l(f) P_{il}(f)\right] \qquad\qquad (6.131)$$

In die Formel gehen  die Spektren der Trägersignale

$$S_i(f) = S_i(j\omega)\big|_{\omega = 2\pi f} \qquad\qquad (6.132)$$

und die Spektren der modifizierten Trägersignale

$$\tilde{s}_i(t) = s_i(t) - \sum_{k=1}^{K} p_k s_k(t) \quad \leftrightarrow \quad \tilde{S}_i(j\omega) \tag{6.133}$$

ein. Letzteres entspricht einer Subtraktion des momentanen Mittelwertes. Ferner tritt die Größe $P_{il}$ auf, die Fourier-Transformation der Folge der Übergangswahrscheinlichkeiten $p_{il}[n]$.

$$P_{il}(f) = \sum_{n=1}^{+\infty} p_{il}[n] e^{-j2\pi f T n} \tag{6.134}$$

Die Übergangswahrscheinlichkeiten $p_{il}[n]$ beschreiben die Wahrscheinlichkeiten, dass in $n$ Zeitschritten ein Übergang vom Zustand $i$ auf den Zustand $l$ erfolgt, also $n$ Zeitschritte nach dem Senden des Sendegrundimpulses $s_i(t)$ der Sendegrundimpuls $s_l(t)$ gesendet wird.

*Anmerkung*: Die Berechnung des LDS von Hand ist meist sehr aufwendig. Gegebenenfalls ist eine numerische Berechnung vorzunehmen. Da man in beiden Fällen leicht Fehler machen kann, wird eine Kontrolle durch Simulation und Messung des LDS empfohlen.

Wir zeigen die Anwendung der Formel anhand des AMI-Codes. Dabei gehen wir von einem gleichverteilten und unkorrelierten Bitstrom aus.

**Beispiel** AMI-Code

Die Codierregel für den AMI-Code lässt sich anhand des Zustandsgraphen in Bild 6-53 formulieren. Es werden die vier Zustände $S_1$ bis $S_4$ mit den Trägersignalen

$$s_1(t) = s_3(t) = 0 \quad \text{und} \quad s_2(t) = -s_4(t) = g(t) = \Pi_T(t - T/2) \tag{6.135}$$

eingeführt. Man erhält eine homogene Markov-Kette mit gleichwahrscheinlichen Übergängen. Die Übergangsmatrix ist

$$\Pi = (\pi_{i/l}) = \frac{1}{2} \begin{pmatrix} 1 & 1 & 0 & 0 \\ 0 & 0 & 1 & 1 \\ 0 & 0 & 1 & 1 \\ 1 & 1 & 0 & 0 \end{pmatrix} \tag{6.136}$$

mit den Übergangswahrscheinlichkeiten $\pi_{i/l}$, also dass ein Zustandswechsel von $S_i$ nach $S_l$ stattfindet. Man beachte die unterschiedlichen Schreibweisen

$$p_{il}[1] = \pi_{l/i} \tag{6.137}$$

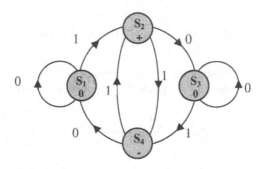

**Bild 6-53** Zustandsgraph des AMI-Codes

Mit

$$\Pi^n = \frac{1}{4}\begin{pmatrix} 1 & 1 & 1 & 1 \\ 1 & 1 & 1 & 1 \\ 1 & 1 & 1 & 1 \\ 1 & 1 & 1 & 1 \end{pmatrix} \quad \text{für } n = 2,3,\dots \tag{6.138}$$

ist die Markov-Kette stationär und regulär. Die Grenzverteilung

$$\mathbf{p}_\infty = \frac{1}{4}(1,1,1,1) \tag{6.139}$$

zeigt an, dass – abgesehen von den vorab festgelegten Startbedingungen, z. B. $\mathbf{p}_0 = (1/2,0,0,1/2)$ – im Mittel alle Zustände gleichwahrscheinlich auftreten.

Damit sind alle Angaben vorhanden, um das LDS des AMI-Codes zu berechnen. Wir beginnen mit dem dritten Teil in (6.129).

Da das Trägersignal für die Zustände $S_1$ und $S_3$ null und die Übertragung mittelwertfrei sind, vereinfacht sich der Term wesentlich. Dazu kommt, dass sich die Trägersignale nur im Vorzeichen unterscheiden und alle Zustände gleichwahrscheinlich sind. Man erhält zunächst

$$\sum_{i=1}^{K}\sum_{l=1}^{K} p_i \tilde{S}_i^*(f)\tilde{S}_l(f)P_{il}(f) = \frac{|S_2(f)|^2}{4}\cdot\left[P_{22}(f)-P_{24}(f)-P_{42}(f)+P_{44}(f)\right] \tag{6.140}$$

Nun betrachten wir die Fourier-Transformierten der Folgen der Übergangswahrscheinlichkeiten (6.136) und (6.138). Für $n = 2,3,\dots$ sind alle Beiträge gleich, d. h. unabhängig von $n$ und den Indizes $i$ und $l$, kompensieren sich alle Beiträge in der eckigen Klammer in (6.140) bis auf

$$P_{22}(f)-P_{24}(f)-P_{42}(f)+P_{44}(f) = \underbrace{\left[p_{22}[n]-p_{24}[n]-p_{42}[n]+p_{44}[n]\right]}_{-1}\cdot e^{-j2\pi fT} \tag{6.141}$$

Der dritte Teil in (6.129) ist demnach

$$\frac{2}{T}\mathrm{Re}\left[\sum_{i=1}^{K}\sum_{l=1}^{K}p_i\tilde{S}_i^*(f)\tilde{S}_l(f)P_{il}(f)\right]=\frac{-1}{2T}\cdot|S_2(f)|^2\cdot\cos 2\pi fT \tag{6.142}$$

Nun wird der erste Teil in (6.129), der Impulsanteil, betrachtet. Hier gelten die gleichen Symmetrieüberlegungen bzgl. der Spektren der Sendegrundimpulse. Die Zustände $S_1$ und $S_3$ liefern keine Beiträge. Die Spektren zu den Zuständen $S_2$ und $S_4$ heben sich gegenseitig auf. Das LDS des AMI-Codes besitzt keine Impulsanteile. Demzufolge resultiert [Che98]

$$S(f)=\frac{1}{2T}|G(f)|^2\cdot(1-\cos(2\pi fT))=\frac{1}{T}|G(f)|^2\cdot\sin^2(\pi fT) \tag{6.143}$$

## 6.8 RC-Tiefpass als Ersatz für ein Matched-Filter

*Hinweis*: Dieser Abschnitt ist zur Vertiefung gedacht. Er kann ohne Verlust an Verständlichkeit für die weiteren Abschnitte übersprungen werden.

In vielen Fällen genügt es, das Matched-Filter durch einen einfachen Tiefpass zu ersetzen, ohne dass die Empfangsqualität stark degradiert. Wir zeigen das am Beispiel des Rechteckimpulses als Sendesignal

$$x(t)=A\cdot g_{REC}(t-T_S/2) \tag{6.144}$$

und einem einfachen RC-Tiefpass mit der Zeitkonstanten $\tau=RC$ als Empfangsfilter. Mit dem Maximalwert des Nutzanteils [Wer05]

$$y(T)=A\cdot(1-\exp(-T/\tau)) \tag{6.145}$$

wird im Falle einer weißen Rauschstörung mit Leistungsdichte $N_0/2$ ein SNR erreicht von

$$\left(\frac{S}{N}\right)_{0,RC}=\frac{A^2\cdot(1-\exp(-T/\tau))^2}{\underbrace{\frac{N_0}{2}\cdot\frac{1}{2\pi}\int_{-\infty}^{+\infty}\frac{1}{1+\omega^2\tau^2}\,d\omega}_{1/2\tau}}=\frac{4A^2\tau}{N_0}\cdot(1-\exp(-T/\tau))^2 \tag{6.146}$$

*Anmerkung*: Das Integral führt nach Substitution $x=\omega\tau$ auf die Arcustangens-Funktion.

Das SNR enthält als freien Parameter die Zeitkonstante des RC-Tiefpasses. Sie gilt es nun so zu bestimmen, dass das SNR maximal wird. Als Rechenvereinfachung betrachten wird statt $\tau$ $x=T/\tau$ mit $T,\tau>0$. Damit schreibt sich das SNR

$$\left(\frac{S}{N}\right)_{0,RC}=\frac{4A^2T}{N_0}\cdot\frac{(1-e^{-x})^2}{x} \tag{6.147}$$

Da wir das Maximum suchen, bestimmen wir zunächst die Nullstelle der Ableitung

$$\frac{d}{dx} \cdot \frac{(1-e^{-x})^2}{x} = \frac{2(1-e^{-x})(-e^{-x})(-1)-(1-e^{-x})^2}{x^2} \overset{!}{=} 0 \qquad (6.148)$$

Nach kurzer Zwischenrechnung erhält man die Bedingung

$$1 + 2x \overset{!}{=} e^x \qquad (6.149)$$

deren Lösung beispielsweise wie in Bild 6-54 graphisch erfolgen kann.

$$\tau_0 = \frac{T}{1,2564} = 0,7959 \ T \qquad (6.150)$$

Dass die Dimensionierung des RC-Gliedes mit $\tau_0$ tatsächlich das maximale SNR liefert, macht die Gegenüberstellung von (6.147) mit dem SNR des idealen Matched-Filters in Bild 6-55 deutlich. Man findet das Maximum des SNR an der Stelle $\tau_0 = 0,7959 \cdot T$. Im Vergleich zum idealen Mached-Filter-Empfang (0dB) tritt nur eine Degradation von 0,815 dB auf.

*Anmerkung*: Die Degradation von 0,8 dB macht sich in der Fehlerwahrscheinlichkeit je nach einge-stelltem $E_b / N_0$ unterschiedlich bemerkbar.

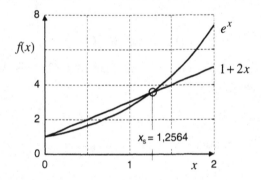

**Bild 6-54**  Graphische Bestimmung der Extremalstelle

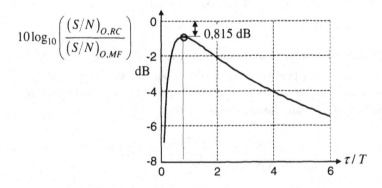

**Bild 6-55** Vergleich des resultierenden SNR des Matched-Filters mit dem eines RC-Tiefpasses bei Detektion eines Rechteckimpulses in additivem weißen Rauschen

# 6.9 Aufgaben zu den Abschnitten 6.5 und 6.6

## 6.9.1 Aufgaben

**Aufgabe 6.5** Sendegrundimpulse

Vergleichen Sie den Rechteckimpuls und den $\cos^2$-Impuls als Sendegrundimpuls für eine binäre Übertragung mit der Bitrate 768 kbit/s.

a) Skizzieren Sie dazu die Impulse und geben Sie die Impulsdauer an.

b) Geben Sie jeweils die erste Nullstelle im Spektrum bei positiven Frequenzen an.

c) Um wie viele dB ist das Betragspektrum der beiden Impulsformen bei $f = 2{,}6$ MHz im Vergleich zu seinem Maximum abgeklungen?

d) Welchen Vorteil bietet der $\cos^2$-Impuls im Vergleich zum Rechteckimpuls und was ist sein Nachteil?

**Aufgabe 6.6** Walsh-Funktionen

a) Geben Sie die Basisbandsignale zu den Walsh-Funktionen 4. Ordnung an.

b) Welche besondere Eigenschaft zeichnet die Walsh-Funktionen für die Basisbandübertragung aus?

c) Falten sie für die Walsh-Funktionen 4. Ordnung das Basisbandsignal $w_1(t)$ mit der Impulsantwort des kausalen Matched-Filters zu $w_3(t)$.

d) Was zeichnet die Basisbandsignale $w_0(t)$ und $w_1(t)$ zu Walsh-Funktionen beliebiger Ordnung jeweils aus? Welche Konsequenzen hat dies für die Übertragung?

**Aufgabe 6.7** Thermisches Rauschen

Es wird eine Bitübertragung mit rechteckförmigen Sendegrundimpulsen mit Amplitude 0,75 V und Dauer 6 µs angenommen. Die Leitung ist beidseitig mit 100 Ω abgeschlossen und näherungsweise verlustlos.

a) Berechnen Sie die Energie des Sendegrundimpulses am Empfänger.

b) Berechnen Sie die (zweiseitige) Rauschleistungsdichte der thermischen Spannung, die im Kreis entsteht.

c) Berechnen Sie den Effektivwert der thermischen Spannung am Empfänger. Gehen Sie dabei von der äquivalenten Geräuschbandbreite eines RC-Tiefpasses mit 3dB-Grenzfrequenz von 100 kHz aus.

d) Vergleichen Sie die Größen der Spannungen des Sendegrundimpulses und der thermischen Rauschspannung. Welche Schlussfolgerung lässt sich daraus für die Bitfehlerwahrscheinlichkeit bei einer einfachen Schwellwertdetektion aufgrund des thermischen Rauschens ziehen?

---

**Aufgabe 6.8** Bitfehlerwahrscheinlichkeit

Den Ausgangspunkt der Überlegungen bildet die Übertragung über einen AWGN-Kanal mit der Bandbreite 100 kHz und einem SNR von 12 dB.

a) Wie groß ist der maximal fehlerfrei übertragbare Informationsfluss?

b) Schätzen Sie die Bitrate für den Fall einer binären Basisbandübertragung ab. Begründen Sie Ihre Antwort.

c) Berechnen Sie die Bitfehlerwahrscheinlichkeit für eine Übertragung nach b).

d) Als Alternative wird der Einsatz einer vier- oder achtstufigen symmetrischen PAM mit gleicher mittleren Leistung wie in b) betrachtet. Vergleichen Sie die Bitfehlerwahrscheinlichkeiten für den Fall b) und c).

e) Lohnt sich der Einsatz der vier- oder achtstufigen PAM? Begründen Sie Ihre Antwort.

---

**Aufgabe 6.9** Augendiagramm

In Bild 6-56 ist ein Augendiagramm zu sehen.

a) Markieren Sie die Augen Bild 6-56.

b) Um welche Art der Übertragung handelt es sich?

c) Welcher Effekt der Übertragung wird durch das Augendiagramm sichtbar gemacht?

d) Welche Bedeutung hat die Form eines Auges für die Qualität der Übertragung? Wie sollte ein Auge aussehen?

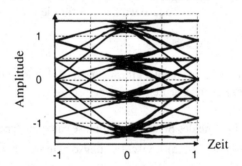

**Bild 6-56** Augendiagramm (ohne Rauschen)

---

**Aufgabe 6.10** Entzerrer

a) Markieren Sie in Bild 6-57 die Vor- sowie Nachläufer des Detektionsgrundimpulses.

b) Wie viele Rückwärtszweige werden für den Entzerrer benötigt?

c) Was bedeutet das Akronym LMS-DFE

d) Für den ordentlichen Betrieb des LMS-DFE-Entzerrers sind zwei Phasen notwendig. Nennen Sie die beiden Phasen und ihre Funktionen.

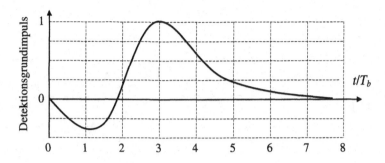

**Bild 6-57** Detektionsgrundimpuls (ohne Rauschen)

## 6.9.2 Lösungen

**Lösung zu Aufgabe 6.5** Sendegrundimpulse

a) s. Bild 6-20 oben

b) s. Bild 6-20 rechts; für den Rechteckimpuls erhält man $f_0 = 1/T = 768$ kHz und für den $\cos^2$-Impuls $f_0 = 2/T = 1536$ kHz

c) s. Bild 6-20 rechts; für den Rechteckimpuls ist die Dämpfung ca. 20 dB und für den $\cos^2$-Impuls etwas größer als 40 dB.

d) Der Vorteil des $\cos^2$-Impulses besteht in seinem schneller abfallenden Betragsspektrum. Für größere Frequenzen fällt die Einhüllende des Betragsspektrums proportional zu $f^3$ während sich für den Rechteckimpulses nur ein Abfall proportional zu $f$ ergibt. Allerdings ist der Hauptbereich im Spektrum des $\cos^2$-Impulses doppelt so breit.

Der wichtigste Nachteil ist im Augendiagramm zu sehen. Beim $\cos^2$-Impuls ist die Dauer der annähernd maximalen Augenöffnung wesentlich kleiner als die Impulsdauer, so dass bei Synchronisationsfehlern die effektive Augenöffnung deutlich abnehmen kann, vgl. a. Bild 6-42.

**Lösung zu Aufgabe 6.6** Walsh-Funktionen

a) aus (6.20) folgt für die Walsh-Funktionen der Ordnung 4

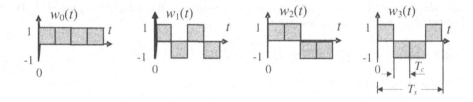

**Bild 6-58** Walsh-Funktionen 4. Ordnung

b) Die Walsh-Funktionen bilden eine Menge von orthogonalen Funktionen, d. h. ihre Zeitkreuzkorrelationen liefern den Wert null bei Synchronität, d. h. Zeitverschiebung null. Sie eignen sich deshalb als orthogonale Basisbandsignale zur Übertragung.

c) Faltung

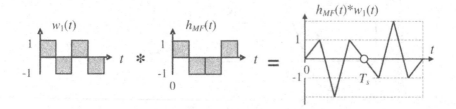

**Bild 6-59** Faltung zweier Walsh-Funktionen

d) Das Basisbandsignal $w_0(t)$ ist stets ein Rechteckimpuls der Dauer $T_S = n \cdot T_c$. Es besitzt damit eine um den Faktor $n$ schmälere Bandbreite, als das Basisbandsignal $w_1(t)$, das durch die Folge aus $n$ Chips mit alternierenden Vorzeichen gebildet wird und damit die größte Bandbreite aller Trägersignale aufweist.

## Lösung zu Aufgabe 6.7 Thermisches Rauschen

a) Energie des Sendegrundimpulse am Empfänger (100Ω)

$$E_x = \frac{1}{R} \int_0^{T_b} U_0^2 dt = \frac{U_0^2 T_b}{R} = \frac{(0,75V)^2 \, 6 \cdot 10^{-6} \, s}{100\Omega} = 33,75 \cdot 10^{-9} \frac{V^2 s}{\Omega} = 33,75 \cdot 10^{-9} \, Ws$$

b) Rauschleistungsdichte (zweiseitig) bzgl. der thermischen Rauschspannung im Kreis mit 200 Ω.

$$S_{nn}(\omega) = 2kTR = 2 \cdot 1,38 \cdot 10^{-23} \frac{Ws}{K} \cdot 300K \cdot 200\Omega = 1,66 \cdot 10^{-18} \, V^2 s$$

c) s. Abschnitt 3.12

$$n_{eff.Last}^2 = kTR \cdot B_{neq} = 8,28 \cdot 10^{-19} \, V^2 \cdot 10^5 \cdot \frac{\pi}{2} = 1,30 \cdot 10^{-13} \, V^2$$

d) Die Spannungsamplitude des Sendegrundimpulses an der Last beträgt 0,375 V. Der Effektivwert der thermischen Rauschspannung ist mit $0,361 \cdot 10^{-6}$ V etwa um sechs Größenordnungen kleiner. Bitfehler allein aufgrund thermischen Rauschens treten so gut wie nie auf.

*Anmerkung*: Häufige Ursache für zufällige Störungen in der Basisbandübertragung sind über die Leitung eingekoppelte externe Störsignale.

## Lösung zu Aufgabe 6.8 Bitfehlerwahrscheinlichkeit

a) Shannonsche Kanalkapazität

$$C = B \cdot ld(1 + S / N) \, bit = 10^5 \, Hz \cdot ld(1 + 10^{1,2}) bit = 407 \, kbit/s$$

b) Aus der Formel für die Nyquist-Bandbreite folgt die Bitdauer

$$T_b = \frac{1}{2f_N} = \frac{1}{2 \cdot 10^5 \, Hz} = 5 \, \mu s$$

Es ergibt sich die Bitrate

$$R_b = \frac{1 \text{ bit}}{T_b} = 200 \text{ kbit/s}$$

c) Bitfehlerwahrscheinlichkeit (bipolar)

$$P_b = \frac{1}{2} \text{erfc} \sqrt{\frac{E_b}{N_0}}$$

mit

$$\frac{S}{N} = \frac{E_b / T_b}{N_0 \cdot B}$$

folgt

$$\frac{E_b}{N_0} = \frac{S \cdot B \cdot T_b}{N} = 10^{1,2} \cdot 10^5 \text{kHz} \cdot 5 \cdot 10^{-6} \text{s} = 7,92$$

und weiter

$$P_b = \frac{1}{2} \cdot \text{erfc}(2,8) = 3,75 \cdot 10^{-5}$$

d) Symbolfehlerwahrscheinlichkeit für die vierstufige symmetrische PAM

$$P_S = \frac{M-1}{M} \text{erfc} \sqrt{\frac{3 \text{ld} M}{M^2 - 1} \cdot \frac{E_{AEB}}{N_0}} = \frac{3}{4} \text{erfc} \sqrt{\frac{6}{15} \cdot 7,92} = \frac{3}{4} \text{erfc}(1,78) = 8,9 \cdot 10^{-3} \quad \text{für } M = 4$$

Symbolfehlerwahrscheinlichkeit für die achtstufige symmetrische PAM

$$P_S = \frac{M-1}{M} \text{erfc} \sqrt{\frac{3 \text{ld} M}{M^2 - 1} \cdot \frac{E_{AEB}}{N_0}} = \frac{7}{8} \text{erfc} \sqrt{\frac{9}{63} \cdot 7,92} = \frac{7}{8} \text{erfc}(1,06) = 11,6 \cdot 10^{-2} \quad \text{für } M = 8$$

Mit der Annahme, dass pro Symbolfehler meist auch nur ein Bitfehler auftritt ergibt sich die Tabelle:

**Tabelle 6-7** Bitraten und Bitfehlerwahrscheinlichkeit

| Verfahren | Bitrate (brutto) | Bitfehlerwahrscheinlichkeit |
|---|---|---|
| bipolar | 200 kbit/s | $3,75 \cdot 10^{-5}$ |
| sym. 4-PAM | 400 kbit/s | $4,45 \cdot 10^{-3}$ |
| sym. 8-PAM | 600 kbit/s | $3,87 \cdot 10^{-2}$ |

e) Die symmetrischen vier- und achtstufige PAM ermöglichen die zusätzliche Anwendung einer Codierung zum Schutz gegen Übertragungsfehler, s. Codierungsgewinn. Bei gleicher Netto-Bitrate sind die Coderaten 1/2 bzw. 1/3 möglich. Damit lassen sich die Fehlerwahrscheinlichkeiten deutlich reduzieren. Alternativ kann mit größeren Coderaten die Netto-Bitrate auf Kosten einer höheren Bitfehlerwahrscheinlichkeit vergrößert werden.

**Lösung zu Aufgabe 6.9** Augendiagramm

a) Im Augendiagramm in Bild 6-56 sind drei Augen zu erkennen, in der Bildmitte und jeweils ein Auge darüber und darunter.

b) 4-stufige PAM

c) Die Nachbarzeicheninterferenzen (ISI) - insbesondere aufgrund der Bandbegrenzung im Kanal

d) Die Form des Auges ist entscheidend für die Robustheit der Detektion bzgl. additiven Geräusch und Schwankungen der Synchronisation (Jitter). Je größer die Augenöffnung im Detektionszeitpunkt ist, umso robuster ist die Detektion gegen Störungen. Die maximale Augenöffnung sollte deshalb so groß wie möglich sein und das Auge dort möglichst flach verlaufen.

**Aufgabe 6.10** Entzerrer

a) Vor- und Nachläufer, s. Bild 6-60

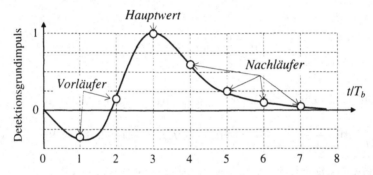

**Bild 6-60** Detektionsgrundimpuls und Koeffizienten für das zeitdiskrete Übertragungsmodell

b) vier Rückwärtszweige

c) Least Mean Square Decision-Feedback Equalizer (LMS-DFE): Koeffizienten des Entzerrers werden nach dem Kriterium des kleinsten mittleren quadratischen Fehlers eingestellt. Dabei werden auch frühere Entscheidungen (detektierte Bits) zurückgeführt.

d) Trainingsphase:          Messung des Kanals bei bekannten Sendesignal (Trainingsfolge) ☞ Einstellung der Koeffizienten des Entzerrers

   Selbstadaptionsphase: Schätzung der Daten bei bekanntem Kanal und Entscheidungsrückführung ☞ Adaption der Koeffizienten des Entzerrers

# 7 Digitale Modulation mit Sinusträger

## 7.1 Einführung

Die digitale Modulation mit Sinusträger ermöglicht die physikalische Übertragung von Daten über Medien und/oder Entfernungen die für die Basisbandübertragung ungeeignet sind, wie beispielsweise die Funkübertragung oder die Frequenzmultiplexübertragung in Koaxialkabeln.

Die Aufgabenstellung der *digitalen Modulation* mit Sinusträger wird in Bild 7-1 vorgestellt. Am Eingang des *Modulators* werden $k$ Bit zu einem Symbol zusammengefasst. Dann gibt es

$$M = 2^k \tag{7.1}$$

*Symbole*. Um die Nachricht im Empfänger zurückgewinnen zu können, sind die $M$ Symbole eineindeutig auf das Sendesignal abzubilden. Das Sendesignal selbst wiederum ist an den physikalischen Kanal anzupassen. Es kann die Nachricht in der Amplitude, der Phase, der Frequenz oder einer Kombinationen davon enthalten.

Für die Darstellung und Analyse der verschiedenen Modulationsverfahren ist es günstig, das Sendesignal als ein Bandpass-Signal aufzufassen, das aus einem *äquivalenten Tiefpass-Signal* $v(t)$ entstanden ist. Dadurch erhält man ohne Beschränkung der Allgemeinheit eine einfachere Beschreibung.

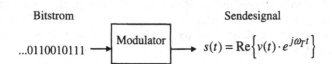

**Bild 7-1** Digitale Modulation mit Sinusträger

## 7.2 Äquivalentes Tiefpass-Signalmodell

Bei der Darstellung und Analyse und insbesondere auch bei der praktischen Implementierung von digitalen Modulationsverfahren ist das äquivalente Tiefpassmodell nützlich. Darin wird die Übertragung um die Frequenz null herum modelliert, so dass die Beschreibung einfacher wird und die bekannten Ergebnisse aus der digitalen Basisbandübertragung angewendet werden können.

Im Folgenden wird auf die Überlegungen zur Quadraturamplitudenmodulation (QAM) in Abschnitt 3.9 zurückgegriffen. Ein reelles *Bandpass-Signal*

$$s(t) = s_c(t)\cos \omega_T t - s_s(t)\sin \omega_T t = \mathrm{Re}\left\{ v(t)e^{j\omega_T t} \right\} \tag{7.2}$$

kann prinzipiell mit der *Normalkomponente* $s_c(t)$ und der *Quadraturkomponente* $s_s(t)$ dargestellt werden. Alternativ bietet sich das äquivalente Tiefpass-Signal

$$v(t) = v_r(t) + jv_i(t) \tag{7.3}$$

mit dem Realteil bzw. Imaginärteil

$$v_r(t) = s_c(t) \quad \text{und} \quad v_i(t) = s_s(t) \tag{7.4}$$

an.

Die Normalkomponente und die Quadraturkomponente werden auch Kosinus- bzw. Sinuskomponente genannt, weshalb in der Literatur die Indizes „$c$" bzw. „$s$" verwendet werden. Es sind jedoch auch die Indizes „$n$" bzw. „$q$" eingeführt. Mit Blick auf die äquivalenten Tiefpass-Signale werden im Weiteren nur die Indizes $r$ und $i$ benutzt.

Entsprechendes gilt für die bei der Übertragung als Störung auftretenden stationären *Bandpass-Prozesse*, s. Abschnitt 3.13,

$$X_{BP}(t) = X_r(t)\cos\omega_T t - X_i(t)\sin\omega_T t = \text{Re}\left\{X_{TP}(t)e^{j\omega_T t}\right\} \tag{7.5}$$

Die Stationarität der Rauschstörung impliziert, dass die *Realteil-* und *Imaginärteil-Prozesse* unkorreliert und äquivalent zueinander sind. Liegt ein im hochfrequenten Übertragungsband konstantes Leistungsdichtespektrum der Amplitude $N_0/2$ vor, so besitzen der Realteil- und der Imaginärteil-Prozess jeweils ein konstantes Leistungsdichtespektrum im Basisband mit der Leistungsdichte $N_0$.

Für die Beschreibung der Übertragung von Bandpass-Signalen wird in der Regel das *Übertragungsmodell* in der QAM-Darstellung in Bild 7-2 gewählt, s. a. Bild 3-21. Das Sendesignal wird in die Quadraturkomponenten zerlegt und aus einem äquivalenten Tiefpass-Signal durch QAM entstanden gedacht. Im Kanal wird das Nachrichtensignal gedämpft, verzögert und mit weißem gaußschen Rauschen gestört.

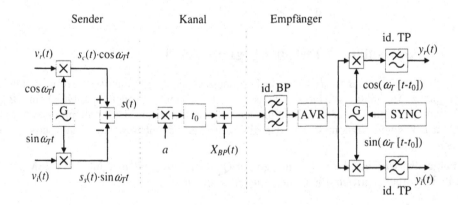

**Bild 7-2** Übertragungsmodell von Bandpass-Signalen in QAM-Darstellung

Die Komponenten des äquivalenten Tiefpass-Signals können im Rahmen einer Messung oder zur Rekonstruktion der Nachricht im Empfänger durch eine QAM-Demodulation bestimmt werden. Aus dem Kanalmodell folgt für das Empfangssignal

$$r(t) = \text{Re}\left\{ \left[ a \cdot v(t - t_0) + X_{TP}(t) \cdot e^{-j(\omega_T t_0)} \right] \cdot e^{j(\omega_T [t - t_0])} \right\} \tag{7.6}$$

mit

- dem *Dämpfungsfaktor a*,
- der *Signalverzögerung* $t_0$,
- und dem *AWGN* im Tiefpassbereich $X_{TP}(t)$.

*Anmerkungen*: (i) Die Anfangsphase des Trägersignals im Sender wurde der Einfachheit halber null gesetzt. (ii) Die konstante Phasenverschiebung des Bandpass-Prozesses um $-\omega_T \cdot t_0$ ist wegen der Stationarität des AWGN ohne Einfluss auf seine statistischen Kenngrößen und kann somit weggelassen werden.

Für die weitere Analyse gehen wir – falls nicht anders erwähnt – von einem idealen kohärenten Empfänger aus. D. h., die zum Nachrichtensignal relativ langsamen Dämpfungsschwankungen des Kanals werden durch die AVR-Schaltung (Automatische Verstärkerregelung, engl. *Automatic Gain Control* (AGC)) im Empfänger vollständig ausgeregelt. Eine ideale *Synchronisationseinrichtung* (SYNC) sorgt für die frequenz- und phasenrichtige Demodulation der Quadraturkomponenten. Die Grundverzögerung (Laufzeit) $t_0$ ist für die Detektion der digitalen Information ohne Belang und wird deshalb im Weiteren weggelassen.

Die im Empfänger eingetragenen idealen Filter können u. U., wie beispielsweise bei einem Matched-Filter-Empfänger, auch weggelassen werden. Es wird in der Regel angenommen, dass die Filter das Nutzsignal nicht verändern. Dies ist für praktische Anwendungen zulässig, wenn die Bandbreite des Tiefpass-Signals viel kleiner ist als die Trägerfrequenz.

Wie in Abschnitt 3.13 gezeigt, gilt bei den angenommenen idealen Bedingungen

$$y(t) = y_r(t) + jy_i(t) = v_r(t) + X_r(t) + j \cdot \left[ v_i(t) + X_i(t) \right] \tag{7.7}$$

Es ergibt sich das vereinfachte Übertragungsmodell im äquivalenten Tiefpass-Bereich mit komplexen Signalen in Bild 7-3; eine Situation wie bei der Basisbandübertragung.

Wie im nächsten Abschnitt diskutiert wird, können wesentliche Ideen und Resultate zur Basisbandübertragung hier direkt angewendet werden. Man beachte jedoch die Rauschstörung im Basisband ist hier AWGN mit unabhängigen äquivalenten Teilprozessen mit jeweils zweiseitigen Leistungsdichten $N_0$.

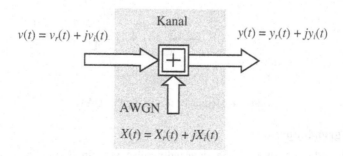

**Bild 7-3** Ersatzmodell mit äquivalenten Tiefpass-Signalen

# 7.3 Digitale Quadraturamplitudenmodulation (QAM)

## 7.3.1 Grundprinzip der digitalen QAM

Die *digitale Quadraturamplitudenmodulation* (digital Quadrature Amplitude Modulation, QAM) fußt auf der QAM-Darstellung von Bandpass-Signalen. Die digitale Nachricht, der Bitstrom mit dem Bitintervall $T_b$, wird direkt in das äquivalente Tiefpass-Signal abgebildet. Das Verfahren veranschaulicht das Blockschaltbild des Modulators in Bild 7-4.

Zuerst wird der Bitstrom der Nachricht in eine Folge von *Datensymbolen* $d[n]$ mit dem Symbolintervall $T_s$ codiert. Die Abbildung der Datensymbole auf das Sendesignal geschieht durch Superposition, wobei die Multiplikation mit den *Sendegrundimpulsen* $g(t)$ eine D/A-Umsetzung impliziert.

$$v(t) = \sum_{n=-\infty}^{+\infty} d[n] \cdot g(t - nT_s) \tag{7.8}$$

Es liegt ein *lineares Modulationsverfahren* vor. Der Übergang von der zeitdiskreten Datenfolge auf das zeitkontinuierliche äquivalente Tiefpass-Signal geschieht im *Impulsformer* durch Interpolation mit dem Sendegrundimpuls. Je nach Abbildung des Bitstromes auf die Datensymbole und der verwendeten Sendegrundimpulse erhält man verschiedene Ausprägungen der digitalen QAM. Am Ausgang des Modulators entsteht das QAM-Signal.

$$s(t) = \sum_{n=-\infty}^{+\infty} \text{Re}\left\{ d[n] \cdot g(t - nT_s) \cdot e^{j\omega_T t} \right\} \tag{7.9}$$

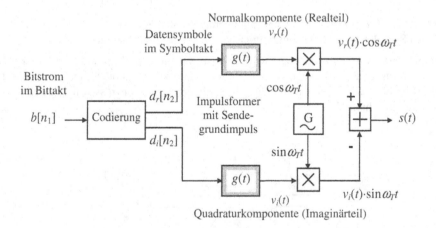

**Bild 7-4** Modulator für die digitale QAM

- **Sendegrundimpulse**

Bei den QAM-Verfahren sind die Sendegrundimpulse auf ein Symbolintervall beschränkt, damit sich die Datensymbole (im Sendesignal) nicht überlagern. Häufig wird ein Rechteckimpuls der Dauer $T_s$ verwendet. Wegen der dann harten Umtastung im Signal ergibt sich ein relativ breites Spektrum. Um dies zu vermeiden, werden auch Impulse ohne Sprungstellen, wie beispielsweise der Kosinusimpuls oder der Raised-Cosine-Impuls, zur weichen Tastung verwendet, s. Bild 7-5 und Bild 6-19 und 6-20.

Das Spektrum des MSK-Impulses ist [PrSa94]

$$\left| G_{MSK}(f) \right|^2 = E_g \cdot \frac{32}{\pi^2} \left[ \frac{\cos 2\pi f T_s}{1 - 16 f^2 T_s^2} \right]^2 \tag{7.10}$$

*Anmerkungen*: (i) Die Abkürzung MSK für den Kosinusimpuls bezieht sich auf die MSK-Modulation (Minimum Shift Keying) bei der Kosinusimpulse eingesetzt werden, wie später noch gezeigt wird. (ii) Für die Formel des Spektrums des RC-Impulses siehe (6.17).

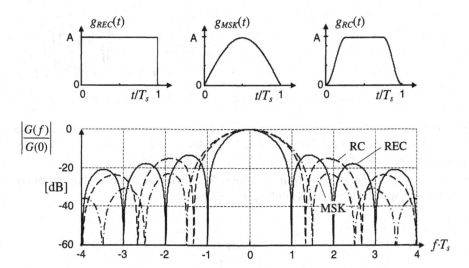

**Bild 7-5** Sendegrundimpulse (Rechteckimpuls, REC; Kosinusimpuls, MSK; Raised-Cosine-Impuls, RC) und zugehörige Spektren in Tiefpass-Signaldarstellung

Das Spektrum im hochfrequenten Übertragungsband ergibt sich aus dem Spektrum des Sendegrundimpulses durch Verschieben um die Trägerfrequenz $f_T$, wenn die Datenfolge mittelwertfrei und unkorreliert ist. Als Übertragungsbandbreite erhält man in erster Näherung die Nyquist-Bandbreite.

Mit der Symboldauer $T_s$ und den Überlegungen zur *Nyquist-Frequenz* ergibt sich ein Bandbreitenbedarf

$$B_{NF} = \frac{1}{2T_s} \tag{7.11}$$

Tatsächlich ist mit dem etwa 1,5-fachen zu rechnen. Die Bandbreite der hochfrequenten Übertragung ist $B_{HF} = 2B_{NF}$.

In der praktischen Anwendung ist oft eine Begrenzung der Sendeleistung ausserhalb des Übertragungsbandes (*Spurious Emission*), d. h. in den Nachbarkanälen, einzuhalten. Man legt deshalb geeignete Kanalabstände fest, woraus sich dann die Kanalbandbreite ableitet.

## 7.3.2    Ein-Austastung (OOK)

Das einfachste Verfahren zur digitalen Übertragung mit einem Träger ist das Ein- und Austasten eines Sinusträgers (*On-Off Keying*, OOK). In diesem Fall liegen die binäre Datensymbole $d[n] = b[n] \in \{0,1\}$ auf der reellen Achse und es kommt nur die Kosinuskomponente vor, s. Bild 7-6.

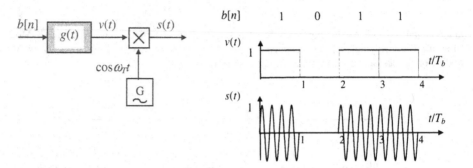

**Bild 7-6** Modulator (links) und Signalbeispiele für die OOK-Modulation (rechts)

Entsprechend dem Übertragungsmodell in Bild 7-2 resultiert im Empfänger nach der Demodulation mit dem äquivalenten Tiefpass-Signal $v(t)$ das Signal der unipolaren Basisbandübertragung. Die Störung ist (rellwertiges) AWGN mit der Rauschleistungsdichte $N_0$.

Wie bei der Basisbandübertragung in Abschnitt 6.5.5 kann ein Matched-Filterempfänger und Entscheider eingesetzt werden. Es ergibt sich zunächst

$$P_b = \frac{1}{2} \cdot \text{erfc} \sqrt{\frac{(E_g / 2)^2}{2\sigma_r^2}} \tag{7.12}$$

mit der Energie des Sendegrundimpulses $E_g$ und der Varianz der Rauschstörung am Matched-Filterausgang

$$\sigma_r^2 = N_0 E_g \tag{7.13}$$

In der Nachrichtentechnik ist es üblich, die Bitfehlerwahrscheinlichkeit auf die Energie pro Bit am Empfängereingang zu beziehen. Wegen der Austastung bei der OOK-Modulation wird im Mittel nur die halbe Symbolenergie pro Bit aufgewendet. Dazu kommt, dass als Referenz das Nutzsignal am Empfängereingang definiert wird. Wegen der dort vorhandenen Trägermodulation ist die Energie um den Faktor 2 kleiner. Die beiden Effekte zusammen ergeben

$$E_b = E_g / 4 \tag{7.14}$$

und damit in (7.12) die Bitfehlerwahrscheinlichkeit für OOK-Modulation

$$P_b = \frac{1}{2} \cdot \text{erfc} \sqrt{\frac{E_b}{2N_0}} \tag{7.15}$$

Sie ist somit gleich der der unipolaren Übertragung im Basisband.

*Anmerkung*: In der Literatur, z. B. in [PrSa94], wird die Halbierung der Energie pro Bit aufgrund des Trägers, also wegen des Bezugs auf den Empfängereingang, bereits in der Definition der äquivalenten Tiefpass-Signale berücksichtigt. Dadurch ergeben sich in der Literatur bei den Berechnung unterschiedliche Faktoren in den Ansätzen.

Im Falle der OOK-Modulation ist auch eine einfache asynchrone Demodulation mit einer einhüllenden Demodulation am Ausgang eines zum Trägersignal passenden Bandpass-Filters möglich. Die asynchrone Demodulation liefert bei gutem SNR ebenfalls eine kleine BER (Bit Error Rate). Bei größerem SNR treten mehr Bitfehler auf als bei der kohärenten Demodulation. Wird die Kanalstörung jedoch so groß, dass die Synchronisation ausfällt, ist eine kohärente Demodulation nicht mehr möglich. Mit dem einfachen nichtkohärenten Verfahren kann dann gegebenenfalls noch mit eingeschränkter Qualität empfangen werden.

### 7.3.3 Binäre Phasenumtastung (BPSK)

Bei der *binären Phasenumtastung* werden bipolare binäre Datensymbole benutzt, $d[n] \in \{-1,1\}$ mit $d[n] = 2 \cdot b[n] - 1$. Es wird wieder nur die Kosinuskomponente moduliert; ein logischer Bitwechsel zieht im modulierten Signal einen Phasensprung um 180° nach sich, s. Bild 7-2 und Bild 7-6. Wie später noch erläutert wird, ist es zweckmäßig, die Symbole in der komplexen Ebene darzustellen. Dabei wird an die QAM-Darstellung mit äquivalenten Tiefpass-Signalen angeknüpft. Man spricht vom *Signalraum* bzw. der für das Verfahren typischen *Signalraum-Konstellation*.

*Anmerkung*: Um Verwechslungen vorzubeugen werden im Weiteren zur Kennzeichnung des Symbolalphabets die Bezeichnungen $s_1$ und $s_2$ statt $d_1$ und $d_2$ verwendet, da in der Literatur für die Datenfolgen oft die kürzere Schreibweise $d_n$ statt $d[n]$ zu finden ist.

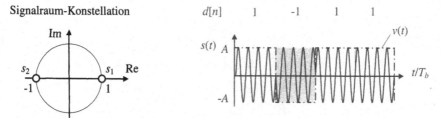

**Bild 7-7** Signalraum-Konstellation in der komplexen Ebene mit den beiden Datensymbolen $s_1 = 1$ und $s_2 = -1$ (links) und Sendesignal für die BPSK-Modulation (rechts)

Entsprechend zur OOK-Modulation ergibt sich die Bitfehlerwahrscheinlichkeit der BPSK

$$P_b = \frac{1}{2} \cdot \mathrm{erfc} \sqrt{\frac{E_b}{N_0}} \tag{7.16}$$

### 7.3.4 Amplitudenumtastung (ASK)

Mit der *Amplitudenumtastung* (Amplitude-Shift Keying, ASK) setzen wir obige Überlegungen fort. Statt nur zwei Amplitudenstufen werden $M$ Stufen wie bei der PAM zugelassen. Im Gegensatz zur Basisbandübertragung mit der symmetrischen PAM, kann es vorteilhaft sein, hier nur positive Amplituden zu verwenden, da dann eine einfache *Einhüllenden-Demodulation* möglich wird, s. a. gewöhnliche AM. In Bild 7-8 wird das Verfahren am Beispiel der vierstufigen ASK illustriert.

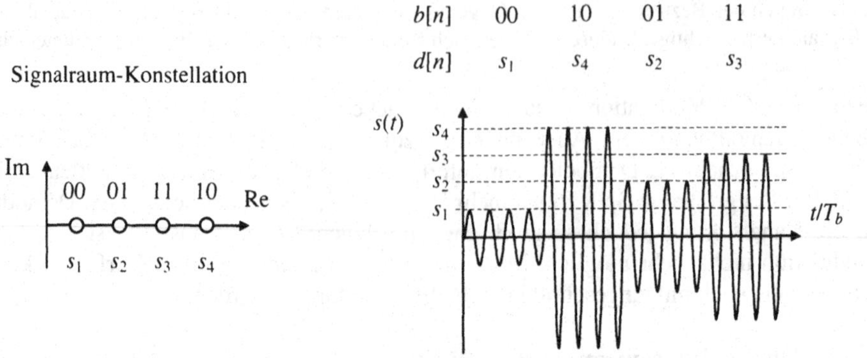

Signalraum-Konstellation

$b[n]$    00      10      01      11

$d[n]$    $s_1$      $s_4$      $s_2$      $s_3$

Im

00  01  11  10   Re

$s_1$   $s_2$   $s_3$   $s_4$

$s(t)$

$t/T_b$

**Bild 7-8**  Signalraum-Konstellation in der komplexen Ebene der Datensymbole (links) und Sendesignal
für die vierstufige ASK-Modulation (rechts)

Die *Symbolfehlerwahrscheinlichkeit* kann prinzipiell wie bei der PAM berechnet werden. Mit
den bedingten WDF der Detektionsvariablen zu den Symbolen $s_i$ und den entsprechenden Ent-
scheidungsgebieten $D_i$ in Bild 7-9 ergibt sich der Ansatz für die mittlere Symbolfehlerwahrscheinlichkeit wie in (6.64).

$$P_s = \frac{M-1}{M} \cdot \text{erfc} \sqrt{\frac{s_1^2}{8} \cdot \frac{E_g}{N_0}} \tag{7.17}$$

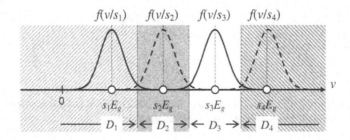

$f(v/s_1)$    $f(v/s_2)$    $f(v/s_3)$    $f(v/s_4)$

$v$

$0$    $s_1 E_g$    $s_2 E_g$    $s_3 E_g$    $s_4 E_g$

$D_1 \rightarrow \leftarrow D_2 \rightarrow \leftarrow D_3 \rightarrow \leftarrow D_4$

**Bild 7-9**   Bedingte WDF der Detektionsvariablen am Eingang des Entscheiders bei vierstufiger ASK-
Übertragung

Die *mittlere Energie pro Symbol* beträgt hiermit [BSMM99] , vgl. a. (6.65),

$$E_{AES} = \frac{1}{2} \cdot \frac{1}{M} \sum_{i=1}^{M} (s_1 \cdot i)^2 \cdot E_g = \frac{E_g s_1^2}{2M} \cdot \sum_{i=1}^{M} i^2 = E_g s_1^2 \cdot \frac{(M+1)(2M+1)}{12} \tag{7.18}$$

Man beachte den Vorfaktor 1/2, der die Trägermodulation berücksichtigt. Die mittlere Energie
pro Bit am Empfängereingang ist demzufolge

$$E_{AEB} = E_g s_1^2 \cdot \frac{(M+1)(2M+1)}{12 \, \mathrm{ld} M} \tag{7.19}$$

Damit kann die Symbolfehlerwahrscheinlichkeit in Abhängigkeit von der mittleren Energie pro Bit berechnet werden.

$$P_s = \frac{M-1}{M} \cdot \mathrm{erfc} \sqrt{\frac{3 \, \mathrm{ld} M}{2(M+1)(2M+1)} \cdot \frac{E_{AEB}}{N_0}} \tag{7.20}$$

Der Verlauf der Symbolfehlerwahrscheinlichkeit ist in Bild 7-10 dargestellt. Im Vergleich mit der symmetrischen PAM in Bild 6-32 ergibt sich für die ASK-Modulation ein um einige dB größerer Bedarf an $E_b/N_0$, so dass die $M$-stufige ASK nicht besonders attraktiv ist.

Wird eine Gray-Codierung bei der Abbildung des Bitstromes auf die Sendesymbole angewandt und ist die Symbolfehlerwahrscheinlichkeit hinreichend klein, so darf die Bitfehlerwahrscheinlichkeit wieder genähert werden.

$$P_b \approx \frac{P_s}{\mathrm{ld} M} \tag{7.21}$$

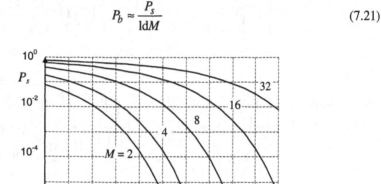

**Bild 7-10** Symbolfehlerwahrscheinlichkeit für die unsymmetrische $M$-stufige ASK-Übertragung mit Sinusträger in AWGN-Kanälen

### 7.3.5 Quaternäre Phasenumtastung (QPSK)

Die *quaternäre Phasenumtastung* (Quarternary Phase-Shift Keying, QPSK) ist eine Erweiterung der BPSK auf die Modulation von Normal- und Quadraturkomponente. Bild 7-11 zeigt eine mögliche Anordnung der vier QPSK-Symbole mit Gray-Codierung in der komplexen Ebene. Wie für alle PSK-Verfahren liegen die Symbole gleichmäßig verteilt auf einem Kreis um den Ursprung. Dabei kann eine zusätzliche Phasendrehung $\lambda$ vorgesehen werden. In Bild 7-11 liegt eine $\pi/4$-QPSK vor.

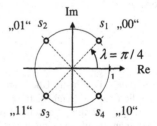

**Bild 7-11** Signalraum-Konstellation der QPSK-Modulation

Die Signale in Bild 7-12 veranschaulichen die prinzipiellen Verläufe der Normal- und Quadraturkomponenten und des zugehörigen Bandpass-Signals. Deutlich sind in den Komponenten die Phasensprünge um 180° zu erkennen. Man beachte jedoch: Im Gegensatz zum BPSK-Signal können in der Überlagerung von Normal- und Quadraturkomponente, auch Phasensprünge von nur ± 90° auftreten, wie  z. B. bei der Symbolfolge „00" und „01".

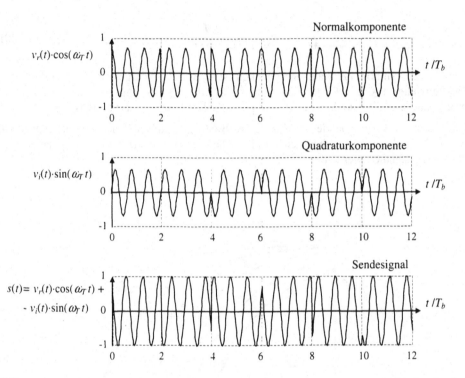

**Bild 7-12**   Normal- und Quadraturkomponente und Bandpass-Signal der QPSK-Modulation für die Bitfolge „00 01 10 00 11 01"

Das QPSK-Signal kann als orthogonale Überlagerung zweier BPSK-modulierter Signale gedeutet werden. Im zugrunde liegenden Übertragungsmodell können diese im Empfänger wieder ideal getrennt werden. Dementsprechend wird bei gleicher Bitrate nur die halbe Bandbreite belegt, vgl. BPSK-Übertragung.

Für die Bitfehlerwahrscheinlichkeit bzgl. der Energie pro Bit ergibt sich zur BPSK keine Änderung.

$$P_b = \frac{1}{2} \cdot \mathrm{erfc} \sqrt{\frac{E_b}{N_0}} \tag{7.22}$$

*Anmerkung*: Durch die Übertragung in Normal- und Quadraturkomponente muss bei doppelter Bitrate auch die doppelte Sendeleistung aufgebracht werden. Da jetzt jedoch auch die Quadraturkomponente im Empfänger mit ihrer Rauschkomponente ausgewertet wird, verdoppelt sich rechnerisch auch die Störleistung am Empfängereingang.

Die Betragsspektren von QPSK-Signalen fallen mit steigender Frequenz relativ langsam ab. Um Störungen in Nachbarbändern zu vermeiden bzw. Frequenzkanäle eng anordnen zu können, ist eine Bandbegrenzung, z. B. durch Filterung, wünschenswert. Nach der Filterung zeigen sich jedoch an den Sprungstellen des QPSK-Bandpass-Signals Einbrüche in der Einhüllenden, also eine störende zusätzliche Amplitudenmodulation. Durch eine nachfolgende Signalverstärkung mit einem einfachen, nahe dem Sättigungsbereiches betriebenen Verstärker, z. B. zur Speisung der Sendeantenne eines Mobilteils oder Satelliten, vergrößern sich diese Amplitudenverzerrungen noch mehr. Bild 7-13 zeigt eine schematische Darstellung des Effektes [Feh82].

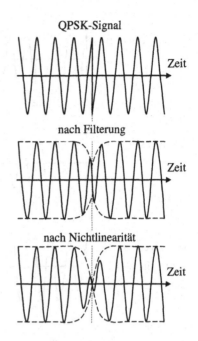

**Bild 7-13** Störende Amplitudenmodulation aufgrund von Verzerrungen auf dem Übertragungsweg

Die tiefen Einbrüche in der Einhüllenden machen sich besonders bei Phasensprüngen um 180° bemerkbar. Aus diesem Grund wird alternativ eine Zerlegung in zwei Phasensprünge je 90° verwendet. Dies geschieht durch einen zeitlichen Versatz der Quadraturkomponenten zueinander um ein Bitintervall $T_b$. Man spricht von der *Offset-QPSK* (OQPSK) oder auch engl. *Staggered QPSK*. Meist wird die Quadraturkomponente um ein Bitintervall verzögert, s. Bild 7-14. Die resultierenden Signale für die OQPSK werden in Bild 7-15 entsprechend zu Bild 7-12 gezeigt.

*Anmerkung*: Anwendungen der QPSK findet man beispielsweise in frühen Datenmodems nach dem ITU Standard V.22 (1200 bit/s), im U.S.-amerikanischen Mobilfunkstandard USDC (U.S. Digital Cellular), früher auch D-AMPS (Digital Advanced Mobile Phone System) genannt, und im japanischen Standard PHS (Personal Handyphone System), s. z. B. [Rap96]. QPSK wird auch in den modernen Standards für WLAN, DVB und UMTS verwendet, s. Abschnitt 8.

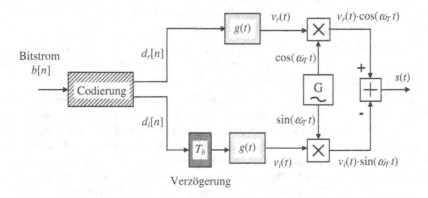

**Bild 7-14** Modulator für die OQPSK mit Verzögerung in der Quadraturkomponente

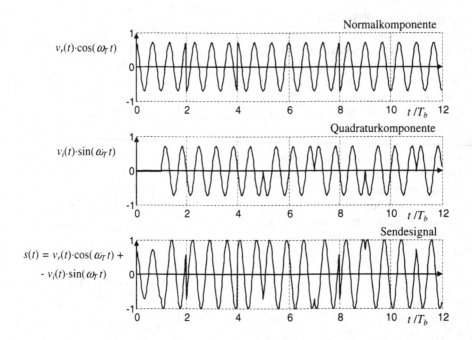

**Bild 7-15**   Normal- und Quadraturkomponente und Bandpass-Signal der Offset-QPSK-Übertragung für
die Bitfolge „00 01 10 00 11 01"

### 7.3.6     Höherstufige digitale Modulationsverfahren

Sollen  im Vergleich zur QPSK höhere Bitraten bei gleicher Bandbreite übertragen werden, so
kann die Zahl der Symbole erhöht werden. Dabei unterscheidet man zwischen $M$-stufiger PSK
und $M$-stufiger QAM. Bild 7-16 zeigt mögliche Signalraum-Konstellationen der beiden Verfahren.

Bei der $M$-PSK liegen die Datensymbole gleichmäßig verteilt auf einem Kreis um den Ursprung. Bei der allgemeinen $M$-QAM können die Datensymbole im Signalraum frei verteilt
werden. Dadurch lassen sich bei gleicher mittlerer Sendeleistung die minimalen Abstände zwischen den Datensymbolen maximieren und demzufolge die Fehlerwahrscheinlichkeit bei
Störung durch AWGN minimieren. In diesem Sinne ist die *rechteckförmige* $M$-QAM besser als
$M$-PSK, und die *zirkulare* $M$-QAM besser als die rechteckförmige.

Bei der zirkularen $M$-QAM wird jedoch eine radiale Symmetrie vorausgesetzt, so dass sich
nicht die optimale Verteilung ergibt. Dafür vereinfacht sich die Implementierung der Detektion, da die Entscheidungsgebiete einfacher zu beschreiben sind.

Eine Analyse der Geometrie der Signalraum-Konstellationen liefert die in der Tabelle 7-1
zusammengestellten SNR-Werte. Man erkennt deutlich den Vorteil der Übertragung mit der
rechteckförmigen $M$-QAM gegenüber der $M$-PSK. Dieser Vorteil wird jedoch nur mit AWGN-
Kanal und bei idealer Demodulation realisiert. Treten bei der Übertragung Amplitudenschwankungen auf, so degradiert die $M$-QAM. Die $M$-PSK-Übertragung ist davon weniger stark betroffen, da die Nachricht nur in der Phase codiert ist. Darüber hinaus kann, wie im nächsten
Abschnitt gezeigt wird, die $M$-PSK auch als differentielles Verfahren eingesetzt werden, so
dass sich ein konstanter Versatz der Phase nicht auf die Detektion auswirkt.

*Anmerkungen*: (i) Die UMTS-Erweiterung HSDPA (High Speed Downlink Packet Access) sieht die Erhöhung der Bitrate von 384 kbit/s auf über 2 Mbit/s u. a. durch Umschalten von QPSK auf 16-QAM vor, s. a. WLAN und DVB in Abschnitt 8. (ii) Eine Weiterentwicklung der *M*-stufige QAM stellt die Symbolcodierung mit einem Faltungsencoder dar, die trellis-codierte Modulation (TCM) [Ung82]. Es werden die euklidischen Abstände von Symbolsequenzen optimiert, so dass mit einer Dekodierung von Symbolfolgen statt einzelnen Symbolen die Robustheit gegen Rauschstörungen zunimmt.

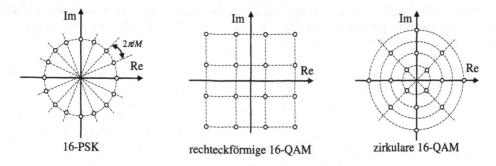

16-PSK    rechteckförmige 16-QAM    zirkulare 16-QAM

**Bild 7-16**  Symbolraum-Konstellation der 16-stufigen PSK und QAM

**Tabelle 7-1** Einfluss der Signalraum-Konstellation auf das SNR [PrSa94]

| Stufenzahl $M$ | SNR-Gewinn durch die rechteckförmige $M$-QAM im Vergleich zur $M$-PSK bei gleicher Fehlerwahrscheinlichkeit $$10\lg\left(\frac{3/(M-1)}{2\sin^2(\pi/M)}\right)\text{dB}$$ | SNR-Mehrbedarf bei wachsender Stufenzahl und gleicher Fehlerwahrscheinlichkeit bzgl. $M = 2$ $$10\lg\left(\frac{2(M-1)}{3}\right)\text{dB}$$ |
|---|---|---|
| 4 | - | 3 dB |
| 8 | 1,65 dB | 6,7 dB |
| 16 | 4,20 dB | 10,0 dB |
| 32 | 7,02 dB | 13,2 dB |
| 64 | 9,95 dB | 16,3 dB |
| 128 | 12,92 dB | 19,2 dB |

Der Einfluss von *Verzerrungen* im Symbolraum wird in Bild 7-17 anhand der rechteckförmigen 16-QAM illustriert. Wir betrachten zunächst im oberen Teilbild die Signalraum-Konstellation im ungestörten Fall (O). Zu den 16 Symbolen sind die Bitkombinationen entsprechend einem Gray-Code angegeben. Das Entscheidungsgebiet zum Symbol 0011 ist grau hinterlegt: ein Rechteck, das durch die Streckenhalbierenden der Verbindungslinien zu den Nachbarsymbolen begrenzt wird.

Nimmt man eine additive Rauschstörung an, so addiert sie sich bei der Übertragung zu den Sendesymbolen als Rauschkomponenten; die Detektionsvariablen (•) streuen um die Symbole (O). Im Bild ist das Ergebnis für die (mehrmalige) Übertragung des Symbols 0011 illustriert. Liegt die Detektionsvariable außerhalb des Entscheidungsgebietes (◊) wird falsch entschieden.

Eine zusätzliche Dämpfung und Phasenverschiebung des übertragenen Signals wirkt wie eine Stauchung und Drehung der Konstellation, s. unteres Teilbild. Im Beispiel verschiebt sich das Empfangssymbol, die im rauschfreien Fall resultierende Detektionsvariable, aus der Mitte des Entscheidungsgebietes nach links. Wird die Verschiebung durch die Verzerrungen nicht berücksichtigt, werden Fehlentscheidungen wahrscheinlicher, was bis zum Zusammenbruch der Verbindung führen kann.

*Anmerkung*: Treten diese Verzerrungen mit relativ langsamen zeitlichen Schwankungen auf, so kann mit in den Nachrichtenstrom eingefügter bekannter Synchronisationszeichen die Verzerrung im Signalraum gemessen und korrigiert (entzerrt) werden.

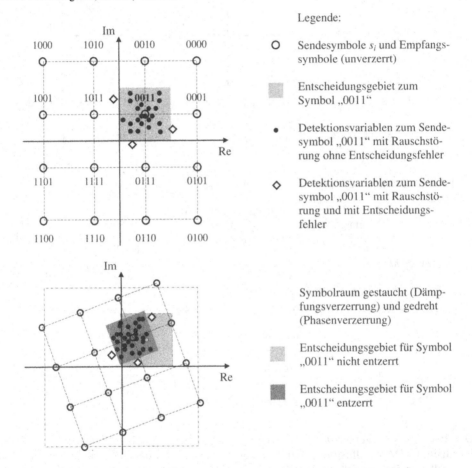

**Bild 7-17**   Signalraum-Konstellation der rechteckförmigen 16-QAM im Empfänger mit Rauschstörung (oben) und zusätzlicher Dämpfungs- u. Phasenverzerrung (unten) (schematische Darstellung)

## 7.3.7   Differentielle Phasenumtastung (DPSK)

Für die Übertragung im AWGN-Kanal wird in der Tabelle 7-1 ein SNR-Gewinn der $M$-QAM gegenüber der $M$-PSK ausgewiesen. Der rechnerische Gewinn kann jedoch nicht in allen Anwendungsfällen realisiert werden. Darüber hinaus lässt sich, wie nachfolgend gezeigt wird, ein einfacher und robusterer Empfänger einsetzen, der den Einsatz der PSK-Modulation attraktiv machen kann.

Die Idee der differentiell codierter PSK, die *differentielle Phasenumtastung* (DPSK), wird in Bild 7-18 anhand der binären DPSK deutlich. Eine Vorcodierung des Bitstromes ergänzt die BPSK-Übertragung. Es handelt sich formal um eine einfache *Rückwärtsprädiktion*. Im Empfänger wird die Rückwärtsprädiktion durch ihr Inverses, die *Vorwärtsprädiktion*, wieder aufgehoben.

*Anmerkungen*: (i) Die Äquivalenz zur bekannten Rückwärts- und Vorwärtsprädiktion in der Audiosignalverarbeitung folgt, wenn man die Codierung in Bild 7-18 als lineare zeitinvariante Systeme über den Galois-Körper *GF*(2) interpretiert [Wer05]. (ii) Die Verwendung des Rückwärtsprädiktors im Sender, der rekursiven Struktur, und des Vorwärtsprädiktors im Empfänger, der FIR-Struktur, reduziert bei einem Übertragungsfehler die Fehlerfortpflanzung.

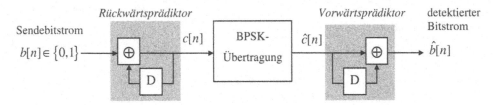

**Bild 7-18** Differentiell-codierte BPSK-Übertragung (Delay D)

**Beispiel** Vorcodierung des Bitstroms

Wir machen uns die Arbeitsweise der Vorcodierung im Sender und ihrer Inversen im Empfänger an zwei Zahlenwertbeispielen deutlich. Im ersten Beispiel, Tabelle 7-2 , wird der Fall ohne Übertragungsfehler vorgestellt.

**Tabelle 7-2** Vorcodierung des Bitstroms im Sender und inverse Codierung im Empfänger

|  | Startwert | Bitmuster |
|---|---|---|
| $b[n]$ | - | 1 0 0 1 1 0 1 0 1 0 0 1 |
| $c[n]$ | 0 | 1 1 1 0 1 1 0 0 1 1 1 0 |
| $\hat{c}[n] = c[n]$ | 0 | 1 1 1 0 1 1 0 0 1 1 1 0 |
| $\hat{b}[n]$ | - | 1 0 0 1 1 0 1 0 1 0 0 1 |

Tritt wie in Tabelle 7-3 ein Übertragungsfehler auf, so wird das fehlerhafte Bit im Vorwärtsprädiktor zweimal verwendet. Ein einzelner Übertragungsfehler eines Symbols zieht einen Doppelfehler im detektierten Bitstrom nach sich.

**Tabelle 7-3** Vorcodierung des Bitstroms im Sender und inverse Codierung im Empfänger mit Übertragungsfehler

|  | Startwert | Bitmuster |
|---|---|---|
| $b[n]$ | - | 1 0 0 1 1 0 1 0 1 0 0 1 |
| $c[n]$ | 0 | 1 1 1 0 1 1 0 0 1 1 1 0 |
| $\hat{c}[n]$ | 0 | 1 1 1 0 **0** 1 0 0 1 1 1 0 |
| $\hat{b}[n]$ | - | 1 0 0 1 **0 1** 1 0 1 0 0 1 |

Ende des Beispiels

Durch die differentielle Codierung wird die Nachricht in den Phasenänderungen übertragen. Damit ist eine kohärente Demodulation nicht mehr notwendig. Eine mögliche einfache Empfängerstruktur mit *inkohärenter Demodulation* ist in Bild 7-19 zu sehen. Zum AWGN-Kanal fügen wir eine Phasenverschiebung $\varphi$ hinzu und zeigen, dass die Phasenverschiebung keinen Einfluss auf die dekodierte Nachricht hat.

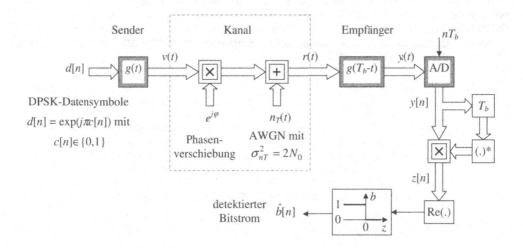

**Bild 7-19**   Übertragungsmodell für die DPSK-Übertragung im äquivalenten Tiefpassbereich mit inkohärenter Demodulation

Das Übertragungsmodell in Bild 7-19 liefert das Empfangssignal

$$r(t) = e^{j\varphi} \cdot \sum_{n=\infty}^{\infty} d[n] \cdot g(t - nT_b) + n_T(t) \qquad (7.23)$$

Am Ausgang des Matched-Filters ergibt sich die Überlagerung von verzögerten und mit den Daten gewichteten Mustern der Zeit-AKF $R_{gg}(t-nT_b)$ und dem gefilterten Rauschsignal $n_{MF}(t)$. Man beachte auch die Phasenverschiebung des Nutzsignals $e^{j\varphi}$.

$$y(t) = e^{j\varphi} \cdot \sum_{n=\infty}^{\infty} d[n] \cdot R_{gg}(t - nT_b) + n_{MF}(t) \qquad (7.24)$$

Nach synchroner Abtastung im Bittakt liegt die Empfangsfolge vor.

$$y[n] = d[n]e^{j\varphi} \cdot E_g + n_{MF}[n] \qquad (7.25)$$

Jeder Abtastwert wird nun mit seinem konjugiert komplexen Vorgänger multipliziert. Da das Funktionsprinzip gezeigt werden soll, wird von einer ungestörten Übertragung ausgegangen.

$$z[n] = y[n] \cdot y^*[n-1] = E_g^2 \left( d[n]e^{j\varphi} \right) \cdot \left( d[n-1]e^{j\varphi} \right)^* \qquad (7.26)$$

Es entfällt die Phasenverschiebung. Ersetzt man noch die Datensymbole, wie in Bild 7-19 angegeben, so ergibt sich für die Detektionsvariablen

$$z[n] = E_g^2 \cdot d[n] \cdot d^*[n-1] = E_g^2 \cdot e^{j\pi(\overbrace{c[n]-c[n-1]}^{b[n]})} = E_g^2 \cdot \begin{cases} +1 & \text{für } b[n] = 0 \\ -1 & \text{für } b[n] = 1 \end{cases} \qquad (7.27)$$

Damit erhält man auch bei inkohärenter Demodulation die gesendete Nachricht.

Die Rauschstörung kann in einer Modellrechnung berücksichtigt werden [PrSa94][Kam96]. Es ergibt sich für die binäre DPSK-Übertragung in AWGN-Kanälen bei inkohärenter Demodulation die Bitfehlerwahrscheinlichkeit

$$P_b = \frac{1}{2}\exp\left(-\frac{E_b}{N_0}\right) \qquad (7.28)$$

Bild 7-20 vergleicht die Bitfehlerwahrscheinlichkeiten von BPSK und binärer DPSK. Letztere liefert eine höher Bitfehlerwahrscheinlichkeit, die auf die Empfängerstruktur mit der inversen Codierung zurückzuführen ist. Durch die Vorwärtsprädiktion wird – wenn auch nur über ein Bit – eine Fehlerfortpflanzung eingeführt. Aus einem einzelnen Bitfehler bei der BPSK-Übertragung entsteht in Bild 7-18 ein Doppelfehler.

Simulationen und Modellrechnungen mit höheren Stufenzahlen ($M \geq 4$) zeigen eine Degradation von etwa 3 dB bei differentieller Codierung [Kam96].

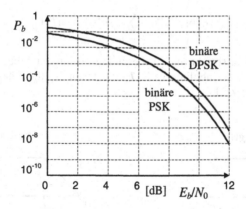

**Bild 7-20** Bitfehlerwahrscheinlichkeit für BPSK und differentiell-codierte BPSK in AWGN-Kanälen

## 7.3.8    Frequenzumtastung mit stetiger Phase (CPFSK)

### 7.3.8.1    CPFSK-Signal

Die bisher vorgestellten digitalen Modulationsverfahren beruhen auf der Amplitudenmodulation, wobei nur diskrete Amplitudenstufen zugelassen sind. Ebenso kann an eine digitale Frequenzmodulation gedacht werden, wenn nur diskrete Momentanfrequenzen verwendet werden.

Hierfür wird von einem frequenzmodulierten Signal (4.8) ausgegangen.

$$s(t) = \cos\left[ \omega_T t + 2\pi\Delta F \int_0^t u(\tau)\,d\tau \right] \tag{7.29}$$

Der Einfachheit halber wird die Amplitude zu eins gesetzt.

Ein lineares diskretes Basisbandsignal $u(t)$ führt auf diskrete Momentanfrequenzen. Man spricht dann von der *digitalen Frequenzmodulation* (Frequency-Shift Keying, FSK) mit dem zugehörigen äquivalenten Tiefpass-Signal

$$v(t) = e^{j\varphi(t)} = \exp\left[ j2\pi\Delta F \cdot \int_0^t \sum_{n=0}^{\infty} d[n] g(\tau - nT_s)\,d\tau \right] \tag{7.30}$$

Weist das modulierende Basisbandsignal $u(t)$ allenfalls Sprungstellen auf, so resultiert wegen der Integration eine stetige Phase, was die Bezeichnung *CPFSK-Modulation* (Continuous-Phase FSK) rechtfertigt.

Man nennt den Impuls $g(t)$ *Frequenzimpuls*. Wegen der Linearität des Integrals kann in (7.30) auch die *Phasengrundfunktion*

$$q(t) = \int_0^t g(\tau)\,d\tau \tag{7.31}$$

direkt eingesetzt werden.

$$v(t) = \exp\left[ j2\pi\Delta F \cdot \sum_{n=0}^{\infty} d[n] \cdot q(t - nT_s) \right] \tag{7.32}$$

Von der CPFSK-Modulation spricht man insbesondere, wenn der Frequenzimpuls ein Rechteckimpuls der Dauer eines Symbolintervalls $T_s$ ist. Dann ist die Phasengrundfunktion abschnittsweise linear, s. Bild 7-21.

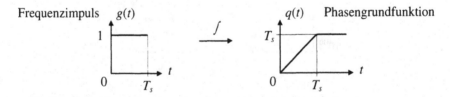

**Bild 7-21** Frequenzimpuls und Phasengrundfunktion für die CPFSK-Modulation

Mit der Phasengrundfunktion in Bild 7-21 ergeben sich für die Phase des äquivalenten Tiefpass-Signals die möglichen Phasenübergänge im Phasendiagramm in Bild 7-22. Dabei wurde die Anfangsphase zu null angenommen. Die Phase kann in einem Symbolintervall nur um einen festen Wert zu- oder abnehmen. Entsprechend der analogen Frequenzmodulation definiert man als Kenngröße den *Modulationsindex*.

$$\eta = 2\Delta F T_s \tag{7.33}$$

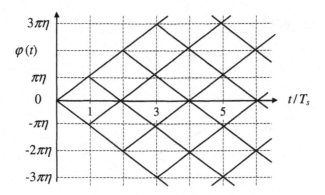

**Bild 7-22** Phasendiagramm mit den möglichen Phasenverläufen eines CPFSK-Signals (Anfangsphase gleich null)

**Beispiel** binäre CPFSK

Wir betrachten die CPFSK-Modulation am Beispiel einer binären Datenfolge in Bild 7-23. Ausgehend von der Datenfolge $d[n]$ erzeugen wir mit Rechteckimpulsen das modulierende Signal $u(t)$. Es entspricht einem bipolaren NRZ-Signal, wie wir es von der Basisbandübertragung her kennen.

Durch Integration und Multiplikation mit $2\pi\Delta F$ entsteht daraus das Phasensignal $\varphi(t)$ des äquivalenten Tiefpass-Signals $v(t)$.

Für eine einfache graphische Darstellung wählen wir die Trägerfrequenz $f_T = 2/T_b$ und den Modulationsindex $\eta = 2$. Dann ist der Phasenzuwachs im Falle eines Datenelements $d[n] = 1$ im Bitintervall linear und es resultiert

$$2\pi \cdot f_T T_b + \pi\eta = 2\pi \cdot (2+1) \tag{7.34}$$

Im Beispiel durchläuft das Sendesignal, der modulierter Träger, genau drei Perioden im Bitintervall. Ist das Datenelement $d[n] = -1$, wird nur eine Periode durchlaufen. Damit kann das Sendesignal, wie in Bild 7-23, durch Ausschnitte aus den Kosinusfunktionen mit den Frequenzen $f_1 = 3/T_b$ und $f_2 = 1/T_b$ zusammengesetzt werden.

_____Ende des Beispiels

In Bild 7-23 ist das Sendesignal eine Kombination von zwei Signalformen. Das kann verallgemeinert werden. Dazu betrachte man die Phase des äquivalenten Tiefpass-Signals genauer.

$$\varphi(t) = 2\pi\Delta F \cdot \sum_{n=0}^{\infty} d[n] \cdot q(t - nT_b) \tag{7.35}$$

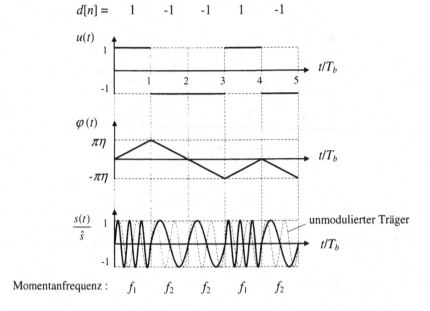

$d[n] =$      1       -1       -1       1       -1

Momentanfrequenz :      $f_1$      $f_2$      $f_2$      $f_1$      $f_2$

**Bild 7-23**  Beispiel einer binären CPFSK-Modulation

Für ein beliebiges Bitintervall $t \in [nT_b,(n+1)T_b[$ mit $n \geq 0$, ergibt sich die Zerlegung

$$\varphi(t) = 2\pi\Delta F \cdot \sum_{k=0}^{n} d[k] \cdot q(t-kT_b) = \underbrace{\pi\eta \cdot \sum_{k=0}^{n-1} d[k]}_{\text{Phasengedächtnis } \theta[n]} + \underbrace{\pi\eta \cdot d[n] \cdot \frac{q(t-nT_b)}{T_b}}_{\text{Phasenübergang}} \quad (7.36)$$

in das *Phasengedächtnis* $\theta[n]$ und einem linearen Phasenzuwachs, dem Phasenübergang.

$$\varphi(t) = \theta[n] + \pi\eta \cdot d[n] \cdot \left( \frac{t}{T_b} - n \right) \quad (7.37)$$

Für den wichtigen Sonderfall binärer Daten, $d[n] \in \{-1,1\}$, sind in einem Bitintervall genau zwei Signalformen möglich.

$$v_{1,2}(t) = \exp\left[ j\left( \theta[n] \pm \pi\eta \left( t/T_b - n \right) \right) \right] \quad (7.38)$$

Die zugehörigen Signalenergien sind jeweils $T_b$.

Für die Detektion bietet sich ein Korrelationsempfänger an. Hierzu wird der *komplexe Korrelationskoeffizient* der beiden Signalformen betrachtet.

$$R_{v_1,v_2} = \frac{1}{T_b} \int_{nT_b}^{(n+1)T_b} \exp\left[ j\left( \theta[n] + \pi\eta(t/T_b - n) \right) \right] \exp^*\left[ j\left( \theta[n] - \pi\eta(t/T_b - n) \right) \right] dt \quad (7.39)$$

Zunächst entfällt das Phasengedächtnis. Mit der Substitution $y = t - nT_b$ ergibt sich der einfachere Ausdruck

$$R_{v_1,v_2} = \frac{1}{T_b} \int_0^{T_b} \exp\left[ j2\pi\eta \frac{y}{T_b} \right] dy = \frac{1}{j2\pi\eta} \cdot \left( e^{j2\pi\eta} - 1 \right) \tag{7.40}$$

Für die Klassifikation der übertragenen reellen Signale ist der Realteil des komplexen Korrelationskoeffizienten maßgebend.

$$\mathrm{Re}\left\{ R_{v_1,v_2} \right\} = \frac{\sin(2\pi\eta)}{2\pi\eta} = \mathrm{si}(2\pi\eta) \tag{7.41}$$

*Anmerkung*: Der Realteil des komplexen Korrelationskoeffizienten für äquivalente Tiefpass-Signale entspricht der Summe der Korrelationskoeffizienten der Normal- und der Quadraturkomponenten des zugehörigen Bandpass-Signals.

Der Realteil des komplexen Korrelationskoeffizienten wird genau dann null, wenn für den Modulationsindex gilt

$$\eta = \frac{k}{2} \quad \text{mit } k = 1, 2, 3, \ldots \tag{7.42}$$

In diesem Fall erhält man orthogonale Signale mit den Frequenzhüben

$$\Delta F = \frac{k}{4T_b} \quad \text{mit } k = 1, 2, 3, \ldots \tag{7.43}$$

In einem Bitintervall sind zwei orthogonale Signale

$$s_{1,2}(t) = \cos\left( 2\pi f_T t \pm 2\pi\Delta F[t - nT_b] + \theta[n] \right) = \cos\left( 2\pi \underbrace{[f_T \pm \Delta F]}_{f_{1,2}} t + \underbrace{\theta[n] - \frac{\pi}{2} kn}_{\varphi_n} \right) \tag{7.44}$$

mit den beiden Momentanfrequenzen möglich

$$f_{1,2} = f_T \pm \Delta F = f_T \pm \frac{k}{4T_b} \tag{7.45}$$

### 7.3.8.2  Spektren von CPFSK-Signalen

Eine wichtige Kenngröße der Modulationsverfahren ist die Breite des belegten Frequenzbandes, die Bandbreite. Eine erste Abschätzung für CPFSK-Signale liefert die Carson-Formel (4.22). Da das modulierende NRZ-Signal theoretisch nicht bandbegrenzt ist, wird in erster Näherung als Grenzfrequenz die Nyquist-Frequenz (6.90) eingesetzt.

$$B \approx 2(\eta + 1) \cdot f_N = 2(\eta + 1) \cdot \frac{1}{2T_s} \tag{7.46}$$

Weiter folgt aus der Stetigkeit der Phase, dass für das LDS der CPFSK-Signale bei hinreichend großem Abstand von der Trägerfrequenz $f_T$ gilt

$$S(f) \sim \frac{1}{(f - f_T)^4} \tag{7.47}$$

In Bild 7-24 sind drei durch Simulationen bestimmte LDS für binäre CPFSK-Signale zu sehen. Für den Modulationsindex $\eta = 1/2$ ist die Signalleistung in einem Hauptbereich (Hauptzipfel) um die Trägerfrequenz konzentriert. Wir überprüfen die Aussagen zur Carson-Bandbreite (7.46) und zum LDS (7.47):

- Der Hauptbereich wird durch die erste Nullstelle rechts von der Trägerfrequenz bei $3/4\cdot(f - f_T)\cdot T_b$ begrenzt. Die Ablage der ersten Nullstelle von der Trägerfrequenz entspricht $3/2$-mal der Nyquist-Frequenz $f_N$ in (7.46). Mit $\eta = 1/2$ deckt die Abschätzung mit der Carson-Bandbreite genau den Hauptbereich ab.

- Der erste Nebenzipfel, bei etwa $1/T_b$ neben der Trägerfrequenz, weist eine minimale Dämpfung von ca. 23 dB auf. Denkt man sich das LDS von oben durch eine Einhüllende begrenzt, so fällt die Einhüllende rasch ab. Mit (7.47) ergibt sich eine Abnahme von 12 dB pro Frequenzverdopplung (Abstand von der Trägerfrequenz). Demzufolge ist für das Maximum des Nebenzipfels am rechten Rand des Bildes ein Wert von etwa – (23+24) dB zu erwarten. Dies wird im Bild bestätigt.

Für den Modulationsindex $\eta = 1/2$ resultiert mit einem ausgeprägten Hauptbereich und schnell abfallenden Nebenzipfeln ein insgesamt *spektral effizientes* Verfahren.

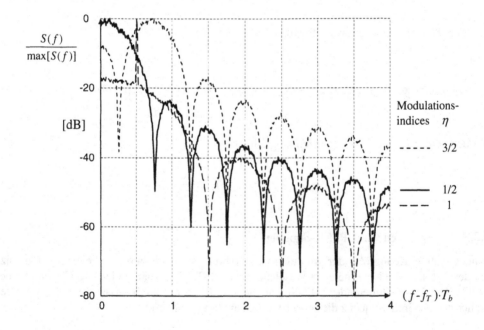

**Bild 7-24** LDS der binären CPFSK-Modulation für die Modulationsindizes $\eta = 1/2$, 1 und 3/2

Für die anderen beiden Modulationsindizes ergeben sich charakteristisch andere Verläufe. Für $\eta = 1$ resultiert sogar ein Impulsanteil bei $f_T + f_N$ im LDS aufgrund eines periodischen Signal-anteils, vgl. LDS von Basisbandsignalen. Mehr zu den spektralen Eigenschaften von CPFSK-Signalen und weitere Diagramme sind beispielsweise in [PrSa94] zu finden. Wegen des Wunsches nach spektraler Effizienz werden in Anwendungen die Modulationsindizes auf $\eta <$ 1 beschränkt.

### 7.3.8.3   Empfänger für CPFSK-Signale

Zum Empfang von CPFSK-Signalen bieten sich grundsätzlich zwei Verfahren an: der kohä-rente und der inkohärente Empfang.

Beim *inkohärenten Empfänger* wird berücksichtigt, dass während eines Bitintervalls nur mit einer Momentanfrequenz gesendet wird. Es werden an die Momentanfrequenzen angepasste Bandpässe verwendet. Die Detektion erfolgt anhand der Einhüllenden an den Ausgängen der Bandpässe, s. Bild 7-25.

Die Bitfehlerwahrscheinlichkeit bei AWGN-Störung und inkohärentem Empfang für die binäre CPFSK-Übertragung wird in [Rap96] angegeben mit

$$P_b = \frac{1}{2}\exp\left(-\frac{E_b}{2N_0}\right) \qquad (7.48)$$

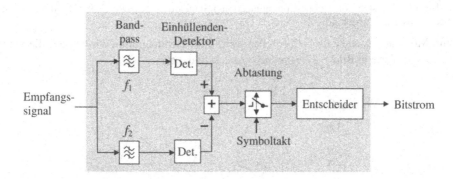

**Bild 7-25** Inkohärenter Empfänger für binäre CPFSK-Signale

*Kohärente Empfänger* für binäre CPFSK-Signale berücksichtigen, dass während eines Bitinter-valls nur eine von zwei Signalformen gesendet wird. Damit ist ein Empfänger mit signalange-passsten Filtern, ein Matched-Filterempfänger, wie in Bild 7-26 anwendbar. Im Falle orthogo-naler Signalpaare genügt im Prinzip ein Signalzweig. Für die Bitfehlerwahrscheinlichkeit der binären orthogonalen CPFSK mit AWGN-Störung ist in [Rap96] zu finden

$$P_b = \frac{1}{2}\mathrm{erfc}\sqrt{\frac{E_b}{2N_0}} \qquad (7.49)$$

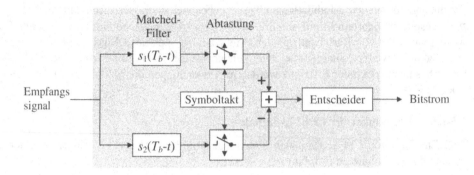

**Bild 7-26** Kohärenter Empfänger für binäre CPFSK-Signale

## 7.3.9    Minimum-shift Keying

Bei der *Minimum-shift Keying* (MSK) -Modulation handelt es sich um eine binäre CPFSK mit dem Modulationsindex $\eta = 1/2$. Man erhält eine digitale Modulation mit konstanter Einhüllender und kompaktem Spektrum. Wie noch gezeigt wird, kommt die Besonderheit hinzu, dass die MSK-Modulation auch als OQPSK dargestellt werden kann. Damit lassen sich auch OQPSK-Sender und -Empfänger anwenden. Die MSK-Modulation spielt deshalb eine wichtige Rolle in der Nachrichtenübertragungstechnik.

*Anmerkung*: MSK bildet die Grundlage für die im DECT- (Digital Enhanced Cordless Telephony) und GSM- (Global System for Mobile Communications) Standard eingesetzte GMSK-Modulation (gaußsche MSK) im nächsten Abschnitt.

Beim Modulationsindex $\eta = 1/2$ ergeben sich im Phasendiagramm der CPFSK die vier ausgezeichneten Werte in Bild 7-27, nämlich 0, $\pi/2$, $\pi$ und $3\pi/2$.

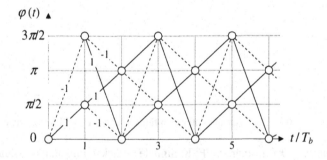

**Bild 7-27** Phasendiagramm der MSK-Modulation

Stellt man den Real- und den Imaginärteil des äquivalenten Tiefpass-Signals beispielhaft graphisch dar, wie in Bild 7-28, so erkennt man, dass sich die Quadraturkomponenten durch Kosinushalbwellen zusammensetzen. Dies legt den Schluss nahe, dass die MSK-Modulation auch als QPSK-Modulation mit Kosinushalbwellen als Sendegrundimpulsen gedeutet werden kann. Die beobachtete zeitliche Verschiebung zwischen Realteil und Imaginärteil entspricht einem Offset um ein Bitintervall $T_b$.

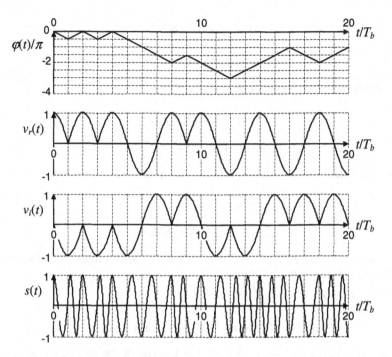

**Bild 7-28** Phase $\varphi(t)$, Real- und Imaginärteil des äquivalenten Tiefpass-Signals $v_r(t)$ bzw. $v_i(t)$ und Sendesignal $s(t)$ der MSK-Modulation

Um den Zusammenhang zwischen der MSK- und der OQPSK-Modulation zu zeigen, wird der OQPSK-konforme Ansatz für das äquivalente Tiefpass-Signal gemacht

$$v_{MSK}(t) = e^{j\varphi(t)} = \sum_{n=-\infty}^{\infty} \left[ a[2n] \cdot g_{MSK}(t-2nT_b) + ja[2n+1] \cdot g_{MSK}\left(t-(2n+1)T_b\right) \right] \quad (7.50)$$

mit der reellen Datenfolge $a[n] \in \{-1,1\}$ und dem Sendegrundimpuls

$$g_{MSK}(t) = \begin{cases} \cos\left(\dfrac{\pi t}{2T_b}\right) & \text{für} \quad -T_b \leq t \leq T_b \\ 0 & \text{sonst} \end{cases} \quad (7.51)$$

Man beachte, dass die Datenfolge $a[n]$ nicht die Datenfolge $d[n]$ der CPFSK-Modulation in (7.30) sein muss. Eine eventuelle zusätzliche Codierung ist möglich.

Da sich die Phase des MSK-Signals in einem Bitintervall genau um $\pm\pi/2$ ändert, ist diese Bedingung auch von der QPSK-Darstellung (7.50) einzuhalten.

$$v_{MSK}^*(nT_b) \cdot v_{MSK}\left([n+1]T_b\right) = e^{-j\varphi(nT_b)} \cdot e^{+j\varphi([n+1]T_b)} = e^{j\frac{\pi d[n]}{2}} = jd[n] \quad (7.52)$$

Zunächst resultiert aus (7.50) für das äquivalente Tiefpass-Signal zu den Zeitpunkten gleich dem geradzahlig und ungeradzahlig Vielfachen des Bitintervalls $T_b$

$$v_{MSK}(2nT_b) = a[2n]$$

$$v_{MSK}([2n+1]T_b) = ja[2n+1]$$

(7.53)

In die Phasenbedingung (7.52) eingesetzt ergibt sich

$$a[2n] \cdot ja[2n+1] = jd[2n]$$

$$-ja[2n-1] \cdot a[2n] = jd[2n-1]$$

(7.54)

Daraus lassen sich die Rekursionsformeln für die Datenvorcodierung ableiten.

$$a[2n+1] = a[2n] \cdot d[2n]$$

$$a[2n] = -a[2n-1] \cdot d[2n-1]$$

(7.55)

*Anmerkung*: Man beachte, dass die Daten aus $\{-1,1\}$ sind, so dass beim Auflösen der Gleichungen statt zu dividieren äquivalent auch multipliziert werden darf.

Beide Formeln können zusammengefasst werden.

$$a[n] = (-1)^{n+1} a[n-1] \cdot d[n-1] \quad \text{für } n = 1,2,3,...$$

(7.56)

Mit der eben hergeleiteten *Vorcodierung* der Daten kann der MSK-Modulator als OQPSK-Modulator wie in Bild 7-29 realisiert werden.

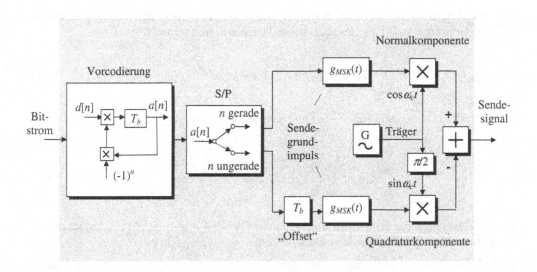

**Bild 7-29** MSK-Modulation mit einem OQPSK-Modulator

**Beispiel** MSK-Modulation als OQPSK-Modulation

Für die Bitfolge $d[n] = \{-1, +1, -1, +1, -1, -1, -1, -1, +1, +1, +1, -1, ...\}$ soll das äquivalente Tiefpass-Signal bei MSK-Modulation skizziert werden. Mit dem Startwert $a[0] = 1$ folgt aus (7.56) die Vorcodierung der Daten:

$a[0] = + 1$

$a[1] = + 1 \cdot a[0] \cdot d[0]$

$a[2] = - 1 \cdot a[1] \cdot d[1]$

$a[3] = + 1 \cdot a[2] \cdot d[2]$

$a[4] = - 1 \cdot a[3] \cdot d[3]$

usw.

Die Vorcodierung ist in Tabelle 7-4 zusammengefasst; das äquivalente Tiefpass-Signal zeigt Bild 7-30.

_____Ende des Beispiels

**Tabelle 7-4** Vorcodierung der Daten für die MSK-Modulation nach (7.56)

| $n$ | 0 | 1 | 2 | 3 | 4 | 5 | 6 | 7 | 8 | 9 | 10 | 11 |
|------|----|----|----|----|----|----|----|----|----|----|----|----|
| $(-1)^n$ | +1 | -1 | +1 | -1 | +1 | -1 | +1 | -1 | +1 | -1 | +1 | -1 |
| $d[n]$ | -1 | +1 | -1 | +1 | -1 | -1 | -1 | -1 | +1 | +1 | +1 | -1 |
| $a[n]$ | +1 | -1 | +1 | -1 | +1 | -1 | -1 | +1 | +1 | +1 | -1 | -1 |

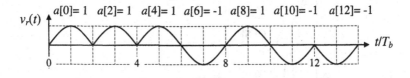

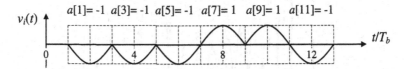

**Bild 7-30** Real- und Imaginärteil des äquivalenten-Tiefpass-Signals, $v_r(t)$ bzw. $v_i(t)$, der MSK-Modulation der Bitfolge $a[n] = \{-1, +1, -1, +1, -1, -1, -1, -1, +1, +1, +1, -1, ...\}$

Nachdem die MSK-Modulation als modifizierte OQPSK-Modulation gedeutet werden kann, lassen sich die für letztere bekannten Ergebnisse übertragen. Wegen der QAM-Darstellung werden die LDS der (O)QPSK- und MSK-modulierten Signale durch die Spektren der Sende-grundimpulse bestimmt. Man erhält für die QPSK-Modulation mit rechteckförmigem Sende-grundimpuls

$$\frac{S(f)}{S(0)} = \left[ \mathrm{si}\left(2\pi f T_b\right) \right]^2 \quad \text{für QPSK} \tag{7.57}$$

und für die MSK-Modulation mit dem Sendegrundimpuls von der Form einer Kosinushalbwelle

$$\frac{S(f)}{S(0)} = \left[ \frac{\cos\left(2\pi f T_b\right)}{1 - 16\left(f T_b\right)^2} \right]^2 \quad \text{für MSK} \tag{7.58}$$

Die LDS werden in Bild 7-31 gegenübergestellt. Deutlich zu erkennen ist die größere Kompaktheit des LDS zur MSK-Modulation. Der Hauptbereich des LDS ist zwar etwas breiter als bei QPSK, er enthält dafür auch einen wesentlich größeren Leistungsanteil. Die Einhüllende des LDS zur MSK-Modulation fällt rasch proportional zu vierten Potenz des Frequenzabstandes zur Trägerfrequenz.

*Anmerkung*: Beim praktischen Einsatz sind nicht nur Vorgaben bzgl. der im Übertragungsband ausgesandten Leistung, sondern auch darüber hinaus zu beachten. Man spricht von Ausstrahlungen außerhalb der vorgesehenen Bandbreite (Out-of-band Emissions) bzw. „Resten" in größeren Frequenzabständen vom Träger (Spurious Emissions). Es wird unterschieden zwischen Ausstrahlungen von Harmonischen des Trägers (Harmonic Emissions), Ausstrahlungen aufgrund von parasitären Effekten (Parasitic Emissions), von Intermodulationsprodukten (Intermodulation Emissions) und von Frequenzumsetzungen (Frequency Conversion Emission). Hierzu sind jeweils entsprechende Messvorschriften und Grenzwerte festgelegt.

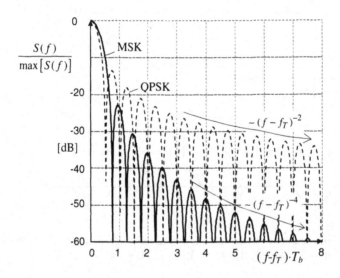

**Bild 7-31** LDS von MSK- und QPSK-Signalen

Da für die MSK-Modulation eine äquivalente Darstellung als OQPSK-Modulation vorliegt, kann ein entsprechend modifizierter QPSK-Empfänger, wie in Bild 7-32 dargestellt, verwendet werden.

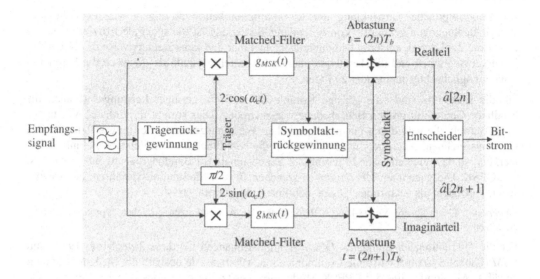

**Bild 7-32** MSK-Demodulation mit einem OQPSK-Demodulator

Bei AWGN-Störung lässt sich mit der OQPSK-Demodulation zunächst eine Bitfehlerwahrscheinlichkeit erreichen wie bei der QPSK-Übertragung. Durch die zur Vorcodierung inverse Codierung im Empfänger werden allerdings aus einzelnen Bitfehlern der Übertragung Doppelfehler, so dass sich für die Bitfehlerwahrscheinlichkeit von MSK bei kohärentem Empfang und AWGN-Störung ergibt

$$P_b = \text{erfc}\sqrt{\frac{E_b}{N_0}} \qquad (7.59)$$

In Bild 7-33 werden die Bitfehlerwahrscheinlichkeiten der MSK- und QPSK-Übertragung verglichen.

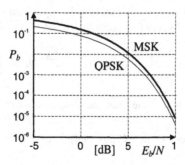

**Bild 7-33** Bitfehlerwahrscheinlichkeit der MSK-Übertragung bei kohärentem Empfang und AWGN-Störung

## 7.3.10  Gaussian Minimum Shift Keying

An die erfolgreiche Entwicklung der Mobilkommunikation zu einem Massenmarkt sind strenge Bedingungen geknüpft. Von besonderer Bedeutung ist die spektrale Effizienz. Sie begrenzt die Zahl der gleichzeitig bedienbaren Teilnehmer und konsequenterweise das Nachrichtenverkehrsvolumen und die Teilnehmerdichte. Es besteht deshalb der Wunsch die Frequenzkanäle möglichst eng aneinander zu fügen.

Für die Endgeräte sind eine geringe Komplexität und ein geringer Leistungsverbrauch für handliche Geräte mit großen Betriebsdauern anzustreben. Dies spricht für einfache Verstärker im C-Betrieb, die sich durch einen relativ hohen Wirkungsgrad, also leistungseffizienten Betrieb, auszeichnen. Allerdings macht sich dann die Nichtlinearität der Verstärkerkennlinie bemerkbar, so dass eine einfache Filterung des Sendesignals zur Bandbegrenzung ausscheidet, s. a. OQPSK. Die genannten Überlegungen sprechen für ein Modulationsverfahren, das sowohl spektral effizient als auch robust gegen nichtlineare Verzerrungen ist.

*Anmerkung*: Quasi-lineare Verstärker (A-Betrieb) für HF-Anwendungen erreichen typisch Wirkungsgrade von 5 - 15 %.

Für die internationalen Standards *DECT* (Digital Enhanced Cordless Telephony, 1992) und *GSM* (Global System for Mobile Communication, 1990) wurde deshalb die MSK-Modulation gewählt. Als Sonderfälle der CPFSK-Modulation besitzt sie eine konstante Einhüllende, die das Verfahren robuster gegen nichtlineare Verzerrungen macht. Zusätzlich wird die spektrale Effizienz durch Glättung der Phase verbessert, s. Bild 7-34. Eine zusätzliche Filterung zur Bandbegrenzung des Sendesignals wird dadurch überflüssig.

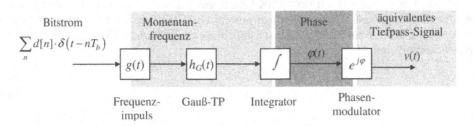

**Bild 7-34** GMSK-Modulator als modifizierter CPFSK-Modulator

Die Glättung der Phase $\varphi(t)$ geschieht durch Filterung der Momentanfrequenz mit einem Gauß-Tiefpass, weshalb das Verfahren *Gaussian MSK* (GMSK) genannt wird. Frequenzgang und Impulsantwort weisen die Form gaußscher Glockenkurven auf.

$$H_G(f) = \exp\left(-\frac{\ln 2}{2} \cdot \frac{f^2}{B^2}\right) \overset{F}{\leftrightarrow} h_G(t) = \sqrt{\frac{2\pi}{\ln 2}} \cdot B \cdot \exp\left(-\frac{2\pi^2}{\ln 2} \cdot B^2 t^2\right) \qquad (7.60)$$

*Anmerkung*: Hier kommt zum Tragen, dass die gaußsche Glockenkurve invariant bzgl. der Fourier-Transformation ist.

Der Parameter zur Dimensionierung des Gauß-Tiefpasses ist die 3-dB-Bandbreite des Frequenzganges

$$-20\log_{10}|H_G(B)| \, \mathrm{dB} = 3\,\mathrm{dB} \qquad (7.61)$$

wobei die Fläche auf eins festgelegt wird, vgl. WDF der Gaußverteilung.

Eine von der Bitrate unabhängig Darstellung der Impulsantwort liefert die Normierung der Zeitachse auf die Bitdauer $T_b$.

$$h_G\left(\hat{t} = \frac{t}{T_b}\right) = \sqrt{\frac{2\pi}{\ln 2}} \cdot BT_b \cdot \exp\left(-\frac{2\pi^2}{\ln 2} \cdot (BT_b)^2\, \hat{t}^2\right) \tag{7.62}$$

Zum bestimmenden Parameter wird das Produkt aus Bandbreite und Bitdauer $B \cdot T_b$. In der Impulsantwort ist das Produkt vergleichbar mit dem Kehrwert der Varianz der WDF. Es lassen sich zwei Fälle grob unterscheiden:

$B \cdot T_b > 1$  schmale Impulsantwort ☞ breitbandiger Tiefpass: die Filterung der Momentanfrequenz glättet die Phase wenig; das Verfahren gleicht im Wesentlichen der MSK

$B \cdot T_b < 1$  breite Impulsantwort ☞ schmalbandiger Tiefpass: die Filterung der Momentanfrequenz glättet die Phase merklich; die Wirksamkeit der Datenbits überstreckt sich wegen der Filterung über das Bitintervall hinaus, so dass Symbolinterferenzen auftreten (*Partial Response Verfahren*)

Für DECT und GSM sind die Produkte $B \cdot T_b$ gleich 0,5 bzw. 0,3 festgelegt. Der Einfluss der Parameterwahl auf die Modulation wird im Folgenden durch Signalbeispiele sichtbar gemacht.

*Anmerkungen*: (i) In der Bluetooth-Empfehlung (Specification of the Bluetooth System, Vol. 1, 1998) wird als Modulationsverfahren GFSK mit dem Modulationsindex 0,32 und $B \cdot T_b = 0,5$ spezifiziert. (ii) Durch Codierung, Pulsformung oder Filterung, wie bei GMSK, können gezielt Symbolinterferenzen zur Formung des Signalspektrums induziert werden, s. a. Basisbandsignale mit Gedächtnis. Entsprechende Verfahren werden Partial Response Verfahren genannt, da innerhalb des Symbolintervalls der Einfluss eines Symbols auf das Sendesignal nur zum Teil abgeklungen ist.

Bild 7-35 zeigen die Signale des MSK- und GMSK-Modulators für $B \cdot T_b$ gleich 0,5 (DECT). Durch die TP-Filterung der Momentanfrequenz werden die bei MSK sichtbaren Knickstellen der Phase abgerundet. Dieses Abrunden setzt sich in den Quadraturkomponenten $v_r(t)$ und $v_i(t)$ sichtbar fort. Das resultierende äquivalente Tiefpass-Signal $s(t)$ zeigt das typische Bild eines FM-Signals. Ein Unterschied zwischen dem MSK- und dem GMSK-Signal ist hier mit bloßem Auge nicht auszumachen. Später wird im Leistungsdichtespektrum und im Augendiagramm der Einfluss des Gauß-Tiefpasses sichtbar werden.

Bild 7-36 wiederholt den Vergleich für $B \cdot T_b$ gleich 0,3 (GSM). Durch den nun schmalbandigeren Gauß-Tiefpass werden die Momentanfrequenz und damit auch die Quadraturkomponenten deutlich stärker geglättet. Der Unterschied zwischen dem MSK- und dem GMSK-Signal ist jedoch auch hier mit dem Auge kaum auszumachen.

Der Gauß-Tiefpass wurde zur Formung eines kompakten Spektrums eingeführt. Seine Wirkung wird im Spektrum sichtbar. Hierfür wurden Softwaresimulationen für verschiedene Parametrisierungen durchgeführt und die resultierenden Leistungsdichtespektren (LDS) mit der FFT gemessen. Die Ergebnisse zeigt Bild 7-37. Die LDS sind auf die jeweiligen Maximalwerte normiert im logarithmischen Maß angegeben. Die Frequenzachse ist mit dem Bitintervall normiert und zeigt mögliche Abweichung von der Trägerfrequenz.

*Anmerkung*: Im Falle der GSM-Übertragung mit der Trägerfrequenz 900 MHz (Kanal 50) und der Bitdauer $T_b = 3,7\ \mu$ entspricht der Abszissenwert „1" der Frequenz 900 MHz + 270 kHz. Die Frequenzkanalbandbreite beträgt bei GSM 200 kHz, also der Trägerabstand die Hälfte, 100 kHz. Die zwei nächsten Träger sollen in einer sowie in benachbarten Funkzellen nicht verwendet werden. (Je nach Interferenzsituation, z. B. bei Einsatz von Richtantennen für Sektoren, kann davon auch abgewichen werden.)

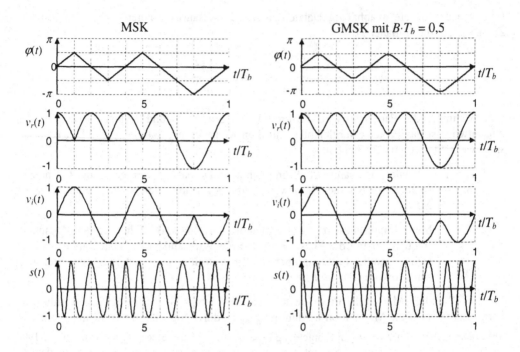

**Bild 7-35** Signale des MSK-Modulators und des GMSK-Modulators mit $B \cdot T_b = 0{,}5$ (DECT)

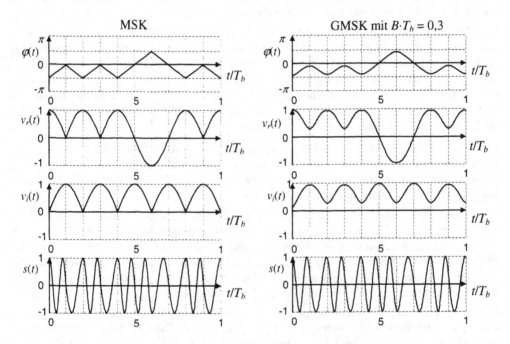

**Bild 7-36** Signale des MSK-Modulators und des GMSK-Modulators mit $B \cdot T_b = 0{,}3$ (GSM)

Die Parameterwahl $B \cdot T_b$ = 10 erlaubt die Kontrolle des Ergebnisses. In diesem Fall ist die Bandbreite des Gauss-Tiefpasses so groß, dass die Filterung im Rahmen der Messgenauigkeit vernachlässigt werden kann. Tatsächlich gleicht das Messergebnis im Bild im Wesentlichen dem bekannten LDS des MSK-Signals.

Für $B \cdot T_b$ = 0,5 und 0,3 ist der Einfluss des Gauss-Tiefpasses auf das LDS in Bild 7-37 deutlich zu erkennen. Die bei der MSK-Modulation vorhandenen Nebenzipfel im LDS werden stark reduziert. Bei der GMSK mit dem Bandbreite-Bitdauer-Produkt $B \cdot T_b$ = 0,3 ist das LDS bereits für $(f - f_T) = 1/T_b$ um mehr als 40 dB bzgl. des Maximalwerts beim Träger gedämpft.

Der Vorteil des kompakten Spektrums muss jedoch auch mit einem Nachteil erkauft werden. Bei der Demodulation von GMSK Signalen, entsprechend der MSK-/ bzw. OQPSK-Darstellung in Bild 7-32, kann eine deutliche Verringerung der maximalen Augenöffnungen in den demodulierten Quadraturkomponenten resultieren. Bild 7-38 zeigt Simulationsbeispiele für die Normalkomponenten. Für die Quadraturkomponenten ergeben sich im Wesentlichen die gleichen Bilder.

Bei MSK-Übertragung sind im *Augendiagramm* nur die Sendegrundimpulse, die Kosinushalbwellen in (7.51), wirksam, s. Bild 7-35. Hier, bei der GMSK-Übertragung, ergeben sich durch die Gauss-Tiefpassfilterung der Momentanfrequenz Überlagerungen der Frequenzimpulse. Die Signale der Quadraturkomponenten werden geglättet und es tauchen im Augendiagramm Signalübergänge auf, die auf Nachbarzeicheninterferenzen zurückzuführen sind.

Für $B \cdot T_b$ = 0,5 sind die Verzerrungen im Augendiagramm relativ gering. Die Degradation bzgl. des SNR in der Bitfehlerwahrscheinlichkeit (7.59) beträgt nur etwa 0,15 dB [Rap96]. D. h., um bei einer Übertragung im AWGN-Kanal die gleiche Bitfehlerwahrscheinlichkeit wie bei MSK zu erzielen, muss für GMSK die Sendeleistung um 0,15 dB (3,5%) erhöht werden. Für $B \cdot T_b$ = 0,3 ist die Degradation größer. Simulationsergebnisse in [Kam96] zeigen, dass die Degradation bei leicht modifiziertem Empfänger (Matched-Filter) nur etwa 1 dB (26%) beträgt.

*Anmerkung*: In der Mobilfunkübertragung liegt kein AWGN-Kanal vor, s. Abschnitt 8. Bei GSM-Empfängern wird ein spezielles Verfahren mit (Viterbi-) Entzerrer zur Demodulation verwendet.

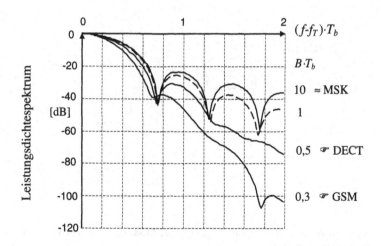

**Bild 7-37** Leistungsdichtespektren GMSK-modulierter Signale

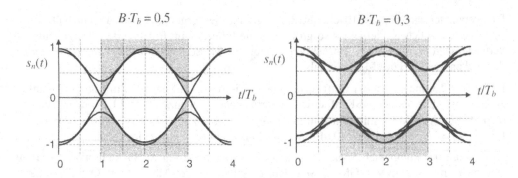

**Bild 7-38** Augendiagramm für GMSK-Übertragung mit OQPSK-Demodulation

Abschließend wird in Bild 7-39 ein Realisierungskonzept für einen GMSK-Modulator aus der Anfangszeit von GSM vorgestellt [SoHo92]. Dem damaligen Stand der Mikroelektronik entsprechend, wurde besonderes Augenmerk auf die effiziente Implementierung gelegt. Eine Analyse der Signale der GMSK-Modulation für GSM zeigt, dass die Signalverläufe der Normal- und Quadraturkomponente in einem Bitintervall im Wesentlichen von fünf Nachrichtenbits abhängen. Dementsprechend lassen sich die möglichen Signalverläufe, hier die Phasenübergänge, prinzipiell berechnen und Abtastwerte in einer Tabellen (EPROM) ablegen. Aus den Phasen werden dann die Signale über Cosinus- und Sinustabellen erzeugt. Pro Bitintervall werden so 16 Abtastwerte der Normal- und Quadraturkomponenten in 12-Bit-Auflösung generiert.

*Anmerkung*: Das Realisierungskonzept kann je nach Anforderung weiter verbessert werden.

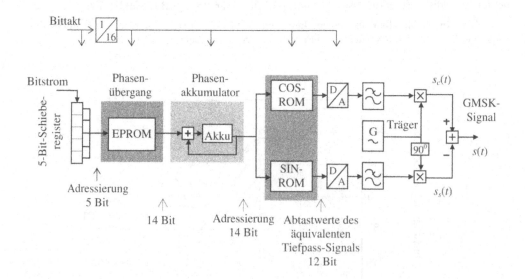

**Bild 7-39**  Aufwandsgünstige Realisierung eines GMSK-Modulator durch in Tabellen gespeicherte
Signalabschnitte [SoHo92]

# 7.4 Trägerregelung zur kohärenten Demodulation

In den Abschnitten 3, 4 und 7 wurden mit der AM, FM bzw. ihren digitalen Ausprägungen typische Modulationsverfahren der Nachrichtenübertragungstechnik vorgestellt. Soll die modulierte Nachricht durch kohärenten Empfang wieder gewonnen werden, ist eine phasenrichtige Nachbildung des Trägersignals unabdingbar. In den Empfängern werden deshalb anwendungsabhängig Schaltungen zur *Trägerregelung* eingesetzt. Die beiden folgenden Abschnitte führen anhand zweier Beispiele in den Themenkreis ein.

## 7.4.1 Trägerrückgewinnung mit quadrierendem Regelkreis

Das Empfangssignal sei ein mittelwertfreies Zweiseitenband-AM-Signal ohne Trägerzusatz, z. B. ein symmetrisches ASK-Signal oder ein Audiosignal im Bandpass-Bereich mit der Trägerkreisfrequenz $\omega_T$.

$$r(t) = a(t) \cdot \cos(\omega_T t + \varphi) \tag{7.63}$$

Soll nun der Träger wieder gewonnen werden, bietet sich auf den ersten Blick eine möglichst schmalbandige Bandpassfilterung mit der Trägerfrequenz $\omega_T$ an.

Bei der praktischen Durchführung ist jedoch damit kein zufrieden stellendes Ergebnis zu erzielen, wenn nicht der Träger in Form eines Pilottones mit übertragen wird. Die schmalbandige Bandpassfilterung entspricht einer zeitlichen Mittelung des Empfangssignals. Ist, wie in vielen Anwendungen, das modulierende Signal mittelwertfrei, so liefert die schmalbandige Bandpassfilterung kein für die Trägernachbildung brauchbares Signal.

*Anmerkung*: Man kann sich die Bandpassfilterung äquivalent in drei Schritten vorstellen: Demodulation, Tiefpassfilterung und Modulation. Die schmalbandige Tiefpassfilterung selbst entspricht einer Schätzung des linearen Mittelwerts.

Aus diesem Grund wird zur Trägerrückgewinnung nicht das Empfangssignal selbst, sondern sein Quadrat verwendet.

$$r^2(t) = a^2(t) \cdot \cos^2(\omega_0 t + \varphi) = \frac{a^2(t)}{2} \cdot [1 + \cos(2\omega_0 t + 2\varphi)] \tag{7.64}$$

Ein schmalbandiger Bandpass mit der doppelten Trägerfrequenz als Mittenfrequenz liefert nun ein Signal, dessen Leistung proportional der Leistung des modulierenden Signals und damit praktisch verwertbar ist.

$$u(t) = b(t) \cdot \cos(2\omega_0 t + 2\varphi) \tag{7.65}$$

Zur Trägerrückgewinnung bietet sich dann mit den Überlegungen zum *Phasenregelkreis* (PLL) in Abschnitt 4.9 die Struktur in Bild 7-40 an, der *quadrierende Regelkreis* [Pro94] [Kam04]. Man beachte, dass wegen der Mehrdeutigkeit der Phase durch die Quadrierung eine Phasenunsicherheit von $\pi$ entsteht.

Die Quadrierung verstärkt additive Störgeräusche. Aus diesem Grund wird alternativ häufig die im nächsten Abschnitt vorgestellte Costas-Schleife eingesetzt.

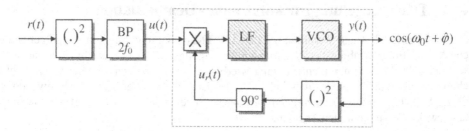

**Bild 7-40** Quadrierender Regelkreis zur Trägerrückgewinnung bei Zweiseitenband-AM-Signalen

## 7.4.2    Trägerrückgewinnung mit der Costas-Schleife

Eine mit dem quadrierenden Regelkreis eng verwandte Schaltung ist die 1956 von Costas entwickelte Schaltung in Bild 7-41. Durch den Einsatz auf die Sendegrundimpulse angepasster Tiefpassfilter (Matched Filter) und Abtasten kann sowohl ein Übergang auf digitale Signale vorgenommen sowie eine bessere Rauschunterdrückung erzielt werden. Es stellt sich wieder eine Phasenunsicherheit um $\pi$ ein.

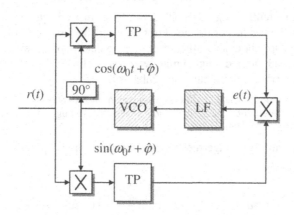

**Bild 7-41** Costas-Schleife zur Trägerrückgewinnung

## 7.5    Aufgaben zu Abschnitt 7

### 7.5.1    Aufgaben

**Aufgabe 7.1** Modulationsverfahren

Schreiben Sie die folgenden Akronyme aus: ASK, BPSK, CPFSK, DPSK, GMSK, OQPSK, OOK, QAM.

**Aufgabe 7.2** CPFSK-Modulation

a)  Erklären Sie das zugrunde liegenden Prinzip der CPFSK-Modulation.

b) Skizzieren Sie das Phasendiagramm mit allen möglichen Phasenübergängen für CPFSK-Signale mit Modulationsindex 3/4. *Hinweis*: Setzen Sie die Anfangsphase zu null.

c) Geben Sie die zu Vielfachen des Symbolintervalls möglichen Werte der Phase an.

## Aufgabe 7.3 MSK-Modulation

Für die digitale Funkübertragung wird als robustes und bandbreiteneffizientes Verfahren die MSK-Modulation vorgeschlagen.

a) Erklären Sie kurz warum das Verfahren so genannt wird.

b) Skizzieren Sie für die (bipolare) Bitfolge $b_n = \{1, 1, -1, 1, -1, 1, -1, -1\}$ die Phase des äquivalenten MSK-Tiefpass-Signals im Phasendiagramm.

c) Die MSK-Modulation kann auch als QPSK-Verfahren gedeutet werden. Welche drei Besonderheiten zeichnen das MSK-Verfahren bzgl. der gewöhnlichen QPSK-Verfahren aus?

d) Geben Sie das Blockschaltbild des MSK-Modulators zu c) an.

e) Welche Vorteile ergeben sich aus c)

## Aufgabe 7.4 GMSK-Modulation

In der zellularen Mobilkommunikation nach GSM und der Schnurlostelefonie nach DECT wird als robustes und bandbreiteneffizientes Verfahren die GMSK-Modulation eingesetzt.

a) Erklären Sie kurz die Bezeichnung GMSK-Modulation.

b) Geben Sie das Blockschaltbild des GMSK-Modulators an und erläutern Sie kurz die Funktionen der Blöcke.

c) Bei der Dimensionierung des Gauß-Tiefpasses wird das Produkt der Parameter $B$ und $T_b$ verwendet. Wofür steht der Parameter $B$?

d) Geben Sie die Werte des Produktes $B \cdot T_b$ bei DECT und GSM an.

e) Welchen Einfluss hat die Wahl des Produktes $B \cdot T_b$ auf das Sendesignal? Begründen Sie Ihre Aussage.

## Aufgabe 7.5 Wiederholungsfragen

7.5.1 Nennen Sie die möglichen Formen der Modulation eines Sinusträgers.

7.5.2 Erklären Sie den Unterschied zwischen analoger und digitaler Modulation eines Sinusträgers.

7.5.3 Skizzieren Sie das Blockdiagramm eines QAM-Modulators und erklären Sie die Funktionen der Blöcke.

7.5.4 Geben Sie die Signalraumkonstellation für die 8-PSK-Modulation an und ordnen Sie den Symbolen die Binärzeichen geeignet zu. Begründen Sie die Wahl der Zuordnung.

7.5.5 Skizzieren Sie das Blockdiagramm zur QPSK-Demodulation und erklären Sie die Funktionen der Blöcke.

7.5.7 Welchen Vorteil bietet ein Sendesignal mit konstanter Einhüllenden in der Mobilkommunikation?

7.5.8    Welche Bedeutung hat der Modulationsindex bei der CPFSK-Modulation?

7.5.9    Was versteht man unter Orthogonalität im Zusammenhang mit der CPFSK-Modulation? Welche Voraussetzung muss gegeben sein, damit sie bei der binären CPFSK-Modulation auftritt?

7.5.10   Wofür steht die Bezeichnung MSK und welche besonderen Eigenschaften hat das zugehörige Modulationsverfahren?

7.5.11   Welche wesentlichen Unterschiede gibt es zwischen den Leistungsdichtespektren von QPSK- und MSK-Signalen?

7.5.12   Bei GSM sollen in einer Funkzelle zwischen belegten Frequenzkanälen jeweils zwei Frequenzkanäle freigehalten werden. Was soll damit erreicht werden?

## 7.5.2    Lösungen zu den Aufgaben

**Lösung zu Aufgabe 7.1** Modulationsverfahren

Amplitude-shift keying (ASK), Binary phase-shift keying (BPSK), Continuous-phase frequency-shift keying (CPFSK), differential phase-shift keying (DPSK), Gaussian minimum-shift keying (GMSK), Offset quadrature phase-shift keying (OQPSK), On-off keying (OOK), Quadrature amplitude modulation (QAM).

**Lösung zu Aufgabe 7.2** CPFSK-Modulation

a) CPFSK steht für Continuous phase frequency-shift keying, zu deutsch: Frequenzumtastung mit stetiger Phase. Es handelt sich um ein Verfahren der Frequenzmodulation, wobei das Trägersignal datenabhängig zwischen diskreten Momentanfrequenzen so umgeschaltet wird, dass Phasensprünge vermieden werden.

b) Entsprechend Bild 7-22 ergibt sich das Phasendiagramm in Bild 7-42.

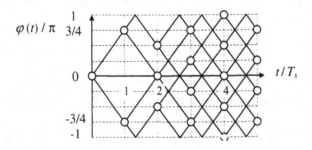

**Bild 7-42**  Phasendiagramm mit den möglichen Phasenverläufen eines CPFSK-Signals mit $\eta = 3/4$ und Anfangsphase gleich null

c) Die möglichen Werte der Phase in den Zeitpunkten $nT_s$ sind

$$\varphi_i \in \{0,\ \pi/4,\ \pi/2,\ 3\pi/4,\ \pi,\ 5\pi/4,\ 3\pi/2,\ 7\pi/4\}$$

**Lösung zu Aufgabe 7.3** MSK-Modulation

a) MSK steht für Minimum-Shift Keying. Es handelt sich um ein binäres CPFSK-Modulationsverfahren. Der Modulationsindex nimmt mit $\eta = 1/2$ den kleinstmöglichen Wert an, so dass die beiden möglichen Signalformen eines Bitintervalls orthogonal sind.

b) Skizze Phasendiagramm, s. Bild 7-27.

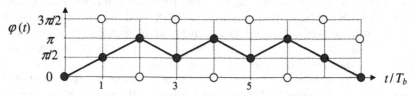

**Bild 7-43** Phasendiagramm der MSK-Modulation

c) 1. Vorcodierung der Daten

2. Zeitliche Verschiebung zwischen Normal- und Quadraturkomponente (Offset)

3. Impulsformung durch Sendegrundimpuls in Form einer Kosinushalbwelle

d) Blockschaltbild, s. Bild 7-29

e) Dadurch können die bekannten Ergebnisse für QPSK auf MSK übertragen werden, wie z. B. Berechnung des LDS und der Bitfehlerwahrscheinlichkeit.

Im Empfänger kann eine Detektion ähnlich der für QPSK, s. a. Augendiagramm, eingesetzt werden.

**Lösung zu Aufgabe 7.4** GMSK-Modulation

a) GMSK steht für Gaussian Minimum-Shift Keying, ein CPFSK-Modulationsverfahren mit Modulationsindex 1/2 und Gauss-TP-Filterung des modulierenden Frequenzsignals.

b) für das Blockschaltbild s. Bild 7-34

- im ersten Block wird der digitale Bitstrom entsprechend den Frequenzimpulsen (Rechteckimpulse) binäres NRZ-Basisbandsignal umgesetzt.
- der Gauß-TP glättet des Basisbandsignal (und somit indirekt das Sendesignal)
- der Integrator bildet das Frequenzsignal auf die Phase des Trägers ab
- der Phasenmodulator erzeugt das äquivalente Tiefpass-Signal zum Sendesignal

c) Der Parameter $B$ gibt die 3dB-Grenzfrequenz des Gauß-TP an.

d) $B \cdot T_b$ ist 0,3 bei GSM und 0,5 bei DECT.

e) Je kleiner $B$ gewählt wird, umso geringer ist die Bandbreite, umso größer die glättende Wirkung der TP-Filterung der Momentanfrequenz und damit die Dämpfung der Nebenzipfel im LDS des Sendesignals.

**Lösung zu Aufgabe 7.5** Verständnisfragen

*Bitte überprüfen Sie Ihre Antworten selbst, indem Sie in den Abschnitten kurz nachschlagen.*

# 8 Digitale Modulation für den Mobilfunk

Im vorangehenden Abschnitt 7 wird die digitale Modulation mit Sinusträger behandelt. Prinzipielle Strukturen für Modulatoren und Demodulatoren werden diskutiert und mit Überlegungen zur spektralen Effizienz und Robustheit der Modulationsverfahren ergänzt. Dabei wird der Einfachheit halber die Bitfehlerwahrscheinlichkeit (BER, Bit Error Rate) bei Übertragung in Kanälen mit additiver gaußscher Rauschstörung (AWGN, Additive White Gaussian Noise) betrachtet. In der heute immer wichtiger werdenden Mobilkommunikation, seien es die öffentlichen zellularen Mobilfunknetze oder die drahtlosen Netze (WLAN, Wireless Local Area Network), müssen die speziellen Eigenschaften des Mobilfunkkanals in die Überlegungen einbezogen werden. Nur so lassen sich effiziente Verfahren entwickeln, die den steigenden Anforderungen durch wachsenden Verkehrsbedarf sowie dem Wunsch nach höheren Datenraten bei möglichst geringer Sendeleistung nachkommen.

## 8.1 Mobilfunkkanal

Die Übertragungseigenschaften von Mobilfunkkanälen werden durch die physikalischen Eigenschaften der informationstragenden elektromagnetischen Wellen und der Situation im Funkfeld vorgegeben. Wie in Bild 8-1 illustriert, werden die von der Basisstation (BTS, Base Transmitter Station) ausgesandten elektromagnetischen Wellen durch Hindernisse im *Funkfeld* reflektiert, gestreut und gebeugt. An die Empfangsantenne der Mobilstation (MS, Mobile Station) gelangen so eine Vielzahl von zeitlich verzögerten, phasenverschobenen und amplitudenbewerteten Kopien des Sendesignals. Man spricht deshalb hier vom *Mehrwegeempfang*.

Der Mehrwegeempfang führt einerseits zu störenden Signalinterferenzen, die bis zur gegenseitigen Auslöschung führen können; andererseits liegt im Mehrwegeempfang eine gewisse Diversität, die einen Signalempfang auch dann noch ermöglicht, wenn die Sichtverbindung zum Sender, der *direkte Pfad*, blockiert ist. Für den Entwurf von Mobilfunksystemen ist es wichtig, die Eigenschaften des Mobilfunkkanals mit einzubeziehen.

*Anmerkung*: Der Planung von Mobilfunknetzen werden computerunterstützte Prognosen über die Funkversorgung zugrunde gelegt, die aus detaillierten topographischen Karten abgeleitet werden.

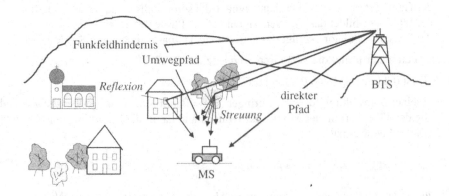

**Bild 8-1** Ausbreitung von elektromagnetischen Wellen im Funkfeld

Die Wirkung des Mobilfunkkanals auf die Signalübertragung wird durch Messungen sichtbar. In Anlehnung an die bis in die 1990iger Jahre üblichen schmalbandigen Mobilfunksignale, z. B. im C-Netz in Deutschland, wird ein monofrequentes Testsignal, ein unmodulierter Träger, gesendet. Durch die Fahrzeugbewegung oder auch die Bewegung von Funkfeldhindernissen, wie andere Fahrzeuge, Bäume im Wind, usw., entstehen zeitlich variierende Interferenzbedingungen. Es kann zu tiefen Einbrüchen in der Empfangsfeldstärke kommen, dem *zeitselektiven Schwund* in Bild 8-2. Besonders deutlich wird er bei einer Darstellung der Einhüllenden des Empfangssignals im logarithmischen Maß, dem Empfangspegel in Bild 8-3. Für die Übertragung mit einem schmalbandigen Signal bedeutet das, dass temporär starke Störungen bis hin zum Verlust der Nachrichten auftreten können.

*Anmerkungen*: (i) Man kann sich den zeitselektiven Schwund mit der Fahrt durch ein stehendes Wellenfeld mit den Schwingungsbäuchen und Schwingungsknoten gut veranschaulichen. Die Zeitabstände zwischen zwei Einbrüchen bestimmen dann die Wellenlänge und die Fahrzeuggeschwindigkeit. (ii) Statistische Auswertungen von Messkampagnen und Modellüberlegungen zeigen, dass die Einhüllende des Empfangssignals oft rayleigh- oder rice-verteilt ist [Wer91]. Man spricht deshalb auch vom Rayleigh- und Rice-Schwund, engl. Fading genannt. (iii) Das C-Netz der deutschen Telekom gehört wegen der analogen Sprachübertragung zu den Mobilfunknetzen der 1. Generation, obwohl Steuerinformationen bereits digital übertragen werden. Eine Datenübertragung mit 2400 bit/s wird unterstützt. Das C-Netz war von 1985 bis 2000 im Frequenzbereich um 450 MHz mit der Kanalbandbreite von 20 kHz in Betrieb und erreichte eine maximale Teilnehmerzahl von knapp über 800 000.

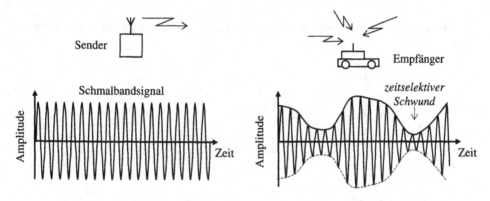

**Bild 8-2** Schmalbandmessung im Mobilfunkkanal mit zeitselektivem Schwund (schematisch)

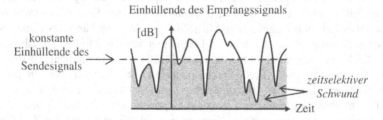

**Bild 8-3** Zeitselektiver Schwund in der Einhüllenden im Mobilfunkkanal (schematisch)

Komplementär zur schmalbandigen Übertragung ist die breitbandige - im Extremfall die Übertragung der Impulsfunktion. Bild 8-4 zeigt die Messung der Kanalimpulsantwort mit kurzen Impulsen. Werden die zugehörigen Empfangssignale aufgezeichnet, erhält man als Kanalreaktion Aufnahmen von Schätzwerten für die momentanen Kanalimpulsantworten. Wie Bild 8-4 illustriert, werden die Sendeimpulse bei der Übertragung verzerrt. Es treten zeitliche Verschiebungen aufgrund der Laufzeiten im Funkfeld auf. Die Impulse werden verschmiert. Man spricht von zeitlicher *Dispersion* der Signale. Ein wichtiger Parameter ist die *maximale Verzögerungszeit* $\tau_{max}$. Das Dispersionsverhalten wird durch die Verteilung der mittleren Empfangsleistung bzgl. der Verzögerungszeit beschrieben, s. Bild 8-5.

*Anmerkungen:* (i) Aus der Verzögerungszeit wird die Grundlaufzeit der Signale, die sich beispielsweise im direkten Pfad aufgrund der endlichen Ausbreitungsgeschwindigkeit der elektromagnetischen Wellen ergibt, herausgenommen. (ii) Die Messergebnisse können als Häufigkeitsverteilung dargestellt werden. Nach Normierung der Fläche auf eins liegt die Schätzung einer Wahrscheinlichkeitsdichtefunktion vor. Sie wird Verzögerungsleistungsdichte genannt.

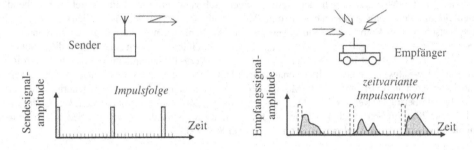

**Bild 8-4** Impulsmessung in der Mobilfunkübertragung mit zeitvarianter Impulsantwort (schematisch)

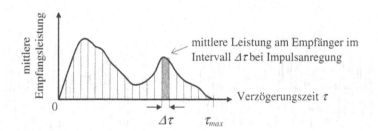

**Bild 8-5** Mittlere Empfangsleistung über der Verzögerungszeit (schematisch)

Zur Beurteilung des Übertragungsverhaltens im Frequenzbereich eignet sich besonders ein Mehrtonsignal. Entsprechende Messgeräte, so genannte *Channel Sounder*, wurden Anfang der 1990er Jahre entwickelt und eingesetzt [HMRSS90]. Im Frequenzband des Kanals senden sie ein periodisches Mehrtonsignal, so dass im Empfänger jeweils Momentaufnahmen des Frequenzganges des Kanals bestimmt werden können. Bild 8-6 veranschaulicht das Prinzip. In den Amplituden der empfangenen Frequenzkomponenten ist deutlich der *frequenzselektive Schwund* zu erkennen. Einzelne Abschnitte des Frequenzbandes werden nur schwach oder praktisch gar nicht übertragen; andere Frequenzkomponenten finden gute Übertragungsbedingungen vor. Man beachte, dass sich der Frequenzgang des Kanals mit der Zeit stark ändern kann, so dass die gut und schlecht übertragenen Teilbänder wechseln. Der Kanal ist zeitvariant. Insgesamt liegt jedoch bei breitbandiger Übertragung eine Diversität vor, die für eine robustere Übertragung genutzt werden kann.

*Anmerkung:* Beispiele für die Nutzung der Bandbreitendiversität sind in UMTS (Universal Mobile Telecommunication System), WLAN nach dem Standard IEEE 802.11 und Bluetooth zu finden.

In die Überlegungen ist ein weiterer physikalischer Effekt einzubeziehen. Durch die Relativbewegungen zwischen Sender, Empfänger und Funkfeldhindernissen kommt es zu dem als *Doppler-Effekt* bekannten Verschiebungen der Empfangsfrequenzen. Bild 8-7 erinnert an die Zusammenhänge aus der Physik. Die Frequenzverschiebung, die *Doppler-Verschiebung* $\Delta f$, ist proportional zur Sendefrequenz $f_t$, dem Betrag der Relativgeschwindigkeit $v$ und dem Kosinus des Einfallswinkels $\alpha$. Der Doppler-Effekt hat vor allem störenden Einfluss auf die Trägersynchronisation im Empfänger.

*Anmerkung*: *Christian Johann Doppler*: *1803/+1853, österreichischer Mathematiker und Physiker.

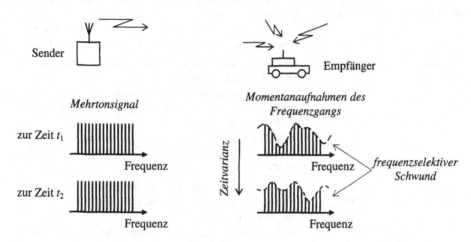

**Bild 8-6** Breitbandmessung im Mobilfunkkanal mit frequenzselektivem Schwund (schematisch)

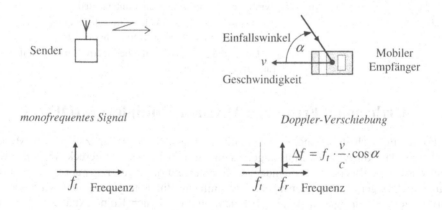

**Bild 8-7** Doppler-Effekt in der Mobilfunkübertragung (schematisch)

Für die Übertragungstechnik spielen die genannten Phänomene eine wichtige Rolle. Jeweils bezogen auf die Bandbreite und Symboldauer der Verfahren werden die Mobilfunkkanäle durch ihre Wirkung auf das Sendesignal klassifiziert. Tabelle 8-1 stellt einige wichtige Überlegungen zusammen. Man beachte dabei, dass die Selektivität im Frequenzbereich sowie im Zeitbereich von der Bandbreite bzw. Symboldauer der jeweiligen Funksignale abhängen - also durch das Übertragungsverfahren mit bestimmt werden. Da die Zeitselektivität mit abnehmen-

der Bandbreite zunimmt und umgekehrt ist für ein leistungsfähiges digitales Übertragungsverfahren, ein guter Kompromiss zwischen Bandbreite und Symboldauer bereitzustellen. In den
beiden folgenden Abschnitten werden zwei Konzepte vorgestellt, die in ihren jeweiligen Ein-
satzgebieten einen solchen Kompromiss darstellen.

**Tabelle 8-1** Klassifizierung von Mobilfunkkanälen bzgl. der Signaleigenschaften der Modulation

| Modulation | Mobilfunkkanal | Kommentar |
|---|---|---|
| kleine Bandbreite | nicht frequenz-selektiv | die Frequenzkomponenten des schmalbandigen Signals werden gleichartig „gestört"<br><br>☞ tiefe Schwundeinbrüche in der momentanen Empfangsleistung sind wahrscheinlicher als bei größerer Bandbreite |
| große Bandbreite | frequenzselektiv | die Frequenzkomponenten des breitbandigen Signals werden nicht gleichartig „gestört"<br><br>☞ tiefe Schwundeinbrüche der momentanen Empfangsleistung sind unwahrscheinlicher (Diversität im Frequenzbereich) als bei kleinerer Bandbreite<br><br>☞ lineare Verzerrungen im Signal, verursacht durch den Frequenzgang des Mobilfunkkanals, kann aufwändige Entzerrung erfordern |
| kurze Symboldauer | nicht zeit-selektiv | Symbol wird über seine gesamte Dauer gleichartig „gestört"<br><br>☞ Auslöschung ganzer Symbole ist wahrscheinlicher als bei längeren Symboldauern<br><br>☞ da sich viele Symbole überlagern können, können Nachbarzeichenstörungen auftreten und eine aufwändige Entzerrung notwendig werden |
| lange Symboldauer | zeitselektiv | Symbol wird über seine Dauer unterschiedlich „gestört"<br><br>☞ Auslöschung der Symbole ist unwahrscheinlicher (Diversität im Zeitbereich) als bei kürzeren Symboldauern<br><br>☞ da sich die Symbole kaum überlagern, kann eine aufwändige Entzerrung entfallen |

## 8.2     Orthogonal Frequency Division Multiplexing (OFDM)

Die Forderung nach immer höheren Übertragungskapazitäten hat speziell in der Mobilkommunikation das Konzept des Multiträgersystems in den Blickpunkt gerückt [Kam04][Klo01].
Dabei werden die Bits der zu sendenden Nachrichten auf mehrere Träger aufgeteilt und im Frequenzmultiplex gemeinsam übertragen. Eine einfache Bündelung der Kanäle ist jedoch unatt-
raktiv wegen der geringen spektralen Effizienz und der hohen Komplexität der Realisierung,
insbesondere der Trägersynchronisation. Damit lassen sich keine preiswerten Produkte für den
Massenmarkt entwickeln.

Durch die Fortschritte der Digitaltechnik und der digitalen Signalverarbeitung ist es heute
möglich im Kurzstreckenfunkbereich der WLAN und im terrestrischen digitalen Fernsehen
DVB-T (Digital Video Broadcasting Terrestrial) wirtschaftliche Lösungen anzubieten. In den
modernen WLAN und beim DVB-T hat sich das *Orthogonal Frequency Division Multiplexing*
(OFDM) etabliert.

## 8.2.1 Multiträgersystem

Im Folgenden wird das OFDM ausgehend von dem *Multiträgersystem* in Bild 8-8 eingeführt. Die zu übertragenden Bits werden auf $N$ *Unterkanäle* aufgeteilt. Durch Serien-Parallel-Wandlung wird der Bitstrom in $N$ Teilströme mit Blöcken von jeweils $m$ Bits aufgespaltet. Die Blöcke werden in den Unterkanälen durch einen Codierer auf ein komplexes Sendesymbol $d_k[n]$ abgebildet. Darin steht der Index $k$ für den $k$-ten Unterkanal und die normierte Zeitvariable $n$ für den $n$-ten Block im Unterkanal.

Nun werden die Datenfolgen wie bei der digitalen QAM verarbeitet. Zunächst geschieht die Impulsformung mit den in allen Unterkanälen identischen *Sendegrundimpulsen* $g(t)$. Danach schließt sich die Modulation mit dem jeweiligen *Unterträger* an. Die Unterträger haben die komplexe Form

$$\exp\left(j\omega_k t\right) \quad \text{mit} \quad \omega_k = 2\pi f_k = 2\pi \cdot kF \quad \text{für} \quad k = 0,\ldots,N-1 \tag{8.1}$$

mit gleichmäßigem *Frequenzabstand F* zwischen den Unterträgern.

Die Signale der Unterträger werden zum äquivalenten Tiefpass-Signal $v(t)$ zusammengeführt. Eine HF-Trägermodulation erzeugt daraus das Sendesignal $s(t)$.

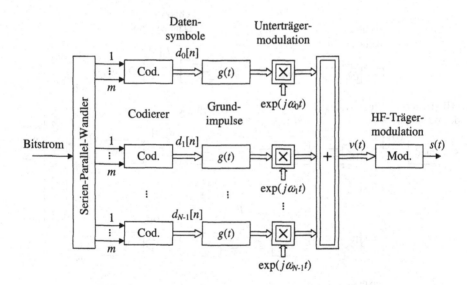

**Bild 8-8** Sender des Multiträgersystems mit $N$ Unterkanälen

Bei idealer Übertragung sind die äquivalenten Tiefpass-Signale vor und nach der HF-Stufe im Sender bzw. im Empfänger identisch, s. Bild 8-9.

$$y(t) = v(t) = \sum_{k=0}^{N-1} \sum_{n=0}^{\infty} d_k[n] g(t - nT_s) \cdot e^{j\omega_k t} \tag{8.2}$$

Im $l$-ten Unterkanal gilt am Ausgang des Tiefpasses für das äquivalente Tiefpass-Signal

$$u_l(t) = \left[ \sum_{k=0}^{N-1} \sum_{n=0}^{\infty} d_k[n] g(t - nT_s) \cdot e^{j(\omega_k - \omega_l)t} \right] * h(t) \tag{8.3}$$

Die Faltung mit der Tiefpass-Impulsantwort unter die Doppelsumme genommen, liefert für $n = 0$ Beiträge, so genannte *Empfangs*- oder *Detektionsgrundimpulse*, der Form

$$r_{k,l}(t) = g(t) \cdot e^{j2\pi F(k-l)t} * h(t) = \int_{-\infty}^{+\infty} g(\tau) e^{j2\pi F(k-l)\tau} h(t - \tau) d\tau \tag{8.4}$$

Damit lässt sich das Empfangssignal im $l$-ten Unterkanal kompakter angeben

$$u_l(t) = \sum_{k=0}^{N-1} \sum_{n=0}^{\infty} d_k[n] \cdot e^{j2\pi F(k-l)nT} \cdot r_{k,l}(t - nT_s) \tag{8.5}$$

*Anmerkung*: Die Verschiebung der Sendegrundimpulse um $nT_s$ führt zur Verschiebung der Empfangsgrundimpulse um $nT_s$.

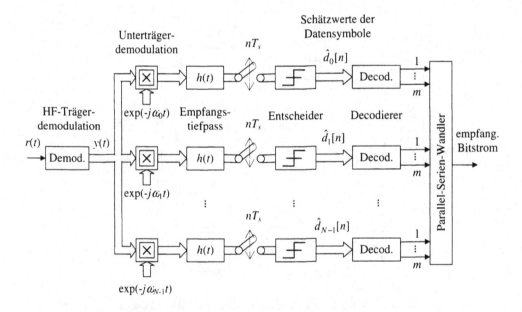

**Bild 8-9** Empfänger des Multiträgersystems mit $N$ Unterkanälen

Die Empfangsgrundimpulse nehmen entscheidend Einfluss auf die Qualität der Übertragung. Bei idealer Übertragung müssen nach Abtastung den Entscheidern die jeweiligen Symbole ohne *Intersymbol-Interferenzen* (ISI, Inter Symbol Interference) und *Nachbarkanal-Interferenzen* (ACI, Adjacent Channel Interference) angeboten werden; also die Empfangsgrundimpulse die erweiterten *Nyquist-Bedingungen* erfüllen:

$$r_{k,k}(nT_s) = \begin{cases} 1 & \text{für } n = 0 \\ 0 & \text{sonst} \end{cases} \quad \text{mit } k, l = 0, 1, \ldots, N\text{-}1 \tag{8.6}$$

$$r_{k,l}(nT_s) = 0 \quad \text{für } k \neq l \quad \text{mit } k, l = 0, 1, \ldots, N\text{-}1$$

Zur Berechnung der Empfangsgrundimpulse sind der Sendegrundimpuls $g(t)$, die Impulsantwort $h(t)$ und der Frequenzabstand $F$ vorzugeben. Mit Blick auf das OFDM-Verfahren werden im Folgenden der rechteckförmiger Grundimpuls und das zugehörige Matched-Filter betrachtet.

$$g(t) = h(t) = \begin{cases} 1 & \text{für } |t| \leq T_s/2 \\ 0 & \text{sonst} \end{cases} \tag{8.7}$$

Mit der Vorgabe der effizienten Bandbreitenausnutzung

$$F \cdot T_S = 1 \tag{8.8}$$

können die Empfangsgrundimpulse wie in Abschnitt 8.4 berechnet werden. Im Weiteren werden - ohne tief ins Detail zu gehen - die Ergebnisse vorgestellt und wichtige Folgerungen gezogen. Es ergeben sich die Realteile

$$\text{Re}\{r_{k,l}(t)\} = \begin{cases} -\dfrac{(-1)^{k\text{-}l}}{2\pi(k\text{-}l)} \cdot \sin\left[2\pi(k-l) \cdot t/T_s\right] & \text{für } |t| \leq T_S \\ 0 & \text{sonst} \end{cases} \tag{8.9}$$

und die Imaginärteile

$$\text{Im}\{r_{k,l}(t)\} = \begin{cases} -\dfrac{(-1)^{k\text{-}l}}{2\pi(k\text{-}l)} \cdot \text{sgn}(t) \cdot \left[1 - \cos\left[2\pi(k-l) \cdot t/T_s\right]\right] & \text{für } |t| \leq T_S \\ 0 & \text{sonst} \end{cases} \tag{8.10}$$

Einige graphische Beispiele für die Empfangsgrundimpulse sind in Bild 8-10 zu finden. Man erkennt den gewünscht dominanten, dreieckförmigen Empfangsgrundimpuls $r_{00}(t)$ entsprechend dem Matched-Filterempfänger für Rechteckimpulse. Die für das Übersprechen der Unterkanäle (ACI) verantwortlichen Empfangsgrundimpulse weisen zum Detektionszeitpunkt $t = 0$ eine Nullstelle auf. Damit sind die erweiterten Nyquist-Bedingungen in (8.6) erfüllt. Man beachte jedoch, dass die Empfangsgrundimpulse bereits für relativ kleine Abweichungen vom idealen Detektionszeitpunkt deutlich von null verschieden sind. Berücksichtigt man die unvermeidliche Rauschstörung, so sind hohe Anforderungen an die Präzision der Synchronisationsschaltungen zu stellen.

Bezüglich der störenden Symbolinterferenzen ist festzuhalten:

☞ ISI treten nicht auf, da die Empfangsgrundimpulse außerhalb des Intervalls $-T_s < t < T_s$ null sind.

☞ ACI tritt in den Abtastzeitpunkten $nT_s$ bei idealer Synchronisation nicht auf; die Detektion ist empfindlich gegen Synchronisationsfehler in der Abtastung, insbesondere wenn eine große Zahl von Unterträgern verwendet wird.

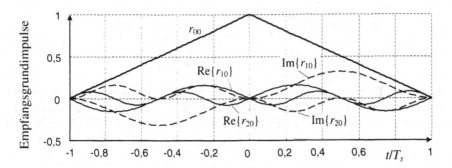

**Bild 8-10** Beispiele für die Empfangsgrundimpulse $r_{kl}(t)$

Bei Multiträgersystemen mit der vorgestellten Parameterwahl ist eine interferenzfreie Nachrichtenübertragung prinzipiell möglich, obwohl sich die Spektren der Unterträgersignale überlagern. Letzteres sieht man anhand einer Skizze im Frequenzbereich. Das Spektrum des Sendegrundimpulses ist die si-Funktion

$$g(t) = \begin{cases} 1 & \text{für } |t| \le T_s/2 \\ 0 & \text{sonst} \end{cases} \quad \leftrightarrow \quad G(j\omega) = \frac{1}{T_s}\,\text{si}\left(\omega T_s/2\right) \qquad (8.11)$$

Berücksichtigt man die Modulation der Unterträger, so ergibt sich das Spektrum des äquivalenten Tiefpass-Signals als Summe von $N$ jeweils um die Frequenz $k \cdot F$ verschobene si-Funktionen

$$V(j\omega) = \frac{1}{T_s} \cdot \sum_{k=0}^{N-1} \text{si}\left([\omega - \omega_k]T_s/2\right) = \frac{1}{T_s} \cdot \sum_{k=0}^{N-1} \text{si}\left([\omega - 2\pi F \cdot k]T_s/2\right) \qquad (8.12)$$

Die Modulation mit dem HF-Träger verschiebt das Spektrum in das Übertragungsband. In Bild 8-11 ist das resultierende Leistungsdichtespektrum schematisch dargestellt. Für jeden Unterkanal ergibt sich ein $\text{si}^2$-förmiger Verlauf. Die Spektren überlagern sich, wobei die Frequenzen der Unterkanalträger $f_k$, mit $k = 0, 1, \ldots, N\text{-}1$, jeweils in den Nullstellen der Spektren der anderen Unterkanäle liegen.

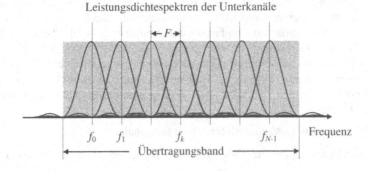

**Bild 8-11** Leistungsdichtespektrum des Multiträgersystems im Übertragungsband (schematisch)

Bild 8-11 erinnert an die si-Interpolation zum Abasttheorem in Abschnitt 2.4. Denkt man sich ein konstantes Signal abgetastet, so führt die si-Interpolation auf das ursprüngliche Signal. Hier überlagern sich die Leitungsdichtespektren der Unterkanäle in idealer Weise zu einer gleichmäßigen Belegung des Übertragungsbandes, so dass es vollständig genutzt wird. Durch die endliche Zahl der Unterkanäle geschieht dies allerdings nur näherungsweise, wobei insbesondere Abweichungen an den Rändern des Übertragungsbandes auftreten.

*Anmerkung*: In der Anwendung sind unter anderem Vorschriften der Regulierungsbehörden bzgl. der in die Nachbarbänder ausgestrahlten Leistungen einzuhalten.

Für den kommerziellen Einsatz des Multiträgersystems ist auf eine einfache und robuste technische Realisierung zu achten. Hierbei sind zwei Maßnahmen von besonderer Bedeutung:

☞ Erstens, der Einsatz der algorithmisch effizienten *schnellen Fourier-Transformation* (FFT, Fast Fourier Transform) in den Sendern und Empfängern mit jeweils gemeinsamer Synchronisation der Unterkanalträger.

☞ Zweitens, die Beschränkung auf kurze Funkreichweiten bis ca. 100 m, so dass nur relativ geringe Echolaufzeiten auftreten und eine aufwändige Echoentzerrung unnötig wird. Die Störungen durch den Mehrwegeempfang können dann durch die Einführung eines Schutzintervalls, eine zyklische Erweiterung, entschärft werden.

Beide Maßnahmen werden im Folgenden näher erläutert.

Den Zusammenhang mit der schnellen Fourier-Transformation der digitalen Signalverarbeitung stellt die „Abtastung" der Signale der Unterkanäle im Sender her. Für das äquivalente Tiefpass-Signal gilt

$$v[m] = v(mT) = \sum_{k=0}^{N-1} \sum_{n=0}^{\infty} d_k[n] g(mT - nT_s) \cdot e^{j\omega_k mT} \tag{8.13}$$

mit dem speziell gewählten Abtastintervall

$$T = \frac{T_s}{N} \tag{8.14}$$

Im $n$-ten Symbolintervall resultiert daraus

$$v_n[m] = \sum_{k=0}^{N-1} d_{k,n} \cdot e^{j2\pi FT \cdot m} \tag{8.15}$$

Mit den Festlegungen (8.8) und (8.14) gilt insbesondere

$$F \cdot T = \frac{1}{T_s} \cdot \frac{T_s}{N} = \frac{1}{N} \tag{8.16}$$

so dass für das äquivalente Tiefpass-Signal die Formel der inversen *diskreten Fourier-Transformation* (IDFT) der Länge $N$ bzgl. der Datensymbole in den Unterkanälen folgt.

$$v_n[m] = \sum_{k=0}^{N-1} d_{k,n} \cdot e^{j\frac{2\pi}{N} \cdot m} = N \cdot \text{DFT}\left\{d_{0,n}, d_{1,n}, \ldots, d_{N-1,n}\right\} \tag{8.17}$$

Die Datensymbole $d_{k,n}$ spielen darin die Rolle der DFT-Koeffizienten - also formal des DFT-Spektrums.

Ist die DFT-Länge $N$ eine Zweierpotenz, so kann die DFT und ihre Inverse algorithmisch effizient als schnelle Fourier-Transformation, kurz Radix-2-FFT (Fast Fourier Transform) genannt [Wer05], ausgeführt werden. Das Blockschaltbild des so modifizierten OFDM-Modulators zeigt Bild 8-12.

Der Block IFFT (Inverse FFT) wird durch einen Block zur *zyklischen Erweiterung* ergänzt. Die zyklische Erweiterung entspricht einer periodischen Fortsetzung des Sendesignals um ein gewisses *Schutzintervall $T_g$*, auch Guard Interval genannt.

*Anmerkung*: Das Schutzintervall verlangsamt die Datenübertragung. Die effektive Symboldauer, die Zeit die tatsächlich zur Übertragung eines OFDM-Symbols aufgewendet wird, verlängert sich.

Durch das Schutzintervall verändern sich die Empfangsgrundimpulse, wie in Abschnitt 8.4 berechnet wird. Der Hauptgrundimpuls $r_{00}(t)$ ist in Bild 8-13 zu sehen. Sein Verlauf ist am Dreieckimpuls des Matched-Filterempfängers angelehnt, vgl. Bild 8-10. Die Basis ist jedoch auf $T_s - T_g$ verkürzt und die Spitze des Dreieckimpulses ist einem tiefer liegenden Plateau gewichen. Im optimalen Detektionszeitpunkt hat das Signal-Geräuschverhältnis im Vergleich zur Übertragung ohne Schutzintervall abgenommen.

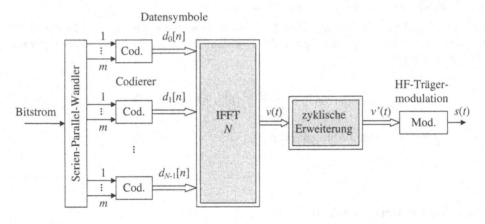

**Bild 8-12** OFDM-Sender mit IFFT für $N$ Unterkanäle und zyklischer Erweiterung

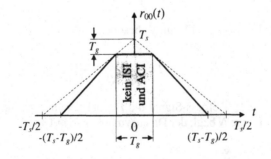

**Bild 8-13** Empfangsgrundimpuls bei zyklischer Erweiterung

$$(S/N)_g = \left(1 - \frac{T_g}{T_s}\right) \cdot (S/N)_o \tag{8.18}$$

Ohne Schutzintervall ist die ACI nur im optimalen Detektionszeitpunkt gleich null. Treten wie im Mobilfunkkanal Signalechos mit unterschiedlichen Laufzeiten im Funkfeld auf, so zeigt das Empfangssignal durch die ACI-Störung starke Verzerrungen. Durch das Schutzintervall wird der ACI-freie Bereich aufgeweitet. Dies sieht man an den Empfangsgrundimpulsen (8.4). Für $k \neq l$ ergibt sich aus der Faltung für das Zeitintervall der Dauer $T_g$ um $t$ gleich null

$$r_{k,l}(t) = \int_{t - \frac{T_s - T_g}{2}}^{t + \frac{T_s - T_g}{2}} e^{j2\pi F(k-l)\tau} d\tau = 0 \quad \text{für} \quad |t| \leq \frac{T_g}{2} \tag{8.19}$$

wenn das Schutzintervall im Frequenzabstand der Unterträger berücksichtigt wird.

$$F = \frac{1}{T_s - T_g} \tag{8.20}$$

Im Augendiagramm resultiert die Aufweitung des ACI-freien Bereiches auf das Zeitintervall $T_g$, s. Bild 8-14. In diesem Bereich treten bei idealer Übertragung keine ISI und keine ACI auf. Treffen, z. B. aufgrund des Mehrwegeempfangs, Signalechos mit Laufzeiten kleiner $T_g$ ein, so bleibt das verbleibende Auge prinzipiell geöffnet. Signallaufzeiten bis (etwa) $T_g$ sind nun tolerierbar, so dass auf einen Entzerrer verzichtet werden kann.

*Anmerkung*: Außerhalb des Schutzintervalls steigen die ACI schlagartig an [Kam04], so dass Laufzeiten größer $T_g$ die Übertragung stark stören können.

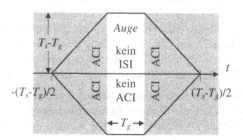

**Bild 8-14** Augendiagramm bei zyklischer Erweiterung (schematisch)

## 8.2.2 OFDM-Übertragung für WLAN

Die Empfehlung IEEE 802.11a (1999) sieht für die WLAN-Anwendung des OFDM-Verfahrens ein Guard Interval $T_g = 0,8 \ \mu s$ und $T_s - T_g = 3,2 \ \mu s$ vor [NMG01] [Sch03]. Damit ergibt sich eine SNR-Degradation von etwa 1,25 dB.

$$\left. \frac{(S/N)_g}{(S/N)_o} \right|_{dB} = 10 \cdot \log_{10}\left(1 - \frac{T_g}{T_s}\right) dB \approx -1,25 \ dB \tag{8.21}$$

Die SNR-Degradation wird in Kauf genommen, da durch das Schutzintervall bei Echolaufzeiten bis $T_g$, also Umweglängen bis zu $l = c_0 \cdot T_g \approx 240$ m, im Detektionszeitpunkt kein ACI auftritt und so auf einen Entzerrer verzichtet werden kann.

Für WLAN-Anwendungen nach IEEE 802.11a sind weltweit Frequenzbänder im Bereich von 5 GHz freigegeben. In den USA sind das die Frequenzbänder 5,15-5,25 GHz (50mW), 5,25-5,35 GHz (250mW) und 5,725-5,825 GHz (1W). In Europa sind es die Frequenzbänder 5,15-5,35 GHz (50mW / 200mW EIRP) und 5,47-5,725 GHz (1W EIRP).

*Anmerkungen*: (i) Die Werte in den Klammern geben die zulässige Sendeleistung an. (ii) EIRP steht für Equivalent Isotropic Radiated Power, d. h. dem rechnerischen Bezug auf den idealen Kugelstrahler bei der Leistungsangabe. (iii) Wird eine Sendeantenne mit Richtwirkung eingesetzt (Antennengewinn), ist die Antenneneingangsleistung entsprechend abzusenken.

In den zugelassenen Frequenzbändern werden jeweils 20 MHz breite Frequenzkanäle definiert und mit 64 Unterträgern belegt, s. Bild 8-15. Die Mittenfrequenz $f_c$ wird nicht für einen Unterträger benutzt. Um sie gruppieren sich die 64 Unterträger. Es resultiert ein Unterträgerabstand von $F = 312,5$ kHz. Konsequenterweise ist dann die Symboldauer ohne zyklische Erweiterung $T_s - T_g = 1/F = 3,2$ µs, wie oben angegeben.

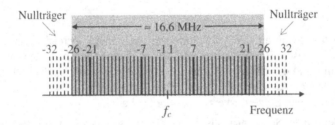

**Bild 8-15** Frequenzlagen der 64 Unterträger in einem Teilband; Pilotkanäle -21,-7,7 und 21

Für die Datenübertragung selbst werden nur 48 Unterträger genutzt. Die vier Unterträger mit den Nummern -21, -7, 7 und 21 sind für Pilotsignale reserviert. Je sechs Unterträger am unteren und oberen Rand werden als virtuelle Unterträger nicht benutzt, um die Nachbarbänder nicht zu stören. Bei der IFFT der Länge 64 werden die Daten zu null gesetzt (Nullträger).

Je nach Übertragungsqualität kommen die in Tabelle 8-2 genannte Kanalcodier- und Modulationsverfahren zum Einsatz. Im Falle direkter Sichtverbindung und kurzem Abstand zwischen zwei Stationen kann die Bitrate 54 Mbit/s übertragen werden. Im Normalfall bleibt die Bitrate oft deutlich unter diesem Wert.

*Anmerkungen*: (i) In Tabelle 8-2 handelt es sich um Brutto-Bitraten. Für Anwendungen steht etwa nur die Hälfte zur Verfügung. (ii) Tatsächlich erreichte Datendurchsätze hängen stark von der Netzkonfiguration ab. Einzelne Stationen realisieren u. U. weniger als 10% des möglichen Durchsatzes [CDG05].

### 8.2.3    OFDM-Übertragung für DVB-T

Die OFDM-Übertragung kommt im *terrestrischen digitalen Fernsehen* DVB-T (Digital Video Broadcasting Terrestrial) nach ETSI 300 744 (1997) (European Telecommunications Standards Institute) zum Einsatz [Mäu03] [Rei05]. Wegen der Vorcodierung der Symbole wird das Verfahren Coded OFDM (COFDM) genannt.

**Tabelle 8-2** Parameter der Datenübertragung für WLAN nach IEEE 802.11a

| Modulation | Bits pro Unterträger | codierte Bits pro OFDM-Symbol | Coderate | Datenbits pro OFDM-Symbol | Datenrate in Mbit/s |
|---|---|---|---|---|---|
| BPSK | 1 | 48 | 1/2 | 24 | 6 |
|  |  |  | 3/4 | 36 | 9 |
| QPSK | 2 | 96 | 1/2 | 48 | 12 |
|  |  |  | 3/4 | 72 | 18 |
| 16-QAM | 4 | 192 | 1/2 | 96 | 24 |
|  |  |  | 3/4 | 144 | 36 |
| 64-QAM | 6 | 288 | 2/3 | 192 | 48 |
|  |  |  | 3/4 | 216 | 54 |

DVB-T substituiert die bestehenden analogen Fernsehkanäle mit Frequenzkanäle à 8 MHz (UHF) und 7 bzw. 6 MHz (VHF) Bandbreite. Das Sendenetz ist als *Gleichwellennetz* ausgelegt; benachbarte Sender sind synchronisiert und benutzen für die gleichen Programme die gleichen Frequenzen, so dass die Empfangsstationen die Signale verschiedener Sender gegebenenfalls kombinieren können.

Die Definition des Schutzintervalls muss die unterschiedlichen Abstände zwischen benachbarten Sendern berücksichtigen. Bei einer maximalen Entfernung zweier Sender von 60 km ergibt sich der notwendige Schutzabstand $T_g = 6 \cdot 10^4$ m $/ 3 \cdot 10^8$ m/s $= 200$ μs. Da der Schutzabstand zusätzliche Übertragungszeit belegt, sollte die Dauer des OFDM-Symbols relativ groß sein, um den Kapazitätsverlust klein zu halten. Andererseits führt eine lange Dauer des OFDM-Symbols durch den zuliefernden Bitstrom zu einer großen Datenmenge pro Symbol; also zu einer hohen Anzahl an Unterkanälen und damit kleinem Frequenzabstand.

Um unterschiedlich feinmaschigen Sendernetzstrukturen Rechnung zu tragen, schlägt die ETSI in ihrer Empfehlung ETSI 300 744 (1997) zwei Übertragungsmodi mit vier möglichen Schutzintervallen vor. Wichtige Parameter sind in Tabelle 8-3 zusammengestellt. Es werden die beiden Modi „2K" und „8K" mit der Zahl der Unterträger 2048 bzw. 8192 eingeführt. Damit wird die Realisierung des OFDM-Verfahrens mit der effizienten Radix-2-FFT möglich. Wie beim WLAN-Standard IEEE 802.11a werden nicht alle Unterträger benutzt.

Der Zeitbezug wird über die rechnerische Abtastfrequenz des OFDM-Signals vor der D/A-Umsetzung im Sender definiert. Für beide Modi ist 9,143 MHz festgelegt. Daraus folgt unmittelbar die Symboldauer, da z. B. im Modus 2K der FFT-Länge von 2048 genau 2048 Abtastwerte entsprechen. Der Frequenzabstand ist damit ebenfalls festgelegt. Aus (8.20) folgen die in der Tabelle angegebenen Werte von ca. 4,4 und 1,1 kHz.

Die belegte Bandbreite kann nun mit der Zahl der benutzten Unterkanäle abgeschätzt werden. Sie bleibt innerhalb des 8-MHz-Bandes für UHF-Fernsehkanäle.

Je nach Feinmaschigkeit des Sendernetzes sind als Schutzintervalle $T_g$ genau 1/4, 1/8, 1/16 und 1/32 der Symboldauer $T_s$ - $T_g$ vorgesehen. Daraus berechnen sich die maximal zulässigen Abstände der Sender für das Gleichwellennetz in der letzten Zeile in Tabelle 8-3.

*Anmerkungen*: (i) Wird die rechnerische Abtastfrequenz auf $64 \cdot 10^6$ MHz / 8 = 8 MHz reduziert, resultiert eine Bandbreite von ca. 6,6 MHz. Eine Übertragung in einem VHF-Fernsehkanal ist nun möglich. (ii) Die terrestrische DVB-Funkübertragung ergänzt die Übertragung über Koaxialleitungen und Satellit. Um wesentliche Funktionseinheiten wieder verwenden zu können, muss eine gewisse Kompatibilität beachtet werden. So ist der äußere Fehlerschutz durch einen (204,188)-Reed-Solomon-Code, das Byte-Interleaving und der innere Fehlerschutz durch einen punktierten Faltungscode identisch zur Satellitenübertragung. Dabei werden Brutto-Bitraten von 21,56 bis 39,24 Mbit/s übertragen.

**Tabelle 8-3** Parameter für DVB-T (ETSI 300 744) : Übertragung

| Modus | 2K | | | | 8K | | | |
|---|---|---|---|---|---|---|---|---|
| Unterkanäle | $2^{11} = 2048$ | | | | $2^{13} = 8192$ | | | |
| benutzte Unterkanäle | 1705 | | | | 6817 | | | |
| Abtastfrequenz in MHz | $64/7 = 9{,}143$ | | | | | | | |
| Symboldauer $T_s$ - $T_g$ in μs | 224 | | | | 896 | | | |
| Frequenzabstand $F$ in kHz | 4,464 | | | | 1,116 | | | |
| Bandbreite in MHz | 7,6 | | | | | | | |
| Schutzintervall $T_g$ relativ und in μs | 1/4 56 | 1/8 28 | 1/16 14 | 1/32 7 | 1/4 224 | 1/8 112 | 1/16 56 | 1/32 28 |
| (OFDM-) Symboldauer $T_s$ in μs | 280 | 252 | 238 | 231 | 1120 | 1008 | 952 | 924 |
| max. Senderabstand in km | 16,8 | 8,4 | 4,2 | 2,1 | 67,2 | 33,6 | 16,8 | 8,4 |

Die DVB-T-Empfehlung unterstützt mehrere Alternativen der Implementierung. Damit sich die Endgeräte darauf einstellen können, ist dem Sendesignal eine entsprechende Steuerinformation beizugeben. Dies geschieht durch die Unterträger für *Transmission Parameter Signaling* (TPS). Es werden u. a. folgende Einstellungen mitgeteilt:

☞ Modulationsverfahren (QPSK, 16-QAM oder 64-QAM)

☞ hierarchische und nicht hierarchische Modulation ($\alpha = 1$, 2 oder 4)

☞ Coderate des Faltungscodes ($R = 1/2$, 2/3, 3/4, 5/6 oder 7/8)

☞ Schutzintervall (1/32, 1/16, 1/8 oder 1/4)

☞ Transformationslänge (2K oder 8K)

Hinzu kommen weitere Unterträgerbelegungen (Continual Pilots und Scattered Pilots) für Signale zur Frequenz- und Phasensynchronisation des Empfängers.

Insgesamt stehen für die Übertragung der eigentlichen Nutzdaten 1512 bzw. 6048 Unterträger zur Verfügung, also ca. 89% der verwendeten Unterträger. Die sich daraus ergebenden Bitraten stellt Tabelle 8-4 vor. Zunächst wird aus den OFDM-Symboldauern in Tabelle 8-3, d. h. einschließlich des Schutzintervalls, die OFDM-Symbolrate berechnet. Durch Multiplizieren mit der Zahl der Unterträger für die Nutzdaten ergeben sich die Symbolraten bzgl. der digitalen Trägermodulation. Werden die Unterträger QPSK-moduliert, so werden pro Unterträger und OFDM-Symbol zwei Bits übertragen. Bei 16-QAM und 64-QAM sind es jeweils vier bzw. sechs Bits.

In Deutschland ist typisch der Modus 8K mit $T_{g,rel.} = 1/4$ und 16-QAM vorgesehen. Dann ist die Brutto-Bitrate 21,56 Mbit/s. Für den eigentlichen Nachrichtenstrom steht jedoch eine deutlich geringere Bitrate zur Verfügung, da die Kanalcodierung berücksichtigt werden muss. Mit der Faltungscodierung mit Coderate 2/3 für den inneren Code und dem (204,188)-Reed-Solomon-Code für den äußeren Code ergibt sich eine *Netto-Bitrate* von 21,56 Mbit/s · 2/3 · 188/204 = 13,24 Mbit/s.

**Tabelle 8-4** Parameter für DVB-T (ETSI 300 744) : Bitraten

| Modus | 2K | | | | 8K | | | |
|---|---|---|---|---|---|---|---|---|
| Zahl der Unterträger mit „Nutzdaten" | 1512 | | | | 6048 | | | |
| OFDM-Symbolrate in ksymbol/s | 3,57 | 3,96 | 4,20 | 4,32 | 0,89 | 0,99 | 1,05 | 1,08 |
| Symbolrate bzgl. der Unterkanäle Msymbol/s | 5,39 | 5,99 | 6,35 | 6,64 | 5,39 | 5,99 | 6,35 | 6,54 |
| Bitrate (brutto) bei QPSK in Mbit/s | 10,78 | 11,98 | 12,7 | 13,28 | 10,78 | 11,98 | 12,7 | 13,28 |
| Bitrate (brutto) bei 16-QAM in Mbit/s | 21,56 | 23,96 | 25,4 | 26,56 | 21,56 | 23,96 | 25,4 | 26,56 |
| Brutto-Bitrate bei 64-QAM in Mbit/s | 32,34 | 35,94 | 38,1 | 39,84 | 32,34 | 35,94 | 38,1 | 39,84 |

*Anmerkungen*: (i) Die Spaltenaufteilung folgt der Aufteilung in Tabelle 8-3. (ii) Die Brutto-Bitrate steht für die zusammengefasste Bitrate aller Datensymbole (Nutzdaten) der Unterträger.

Abschließend wird die hierarchische Modulation vorgestellt. Durch die digitale Modulation wird es möglich, Teile der Nachricht unterschiedlich zu übertragen. Dies kann beispielsweise, wie bei der Sprachübertragung in GSM, durch einen ungleichmäßigen Fehlerschutz der Teilnachrichten, d. h. Hinzufügen von mehr oder weniger Redundanz, geschehen. Bei der DVB-T-Übertragung wird ein ungleichmäßiger Fehlerschutz durch die Symbolwahl realisiert. Bei gleicher mittlerer Sendeleistung nimmt die Robustheit gegen Rauschstörungen mit zunehmender Zahl der Symbole im Symbolraum ab. So wird die BPSK-Modulation für die wichtige TPS-Information und die Pilotträger verwendet. Die Übertragung der Video-Information geschieht mit den in Bild 8-16 gezeigten rechteckförmigen Verteilungen der Symbole. Man beachte, die Darstellungen sind so normiert, dass die mittleren Signalleistungen gleich sind.

*Anmerkung*: Die mittleren Signalleistungen der Konfigurationen in Bild 8-16 können ähnlich wie für die $M$-stufige PAM in Abschnitt 6.5 berechnet werden. Bei gleicher mittlerer Leistung erhält man für den Abstand zweier benachbarter Symbole das Verhältnis 1 : 0,447 : 0,218 für QPSK, 16-QAM und 64-QAM.

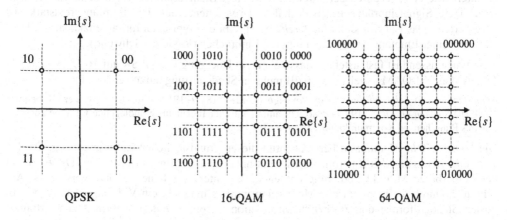

**Bild 8-16** Symbolräume (leistungsnormiert) der QPSK, 16-QAM und 64-QAM mit Gray-Codierung

Eine Simulation zeigt die Robustheit der Modulation gegen Rauschstörungen. In Bild 8-17 sind Beispiele für die Detektionsvariablen mit additivem gaußschen Rauschen zu den drei Symbol-Konfigurationen zu sehen. Da bei gleicher mittlerer Leistung die Abstände zwischen den Symbolen mit wachsender Symbolzahl abnehmen, wurden die SNR-Werte entsprechend von 20 dB auf 25 dB bzw. 30 dB vergrößert, um eine augenfällige Trennung der Empfangssymbole zu ermöglichen.

*Anmerkung*: In Bild 8-17 kann an den von links nach rechts abnehmenden Größen der Punktwolken die Abnahme der Rauschleistung nachvollzogen werden.

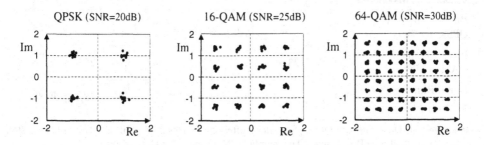

**Bild 8-17** Detektionsvariablen zur QPSK, 16-QAM und 64-QAM (Simulation)

In [Rei95] werden weitergehende Simulationsergebnisse unter Einschluss der Kanalcodierung und typischer Modelle für Mobilfunkkanäle vorgestellt. Tabelle 8-5 zeigt einen Auszug aus der Tabelle 11.6 in [Rei95] für die drei Symbol-Konfigurationen. Eingetragen ist jeweils das mindestens benötigte Signal-Geräuschverhältnis (SNR) im logarithmischen Maß, um bei einer Coderate $R = 2/3$ des inneren Faltungscodes eine Bitfehlerquote (BER, Bit Error Rate) kleiner als $2 \cdot 10^{-4}$ zu erzielen.

*Anmerkung*: In Verbindung mit dem äußeren Code, den (204,188)-Reed-Solomon-Code, kann dann von einer nahezu fehlerfreien Übertragung ausgegangen werden.

Die Kanalmodelle sind nach den jeweiligen Modell-Verteilungen der Empfangsfeldstärke benannt, s. a. Abschnitt 8.1. „Gauß" steht für einen einfachen AWGN-Kanal. Das Kanalmodell „*Rice*" ist typisch für eine schmalbandige Mobilfunkübertragung mit einem dominanten Signalanteil, wie er z. B. durch den direkten Pfad einer Sichtverbindung zum Sender verursacht wird. Tiefe Signaleinbrüche treten deshalb relativ seltener auf. Die Empfangsfeldstärke ist Rice-verteilt. Das Kanalmodell „*Rayleigh*" beschreibt den typischen Interferenzkanal mit Rayleigh-verteilter Empfangsfeldstärke mit tiefen Einbrüchen (Rayleigh-Schwund).

Zusammenfassend ist festzustellen, dass bei einem Übergang von QPSK auf 16-QAM und von 16-QAM auf 64-QAM jeweils etwa 6 dB mehr an Sendeleistung aufzuwenden sind.

*Anmerkungen*: (i) *John William Strutt Rayleigh* (Lord): *1842/+1919, britischer Physiker, Nobelpreis 1904. (ii) *Stephen O. Rice*: *1907/+1986, US-amerikanischer Ingenieur, grundlegende Beiträge zur Theorie des Rauschens in Kommunikationssystemen 1944/45.

Die *hierarchische Modulation* berücksichtigt diesen grundsätzlichen Zusammenhang. DVB-T sieht eine Zerlegung des Bitstroms in Bits mit hoher und niedriger Priorität vor. Diese kommt der skalierbaren MPEG2-Codierung entgegen, die unterschiedliche Formate vorsieht, s. Abschnitt 2. Durch die hierarchische Modulation wird es möglich, ein Videosignal in einem robusten Standardformat und zusätzlich Information für ein erweitertes Format zu übertragen.

Reicht das SNR für den Empfang der höheren Bild- und Tonqualität nicht aus, so kann zumindest das Standardformat empfangen werden.

*Anmerkung*: Dies ist an den Rändern der Versorgungsgebiete wichtig. Im Gegensatz zur analogen Übertragung, bei der ein abnehmendes SNR durch zunehmendes Bild- und Tonrauschen wahrnehmbar ist, werden bei der digitalen Übertragung durch den Fehlerschutz Fehler bis zu einer gewissen Schwelle unterdrückt. Wird die Schwelle überschritten, so treten plötzlich Übertragungsfehler massiv auf bzw. die Übertragung bricht völlig zusammen. Man spricht von einer *Hard-Degradation* im Vergleich zur *Soft-Degradation* im analogen Fall. Durch die hierarchische Übertragung kann der Effekt der Hard-Degradation abgemildert werden.

**Tabelle 8-5**  Mindest-Störabstände SNR in dB für die
nicht hierarchische Modulation [Rei95]

| Modulation | Kanalmodell | | |
|---|---|---|---|
| | Gauß | Rice | Rayleigh |
| QPSK | 4,9 | 5,7 | 8,4 |
| 16-QAM | 11,1 | 11,6 | 14,2 |
| 64-QAM | 16,5 | 17,1 | 19,3 |

DVB-T sieht die hierarchische Übertragung für die 16-QAM und 64-QAM vor. Bild 8-18 veranschaulicht die Methode am Beispiel der 16-QAM. Es werden jeweils zwei Bits mit hoher Priorität als QPSK-Symbol und zwei bzw. vier Bits mit niedriger Priorität übertragen. Gesteuert wird das durch das *Abstandsmaß* $\alpha$. Bei $\alpha = 1$ wird keine hierarchische Modulation angewandt. Für $\alpha = 2$ wird der Mindestabstand der QAM-Symbole bezüglich der QPSK-Gruppe verdoppelt. Der Abstand innerhalb der QPSK-Gruppen in den Quadranten bleibt unverändert, s. linkes Teilbild. Für $\alpha = 4$ wird der Mindestabstand der QPSK-Gruppen auf das vierfache erhöht, s. rechtes Teilbild.

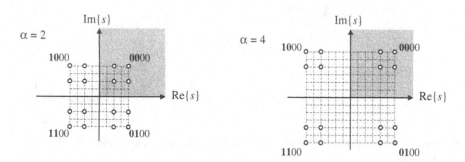

**Bild 8-18**  Symbol-Konstellation der hierarchischen 16-QAM für $\alpha = 2$ (links) und 4 (rechts) mit Entscheidungsgebiet für das QPSK-Symbol „00" grau hinterlegt

Durch das Auseinanderschieben der QPSK-Gruppen wird die Detektion bzgl. des Bitpaars mit hoher Priorität robuster gegen Störungen. Man beachte jedoch, dass sich dadurch auch die mittlere Leistung des Sendesignals erhöht. Soll die Sendeleistung gleich der ohne hierarchische Modulation sein, so sind in Bild 8-18 die Symbole nach innen zu verschieben. In diesem Fall tritt eine SNR-Degradation zur nicht hierarchischen Übertragung auf. Insgesamt kann festgestellt werden, dass die hierarchische Modulation die Robustheit gegen Störungen für die Bits hoher Priorität zu Ungunsten der Bits niedriger Priorität verbessert.

## 8.3    Code Division Multiple Access (CDMA)

Mit OFDM steht ein Verfahren zur Verfügung, das sich besonders für die Rundfunkübertragung (DAB-T, DVB-T) und drahtlose Kurzstreckenfunknetze (WLAN) eignet. Für öffentliche Mobilfunknetze ist es nur eingeschränkt tauglich. Dort wird neben größerer Funkreichweiten und höherer Mobilität, z. B. Telefonieren aus fahrenden Automobilen, eine effiziente Unterstützung vieler aktiver Teilnehmer mit Sprach-, Daten- und Multimedia-Diensten gefordert. Ende der 1990er Jahre wurde von ETSI das Mobilfunksystem der dritten Generation für Europa festgelegt: das System *UMTS* (Universal Mobile Telecommunication System) mit dem *Code Division Multiple Access* (CDMA) -Vielfachzugriffsverfahren [BeSt02][BGT04][Cas01] [HoTo00][Lüd01][Rhe98][Vit95][Wal01].

### 8.3.1    Spreizbandtechnik für den Vielfachzugriff

Beim CDMA-Verfahren werden an einer Basisstation im gleichen Frequenzband und zur gleichen Zeit Signale an verschiedene aktive Teilnehmer gesendet bzw. von ihnen empfangen. Die Signale werden durch spezielle Codes unterschieden. Das Prinzip zeigt Bild 8-19. Im Sender A wird das Nachrichtensignal im Basisband, im Beispiel ein NRZ-codierter Bitstrom, mit der ebenfalls NRZ-codierten, von der Nachricht unabhängigen binären Codefolge A multipliziert.

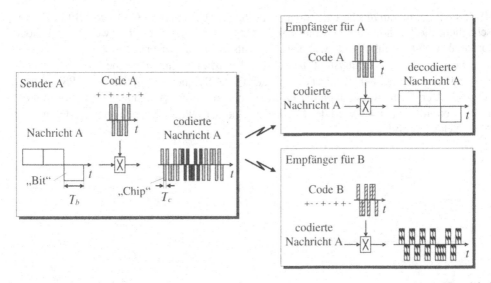

**Bild 8-19**  Prinzip des Code Division Multiple Access (CDMA) mit Spreizen im Sender und Bündeln im Empfänger

Die Multiplikation des Nachrichtensignals mit dem Codesignal bewirkt im Spektrum eine Aufweitung des belegten Frequenzbandes, *Spreizung* genannt. Von Bedeutung dabei sind die Dauer der Bits des Nachrichtensignals, das Bitintervall $T_b$, und die Dauer der „Bits" des Codesignals, *Chips* genannt, also das *Chipintervall* $T_c$. Das Verhältnis der beiden Intervalle liefert den *Spreizfaktor*.

$$S_F = \frac{T_b}{T_c} = \frac{R_c}{R_b} \qquad\qquad (8.22)$$

Wegen des reziproken Zusammenhangs zwischen Impulsdauer und Bandbreite verbreitet sich das Spektrum um den Spreizfaktor $S_F$.

Der Spreizfaktor wird über die Bitrate $R_b$ und *Chiprate* $R_c$ festgelegt. Üblicherweise wird ein ganzzahliges Verhältnis gewählt.

*Anmerkung*: Die CDMA-Technik ist ein Vertreter der *Spreizbandtechnik*. Eine weitere Methode zur Spreizung ist das Frequenzsprungverfahren (Frequency Hopping), das in GSM und in Bluetooth eingesetzt wird. Auch Hinzufügen von Redundanz durch Kanalcodierung kann wegen der damit verbundenen höheren Brutto-Datenraten und somit verkürzten Symboldauern als Methode zur Bandspreizung interpretiert werden.

Im Empfänger wird die Spreizung durch nochmalige Multiplikation mit dem Codesignal rückgängig gemacht, s. Bild 8-19 oben rechts. Die Signalenergie sammelt sich wieder in der ursprünglichen Bandbreite. Man spricht vom *Entspreizen* oder *Bündeln* des Signals.

Wie Bild 8-19 unten rechts illustriert, gelingt das Bündeln nur mit dem richtigen Code. Im auf den Code B abgestimmten Empfänger bleibt das Nachrichtensignal A gespreizt. Es kann durch einen Bandpass bzw. Tiefpass größtenteils eliminiert werden, ohne dabei die Nachricht für B zu zerstören.

Die Wirkung von Spreizen und Bündeln im Spektrum wird in Bild 8-20 veranschaulicht. Zusätzlich ist das Spektrum eines schmalbandigen Störsignals eingezeichnet. Durch das Bündeln im Empfänger wird das Spektrum des schmalbandigen Störsignals gespreizt. Und die anschließende Tiefpassfilterung unterdrückt das Störsignal.

Entsprechend dem Spreizfaktor wird die Energie bzw. Leistung des Störsignals nach der Bündelung reduziert. Man spricht deshalb auch von einem *Spreizgewinn* (Processing Gain)

$$G_p = S_F \tag{8.23}$$

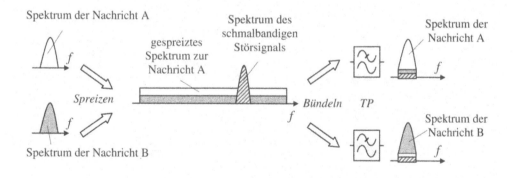

**Bild 8-20** Prinzip des Code Division Multiple Access (CDMA) im Spektrum mit Spreizen der Signalenergie im Sender und Bündeln im Empfänger

In Abschnitt 6.5 wird gezeigt, dass bei bipolarer Übertragung im AWGN-Kanal und Matched-Filterempfang für die Bitfehlerwahrscheinlichkeit (6.62) das Verhältnis von Bitenergie $E_b$ zu Rauschleistungsdichte $N_0$ ausschlaggebend ist. Mit der Bandbreite der Funkübertragung $B_{RF}$ (RF, Radio Frequency) und der Bitrate des Nachrichtenbitstroms $R_b$ gilt

$$\frac{E_b}{N_0} = \frac{S \cdot T_b}{N/B_{RF}} = \frac{S}{N} \cdot \frac{B_{RF}}{R_b} = \frac{S}{N} \cdot G_p \tag{8.24}$$

*Anmerkung*: Die Datenraten $R_b$ und $R_c$ sind hier mit der Dimension Hz einzusetzen.

Der Spreizgewinn übersetzt sich in einen Gewinn an Signal-Geräuschverhältnis (SNR).

Das Prinzip des CDMA-Empfängers wird in Bild 8-21 gezeigt. Es handelt sich um einen auf das Codesignal angepassten Korrelator, einem Matched-Filterempfänger. Sollen mehrere Unterkanäle (Teilnehmer) empfangen werden, z. B. in den Basisstationen, sind entsprechend angepasste Korrelator-Bänke vorzusehen. Empfangen wird die Überlagerung der $N$ CDMA-Signale

$$x(t) = \sum_{i=1}^{N} b_i[n] \cdot s_i(t) \tag{8.25}$$

mit den jeweiligen Nachrichtenbits $b_i[n] \in \{-1, 0, 1\}$ und den Codesignalen $s_i(t)$. Dabei bedeutet $b_i[n] = 0$, dass das Codesignal nicht übertragen wird.

*Anmerkung*: Die Codesignale werden auch Spreiz(code)signale und Signatursignale/-folgen, kurz Signaturen, genannt. Daher der Formelbuchstabe $s$.

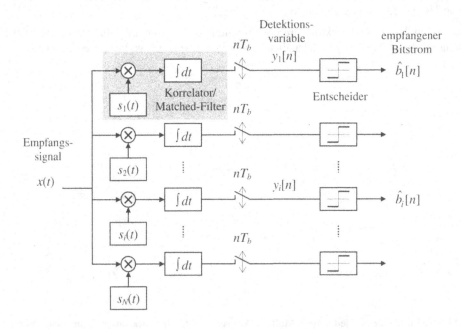

**Bild 8-21** Korrelationsempfang für CDMA-Signale mit den Codesignalen $s_i(t)$

Das Empfangssignal wird durch eine Bank von jeweils auf ein Codesignal angepassten Korrelatoren auf seine Bestandteile überprüft. In den optimalen Detektionszeitpunkten $nT_b$ ist der Korrelationsempfänger dem Matched-Filterempfänger äquivalent. Am Ausgang resultiert eine Überlagerung von zwei Arten von Signalen: Anteile der Autokorrelationsfunktion (AKF) und der Kreuzkorrelationsfunktionen (KKF).

$$y_i[n] = \int\limits_{(n-1)T_b}^{nT_b} x(t) \cdot s_i(t)dt = b_i[n] \cdot \underbrace{R_{s_i s_i}[0]}_{AKF} + \sum_{j=1\backslash\{i\}}^{N} b_i[n] \cdot b_j[n] \cdot \underbrace{R_{s_i s_j}[0]}_{KKF} \qquad (8.26)$$

Den gewünschten Beitrag liefert die AKF, unerwünscht sind die KKF-Anteile. Sind die Code-signale orthogonal und haben die gleiche Energie $E_b$, so gilt

$$R_{s_i s_j}[0] = \begin{cases} E_b & \text{für } i = j \\ 0 & \text{sonst} \end{cases} \qquad (8.27)$$

Und es verschwinden die KKF-Anteile in der Detektionsvariablen

$$y_i[n] = E_b \cdot b_i[n] \qquad (8.28)$$

Die nachfolgende Entscheidung liefert das gesendete Bit.

Die Situation entspricht der orthogonalen Übertragung in Abschnitt 6.5. Dort sind alle Signale als synchron vorausgesetzt. Im Mobilfunk ist dies jedoch nicht der Fall. Die Mobilstationen senden von verschiedenen Standorten. Die Signale nehmen unterschiedliche Wege zur Basis-station und werden dabei unterschiedlich verzerrt. Auch auf dem Wege von der Basisstation zur Mobilstation ergeben sich unerwünschte Anteile durch die zeitlichen Signalverschiebungen aufgrund des Mehrwegeempfangs. Deshalb werden in der Mobilkommunikation quasi-ortho-gonale Codes eingesetzt, deren unerwünschte KKF-Anteile auch bei zeitlicher Verschiebung in einem gewissen Maß toleriert werden können.

Die nicht idealen Korrelationseigenschaften der Codesignale führen zu *Vielfachzugriff-Interfe-renzen (Multi-user Interference)*. Sie stören bei wachsender Zahl aktiver Teilnehmer zuneh-mend und limitieren die Zahl der aktiven Mobilstationen an einer Basisstation, die Kapazität des Mobilfunksystems. CDMA-Mobilfunksysteme sind interferenzbegrenzt.

Zusätzlich muss durch die nicht vollständig verschwindenden KKF-Anteile besonders darauf geachtet werden, dass die Funksignale der Mobilstationen etwa gleich stark bei der Basissta-tion empfangen werden. Andernfalls würden Mobilstationen, z. B. in der Nähe der Basissta-tion, mit ihren starken Funksignalen den Empfang schwächerer Funksignale, z. B. weiter ent-fernter Mobilstationen, verhindern. Man spricht vom *Nah-Fern-Effekt* (Near-Far-Effect). Zu dessen Abhilfe wird eine schnelle Regelung der Sendeleistungen eingesetzt.

*Anmerkung*: Bei UMTS werden zwei Regelkreise zur Leistungsregelung verwendet. Der innere Regel-kreis mit stationsinternen Vergleichen von Sende- und Empfangsleistungen liefert pro Sekunde 1500 Be-fehle zur Sendeleistungsanpassung. Der äußere Regelkreis stützt sich auf alle 10 ms übertragene Mess-daten der Gegenstation.

Einen Anhaltspunkt für die Kapazität eines CDMA-Mobilfunksystems liefert eine Abschät-zung mit der Gleichung zum Spreizgewinn (8.24). Dazu gehen wir von drei Annahmen aus:

① Einem minimalen Verhältnis von Energie pro Bit $E_b$ und Rauschleistungsdichte $N_0$, bei dem mit dem gewählten Übertragungsverfahren noch eine hinreichende Detektion möglich ist.

② Alle interferierenden Teilnehmersignale werden mit gleicher Leistung $S$ empfangen (per-fekte Sendeleistungsregelung) und können näherungsweise wie weißes gaußsches Rau-schen (AWGN) behandelt werden.

③ Die Kapazität wird durch die Vielfachzugriffsinterferenzen begrenzt.

Mit der Zahl der aktiven Teilnehmer $K$ und einer effektiven Rauschleistungsdichte $N_{0,eff}$, die die $K-1$ störenden Beiträge des Vielfachzugriffs enthält, ergibt sich aus (8.24)

$$\frac{E_b}{N_{0.eff}} = \frac{S}{N} \cdot G_p = \frac{S}{(K-1) \cdot S + N_0 B_{RF}} \cdot G_p = \frac{G_p}{(K-1) + N_0 B_{RF}/S} \qquad (8.29)$$

Wird jetzt nach der Zahl der Teilnehmer aufgelöst, der Beitrag durch das übliche AWGN $N_0 \cdot B_{RF}/S$ vernachlässigt und das mindestens erforderliche Verhältnis von Bitenergie und effektiver Rauschleistungsdichte eingesetzt, resultiert eine Abschätzung von oben für die maximale Zahl von aktiven Teilnehmern, die *Teilnehmerkapazität* je Basisstation

$$K_{max} \le 1 + G_p \cdot \left( \frac{E_b}{N_{0.eff}} \right)^{-1}_{min} \qquad (8.30)$$

Aus der Abschätzung lassen sich wichtige allgemeine Folgerungen ziehen:

☞ Die Teilnehmerkapazität ist näherungsweise proportional zum Spreizgewinn $G_p$. Mit (8.23) u. (8.22) gilt: je größer der Spreizfaktor, umso größer die Teilnehmerkapazität.

☞ Die Übertragungskapazität einer Basisstation kann als begrenztes Reservoir gedacht werden, aus dem je nach Spreizfaktoren Bitraten an die Teilnehmer bzw. Dienste vergeben werden, s. a. shannonsche Kanalkapazität.

☞ Ein Dienst mit hoher Bitrate verdrängt entsprechend viele Dienste mit niedrigen Bitraten.

**Beispiel** Teilnehmerkapazität

Das mindestens erforderliche Verhältnis von Bitenergie und effektiver Rauschleistungsdichte hängt vom gewählten Übertragungsverfahren (Modulation, Codierung, usw.) und dessen technischer Umsetzung ab. In [Vit95] wird ein optimistischer Wert von 6 dB vorgeschlagen.

Nehmen wir dazu einen Spreizfaktor von 100 an, so resultiert die Teilnehmerkapazität

$$K_{max} \le 1 + \frac{100}{10^{6/10}} = 26 \qquad (8.31)$$

Die eher unscheinbare Teilnehmerkapazität kann durch spezielle Maßnahmen verbessert werden. In der Sprachtelefonie entstehen kurze Pausen, in denen das Senden unterbleiben kann (DTX, Discontinuous Transmission). Dieser Effekt erhöht die Kapazität bei reiner Sprachtelefonie um etwa den Faktor zwei. Durch Richtfunkantennen in den Basisstationen (Sektorisierung) können die Interferenzen typisch um etwa den Faktor drei reduziert werden.

Andererseits verringert im realen Betrieb die nicht ideale Sendeleistungsregelung die Teilnehmerkapazität. Tatsächlich liegt der Vorteil des CDMA-Verfahrens eher in der Systemlösung, die eine dynamische Anpassung an unterschiedliche Dienste mit unterschiedlichen Dienstmerkmalen ermöglicht.

Ein weiterer Vorteil des CDMA-Verfahrens liegt in der Option RAKE-Empfänger zu verwenden. Sie sind in natürlicher Weise an die Empfangssituationen im Mobilfunk angepasst, s. Abschnitt 8.3.2.

**Beispiel** UMTS-FDD-Modus

Die sich aus dem CDMA-Verfahren ergebenden Möglichkeiten lassen sich am Beispiel der Abwärtsstrecke des UMTS-FDD-Modus (Frequency Division Duplex) anschaulich erläutern. Bild 8-22 zeigt den prinzipiellen Aufbau der Nachrichtenaufbereitung in der Basisstation (Node B). Den Ausgangspunkt bilden die zu erbringenden Dienste, wie z. B. die Sprachtelefonie mit einer Netto-Bitrate von 12,2 kbit/s, die leitungsvermittelte Übertragung eines ISDN-B-Kanals mit 64 kbit/s oder die leitungsvermittelte Übertragung mit der Bitrate 384 kbit/s, s. Tabelle 8-6.

Die zugehörigen Bitströme werden entsprechend ihren Bitraten auf die Chiprate 3,84 Mchip/s gespreizt und die Signale addiert. Für die Spreizung werden speziell ausgewählte orthogonale Codes verwendet, die so genannten *Orthogonal-Variable-Spreading-Factor* (OVSF) -Codes.

Das Summensignal wird vor dem Senden durch einen basisstationsspezifischen PN-Code (Pseudo Noise) verwürfelt. Man beachte, eine spektrale Aufweitung findet dabei nicht statt. Die Verwürfelung mit quasi-orthogonalen PN-Codes in den Basisstationen beugt Störungen durch den Mehrwegeempfang und anderen Basisstationen vor. Sie ist Voraussetzung für den Einsatz des im nächsten Abschnitt beschriebenen RAKE-Empfängers.

**Tabelle 8-6** Konfigurationen der Datenübertragung in UMTS-FDD-Modus im Dedicated Physical Data Channel (DPDCH)

| Formate | 0 | 1 | 2 | 3 | 4 | 5 | 6 |
|---|---|---|---|---|---|---|---|
| Bitraten in kbit/s | 15 | 30 | 60 | 120 | 240 | 480 | 960 |
| Spreizfaktoren | 256 | 128 | 64 | 32 | 16 | 8 | 4 |

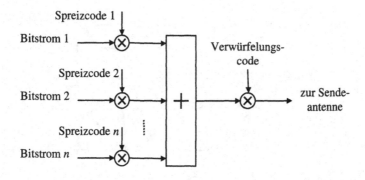

**Bild 8-22** Spreizen und Verwürfeln in der Basisstation für die Abwärtsstrecke

## 8.3.2 Spreizbandtechnik mit RAKE-Empfänger

Charakteristisch für die Mobilfunkübertragung ist der Mehrwegeempfang. An der Empfangsantenne überlagern sich unterschiedlich verzögerte, phasenverschobene und gedämpfte Kopien des Sendesignals. Die Überlagerung führt zu Interferenzen, die Verzerrungen bis hin zur Signalauslöschung bewirken können. In GSM wird deshalb eine aufwändige Kanalschätzung und Entzerrung eingesetzt.

Der Mehrwegeempfang kann jedoch durch die *Spreizbandtechnik* in Verbindung mit einem *RAKE-Empfänger* genutzt werden. Man spricht dann von der *Mehrwegediversität* (Multipath Diversity). Der RAKE-Empfänger sammelt die Teilsignale ein, wie ein Rechen (Harke, engl. Rake) mit seinen „Fingern" Laub einsammelt.

Bild 8-23 veranschaulicht das Prinzip. In der Baisstation (BS) wird ein mit einem *Spreiz-codesignal* moduliertes Signal ausgesandt. Das Spreizcodesignal besteht aus einer binären Fol-ge von Rechteckimpulsen, den *Chips* mit der *Chipdauer* $T_c$. Das Sendesignal gelangt als elekt-romagnetische Wellen auf verschiedenen Pfaden zur Mobilstation (MS). Im Bild sind vereinfa-chend drei Pfade eingezeichnet, darunter die kürzeste mögliche Verbindung, die Sichtverbin-dung (LOS, Line of Sight). Je nach Länge der Pfade ergeben sich die Laufzeiten $\tau_0$, $\tau_1$ und $\tau_2$.

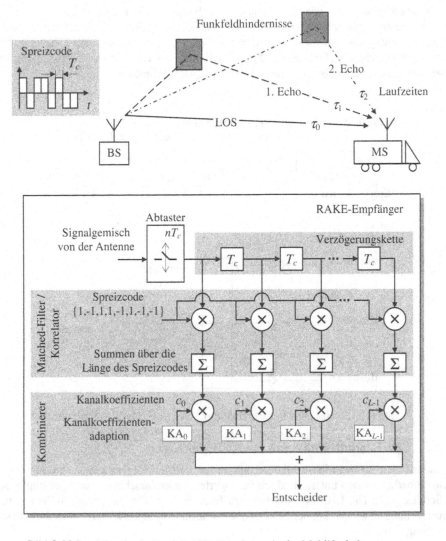

**Bild 8-23** Spreizbandtechnik mit RAKE-Empfänger in der Mobilfunkübertragung

An der Empfangsantenne überlagern sich die elektromagnetischen Wellen und somit die Teil-signale der Pfade. Die Teilsignale weisen zu den Laufzeiten unterschiedliche Phasenverschie-bungen und Dämpfungen auf.

Der RAKE-Empfänger soll die Teilsignale konstruktiv kombinieren. Das von der Antenne kommende Signal wird zunächst gemäß der Chipdauer $T_c$ abgetastet. Bei UMTS ist die *Chip-rate* von 3,84 Mchip/s vorgegeben; die Chipdauer $T_c$ beträgt 0,2604 µs. Das abgetastete Signal wird in eine Kette von Verzögerern eingespeist. Hinter den Verzögerern befindet sich je ein Abzweig, RAKE-Finger genannt.

Jede Verzögerung um $T_c$ entspricht mit der (Vakuum-) Lichtgeschwindigkeit von $3 \cdot 10^8$ m/s einer Pfadlängendifferenz von ca. 78 m. Bei $L$ RAKE-Fingern können so Signalechos in einem Zeitfenster von $L \cdot T_c$ erfasst werden. Da für UMTS überwiegend kleine Zellen mit Radien von einigen hundert Meter vorgesehen sind, reichen wenige RAKE-Finger aus. Innerhalb des Echo-fensters ist der linke RAKE-Finger in Bild 8-23 für das Signale mit der längsten Pfadlaufzeit im Mobilfunkkanal und der rechte RAKE-Finger für das Signal mit der kürzesten Pfadlaufzeit zuständig.

Zur Detektion wird in jedem RAKE-Finger das Signal mit der Spreizfolge multipliziert ($\times$) und über die Dauer der Spreizfolge summiert ($\Sigma$). Die Operation entspricht einem signalangepass-ten Filter, einem *Matched-Filter*, oder äquivalent auch einem *Korrelator*. Es resultiert prinzi-piell die Autokorrelationsfunktion (AKF) des Spreizcodes gewichtet mit einer vom Mobilfunk-kanal herrührenden Phasenverschiebung und Dämpfung. Das Maximum der AKF ist proportio-nal zur Energie der Spreizfolge.

Wegen des Mehrwegeempfanges liegt jedoch ein Gemisch aus verschobenen und gewichteten Kopien der Spreizfolge an. Darum liefert jeder RAKE-Finger entsprechend verschobene und gewichtete Kopien der AKF. Zur späteren konstruktiven Kombination darf jedoch nur das dem RAKE-Finger zugedachte Teilsignal mit der passenden Pfadverzögerung beitragen. Deshalb muss die AKF bis auf die Stelle null, die gleich der Signalenergie ist, näherungsweise ver-schwinden. Dies muss vorab durch die Auswahl der Spreizfolge sichergestellt werden. Bei UMTS wird dies durch die verwendeten PN-Folgen (Pseudo Noise) erreicht.

*Anmerkung*: Zur Vereinfachung der weiteren Verarbeitung kann am Ausgang des Matched-Filters die Ab-tastfrequenz entsprechend der Zahl der Chips der Spreizfolge reduziert werden.

Die Mehrwegediverstiät wird in der *Kombinationsschaltung* (*Combiner*) durch konstruktives Addieren der Ausgangssignale der Machtched-Filter realisiert. Es wird das Prinzip der Maxi-mum-Ratio-Kombination angewandt, die das Verhältnis der Leistungen von Nutzsignal und Rauschen maximiert. Im idealen Fall resultiert als Nutzanteil die Summe der Energien der empfangenen Spreizcodes aller RAKE-Finger.

Dazu werden in den RAKE-Fingern die Phasenunterschiede durch Multiplikation mit den komplexen Kanalkoeffizienten $c_0$, $c_1$, ... ausgeglichen. Die Teilsignale überlagern sich phasen-richtig und addieren sich konstruktiv. Die Beträge der Koeffizienten berücksichtigen die Dämpfung der Signale. D. h., ein Pfad mit relativ großer Ausbreitungsdämpfung wird vor dem Zusammenführen relativ gesehen nochmals abgeschwächt, da er vergleichsweise wenig Signal und viel Geräusch beiträgt. Ein RAKE-Finger ohne Nutzanteil erhöht nur das Geräusch. Er sollte erkannt und abgeschaltet werden.

Die Kombinationsschaltung verwendet Schätzwerte für die Phasenverschiebungen und Dämp-fungen im Mobilfunkkanal. Sie werden von speziellen Einrichtungen zur Kanalkoeffizienten-adaption (KA) bereitgestellt. Die Güte der Schätzungen beeinflusst die Qualität der Detektion im Entscheider.

*Anmerkungen*: Im realen Betrieb ändern sich die Kanalkoeffizienten mit der Zeit und müssen fortlaufend geschätzt werden. Zur Kanalschätzung werden, wie in der Midamble bei GSM, im Empfänger bekannte Bitmuster (Pilot Bits) gesendet.

Die Chipdauer ist ausschlaggebend für die Fähigkeit des Empfängers, die Mehrwegeausbreitung zu nutzen. Die für UMTS gewählte Chipdauer, $T_c = 0,2604$ µs, stellt einen Kompromiss zwischen den Gegebenheiten des Mobilfunkkanals und der Komplexität des Übertragungsverfahrens dar. Nimmt man, wie in Bild 8-23 zu sehen ist, vereinfachend Rechteckimpulse für die Spreizfolge an, ergibt sich eine Bandbreite des Funksignals von etwa $1/T_c$. Durch eine Impulsformung wird bei UMTS eine *Bandbreite* von ca. 4,6 MHz eingestellt.

Die für die CDMA-Übertragung notwendigen Operationen entsprechen der Signalverarbeitung in den Matched-Filtern des RAKE-Empfängers in Bild 8-23. Zu den Interferenzen aufgrund des Mehrwegeempfangs (*Multipath Interference*) kommen nun jedoch auch Interferenzen durch die Signale der anderen Teilnehmer bzw. Dienste (*Multi-user Interference*) hinzu. Am Ausgang des Matched-Filters treten zusätzlich die Kreuzkorrelationen (KKF) zwischen den Spreizcodes als Störungen auf. Sie sollten null sein. Dies wird bei UMTS durch die PN-Folgen näherungsweise erreicht. Es verbleibt jedoch ein gewisser Störanteil. Je größer der Prozessgewinn ist, umso kleiner ist die Störung. Demzufolge wird die mögliche Zahl der Teilnehmer durch den Prozessgewinn beschränkt. Man spricht von einem *interferenzbegrenzten* Übertragungssystem.

*Anmerkung*: Im realen Betrieb hängt die Kapazität in einer Funkzelle von den Funkfeldbedingungen und der Verkehrsbelastung durch die Dienste ab. Sie ist somit eine Zufallsgröße, was die Funknetzplanung erschwert.

# 8.4     Berechnung der Empfangsgrundimpulse zur OFDM-Übertragung

*Anmerkung*: Dieser Abschnitt ist als vertiefende Ergänzung gedacht.

## 8.4.1     Ohne Schutzabstand

Den Ausgangspunkt der Berechnung liefert der Ansatz für die Empfangsgrundimpulse

$$r_{k,l}(t) = g(t) \cdot e^{j2\pi F(k-l)t} * h(t) = \int\limits_{-\infty}^{+\infty} g(\tau) e^{j2\pi F(k-l)\tau} h(t-\tau) d\tau \qquad (8.32)$$

mit $k, l = 0, 1, …, N{-}1$. Für die Grundimpulse $g(t)$ und den Matched-Filter-Impulsantworten werden Rechteckimpulse angenommen

$$g(t) = h(t) = \begin{cases} 1 & \text{für } |t| \le T_s/2 \\ 0 & \text{sonst} \end{cases} \qquad (8.33)$$

Das Produkt aus Frequenzabstand $F$ und der Symboldauer $T_s$ wird im Sinne einer idealen Bandausnutzung zu eins gesetzt.

$$F \cdot T_S = 1 \qquad (8.34)$$

Für den Gleichkanalanteil, d. h. bei gleichem Unterträger $k = l$, ergibt sich aus dem Matched-Filter-Ansatz unmittelbar die Faltung zweier identischer, gerader Rechteckimpulse, also der Dreiecksimpuls

$$r_{k,k}(t) = T_s \cdot \begin{cases} 1 - |t|/T_s & \text{für } |t| \leq T_s \\ 0 & \text{sonst} \end{cases} \tag{8.35}$$

Für die Anteile verschiedener Unterkanäle, d. h. der Unterträger $k \neq l$, folgt

$$r_{k,l}(t) = \int_{-T_s/2}^{+T_s/2} e^{j\omega_{k,l}\tau} h(t - \tau) d\tau \tag{8.36}$$

mit dem Abstand der Kreisfrequenzen

$$\omega_{k,l} = \omega_k - \omega_l = 2\pi F(k - l) \tag{8.37}$$

Eine kurze Überlegung, entsprechend der Faltung zweier Rechteckimpulse, ergibt die Vereinfachung

$$r_{k,l}(t) = \int_{-T_s/2}^{t+T_s/2} e^{j\omega_{k,l}\tau} d\tau \quad \text{für} \quad -T_s \leq t \leq 0 \tag{8.38}$$

mit dem Realteil

$$\text{Re}\{r_{k,l}(t)\} = \int_{-T_s/2}^{t+T_s/2} \cos(\omega_{k,l}\tau) d\tau \quad \text{für} \quad -T_s \leq t \leq 0 \tag{8.39}$$

und dem Imaginärteil

$$\text{Im}\{r_{k,l}(t)\} = \int_{-T_s/2}^{t+T_s/2} \sin(\omega_{k,l}\tau) d\tau \quad \text{für} \quad -T_s \leq t \leq 0 \tag{8.40}$$

Man beachte, dass die Realteile und die Imaginärteile gerade bzw. ungerade Funktionen sind.

Für den Realteil folgt nach der Integration und entsprechenden trigonometrischen Umformungen

$$\begin{aligned} \text{Re}\{r_{k,l}(t)\} \quad &= \frac{1}{\omega_{k,l}} \cdot \left[ \sin\left(\omega_{k,l}[t + T_s/2]\right) - \sin\left(\omega_{k,l}[-T_s/2]\right) \right] = \\ &= \frac{2}{\omega_{k,l}} \cdot \cos\left(\frac{\omega_{k,l}}{2} t\right) \cdot \sin\left(\frac{\omega_{k,l}}{2}[t + T_s]\right) = \\ &= \frac{1}{\omega_{k,l}} \cdot \left[ \sin\left(\frac{\omega_{k,l}}{2} T_s\right) + \sin\left(\frac{\omega_{k,l}}{2}[2t + T_s]\right) \right] \end{aligned} \tag{8.41}$$

Nun wird das Produkt (8.34) und für die Kreisfrequenz (8.37) eingesetzt. Es ergeben sich die Vereinfachungen

$$\mathrm{Re}\{r_{k,l}(t)\} = \frac{1}{\omega_{k,l}} \cdot \left[ \underbrace{\sin\left(\pi[k-l]\right)}_{0} + \sin\left(\pi[k-l]\cdot[2t/T_s+1]\right) \right] =$$

$$= \frac{1}{\omega_{k,l}} \cdot \sin\left(2\pi[k-l]\cdot t/T_s + \pi[k-l]\right) \tag{8.42}$$

Die Sinusfunktion erfährt eine Phasenverschiebung um $\pi$ und 0 je nachdem ob die Differenz $k - l$ ungerade oder gerade ist. Da die Phasenverschiebung um $\pi$ einem Vorzeichenwechsel der Sinusfunktion entspricht, resultiert der Realteil der Empfangsgrundimpulse in der Form

$$\mathrm{Re}\{r_{k,l}(t)\} = \begin{cases} -\dfrac{(-1)^{k-l}}{2\pi F[k-l]} \cdot \sin\left(2\pi[k-l]\cdot|t|/T_s\right) & \text{für } |t| \le T_s \\ 0 & \text{sonst} \end{cases} \tag{8.43}$$

Die Berechnung des Imaginärteils erfolgt entsprechend. Man erhält schließlich

$$\mathrm{Im}\{r_{k,l}(t)\} = \begin{cases} -\dfrac{(-1)^{k-l}}{2\pi(k-l)} \cdot \mathrm{sgn}(t) \cdot \left[1 - \cos\left[2\pi(k-l)\cdot t/T_s\right]\right] & \text{für } |t| \le T_S \\ 0 & \text{sonst} \end{cases} \tag{8.44}$$

## 8.4.2    Berechnung der Empfangsgrundimpulse mit Schutzabstand

Die Berechnung der Empfangsgrundimpulse wird nun unter Berücksichtigung eines Schutzabstandes, engl. Guard Interval, betrachtet. Der Grundimpuls im Sender $g(t)$ (8.33) bleibt unverändert, jedoch die Impulsantwort des Empfangstiefpasses wird um den Schutzabstand verkürzt.

$$h(t) = \begin{cases} 1 & \text{für } |t| \le \dfrac{T_s - T_g}{2} \\ 0 & \text{sonst} \end{cases} \tag{8.45}$$

Bild 8-24 zeigt die beteiligten Rechteckimpulse in nichtkausaler Form.

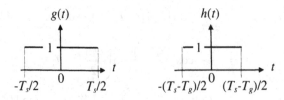

**Bild 8-24** Grundimpuls und Impulsantwort des Empfangstiefpasses

Im Folgenden soll der Empfangsgrundimpuls in Bild 8-13 nur skizzenhaft verifiziert werden, da wegen der hier notwendigen Fallunterscheidung bzgl. der Abszissenintervalle eine Berechnung relativ aufwändig ist. Eine Überlegung zur Faltung (8.32), z. B. mit einer Skizze [Wer05], zeigt, dass entsprechend zu (8.36) hier resultiert

$$r_{k,l}(t) = \int_{-T_s/2}^{t+(T_s-T_g)/2} e^{j\omega_{k,l}\tau} d\tau \quad \text{für} \quad -T_s + \frac{T_g}{2} \le t \le -\frac{T_g}{2} \tag{8.46}$$

Für den Fall des Gleichkanalanteils, $k = l$, folgt für den Empfangsgrundimpuls der lineare Anstieg in Bild 8-13 zu Beginn.

$$r_{k,k}(t) = t + T_s - \frac{T_g}{2} \quad \text{für} \quad -T_s + \frac{T_g}{2} \le t \le -\frac{T_g}{2} \tag{8.47}$$

Auf die Berechnungen der Anteile für $k \ne l$ entsprechend (8.39) und (8.40) wird hier verzichtet. Es treten nicht zu vernachlässigende Anteile des „Übersprechens" (ACI) auf [Kam96].

Es gilt der Ansatz

$$r_{k,l}(t) = \int_{t-(T_s-T_g)/2}^{t+(T_s-T_g)/2} e^{j\omega_{k,l}\tau} d\tau \quad \text{für} \quad -\frac{T_g}{2} \le t \le 0 \tag{8.48}$$

Im Falle $k = l$ resultiert der abgeflachte Verlauf

$$r_{k,k}(t) = T_s - T_g \quad \text{für} \quad -\frac{T_g}{2} \le t \le 0 \tag{8.49}$$

und ansonsten

$$\begin{aligned} \text{Re}\{r_{k,l}(t)\} &= \frac{1}{\omega_{k,l}} \cdot \left[ \sin\left( \omega_{k,l} \left[ t + \frac{T_s-T_g}{2} \right] \right) - \sin\left( \omega_{k,l} \left[ t - \frac{T_s-T_g}{2} \right] \right) \right] = \\ &= \frac{2}{\omega_{k,l}} \cdot \cos\left( \omega_{k,l} t \right) \cdot \sin\left( \frac{\omega_{k,l}}{2} \left[ T_s - T_g \right] \right) \end{aligned} \tag{8.50}$$

Mit der Beziehung für die Kreisfrequenzen (8.37) gilt

$$\sin\left( \frac{\omega_{k,l}}{2} \left[ T_s - T_g \right] \right) = \sin\left( \pi F(k-l) \cdot \left[ T_s - T_g \right] \right) = \sin\left( \pi(k-l) \right) = 0 \quad \text{für} \quad F = \frac{1}{T_s - T_g} \tag{8.51}$$

Demzufolge verschwinden die störenden Anteile der Nachbarkanäle (ACI) im Schutzintervall bei der speziellen Wahl der Frequenzabstände der Unterträger.

# 8.5     Aufgaben zu Abschnitt 8

## 8.5.1    Aufgaben

**Aufgabe 8.1** OFDM

Für die terrestrische Übertragung des digitalen Fernsehens DVB-T hat die ETSI 1997 die Empfehlung ETSI 300 744 mit OFDM-Übertragung verabschiedet.

a) Berechnen Sie den Frequenzabstand der Unterträger, wenn die Dauer der OFDM-Symbole, einschließlich des Schutzintervalls von 20%, 1,12 ms beträgt.

b) Im Modus 8K sind 8196 Unterträger vorgesehen. Davon werden 6817 tatsächlich benutzt. Reicht das Frequenzband analoger UHF-Fernsehkanäle von 8 MHz für ein DVB-T-Signal aus. Begründen Sie Ihre Antwort.

c) Zur eigentlichen Videosignalübertragung sind nur 6048 Unterträger verfügbar. Wie groß ist die Brutto-Bitrate bei 16-QAM-Modulation.

d) Für die DVB-T-Übertragung wurden die beiden Modi 2K und 8K festgelegt. Begründen Sie die Wahl.

**Aufgabe 8.2** CDMA

a) Schätzen Sie die Teilnehmerkapazität (zellulare Radiokapazität) für das IS-95-CDMA-System bei einer Kapazitätsbegrenzung durch Interferenzen ab. Verwenden Sie die folgenden Parameter: Die Bitrate für Sprachtelefonie beträgt 9,6 kbit/s. Die Kanalbandbreite ist 1,25 MHz. Das minimale Verhältnis von Bitenergie zu Rauschleistungsdichte für den Empfang ist 10 dB.

*Anmerkung*: Das System wurde von der U.S. Telecommunication Industries Association 1995 als „Interim Standard TIA/IS-95" angenommen. Es erlangte unter dem Marktnamen cdmaOne kommerzielle Bedeutung und wird als cdma2000 zu einem System der 3. Generation weiterentwickelt.

b) Wiederholen Sie die Abschätzung für reine Sprachkommunikation mit Sprachpausendetektion und diskontinuierlicher Übertragung. Gehen Sie davon aus, dass nur 50% der bereitgestellten Übertragungsrahmen tatsächlich benützt werden.

c) Die Chiprate beträgt 1,2288 Mchip/s. Wie groß ist die Entfernungsauflösung durch den RAKE-Empfänger? Vergleichen Sie den Wert mit dem Wert bei UMTS.

## 8.5.2    Lösungen zu den Aufgaben

**Lösung zu Aufgabe 8.1** OFDM

a) Frequenzabstand der Unterträger

$$F = \frac{1}{T_s - T_g} = \frac{1}{0,8 \cdot 1,12 \text{ ms}} = 1116 \text{ Hz}$$

b) 8 MHz verfügbare Bandbreite reichen aus

$$B = 6817 \cdot F \approx 7,6 \, \text{MHz}$$

c) Brutto-Bitrate

$$R_{brutto} = 6048 \cdot 4 \, \frac{\text{bit}}{\text{symbol}} \cdot \frac{1}{1,12 \, \text{ms}} = 21,6 \, \text{Mbit/s}$$

d) Mit den Modi 2K und 8K ist die Zahl der Unterkanäle eine Zweierpotenz, so dass Sender- und Empfänger zur Modulation bzw. Demodulation die effiziente Radix-2-FFT anwenden können.

*Anmerkung:* Die Wahl 2K und 8K wurde mit Blick auf die Zahl der benötigten Unterträger getroffen. Es sollten 36 Mbit/s an Brutto-Bitrate bei 64-QAM-Modulation übertragen werden. Wesentlicher Einflussfaktor dabei ist die für notwendig erachtete Länge des Schutzintervalls, d. h. Abstand der Sendestationen, s. Tabelle 8-3 [Rei05].

## Lösung zu Aufgabe 8.2  CDMA

a) Teilnehmerkapazität

$$K_{\max} \leq 1 + \frac{1,25 \, \text{MHz}}{9,6 \, \text{kHz}} \cdot 10^{-1} = 14,02$$

b) Teilnehmerkapazität für Telefonie mit Sprachpausendetektion und diskontinuierlicher Übertragung

$$K_{\max} \leq 1 + 2 \cdot \frac{1,25 \, \text{MHz}}{9,6 \, \text{kHz}} \cdot 10^{-1} = 27,04$$

c) Mit dem Chipintervall $T_c = 0,8138 \, \mu\text{s}$ und der Ausbreitungsgeschwindigkeit der elektromagnetischen Wellen von ca. $3 \cdot 10^8$ m/s ergibt sich eine Laufwegdifferenz (Pfadlängenauflösung) von etwa 244 m.

Bei UMTS beträgt die Pfadlängenauflösung ca. 78 m. Der RAKE-Empfang bei UMTS kann die Mehrwegesignale aus der Umgebung des Empfängers deutlich feiner auflösen und nutzbringend kombinieren. UMTS eignet sich deshalb besser für die geplanten hohen Teilnehmerdichten mit kleinen Funkzellen der 3. Generation.

# Formelzeichen und Symbole

### Konstanten, Parameter und Einheiten

| | |
|---|---|
| $\alpha$ | Dämpfungskonstante, Roll-off-Faktor, Abstandsmaß |
| $\beta$ | Phasenkonstante |
| $\varepsilon$ | Dielektrizitätskonstante |
| $\varepsilon_r$ | relative Dielektrizitätszahl |
| $\varepsilon_0$ | elektrische Feldkonstante (Influenzkonstante) |
| $\gamma$ | Fortpflanzungskonstante |
| $\eta$ | Effizienz, Modulationsindex (FM, CPFSK) |
| $\eta_S$, $\eta_E$ | Antennenwirkungsgrad (Sender, Empfänger) |
| $\lambda$ | Wellenlänge |
| $\mu$ | Permeabilität |
| $\mu_r$ | relative Permeabilitätszahl |
| $\mu_0$ | magnetische Feldkonstante (Induktionskonstante) |
| $\pi$ | Pi, Kreisumfang / Kreisdurchmesser, $\pi \approx 3{,}14$ |
| $\sigma$, $\sigma^2$ | Standardabweichung, Varianz |
| $\tau_{max}$ | maximale Verzögerungszeit |
| $\omega_T$ | Trägerkreisfrequenz |
| $\omega_0$ | Ruhe-/ Freilauf-Kreisfrequenz (VCO) |
| $\Delta$ | Schrittweite (LMS-DFE) |
| $\Delta\omega_F$, $\Delta\omega_H$ | Fangbereich, Haltebereich des PLL |
| $\Delta F$ | Frequenzhub (FM, CPFSK) |
| $\Omega$ | Ohm |
| $a$ | Dämpfungsfaktor |
| $c_0$ | Lichtgeschwindigkeit im Vakuum, $c_0 \approx 3 \cdot 10^8$ m/s |
| $f_a$ | Abtastfrequenz |
| $f_g$ | Grenzfrequenz |
| $f_N$ | Nyquist-Bandbreite |
| $f_{ZF}$ | Zwischenfrequenz |
| $j$ | imaginäre Einheit, $j = \sqrt{-1}$ |
| $k$ | Boltzmann-Konstante, $k \approx 1{,}38 \cdot 10^{-23}$ Ws/K |
| $m$ | Modulationsgrad (gewöhnliche AM, FM) |
| $s$ | Sekunde |
| $t_0$ | Zeitpunkt, Signalverzögerung |
| $\hat{u}_T$ | Trägeramplitude |
| $v_p$ | Phasengeschwindigkeit |
| $w$ | Wortlänge $[w]$ = bit |
| $A$, $A_w$ | Antennenwirkfläche, Antennenwirkfläche |
| $A_i$ | Amplitudenstufe, Datenniveau |
| $B$ | Bandbreite bzgl. der Frequenz $f$ |
| $B_C$, $B_{HF}$, $B_{NF}$ | Carson- / F- / NF-Bandbreite |

| | |
|---|---|
| $B_{neq}$ | äquivalente Rauschbandbreite (Noise-equivalent Bandwidth) |
| $C$ | Kapazität, Kanalkapazität (Shannon) |
| $C'$ | Kapazitätsbelag einer Leitung |
| $D$ | Spiegeldurchmesser (Parabolspiegelantenne) |
| $E_b, E_s$ | Bitenergie, Symbolenergie |
| $E_g$ | Energie des Sendegrundimpulses |
| $E_x$ | Energie des Signals $x(t)$, $x[n]$ |
| $F, F_{dB}$ | Rauschzahl, Rauschmaß (Verstärker) |
| $F$ | Frequenzabstand (OFDM) |
| $G$ | Leitwert, Gewinn (Verstärker) |
| $G'$ | Leitwertsbelag einer Leitung |
| $G_S, G_E$ | Antennengewinn (Sender, Empfänger) |
| $G_P$ | Prozessgewinn |
| $\mathbf{H}_n$ | Hadamard-Matrix der Ordnung $n$ |
| $K$ | Kelvin |
| $K_d$ | Diskriminatorsteilheit (PLL) |
| $K_o$ | Oszillatorempfindlichkeit (VCO) |
| $L$ | Induktivität, Überabtastfaktor |
| $L'$ | Induktivitätsbelag einer Leitung |
| $M$ | Stufenzahl der Modulation |
| $N$ | Geräuschleistung |
| $N_0$ | Rauschleistungsdichte |
| $N_1, N_2, \ldots$ | Rauschleistung am Tor 1, 2, ... |
| $P_1, P_2, \ldots$ | Signalleistung (Nutz-) am Tor 1, 2, ... |
| $P_b, P_s$ | Bitfehler- /Symbolfehlerwahrscheinlichkeit |
| $P_S, P_E$ | Signalleistung (Sender, Empfänger) |
| $P_T$ | Leistung des Trägersignals $u_T(t)$ |
| $P_u$ | Leistung des Signals $u(t)$ |
| $Q$ | Quantisierungsintervallbreite |
| $R$ | ohmscher Widerstand |
| $R'$ | Widerstandsbelag einer Leitung |
| $S$ | Signalleistung |
| $S_F$ | Spreizfaktor |
| $SNR$ | Signal-to-Noise Ratio ( $S/N$ ) |
| $(S/N)_{HF}$ | SNR im Übertragungsband (Empfängereingang) |
| $(S/N)_{NF}$ | SNR im Basisband (Empfängerausgang) |
| $T$ | Rauschtemperatur |
| $T_a$ | Abtastintervall |
| $T_b, T_s$ | Bitintervall, Symbolintervall |
| $T_c$ | Chipintervall |
| $T_e$ | effektive Rauschtemperatur |
| $T_g$ | Schutzintervall |
| $W$ | Watt |
| $W_{HF}, W_{NF}$ | HF- / NF-Bandbreite bzgl. der Kreisfrequenz $\omega$ |
| $Z$ | Impedanz |

$Z_L$               Leitungswellenwiderstand

**Variablen**

| | |
|---|---|
| $\omega$ | Kreisfrequenz |
| $\Omega$ | normierte Kreisfrequenz |
| $f$ | Frequenz |
| $n$ | normierte Zeit, Folgenindex |
| $s$ | komplexe Variable der Laplace-Transformation |
| $t$ | Zeit |
| $z$ | Ortsvariable, komplexe Variable der z-Transformation |
| $X$ | stochastische Variable (SV) |

**Signale und Funktionen**

| | |
|---|---|
| $\delta(t)$ | Impulsfunktion |
| $\varphi(t)$ | Phasenfunktion |
| $\theta[n]$ | Phasengedächtnis |
| $\omega_{FM}(t)$ | Momentankreisfrequenz der FM |
| $\psi_{FM}(t)$ | Momentanphase der FM |
| $\Delta(t)$ | Fehlersignal (Quantisierungs-) |
| $\Phi(x)$ | gaußsches Fehlerintegral |
| $b[n]$ | Bitfolge, Bitstrom |
| $c(x)$ | Generatorpolynom (Scrambler, Descrambler) |
| $c_k$ | Entzerrerkoeffizient |
| $\cos(\omega t)$ | Kosinusfunktion mit der Kreisfrequenz $\omega$ |
| $e[n]$ | Fehlersignal |
| $\operatorname{erfc}(x)$ | komplementäre Fehlerfunktion |
| $d[n]$ | Datenfolge, Datenstrom |
| $f_X(x)$ | Wahrscheinlichkeitsdichtefunktion der SV $X$ |
| $g(t)$ | Sendegrundimpuls (Basisbandübertragung), Frequenzimpuls (CPFSK) |
| $g_{RC}(t)$, $g_{REC}(t)$ | Raised-Cosine-Impuls, Rechteckimpuls |
| $h_H(t)$ | Impulsantwort des Hilbert-Transformators |
| $h_{MF}(t)$ | Impulsantwort des Matched-Filters |
| $i(t, z)$ | Stromfunktion bzgl. Zeit $t$ und Ort $z$ |
| $q(t)$ | Phasengrundfunktion |
| $r(t)$ | Empfangssignal |
| $s(t)$ | Sendesignal |
| $s_c(t)$, $s_s(t)$ | Normal- / Quadraturkomponente |
| $s_m(t)$ | m-tes Trägersignal |
| $\operatorname{sgn}(x)$ | Signumfunktion, $\operatorname{sgn}(x) = 1$ für $x > 0$ und $-1$ für $x < 0$ |
| $\operatorname{si}(x)$ | si-Funktion, $\operatorname{si}(x) = \sin(x) / x$ |
| $\sin(\omega t)$ | Sinusfunktion mit der Kreisfrequenz $\omega$ |
| $u(t, z)$ | Spannungsfunktion bzgl. Zeit $t$ und Ort $z$ |
| $u_T(t)$ | sinusförmiges Trägersignal |
| $v(t)$ | äquivalentes Tiefpass-Signal |

| | |
|---|---|
| $v_c(t)$, $v_s(t)$ | Normal- / Quadraturkomponente |
| $v_r(t)$, $v_i(t)$ | Real- / Imaginärteil |
| $x(t)$, $x[n]$ | zeitkontinuierliches Signal, Funktion / zeitdiskretes Signal, Folge |
| $x(t) = x_r(t) + jx_i(t)$ | komplexes Signal mit Realteil und Imaginärteil |
| $F(s)$ | Übertragungsfunktion des Schleifenfilters |
| $H(j\omega)$, $H(e^{j\Omega})$ | Frequenzgang zeitkontinuierlicher / zeitdiskreter LTI-Systeme |
| $H(s)$, $H(z)$ | Übertragungsfunktion zeitkontinuierlicher / zeitdiskreter LTI-Systeme |
| $H_H(j\omega)$ | Frequenzgang des Hilbert-Transformators |
| $J_n(\eta)$ | Besselfunktion $n$-ter Ordnung erster Gattung |
| $R_{hh}(\tau)$ | Zeitautokorrelationsfunktion der Impulsantwort |
| $R_{XX}(\tau)$ | Autokorrelationsfunktion eines Zufallsprozesses |
| $S_{XX}(\omega)$, $S_{XX}(\Omega)$ | Leistungsdichtespektrum zeitkontinuierlicher /zeitdiskreter Zufallsprozesses |
| $S(f)$ | Leistungsdichtespektrum bzgl. der Frequenz $f$ |
| $X(j\omega)$, $X(e^{j\Omega})$ | (Fourier-) Spektrum eines zeitkontinuierlichen Signals / einer Folge |
| $X(t)$, $X[n]$ | zeitkontinuierlicher / zeitdiskreter Zufallsprozess |
| $Z(t)$ | komplexer Zeiger |

**Transformationen und Operatoren**

| | |
|---|---|
| $\mid . \mid$ | Betrag |
| $[ . ]_Q$ | quantisierter Wert |
| $\max\{ . \}$ | Maximum |
| $\min\{ . \}$ | Minimum |
| $E( . )$ | Erwartungswert einer Zufallsgröße |
| $x(t) \leftrightarrow X(j\omega)$ | Fourier-Transformationspaar (zeitkontinuierlich) |
| $x(t) \leftrightarrow X(s)$ | Laplace-Transformationspaar |
| $x[n] \leftrightarrow X(e^{j\Omega})$ | Fourier-Transformationspaar (zeitdiskret) |
| $x(t) \leftrightarrow X(s)$ | Laplace-Transformationspaar |
| $x[n] \leftrightarrow X(z)$ | z-Transformationspaar |

# Abkürzungen und Akronyme

| | |
|---|---|
| oS | oberes Seitenband |
| uS | unteres Seitenband |
| ACI | Adjacent Channel Interference |
| ADPCM | Adaptive-DPCM |
| ADSL | Asynchronous Digital Subscriber Line |
| AEB, AES | Average Energy per Bit / Symbol |
| AGC | Automatic Gain Control |
| AKF | Autokorrelationsfunktion |
| AM | Amplitudenmodulation |
| AMI | Alternate Mark Inversion |
| ASK | Amplitude-Shift Keying |
| AVR | automatische Verstärkerregelung |
| AWGN | Additives weißes gaußsches Rauschen (Additive White Gausian Noise) |
| BAS | Bildsignal mit Austastlücken und Synchronisationsimpulsen |
| BCD | Binary Coded Decimal |
| BER | Bit Error Rate |
| BFSK | Binary Frequency-Shift Keying |
| BP | Bandpass |
| BPSK | Binary Phase-Shift Keying |
| CCD | Charge Couple Device(s) |
| CCIR | Comité Consultative International des Radiocommunications |
| CDMA | Code Division Multiple Access |
| CIF | Common Intermediate Format |
| CPFSK | Continuous-Phase FSK |
| DAB | Digital Audio Broadcasting |
| DECT | Digital Enhanced Cordless Telephony |
| DFE | Decision Feedback Equalizer |
| DFT | Diskrete Fourier-Transformation (Discrete Fourier Transform) |
| DPCM | Differenz-Pulse-Code-Modulation |
| DPSK | Differential PSK |
| DVB-T | Digital Video Broadcasting Terrestrial |
| EQTV | Enhanced Quality TV |
| ESB-AM | Einseitenband-AM |
| ETSI | European Telecommunications Standards Institute |
| FFT | Fast Fourier Transform |
| FIR | Finite Impulse Response |
| FM | Frequenzmodulation |
| FSK | Frequency-Shift Keying |
| GMSK | Gaussian MSK |
| GPS | Global Positioning System |
| GSM | Global System for Mobile Communications |
| HDB | High Density Bipolar |
| HDTV | High Definition TV |
| HIPERLAN | High Performance LAN |
| HP | Hochpass |
| IEEE | Institute of Electrical and Electronics Engineers |

| | |
|---|---|
| IBK | Internationale Beleuchtungskommission |
| IrDA | Infrared Data Association |
| ISI | Intersymbol Interference |
| ISM | Industrial, Scientific and Medical |
| ITU-T/-R | International Telecommunication Union - Telecommunication / Radio Sector |
| KW | Kurzwelle |
| LAN | Local Area Network |
| LDS | Leistungsdichtespektrum |
| LF | Loop Filter (PLL) |
| LMS | Least Mean Square |
| LOS | Line of Sight |
| LW | Langwelle |
| LWL | Lichtwellenleiter |
| MASER | Microwave Amplification by Stimulated Emission of Radiation |
| ML | Maximum Likelihood |
| MLD | Maximum-Likelihood-Detektion |
| MLSD | Maximum-Likelihood-Sequenzdetektion |
| MPEG | Motion Picture Experts Group |
| MSK | Minimum-Shift Keying |
| MW | Mittelwelle |
| NASA | National Aeronautics and Space Administration |
| NF | Niederfrequenz |
| NTSC | National Television System Committee |
| NRZ | Non-Return to Zero |
| OFDM | Orthogonal Frequency Division Multiplexing |
| OOK | On-off Keying |
| OSR | Oversampling Ratio |
| OVSF | Orthogonal Variable Spreading Factor |
| PAL | Phase-Alternating Line |
| PAM | Puls-Amplituden-Modulation |
| PAN | Personal Area Network |
| PD | Phase Discriminator |
| PLL | Phase-Locked Loop |
| PM | Phasenmodulation |
| PSK | Phase-Shift Keying |
| Q-CIF | Quarter CIF |
| QAM | Quadraturamplitudenmodulation |
| QPSK | Quaternary PSK |
| RC | Raised Cosine |
| RDS | Running Digital Sum |
| REC | Rectangular |
| RSB-AM | Restseitenband-AM |
| RZ | Return to Zero |
| SECAM | Séquentiel Couleurs à Mémoire |
| SNR | Signal-to-Noise Ratio |
| SV | stochastische Variable |
| SVGA | Super VGA |
| SXGA | XGA-2 |
| SYNC | Synchronisation |
| TCM | Trellis-coded Modulation |

| TF | Trägerfrequenz |
| TP | Tiefpass |
| TPS | Transmission Parameter Signaling |
| TV | Television |
| UKW | Ultrakurzwelle |
| UMTS | Universal Mobile Telecommunication System |
| UXGA | Extended VGA |
| VCO | Voltage Controlled Oscillator |
| VGA | Video Graphics Array |
| VHF | Very High Frequency |
| WDF | Wahrscheinlichkeitsdichtefunktion |
| WLAN | Wireless LAN |
| XGA | Extended Graphic Array |
| ZSB-AM | Zweiseitenband-AM |

# Literaturverzeichnis

[Ash87]    V. Ashoff: *Geschichte der Nachrichtentechnik.*

Band 1: Beiträge zur Geschichte der Nachrichtentechnik von ihren Anfängen bis Ende des 18. Jahrhunderts. 2. Aufl. Berlin: Springer, 1989

Band 2: Nachrichtentechnische Entwicklungen in der 1. Hälfte des 19. Jahrhunderts. Berlin: Springer, 1987

[Bes82]    R. Best: *Theorie und Anwendung des Phase-locked Loop.* 3. Aufl. Arau: AT-Verlag, 1982

[BeSt02]    Th. Benkner, Ch. Stein: *UMTS Universal Mobile Telecommunication System.* Weil der Stadt: J. Schlembach, 2002

[BGT04]    F.-J. Banet, A. Gärtner, G. Teßmar: *UMTS Netztechnik, Dienstarchitektur, Evolution.* Bonn: Hüthig Telekommunikation, 2004

[BHKL05]    K. Beuth, R. Hanebuth, G. Kurz, Ch. Lüders: *Nachrichtentechnik.* 3. Aufl. Würzburg: Vogel, 2005

[Bro04]    Der Brockhaus multimedial 2004. Mannheim: Bibliographisches Institut, 2004

[BrSe81]    I. N. Bronstein, K. A. Semendjajew: *Taschenbuch der Mathematik.* 21./22. Aufl. Frankfurt am Main: Harri Deutsch, 1981

[BSMM99]    I. N. Bronstein, K. A. Semendjajew, G. Musiol, H. Mühlig: *Taschenbuch der Mathematik.* 4. Aufl. Frankfurt am Main: Harri Deutsch, 1999

[Cas01]    J. P. Castro: *The UMTS Network and Radio Access Technology. Air Interface for future Mobile Systems.* Chichester: J. Wiley, 2001

[CDG05]    C. Chaudet, D. Dhoutaut, I. G. Lassous: „Performance Issues with IEEE802.11 in Ad Hoc Networking." *IEEE Communications Magazine*, Vol. 43, No. 7, 2005, S. 110-116

[Che98]    W. Y. Chen: *DSL Simulation Techniques and Standards Development for Digital Subscriber Line Systems.* Indianapolis (IN): MacMillan, 1998

[Con04]    D. Conrads: *Datenkommunikation. Verfahren, Netze, Dienste.* 5. Aufl. Wiesbaden: Vieweg, 2004

[Eas77]    M. F. Easterling: „From 8-1/3 Bits/s to 100,000 Bits/s in Ten Years." *IEEE Communications Society Magazine*, November 1977

[EcSc86]    M. Eckert, H. Schubert: *Kristalle, Elektronen, Transistoren: Von der Gelehrtenstube zur Industrieforschung.* Reinbek b. H.: Rowohlt, 1986

[Feh82]    K. Feher: *Digital Communications: Satellite/Earth Station Engineering.* Upper Saddle River, NJ: Prentice-Hall, 1982

[Gar79]    F. M. Gardener: *Phaselock Techniques.* New York: J. Wiley, 1979

[Ger91]    P. R. Gerke: *Digitale Kommunikationsnetze.* Berlin: Springer, 1991

[Ger95]    H. Vogel: *Gerthsen Physik.* 18. Aufl. Berlin: Springer, 1995

[Ger96]    P. Gerdsen: *Digitale Nachrichtenübertragung. Grundlagen, Systeme, Technik, praktische Anwendungen.* Stuttgart: B. G. Teubner, 1996

[Gir96]    B. Girod: *Vorlesung Bildkommunikation I.* Friedrich-Alexander-Universität Erlangen-Nürnberg, 1996

[Gla01]    W. Glaser: *Von Handy, Glasfaser und Internet. So funktioniert die moderne Kommunikation.* Braunschweig/Wiesbaden: Vieweg, 2001

[GiKa04]    N. Gilson, W. Kaiser: „Von der Nachrichtentechnik zur Informationstechnik. Zum 50-jährigen Bestehen der NTG / ITG". Tagungsband zur *ITG-Jubiläumsfachtagung Zukunft durch Informationstechnik*, Frankfurt a. M., April 2004

[GoMo00]    B. Gold, N. Morgan: *Speech and Audio Signal Processing. Processing and Perception of Speech and Music*. New York: J. Wiley, 2000

[Haa97]     W.-D. Haaß: *Handbuch der Kommunikationsnetze. Einführung in die Grundlagen und Methoden der Kommunikationsnetze*. Berlin: Springer, 1997

[Häb00]     G. Häberle, u. a. : *Fachkunde Radio-, Fernseh- und Informationselektronik*. 4. Aufl. Haan-Gruiten: Verlag Europa-Lehrmittel, 2000

[Hag04]     J. Hagenauer (Hrsg.): „Mobilfunk - Fakten, Nutzen, Ängste". Tagungsband des *Symposiums der Bayrischen Akademie der Wissenschaften*. München: April 2004

[Hay02]     S. Haykin: *Adaptive Filter Theory*. 4. Aufl. Englewood Cliffs, NJ: Prentice-Hall, 2002

[HeLö00]    E. Herter, W. Lörcher: *Nachrichtentechnik. Übertragung, Vermittlung, Verarbeitung*. 8. Aufl. München: Hanser Verlag, 2000

[Hen03]     N. Henze: *Stochastik für Einsteiger. Eine Einführung in die faszinierende Welt des Zufalls*. 4. Aufl. Braunschweig / Wiesbaden. Vieweg, 2003

[Hof00]     W. Hoffmann: *Nachrichtenmesstechnik*. Berlin: Verlag Technik, 2000

[HoTo00]    H. Holma, A. Toskala (Hrsg.): *WCDMA for UMTS. Radio Access for Third Generation Mobile Communications*. Chichester: J. Wiley, 2000

[HüPe01]    H. Hübescher, H.-J. Petersen, u. a.: *IT-Handbuch*. 2. Aufl. Braunschweig: Westermann, 2001

[Hüb03]     G. Hübner: *Stochastik: Eine anwendungsorientierte Einführung für Informatiker, Ingenieure und Mathematiker*. 4. Aufl. Braunschweig / Wiesbaden. Vieweg, 2003

[Hsu93]     H. P. Hsu: *Analog and Digital Communications*. New York: McGraw-Hill, 1993

[Huu03]     A. A. Huurdeman: *The Worldwide History of Telecommunications*. Hoboken, NJ: J. Wiley, 2003

[JaRö03]    H. Jansen, H. Rötter: *Informationstechnik und Telekommunikationstechnik*. 3. Aufl. Haan-Gruiten, Verlag Europa-Lehrmittel, 2003

[JuWa98]    V. Jung, H.-J. Warnecke (Hrsg.): *Handbuch für die Telekommunikation*. Berlin: Springer, 1998

[Kad91]     F. Kaderali: *Digitale Kommunikationstechnik I : Netze, Dienste, Informationstheorie, Codierung*. Braunschweig/Wiesbaden: Vieweg, 1991

[Kad95]     F. Kaderali: *Digitale Kommunikationstechnik II: Übertragungstechnik, Vermittlungstechnik, Datenkommunikation, ISDN*. Braunschweig/Wiesbaden. Vieweg, 1995

[KaKö99]    A. Kanbach, A. Körber: *ISDN - Die Technik. Schnittstellen, Protokolle, Dienste, Endsysteme*. 3. Aufl. Heidelberg: Hüthig, 1999

[Kam04]     K.-D. Kammeyer: *Nachrichtenübertragung*. 3. Aufl. Stuttgart: B. G. Teubner, 2004

[Klo01]     R. Klostermeyer: *Digitale Modulation. Grundlagen, Verfahren, Anwendungen*. Braunschweig/Wiesbaden. Vieweg, 2001

[Küp73]     K. Küpfmüller: *Einführung in die Theoretische Elektrotechnik*. 10. Aufl. Berlin: Springer 1973

[LiCo83]   S. Lin, D. J. Costello: *Error Control Coding: Fundamentals and Applications.* Englewood Cliffs, NJ: Prentice-Hall, 1983

[LiCo04]   S. Lin, D. J. Costello: *Error Control Coding: Fundamentals and Applications.* 2. Aufl. Upper Saddle River, NJ: Pearson Prentice-Hall, 2004

[Lin05]   J. Lindner: *Informationsübertragung. Grundlagen der Kommunikationstechnik.* Berlin: Springer Verlag, 2005

[Loc02]   D. Lochmann: *Digitale Nachrichtentechnik: Signale, Codierung, Übertragungssysteme, Netze.* 3. Aufl. Berlin: Verlag Technik, 2002

[Lüd01]   Ch. Lüders: *Mobilfunksysteme. Grundlagen, Funktionsweise, Planungsaspekte.* Würzburg: Vogel, 2001

[Lük95]   H. D. Lüke: *Signalübertragung. Grundlagen der digitalen und analogen Nachrichtenübertragungssysteme.* 6. Aufl. Berlin: Springer, 1995

[MäGö02]   R. Mäusl, J. Göbel: *Analoge und digitale Modulationsverfahren. Basisband und Trägermodulation.* Heidelberg: Hüthig, 2002

[Mäu91]   R. Mäusl: *Digitale Modulationsverfahren.* 3. Aufl. Heidelberg: Hüthig, 1991

[Mäu92]   R. Mäusl: *Analoge Modulationsverfahren.* 2. Aufl. Heidelberg: Hüthig, 1992

[Mäu03]   R. Mäusl: *Fernsehtechnik. Vom Studiosignal zum DVB-Sendesignal.* 3. Aufl. Heidelberg: Hüthig, 2003

[Man98]   W. Mansfeld: *Satellitenortung und Navigation. Grundlagen und Anwendung globaler Satellitennavigationssysteme.* Braunschweig/Wiesbaden: Vieweg, 1998

[Mar94]   U. Martin: *Ausbreitung in Mobilfunkkanälen: Beiträge zum Entwurf von Messgeräten und zur Echoschätzung.* Dissertation, Technische Fakultät der Universität Erlangen-Nürnberg, 1994

[NMG01]   E. Nett, M. Mock, M. Gergeleit: *Das drahtlose Ethernet. Der IEEE 802.11 Standard: Grundlagen und Anwendungen.* München: Addison-Wesley, 2001

[Pap65]   A. Papoulis: *Probability, Random Variables, and Stochastic Processes.* New York, McGraw-Hill, 1965

[PaPi02]   A. Papoulis, S. U. Pillai: *Probability, Random Variables, and Stochastic Processes.* 4. Aufl. New York, McGraw-Hill, 2002

[Pom04]   J. Pomy: „Communication Quality bei UMTS und Voice over WLAN." Tagungsband der Arbeitsgemeinschaft Informations- und Kommunikationstechnik des VDE Rhein-Main, Frankfurt 2004

[Pro01]   J. G. Proakis: *Digital Communications.* 4. Aufl. New York: McGraw-Hill, 2001

[PrSa94]   J. G. Proakis, M. Salehi: *Communication Systems Engineering.* 3. Aufl. Englewood Cliffs, NJ: Prentice-Hall, 1994

[Obe82]   R. Oberliesen: *Information, Daten und Signale: Geschichte technischer Informationsverarbeitung.* Reinbek b. H.: Rowohlt, 1982

[Ohm04]   J.-R. Ohm: *Multimedia Communication Technology. Representation, Transmission and Identification of Multimedia Signals.* Berlin: Springer, 2004

[Rap96]   Th. S. Rappaport: *Wireless Communications. Principles and Practice.* Upper Saddle River, NJ: Prentice-Hall, 1982

[Rei95]   U. Reimers (Hrsg.): *Digitale Fernsehtechnik. Datenkompression und Übertragung für DVB.* Berlin: Springer, 1995

[Rei05]   U. Reimers (Hrsg.): *DVB. The Family of International Standards for Digital Video Broadcasting.* 2. Aufl. Berlin: Springer, 2005

[Rhe98]    M. Y. Rhee: *CDMA Cellular Mobile Communications ans Network Security.* Upper Saddle River, NJ: Prentice-Hall, 1998

[SaVa94]   W. Saalfrank, P. Vary: *Übungen zur Nachrichtenübertragung.* Skriptum des Lehrstuhls für Nachrichtentechnik 9, Universität Erlangen-Nürnberg, 1994

[Sch03]    J. Schiller: *Mobilkommunikation.* 2. Aufl. München: Pearson Studium, 2003

[Sch90]    M. Schwartz: *Information, Transmission, Modulation and Noise.* 4. Aufl. New York: McGraw-Hill, 1990

[Schl88]   H. Schlitt: *Regelungstechnik. Physikalisch orientierte Darstellung fachübergreifender Prinzipien.* Würzburg: Vogel Buchverlag, 1988

[Schl92]   H. Schlitt: *Systemtheorie für stochastische Prozesse. Statistische Grundlagen, Systemdynamik, Kalman-Filter.* Berlin: Springer-Verlag, 1992

[Schü91]   H. W. Schüßler: *Netzwerke, Signale und Systeme 2. Theorie kontinuierlicher und diskreter Signale und Systeme.* 3. Aufl. Berlin: Springer, 1991

[Schü94]   H. W. Schüßler: *Nachrichtenübertragung I.* Skriptum des Lehrstuhls für Nachrichtentechnik 7, Universität Erlangen-Nürnberg, 1994

[SCS00]    Th. Starr, J. Cioffi, P. Silverman: *xDSL: Eine Einführung. Erläutert ISDN, HDSL, ADSL und VDSL.* München: Addision-Wesley, 2000

[Sha48]    C. E. Shannon: „A mathematical theory of communication." *Bell Sys. Tech. J.*, vol. 27, 1948, S. 379-423 u. 623-656

[Sig99]    G. Siegmund: *Technik der Netze.* 4. Aufl. Heidelberg: Hüthig, 1999

[SoHo92]   G. Sonnde, K.N. Hoekstein: *Einstieg in die digitalen Modulationsverfahren.* Franzis-Verlag, 1992

[SöTr85]   G. Söder, K. Tröndle: *Digitale Übertragungssysteme. Theorie, Optimierung und Dimensionierung der Basisbandsysteme.* Berlin: Springer, 1985

[SSCS03]   Th. Starr, M. Sorbara, J. M. Cioffi, P. J. Silverman: *DSL Advances.* Upper Saddle River, NJ: Prentice-Hall, 2003

[Sta93]    E. Stadler: *Modulationsverfahren. Modulation und Demodulation in der elektrischen Nachrichtentechnik.* 7. Aufl. Würzburg: Vogel, 1993

[Sta00]    W. Stallings: *Data and Computer Communications.* 6. Aufl. Upper Saddle River, NJ: Prentice-Hall, 2000

[StRu82]   K. Steinbuch, W. Rupprecht: *Nachrichtentechnik. Eine einführende Darstellung.* Berlin: Springer, 1982

[Tan02]    A. S. Tanenbaum: *Computernetworks.* 4. Aufl. Upper Saddle River, NJ: Prentice-Hall, 2002 (*Computernetzwerke.* 4. Aufl. München: Pearson Studium, 2003)

[TiSc99]   U. Tietze, Ch. Schenk: *Halbleiterschaltungstechnik.* 11. Aufl. Berlin: Springer, 1999

[TiWe61]   R. C. Titsworth, L. R. Welch: "Power Spectra of Signals Modulated by Random and Pseudorandom Sequences." *JPL Tech. Rep.*, Oktober 1961, S. 32-140

[Ung82]    G. Ungerböck: "Channel Coding with Multilevel/Phase Signals." *IEEE Transactions on Information Theory*, IT-28, 1982, S. 55-67

[Vit95]    A. J. Viterbi: *CDMA: Principles of Spread Spectrum Communication.* Reading, Mass.: Addision-Wesly, 1995

[VHH98]    P. Vary, U. Heute, W. Hess: *Digitale Sprachsignalverarbeitung.* Stuttgart: B. G. Teubner, 1998

[VlHa93]   A. Vlcek, H. L. Hartnagel (Hrsg.): *Zinke/Brunswig: Hochfrequenztechnik 2. Elektronik und Signalverarbeitung.* 4. Aufl. Berlin: Springer, 1993

[VlHa95]   A. Vlcek, H. L. Hartnagel (Hrsg.): *Zinke/Brunswig: Hochfrequenztechnik 1 Hochfrequenzfilter, Leitungen, Antennen.* 5. Aufl. Berlin: Springer, 1995

[Wal01]   B. Walke: *Mobilfunknetze und ihre Protokolle 1. Grundlagen, GSM, UMTS und andere zellulare Mobilfunknetze.* 3. Aufl. Stuttgart: B. G. Teubner, 2001

[Wer91]   M. Werner: *Modellierung und Bewertung von Mobilfunkkanälen.* Dissertation, Technische Fakultät der Universität Erlangen-Nürnberg, 1991

[Wer02]   M. Werner: *Information und Codierung: Eine Einführung in Grundlagen und Anwendungen.* Braunschweig/Wiesbaden: Vieweg, 2002

[Wer03]   M. Werner: *Nachrichtentechnik: Eine Einführung für alle Studiengänge.* 4. Aufl. Wiesbaden: Vieweg, 2003

[Wer05]   M. Werner: *Signale und Systeme. Lehr- und Arbeitsbuch.* 2. Aufl. Wiesbaden: Vieweg, 2005

[Wer05b]   M. Werner: *Netze, Protokolle, Schnittstellen und Nachrichtenverkehr. Grundlagen und Anwendungen.* Wiesbaden: Vieweg, 2005

[WeVl96]   H. Weidenfeller, A. Vlcek: *Digitale Modulationsverfahren mit Sinusträger. Anwendung in der Funktechnik.* Berlin: Springer, 1996

[Wit02]   F. Wittgruber: *Digitale Schnittstellen und Bussysteme. Einführung für das technische Studium.* 2. Aufl. Braunschweig/Wiesbaden: Vieweg, 2002

# Sachwortverzeichnis

Gray-Code 175, 189, 202

**H**

Hadamard-Matrix 176
Haltebereich des PLL 123
Hard-Degradation 281
Hauptwert 206
$HDB_n$-Code 166
HDTV (High Definition TV) 28
Hilbert-Transformation 65
Hilbert-Transformator 66, 90
hinlaufende Welle 12
hierarchische Gruppenbildung 71
Histogramm 40
homogene Leitung 10
Hörbereich/ Hörschwelle 20
Hörrundfunk 71
Horizontalaustastung 24
Huffman-Code 27
Hüllkurvendetektor 63
Hüllkurvendemodulation 90

**I, J**

IEEE 802.11 275
Imaginärteil-Prozess 226
Impulsformer /-ung 158, 228
Impulsverbreiterung 196
Infrared Data Association (IrDA) 5
Infrarot (Ir) 5
inkohärente Demodulation 55, 63, 240, 247
inneres Rauschen (Verstärker) 141
Integrated Services Digital Network (ISDN) 27
Internationale Beleuchtungskommission (IBK) 26
International Telecommunication Union (ITU) 5
Intersymbol Interference (ISI) 196, 270
Isophone 20

**K**

Kalman-Filter 180
Kanal (Nachrichten-) 4, 7, 159
Kanalkapazität (Shannon) 154, 203
Kanalcodierung 4
Kaskadenverfahren 35
Klirrfaktor / i-ter Ordnung 79
Koaxialkabel 5, 8
kohärente Demodulation 55, 62, 247
Kombinationsschaltung 289
komplementäre Fehlerfunktion 186
Komplexität 120
konventioneller FM-Empfänger 108
Kommunikationsmodell (Shannon) 4
Kompandierung 42

komplexer Zeiger 103
Komplexität 158
Kompressor → Kompandierung
Konvergenzgeschwindigkeit 207
Korrelationskoeffizient (komplexer) 244
Korrelator-Bank 191
Kosinusimpuls 229
kosmische Rauschtemperatur 154
Kreuzmodulation 80
Kurzschluss (Leitung) 16
Kurzwelle (KW) 6

**L**

Langwelle (LW) 6
Laplace-Transformation 124
Laplace-Verteilung 39
Laufende digitale Summe 166
Lauflängencodierung 27
Lautstärke 20
Least-Mean-Square Decision-Feedback Equalizer 205
Lecher-Leitung 8
Lehrlauf (Leitung) 16
Leistung 61
Leistungsdichte (elektromagn. Strahlung) 151
Leistungsdichtespektrum (abgetasteter Prozess) 47
Leistungsdichtespektrum (LDS) 81, 87, 139, 164
Leistungsdichtespektrum (FM,PM) 113
Leistungsverstärkungsfaktor 141
Leitung 8, 144
Leitungsbeläge 10
Leitungscodierung 158
Leitungsdämpfung 144
Leitungswellenwiderstand 13
Leuchtdichtesignal → Luminanzsignal
Lichtwellenleiter (LWL) 5
lineare PCM 42
lineare Verzerrung 7, 76
lineare Modulation 228
lineares zeitinvariantes System 9
LMS-Algorithmus 47
Log-likelihood-Funktion 185
logarithmische PCM 42
LTI-System 139
Luminanzsignal 26

**M**

Magnetbandgerät 22
Manchester Code 163, 213
Mariner 151
Mark 164
Markov-Kette 214